-1956-2018-

摄影：温升杰

西安建筑科技大学建筑学院办学60周年系列丛书

Book series on the 60th Anniversary of the
College of Architecture,
Xi'an University of Architecture and Technology

院 志

1956-2018

西安建筑科技大学建筑学院

西安建筑科技大学建筑学院教授委员会　　编著

College Annals

College Annals of the College of
Architecture
Xi'an University of
Architecture and
Technology

中国建筑工业出版社

本书编委会

主　编

西安建筑科技大学建筑学院教授委员会

主任委员

李志民

副主任委员

刘　晖　任云英　杨　柳　张　沛　林　源

委　员（按姓氏笔画排序）

于　洋　王　军　王　琰　王劲涛　王树声　尤　涛　叶　飞
刘加平　刘克成　闫增峰　李　昊　李军环　李岳岩　杨建辉
杨豪中　肖　莉　吴国源　何　泉　宋　辉　张　倩　张　群
张中华　陈晓键　陈景衡　岳邦瑞　周庆华　赵西平　胡冗冗
段德罡　黄明华　黄嘉颖　常海青　董芦笛　雷振东　撒利伟

执行主编

陈　静

主　审

林　源

萬里鵬程從此裁

桃李已參天木棉六

詩信是詩六十甲

子壽滿園

賀廣桂西南建大建筑学院前身六十周年

華子東平在京祝書

贺新凉　时代痕（建筑五六母校团聚有感）

浪奔浪涌海头。同窗聚，再回母校，四十九载。五
六学子初建校，六年风雨同舟。浪涛拍，澎湃涌东
楼。大浪冲刷青春梦，忆当初越滩涉激流，
几中学，若中求。

绕配云矿眼路走。用非业，乱中求围，他山碧透。
有幸承师教以用，逆发精慈难取。闪光瞬，
已函前後。多少同窗已辞去，去去了，唯有情
长留。时代痕，刘心颂。

李克永填词
辛卯三夏

回穿时空，1956 年的历史节点早已沉淀在"建大"人幸福的记忆里：那一年，东北工学院、西北工学院、青岛工学院、苏南工业专科学校完成了四校西迁办学之路，在古城西安成立了西安建筑工程学院。实现了四校合一，汇聚古城的凤凰涅槃。作为中国建筑"老八校"之一，从那时起，建筑学院开始了根植于中国西部的建筑教育历程。沐浴在西部乃至全国改革开放的大潮中，完成了令人惊喜的华丽转身。回顾历史，西安建筑工程学院，西安冶金学院，西安冶金建筑学院，西安建筑科技大学四个充满沿革又截然迥异的名称浓缩又放大着时代的变迁。一路肩负重任，风尘仆仆，日夜兼程。留下串串历史的印迹，又不断面对更新的前路。与时俱进中我们始终坚守的是对西部地区的热爱，对国家建设的无私奉献。时光任流逝，转身已百年，六十一甲子！在这片土地上，一代代的师生们传承着"独立之精神，自由之思想"，砥砺奋进，发展壮大。

"大学者，有大师之谓也，非有大楼之谓也"。1950 年代，刘鸿典，郭毓麟，彭垫，胡粹中等教授率队西迁办学。开启了西部建筑殿堂的生命之旅。60 多年来，一代代的专家学者们引领学术风气，不断凝练学科特色，从中国窑洞到福祉建筑；从人文始祖黄帝陵规划到大遗址保护；从黄土高原人居环境研究到绿色建筑西部践行。他们是铸成建筑学院的博大灵魂之所在，也是民生安居的精神之保证。

万千广厦平地起，一砖一石总是情。扎根西安，坚守西北，办学 60 多年来，建筑学院为国家培养出 1.6 万余名专业建设人才。他们中既有中国工程院院士，也有国家勘察设计大师，更多的是战斗在民生一线的中流砥柱。尽管在风云激荡中，少了些历史的眷顾，然而在种种艰难的困境中，建筑学院的师生们始终秉承着建大"自强，笃实，求源，创新"的精神，不折不挠砥砺前行，让历史一次次见证了西建大的辉煌，一页页书写着荡气回肠的篇章。

西安建筑科技大学建筑学院院长：

2019 年 7 月 22 日

来自远方珍贵的回忆和美好的祝愿

我是 1956 年组成西安建筑科技大学母体之一的苏南工专建筑科最后一届毕业生。苏南工专从 1955–1956 年为筹备西迁，全校师生从思想上、物质上做了较长的前期准备。虽说从专科学校并入西安建筑工程学院，提高了一格，但是不少教师是身在上海到苏州执教的，一旦西迁，就有些纠结。我这一届毕业之日就是学校西迁之时，当我去北京新的工作岗位报到时，就是整个学校（除纺织科以外）踏上西迁的征途。当年我在北京城建部民用建筑设计院工作一年后，不安心于北京，来到更需要建设人才的新疆，比我老师走得更西。一干就是 60（在疆）+1（北京）年。我的整个人生就是伴随着西安建筑科技大学成长的。无论学院几次改名，离不开"西安"，非常亲切，因为那是培育我成长的师长所在地。

尤其是 1963 年，王小东、段成全、关小正等一批六年制建筑学毕业生来到我院，以及 1989 年以来，左涛、郑杨等一大批建筑学子分来我院，成为我院骨干，使我对母校倍感亲切。

秉承苏南工专"爱国、敬业、勤奋、奉献"的校训和西安建筑科技大学"自强、笃实、求源、创新"校训以及"四实"的校风，学子们从不放松学习和勤奋工作。功夫不负有心人，1989 年12 月，我作为新疆建筑设计研究院的一名设计师在北京接受建设部颁发的第一批"中国工程勘察设计大师"的奖牌。此荣誉称号当时全国建筑行业仅有 20 名，我是其中最年轻的一位，真有受宠若惊之感。这不仅是对我个人的奖励，更是对我所在单位、新老母校的培育人才的业绩肯定，因为我毕竟是母校的"产品"，也是设计院的"后续产品"。

1996 年，西安建筑科技大学建校 100 周年、并校 40 周年之际，母校邀请我赴西安参加学校庆典。何保康校长为我颁发了聘书，给我举办了个人的小型作品展览，并且提供了一次讲学的机会。亲眼见到西建大学子们，热情好学、奋发向上的精神面貌，我无比感动。

2006 年母校建校 110 周年、并校 50 周年之际，又邀请我赴西安参加学校庆典，徐德龙校长将我安排在主席台就座，亲耳聆听徐匡迪院士的致辞。当时露天会场正值瓢泼大雨，然而全体师生秩序井然，表现了学子们对学校的庆典感情之深。会后我还特别浏览了改造以后美丽的校园，由四所母体学校组成的学校大门给人印象很深，尤其是绿化丛中巧妙安排的梁思成先生和博古先生的雕像及其碑文，得以缅怀原东大和苏工的先辈的历史功勋，感慨万千。

序 2

2011 年，苏南工专全体校友聚会苏州沧浪亭，纪念苏南工专建校 100 年之际，西安建筑科技大学还专门派出采访小组前去苏南工专原址采访，事后并给我寄来了母校校庆的十集电视记录专辑。母校如此重视原母体学校学子的感受，给我留下了极为深刻的印象。

2016 年苏三庆书记，2017 年刘晓君校长先后来到新疆乌鲁木齐和各届西建大学子见面，尤其同王小东院士见面，传达了母校近年来不断发展和壮大的信息，使我们又一次加深与母校的感情。

母校尤其是建筑学院师生长期不懈努力，不仅保持着全国建筑老八校的位置，而且保持着学生参加国际竞赛屡屡得奖的成绩，表明学生进取心强、实力雄厚。教师院士增多，又新添了大师，博导增加，教师队伍质量以及科研教学成果今非昔比，青出于蓝而胜于蓝。母校有无穷无尽的魅力，也是源于学校四个母体都是在清末民初为民族救亡而兴办的我国最早的一批高等学府，在国家和民族处于危难之际培养了一批栋梁之材，又将其精神传承给了西安建筑科技大学，当今又适逢进入中国特色社会主义新时代，进入了最好的历史机遇期，应该是前程似锦。

西建大学子身躯里流淌着从少帅到博古的民族爱国热血！血液里传承着从梁（思成）、林（徽因）到刘（致平）、刘（鸿典），以及从刘（勋麟）、柳（士英）、刘（敦桢）到蒋（骥）等前辈的学术和职业基因！由这样一批精英，薪火相传，西安建筑科技大学定能实现成为世界有名，全国一流高等学府的目标，为实现中华民族的伟大复兴的中国梦，必将做出自身更大的贡献。

苏南工专建筑科 56 届学生

西安建筑科技大学校友

新疆建筑设计研究院

孙国城

2018 年 1 月 20 日

凡　例

1. 本院志记述西安建筑科技大学建筑学院的发展历史，"以教育为本，建筑筑基，面向社会，服务西部"为宗旨，力求科学性、资料性、系统性相统一。

2. 因西安建筑科技大学建筑学院由四所高等院校的土木、建筑类学科于1955年合并重组而成，故本院志将1956年设为修志的时间上限。因前身四所院校均创建历史悠久，为能全面反映西安建筑科技大学建筑学院的发展脉络，需追溯至发端时期，故入志之人、物、事之时间上限实为20世纪20年代；本院志之下限断至2018年。

3. 本院志记述西安建筑科技大学建筑学院的历史发展脉络、组织机构、专业教学和学科建设、学术研究的发展历程，学院附属生产机构的发展历程，国际交流与合作的发展状况，包括序、正文、表、附录和后记五个部分。

4. 本院志以存真求实为基本编纂原则，力求人、事之衔接有序，无切实文献资料依据者不入志。

5. 限于客观条件，本院志从为西安建筑科技大学建筑学院做出重要贡献的诸多前辈中选取7位教师（建筑学、建筑历史、风景园林、城市规划学科方向），为其立传。人物传作者均系延请传主之学生、同学及挚友撰写，按各位传主之生年先后排序。

6. 本院志所征引的资料，主要来源为学院内部档案资料（人事资料、教学资料、历次专业评估资料、科研资料等），西安建筑科技大学内部档案资料，学院教职员工（本人及亲友后人、学生等）与校友访谈记录及提供的相关资料（信件文书、照片图档）等。

7. 因追溯时间久远，考证调查内容繁多，且编纂时间仓促，水平所限，错漏遗缺之处在所难免，恳请见谅，并深望于后继之修志者。

目　录

第 1 章　总述 　　001

1.1　建筑学院历史发展的源与流 　　003

1.2　建筑学院历史发展脉络图与表 　　插页

　　1.2.1　建筑学院历史发展的源流图 　　插页

　　1.2.2　1956—1957 年建筑学院并校人员来源与简介 　　013

　　1.2.3　建筑学院历任领导一览表 　　插页

　　1.2.4　建筑学院机关历史发展脉络示意图 　　插页

1.3　建筑学院现状组织机构示意图 　　023

1.4　大事记年表（1956—2018 年） 　　024

　　1.4.1　关于筹建"西安建筑工程学院"的初步方案 　　024

　　1.4.2　大事记 　　025

第 2 章　专业发展历程 　　031

2.1　概述 　　插页

　　2.1.1　建筑学院专业与学科发展脉络图表 　　插页

　　2.1.2　建筑学院教学机构发展历史图表 　　插页

2.2　专业发展 　　033

　　2.2.1　建筑学专业 　　033

　　2.2.2　总图设计运输工程专业 　　039

　　2.2.3　城乡规划专业 　　043

　　2.2.4　风景园林学科专业 　　047

　　2.2.5　历史建筑保护工程专业与建筑遗产保护教研室 　　053

　　2.2.6　环境艺术专业与环境艺术研究所、室内设计研究所 　　053

　　2.2.7　摄影专业 　　056

　　2.2.8　建筑历史与理论研究所历史回顾 　　056

　　2.2.9　建筑技术科学学科历史回顾 　　060

　　2.2.10　美术教研室 　　064

　　2.2.11　测量学科 　　068

2.3 人物传 070
    2.3.1 刘鸿典 071
    2.3.2 郭毓麟 073
    2.3.3 林宣 075
    2.3.4 佟裕哲 077
    2.3.5 张似赞 080
    2.3.6 张缙学 083
    2.3.7 刘宝仲 087
2.4 建筑学院教授治学 089
2.5 专业发展大事记年表 095

第 3 章 学术研究 103
3.1 概述 105
3.2 学术研究与科研团队 106
    3.2.1 中国窑洞及生土建筑研究 106
    3.2.2 绿色建筑体系与黄土高原基本聚居模式研究 108
    3.2.3 西藏高原节能居住建筑体系研究 109
    3.2.4 教育建筑研究 110
    3.2.5 文化遗产保护与利用研究 112
    3.2.6 建筑气候学研究 113
    3.2.7 乡村规划研究 114
    3.2.8 中国城市规划传统的继承与创新研究团队 116
3.3 科研平台 118
    3.3.1 省部共建西部绿色建筑国家重点实验室 119
    3.3.2 陕西省西部绿色建筑协同创新中心 120
    3.3.3 陕西省古迹遗址保护工程技术研究中心 120
    3.3.4 青海省高原绿色建筑与生态社区重点实验室 121
3.4 学术研究大事记年表 123

第 4 章　工程实践　129

　4.1　概述　131

　　4.1.1　西安建筑科技大学建筑设计研究院的历史回顾　131

　　4.1.2　西安建大城市规划设计研究院的历史回顾　133

　4.2　重点工程简介　137

　　4.2.1　建筑设计类　137

　　4.2.2　城乡规划类　156

　4.3　工程实践大事记年表　173

第 5 章　国际交流与合作　181

　5.1　国际交流记事　183

　　5.1.1　与香港大学学术交流记事　183

　　5.1.2　中日联合党家村民居调查记事　185

　　5.1.3　关于接待日本窑洞考察团和接收留学生　189

　　5.1.4　与日本大学的交流记事　190

　5.2　国际会议　192

　　5.2.1　记 1999 国际建协第二十届世界建筑师大会　192

　　5.2.2　DOCOMOMO CHINA 成立暨首届委员会会议　193

　　5.2.3　2013 西安建筑遗产保护国际会议　194

　5.3　国际交流与合作大事记年表　195

附录 1　表　201

　1.1　教学　202

　　1.1.1　建筑学院年度大学生竞赛获奖统计　202

　　1.1.2　建筑学院历届优秀毕业生名单　220

　　1.1.3　建筑学院历年出版教材一览表　221

　1.2　学术研究　225

　　1.2.1　建筑学院出版规范、标准一览表　225

1.2.2　建筑学院主要出版物一览表　　　　　　　　　　　　　　　　226

1.2.3　建筑学院主要科研课题一览表　　　　　　　　　　　　　　　234

1.2.4　建筑学院教职工在各种重要学术团体、单位或组织兼职一览表　　239

1.2.5　建筑学院教师境内、外访学进修经历一览表　　　　　　　　　243

1.3　教职工与学生名单　　　　　　　　　　　　　　　　　　　　246

1.3.1　建筑学院历任教职工名单　　　　　　　　　　　　　　　　246

1.3.2　建筑学院历届本科毕业生名单　　　　　　　　　　　　　　252

1.3.3　建筑学院历届硕士研究生名单　　　　　　　　　　　　　　299

1.3.4　建筑学院历届博士研究生名单　　　　　　　　　　　　　　318

1.3.5　建筑学院意大利米兰理工大学建筑学院双学位计划　　　　　321

1.3.6　建筑学院历届工程硕士研究生名单　　　　　　　　　　　　321

1.3.7　建筑学院建筑设计进修班学员名单　　　　　　　　　　　　325

附录 2　历史图片　　　　　　　　　　　　　　　　　　　　　327

参考文献　　　　　　　　　　　　　　　　　　　　　　　　　359

档案索引　　　　　　　　　　　　　　　　　　　　　　　　　361

后　记　　　　　　　　　　　　　　　　　　　　　　　　　363

第一章

总 述

1.1　建筑学院历史发展的源与流

1.2　建筑学院历史发展脉络图与表

1.3　建筑学院现状组织机构示意图

1.4　大事记年表（1956—2018年）

1.1　建筑学院历史发展的源与流

　　1951年11月在北京召开的全国工学院院长会议拉开了全国大规模院系调整的序幕。西安建筑工程学院成为西安地区新建的3所高等院校之一。1955年6月23日，高等教育部下发"筹建西安建筑工程学院方案"。方案确定将东北工学院的建筑系（设建筑学、工业与民用建筑、工业与民用建筑结构、供热供煤气及通风四个专业）、西北工学院的土木系（设工业与民用建筑、工业与民用建筑结构两个专业）、青岛工学院的土木系（设工业与民用建筑专业）、苏南工业专科学校的土木科（设工业与民用建筑专修科）和建筑科（设建筑设计专修科）等调整出来重组，成立西安建筑工程学院。

　　西安建筑工程学院地处西北，坐落在古城西安南郊的大雁塔脚下。1955年3月筹建之初隶属于建筑工程部。1956年7月经国务院批准划归冶金工业部管辖。1958年7月增设冶金、机电、采矿等专业。1959年更名为西安冶金学院。学院由单科性的建筑工程学院转变为采矿、冶金与建筑兼顾的多科性的高等学校。1961年，学院的专业设置进行了较大的调整，明确以土建类为主，兼有冶金、采矿、机电等类专业，并于1963年8月再次更名为西安冶金建筑学院。1994年3月8日，经原国家教委批准，更名为"西安建筑科技大学"。1998年，学校划转陕西省人民政府管理。2018年年底，学校成为陕西省人民政府、教育部、住房城乡建设部共建高校。经过并校60年来的建设与发展，学校已经成为一所以土木建筑、环境市政、材料冶金及其相关学科为特色，以工程技术学科为主体，工、管、艺、理、文、法、哲、经、教等学科协调发展的多科性大学。

　　西安建筑科技大学建筑学院是我校办学历史最为久远的院系之一。西安建筑科技大学建筑学院自1956年成立以来，伴随着学校的发展历经了西安建筑工程学院（1956—1959）、西安冶金学院（1959—1963）、西安冶金建筑学院（1963—1994）与西安建筑科技大学（1994—）四个历史时期。为国家、地方与行业的人才培养的以及建设事业作出了卓越贡献。

西安建筑工程学院（1956—1959）

　　追溯历史，在"师夷长技以制夷"思想影响下，20世纪20年代起留学归国的学子们逐渐将西方的建筑学教育体系引进中国。留学日本东京高等工业大学的刘敦桢、柳士英于1923年在江苏公立苏州工业专门学校创办了建筑科；留学美国宾夕法尼亚大学的梁思成于1928年创办东北大学建筑系，1946年又在清华大学创办了建筑系；毕业于意大利拿坡里奥工业大学的沈理元1928—1934年期间担任北平大学艺术学院建筑系教授；法国里昂建筑学院的毕业生林克明于1932年创办了襄勤大学建筑系等。此外，林徽因、陈植、童寯、杨廷宝、黄作燊、王华彬、哈雄文、刘福寿、谭垣、朱世奎等一批 20 世纪 20、30 年代留学归国的学子们领中国现代建筑教育之先河，为新中国成立后建筑教育的发展积聚了重要的力量。他们在经过 50 年代大规模院系、专业调整所形成的中国建筑院校"老八校"的创办、发展、成长中发挥了重要作用，立下了不朽的功勋（建筑老八校即：清华大学、同济大学、南京工学院、天津大学、重庆建筑工程学院、哈尔滨建筑工程学院、华南工学院、西安建筑工程学院）。

西安建筑工程学院秉承了东北工学院、苏南工业专科学校的办学传统，集结了东北工学院、苏南工业专科学校、青岛工学院和西北工学院四校的人才与图书、资料等资源创办了建筑系。其中的东北工学院建筑系与苏南工业专科学校建筑科是最为核心的两支力量。

东北工学院建筑系的办学历史可以追溯到梁思成 1928 年在东北大学创办的建筑系，是中国历史上最早设立的大学建筑系之一。时任教师包括留美归国学生有：林徽因、陈植、童寯及蔡方荫等人。首届招生 15 人。1931 年童寯先生继任建筑系主任。不幸的是东北大学建筑系创办仅 3 年，就因"九·一八"事变而夭折。东北大学建筑系在躲避战火的颠沛流离中且走且行。1932 年东北大学首届毕业生 10 人，1933 年毕业 9 人，原二年级的 5 名学生（张镈、曾子泉、林宣、唐璞、费康）转至中央大学建筑系，于 1934 年毕业（毕业时发的是中央大学建筑系的毕业证）。原三、四年级的学生借用上海大夏大学复课。东北大学建筑系虽然只办了 3 年，却培养了一批像刘致平、刘鸿典、张镈、赵正之、陈绎勤等卓有成就的建筑学者和大师。后经多方艰辛努力，终于在 1946 年恢复了东北大学建筑系。直至 1949 年元月 22 日，北平和平解放后，"东大"师生返回阔别多年的家乡——东北。此时的建筑系（沈阳工学院）已有三个年级的学生。王之英教授（留日）、赵冬日教授（日本早稻田大学硕士）为复校后建筑系的第一、第二任主任。主要教师有彭垚教授（北京燕京大学）、贾伯庸教授（日本东京工大）、郑惠南教授（留日，著名雕塑家）、王耀副教授（天津工商）、赵克东副教授（天津工商）等人。由于在北平时任课教师和兼职教师，大部分没有随迁回沈，当时师资极其缺乏。后由沈阳工学院副院长去沪招聘，特邀郭毓麟老师（东大第一届毕业生）回家乡主办建筑系。在郭毓麟老师的带动下，刘鸿典教授（东大第二届毕业生）、张剑霄教授（天津北洋大学）、林宣教授（东大第三届毕业生）、黄民生副教授（上海沪江大学）、张秀兰讲师（南京中央大学）等人相继到校。随着新生力量的不断补充整合，东北工学院时期的建筑系，已建成师资齐全、力量雄厚的教学梯队。直至 1956 年西迁，他们为东北工学院留下了"四大学馆"近现代建筑遗产（沈阳文物保护单位）：建筑学馆（1952 年建成，黄民生副教授设计）、冶金学馆（1952 年建成，刘鸿典教授设计）、机电学馆（1953 年建成，王耀副教授设计）、采矿学馆（1956 年建成，候继尧讲师设计）。

苏南工业专科学校原名苏州工业专科学校，创办于 1911 年。1923 年首开建筑科，留日学者柳士英（字雄飞）先生任系主任。教师有毕业于日本东京高等工业学校的朱士圭（1919 年毕业）、刘敦桢（1921 年毕业）、黄祖森（1925 年毕业）等。1927 年苏工建筑科并入国立第四中山大学（1928 年更名为国立中央大学）。1947 年恢复建筑科，学制五年。由蒋骥教授任科主任，当年招正式生 50 名，备录生 20 名，合计 70 名。授课教师有朱葆初、程璐、胡粹中等。苏南工业专科学校建筑科美术教学由原苏州美术专科学校创办人之一的胡粹中教授负责。苏州美术专科学校是我国最早的美术学校之一，对我国早期美术教育的发展产生过深远的影响。1950 年江苏丹阳正侧艺术学校撤销建制，该校建筑科约 100 名学生在沈元恺、杨卜安等老师带领下并入苏工。1951 年学校更名为苏南工业专科学校（简称苏工）。据不完全统计，苏工在中华人民共和国成立后培养的 8 届建筑科毕业生有 517 人，其中 56 届毕业生国家级设计大师、新疆院前总建筑师孙国城便是他们中的杰出代表。1956 年，苏工建筑科并入西安建筑工程学院。

西安建筑工程学院建筑系在成立之初，由东北大学建筑系首届毕业生郭毓麟教授任学校教务长。建筑系主任由东北大学第二届毕业生刘鸿典教授担任。时设民用建筑、建筑学、初步设计、美术、画法几何 6 个教研组。合计教师 110 人，职工 20 人。教师主要由东北工学院、苏南工业专科学校、青岛工学院和西北工学院的土建专业教师组成。开办建筑学一个专业，2、3、4 年级的学生由东北工学院 1953 级学生（61 人）、1954 级学生（57 人）、1955 级学生（65 人），合计 183 名学生转入，同年招收第一届（1956 级）学生，学制 6 年。

办学之初，教学上执行的是全国高校建筑系的统一教学计划。该计划是 1954 年由苏联专家指导制定的。该计划以苏联国颁大纲为蓝本，注重渲染等绘图的基本训练以及对古典美学原则的掌握。在教学特色上融合了东北工学院与苏南工专南北两校的特点，取长补短。东北工学院的教师，带来了秉承梁思成的教学理念；以及童寯教授在老"东大"建筑系讲课时用的西洋建筑史的玻璃幻灯片多箱。苏联专家阿·阿·连斯基在东北工学院讲学期间，曾为全国建筑老八校培养了一批工业建筑的骨干教师。那时的东北工学院已经成为全国工业建筑、建筑物理学科中心，为全国培养研究生。1956 年连斯基随东北工学院调往西安建筑工程学院建筑系，继续完成培养工业建筑研究生的工作；与此同时，还开设了建筑物理讲座，为以后学科的发展及科研工作打下了良好的基础。建校之初，苏南工业专科学校胡粹中教授担任美术教研组主任。他亲自负责指导，将美术教学所用的石膏像从苏州装运至西安，为我系教学所用。这批石膏模型均为苏州美术专科学校校长颜文樑先生在建校初期从法意等国由原雕塑翻制的石膏像，这也是我国首次引进的石膏模型原件。包括大卫像、无臂维纳斯、平头维纳斯等数十件，后毁于十年动乱初期。1956 年，美术教研室教师（胡粹中、蔡南生、张芷岷）为核心成员成立的"春蕾水彩画会"（即现在的"西安水彩画学会"前身），是中华人民共和国成立后第一个水彩画学术社团。他们作为老一辈的水彩画家，对振兴和推动陕西水彩艺术的发展，起到了积极的作用。

与此同时，来自不同教育背景的教师对于办学的特色、思想与方法的形成亦做出了各自的贡献，如：毕业于上海之江大学的张似赞、李觉等老师，清华大学的刘振亚、夏云老师，同济大学的汤道烈等老师以及天津大学的南舜熏、张壁田等老师，使新生的西安建筑工程学院一开始就打下了多元并存、开放思维的烙印。

西安冶金学院（1959—1963）

1958 年中共中央提出了国民经济"以钢为纲"的口号。冶金工业部于同年 7 月决定，在西安建筑工程学院增设钢铁冶金、钢铁压力加工和采矿三个专业，组成"矿资系"。经冶金工业部与中共陕西省委共同商定，西安建筑工程学院从 1959 年 3 月 1 日起，改名为西安冶金学院。学院由单科性的建筑工程学院转变为采矿、冶金与建筑兼顾的多科性高等学校，划归冶金工业部管辖。为了更好地贯彻党的教育方针，密切理论联系实际，1960 年，建筑系和建筑工程系合并，系名为建筑工程系。

在计划经济时代，建筑系学生分配主要对口冶金系统。这在很大程度上影响了建筑系的教学组织。在"文革"前，工业建筑的学时比例很高，最多时总平面设计 110 学时，工业建筑设计原理 30 学时，课程设计 120 学时，工业建筑构造课 20 学时。工业建筑毕业设计的题目约占毕业工业建筑设计题目总数的一半。1959 年，工业建筑教研室参与了全国工业建筑教材的编写任务，主编了第三分册（总平面设计原理）；参编了单层厂房建筑设计，并由郭毓麟教授主审工业建筑构造一节。当时各校公认西安冶金学院是培养工业建筑师资的摇篮，在国内享有一定的名望。在"先生产，后生活"的历史年代，西安冶金学院为国家工业建筑人才的培养作出了举足轻重的贡献。

西安冶金建筑学院（1963—1994）

1963 年 8 月 8 日,经冶金部、教育部同意,学校更名为西安冶金建筑学院。1963 年,随着国民经济调整、巩固、充实、提高方针的贯彻实施,又分为建筑系与建工系两个系。1977 年曾经隶属工业经济及运输系、工艺经运系的测量教研室改属建筑系。

这一历史时期建筑系的发展,同其他院校一样因"文化大革命"而陷于停滞。从 1975 年开始正式招收工农兵学员,建筑教育逐渐恢复。恢复期的建筑系多次对教学计划进行了修订,大的修订有三次:第一次,1977 年恢复招生,制定了四年制教学计划。第二次,1984—1985 年,对四年制教学计划进行了修改。修改重点①专业基础的内容有较大变动,取消了水墨渲染,增加"构成"课。②设计课程增加了"独院式住宅"设计,取消了二年级的医院设计;减少了工业建筑设计的分量。在毕业设计中,工业建筑的选题自 1986 年后已被民用建筑所取代。③在教学机构上,原有的工业建筑教研室自 1987 年正式撤销。④在教学方法上,形成了文教、车站、旅馆、居住、影剧院建筑等类型化的设计教学与研究相结合的课程体系。出版了《中小学建筑设计》《汽车站建筑设计》《影剧院建筑设计》《旅馆建筑设计》等系列教材。开设了空间论、环境论等前沿理论课程。出版论著《建筑空间论》(张似赞)、译著《建筑空间论——如何品评建筑》(张似赞)、《建筑外环境设计》(刘永德)等。第三次,从 1990 年代起着手五年制教学计划的制定,到 1992 年底大体成形。着眼点有:宽口径教育——拓宽专业面,以建筑学为基础的宽口径教育,强调专业素质能力的培养。强化了对设计教学与实践环节的要求。加强专业课系列——设计、技术与相关理论的整体性建设。

1980 年代,随着改革开放,我系教师对一些新办的兄弟院校如西北建筑工程学院、北京建筑工程学院、苏州城建学院、上海城建学院、烟台大学、青岛工学院等在办学上给予了一定的支持。

1990 年国家教学成果奖:"结合国际竞赛进行毕业设计"(张缙学　佟裕哲　侯继尧)是这一历史时期教学成果的集中体现。在改革开放的热潮中,坚守着这片土地的师生们以西部的地域文化与智慧开启了通向世界的窗口。1983 年国际建筑师协会(UIA)举办主题为"建筑师促成居住者进行住宅规划与设计"的第 12 届国际大学生建筑设计竞赛,在参加这次竞赛活动的 44 个国家,提交的 186 个方案中,我系建筑学七九级十三名同学的三个方案:"促成城市旧区居住者改建住宅规划和设计的方法与实例"、"促成中小城镇新区居住者对住宅规划和设计的方法与实例"、"促成农村窑洞居住者对窑居规划和设计的方法与实例",作为一个整套(Units)名列第三,获"叙利亚建筑奖"。这是我国大学生首次参加 UIA 的建筑设计竞赛并获奖。此后的 1987 年、1990 年、1993 年,我系 34 名同学连续三届在 UIA 国际大学生建筑设计竞赛中获得奖项 5 项。特别是 1990 年,第 14 届 UIA 国际大学生建筑设计竞赛中我系 86 级 9 名同学获得最高奖——联合国教科文奖。这是我国大学生首次在这项全球最高规格的竞争中获得的最高荣誉。为此,国际建筑师协会本届大会协调主席克里斯蒂·塞伯格先生特向我校致函祝贺。联合国教科文组织驻华代表泰勒博士专程来我校向获奖的大学生颁奖。清华大学教授吴良镛专门给我校发来贺信,他说,"国际建协授予你院师生联合国教科文组织奖时,我在蒙特利尔并看到你们的方案展览,为此欣慰不已。你们创造性地将中国建筑文化介绍给世界,赢得了国际声誉,为中国建筑师增光,谨向你们表示祝贺"。

随着国家的对外开放,我系也吸引了众多海外学者前来交流访问,取得了丰硕的交流成果。日本东京工业大学青木志郎教授为首的"中国黄河流域窑洞民居集落考察团",1981 至 1991 年,先后 10 次前来调研考察。双方的交流合作在中国窑洞领域取得丰硕的科研成果。东京工业大学茶谷正洋研究室的八代克彦 1986 年来我校留学，继续深入进行"中国黄河流域窑洞住居的研究"，并完成了博士论文。1984、1985年，美国宾夕法尼亚州立大学建筑系的吉·戈兰尼（Gideon S.Golany）教授多次深入陕西、甘肃、山西境内，对黄河两岸的窑洞聚居村落进行调查研究和实地测绘，与我校开展学术互访活动。1984年日本九州大学青木正夫教授来我院集中讲授了"建筑计划学"之后，为了进一步加强学术交流，又于1987年由中日两国学者联合组成了中国民居考察团，针对西安市传统街区的更新、高密度居住区现状与对策、城市传统居住区的保存与更新、城郊接合部发展趋势及农村传统聚落五个方面的内容开展研究。经过8年的联合攻关，双方在传统村落研究方面，特别是对韩城党家村的研究取得了丰硕的成果。除此之外，1980年代末、1990年代初我系还与法国波尔多建筑与景观学院、罗马大学建筑系等开展了学术互访活动。

在科研领域，赵立瀛教授编著的《中国古代建筑技术史》一书分中、英文两种版本向世界发行，在国内外学术界中引起强烈反响。该书荣获1986年度国家最高图书奖。1987年夏云教授获准"综合用能立体用地节能节地建筑研究"、1992年刘加平教授获准"被动式太阳房节能优化研究"国家自然科学基金项目，开创了我系绿色建筑研究之先河。1987年李觉教授获准"乡村及小城镇形态结构理论"、1988年李京生获准"县域乡镇建筑体系的研究"国家自然科学青年基金，奠定了我校在乡村领域研究的基础；佟裕哲先生1991年获准"中国西部园林建筑（陕、甘、宁）"国家自然科学基金项目，为此后风景园林学科的建立奠定了基础。1993年张宗尧教授获准《残疾儿童学校学习环境研究》国家自然科学基金项目，奠定了我校教育研究领域的基础。

西安冶金建筑学院期间，也是建筑系专业拓展的阶段。1964年"工业运输专业"脱离工艺系，并入建筑系。"工业运输专业"是我校在1956年成立时就开办的专业，当时隶属经济与运输系，系主任余士璜。其前身是我国于1953年在鞍山举办的总图设计培训班，是在"一五"期间，随着苏联援建项目的展开，为了解决短缺的工业运输专业人才而开办的。培养方向有两个，一个是给设计院培养总图设计人才；另一个是给大型厂矿企业培养工业运输管理人才。1972年恢复招生时，经上级批准，我校的工业运输专业改名为"总图运输设计专业"；1980年代，专业名称改为"总图设计和运输"；1992年，教委进行专业调整，专业名为"总图设计与运输工程"。

城市规划专业的开办经历了长期的历史酝酿。在我校创立之初，来自青岛工学院的谭炳训教授，中华人民共和国成立前曾主持领导北平市政建设及旧都古建筑（天安门、中南海、故宫、天坛等）修缮、北平城市规划、庐山规划等工作；曾译有《市镇计划纲领》（即雅典宪章）、《苏联五年计划》，著有《香港市政考察记》、《北平之市政工程》等城市规划相关著作。来自东北工学院的彭埜教授曾于1952年担任过沈阳市城市建设委员会委员。在建筑系成立之初，彭埜教授首先在建筑学专业开设了城市规划课程，开始讲授居住小区规划，并且指导学生在毕业设计中完成城市规划课题。教学之外，彭埜教授还与西北建筑设计院合作，主持完成了西安市兴庆公园和大雁塔风景区的规划建设。当时的青年教师汤道烈是同济大学首届城市规划专业毕业生。1958年，李觉、张缙学、武克基老师在清华大学完成两年城市规划进修后返校，正式成立了城市规划教研室。同年，配合国家人民公社化运动，城市规划教研室开展《农村人民公社规划研究》，编制陕西省农村人民公社规划。"文化大革命"期间，由于"城市规划无用"论思潮的影响，城市规划教研室随之取消。"文革"后，1982年，恢复城市规划教研室。这一时期城市规划教研室教师也积极参与了多项重大的规划设计实践项目，包括韩城县城总体规划和华山风景名胜区总体规划等。1988年获准"乡村小城镇结构形态理论"国家自然基金项目。1989年获准了"县域乡村建设体系研究"国家自然科学青年基金项目。这些研究项目从人才储备、教学、实践到科研都为专业的开办奠定了厚实的基础。1985年，经国家教委批准，我系在原有城市规划专门化基础上开办了城市规划专业，成为继同济大学、重庆建筑工程学院（20世纪50年代开办城市规划专业）之后全国较早开办城市规划专业的院校之一，1986年城市规划专业首次招收本科生。

西安建筑科技大学（1994—）

　　1994年学校更名为西安建筑科技大学。1996年成立建筑学院。进入20世纪90年代，建筑系逐步开始进行机构改革。推行教学与研究相结合的研究所制度。旨在促进以学科带头人为核心的专业与学科建设。经过多年的发展。目前（2018年），建筑学院开设：建筑学、城乡规划、风景园林、历史建筑保护工程四个本科专业。硕士学科6个，博士学科3个。全日制在校生，本科1604人，研究生1391人。现有教职工252人，专职教师221人，其中教授（正高）34人，副教授（副高）56人。学院党委下设纪委、办公室、工会、团委以及13个教工党支部和36个学生党支部。学院行政下设7个行政办公与教学管理部门（行政办公室、教学办公室、科研办公室、研究生办公室、学生工作办公室、外事工作办公室、图书资料室），设置3个系、16个教研室（建筑、城乡规划、风景园林三个系和建筑学系一年级、二年级、三年级、四年级、五年级教研室、建筑技术、建筑勘测、建筑历史、建筑美术、规划基础、规划、建筑与城市规划、风景园林基础、风景园林规划、风景园林遗产保护教研室），9个研究中心（省部共建西部绿色建筑国家重点实验室、西部绿色建筑省部共建协同创新中心、中国城乡建设与文化传承研究院、陕西省古迹遗址保护与利用工程技术研究中心、陕西省新型城镇化和人居环境研究院、绿色建筑与低碳城镇国际科技合作基地、青海省高原绿色建筑与生态社区重点实验室、陕西省乡村振兴规划研究院、陕西省村镇建设研究中心），6个研究所（建筑设计与理论研究所、城市与建筑研究所、建筑与环境研究所、建筑勘测研究所、建筑技术科学研究所、历史城市建筑保护与风景园林研究所）。

　　随着1999年我国大学的扩招，我校原本就十分有限的教学资源显得更加捉襟见肘。在这样的背景下，2005年在建筑学院东楼的改造中，将教学空间等重新整合，形成了多层次、多形式的自由开放空间，为教师与学生在交流、研讨、评图、授课、展览、阅读、自习等活动中创造了空间使用的高效率；这些活动自身所营造的空间氛围得到建筑同行的广泛赞赏。东楼建设取得了"建筑教育'场效应'模式的探索与实践"陕西省教学成果一等奖（2007）。随着草堂校区的建设，雁塔校区空间资源再分配中，建筑教学空间从东楼扩展到教学主楼、教学西楼。目前，合计教学面积1.7万 m^2。其中实验用房 $3613m^2$，办公科研用房 $1410m^2$，教学用房 $11963m^2$，建筑广场 $692m^2$，古建博物馆 $300m^2$，图书阅览室 $240m^2$。拥有图书10666册，期刊2981册。

学科发展

　　建筑学院拥有1个国家级重点学科（建筑设计及其理论）和5个陕西省重点学科（建筑历史与理论、建筑设计及其理论、建筑技术科学、城乡规划学、风景园林学），3个一级学科博士授权点，3个一级学科博士后科研流动站，4个本科专业。在2016年全国第四轮一级学科评估中，建筑学、城乡规划学和风景园林学均排名B+。

　　建筑学院教师中有中国工程院院士2人，教育部"长江学者"特聘教授1人，"万人计划教学名师"1人，"万人计划科技创新领军人才"1人。国家杰出青年基金获得者3人、国家优秀青年基金获得者1人，国家百千万人才工程入选者2人，陕西省工程勘察设计大师2人。2009年"西部建筑环境与能耗控制理论研究"创新研究群体项目获准通过，成为我国建筑学学科目前唯一的国家创新研究群体。2013 年"低能耗建筑设计创新团队"获准陕西省重点科技创新团队称号。2017 年"中国城市规划经验传承关键技术创新团队"获陕西省科技创新团队称号。

建筑学院依托西部独特地缘条件，秉承学科优秀传统，在国家自然科学基金重大项目、创新研究群体与杰出青年重点项目、国际交流与合作项目以及国家科技计划重大项目的大力推进下，结合有重大影响的地域建筑创作项目的持续支撑，形成了西部绿色建筑、文化遗产保护、欠发达地区乡村人居环境营建、西北脆弱生态条件下城乡宜居环境建设与生态保护修复等特色学科方向。2017 年，省部共建西部绿色建筑国家重点实验室获批建设，成为国内建筑学第二个国家重点实验室。先后创建了 UIA 建筑与遗产中国工作组、国际现代建筑遗产理事会中国委员会、陕西省西部绿色建筑协同创新中心、建设部生土建筑实验室、陕西省古迹遗址保护与利用工程技术研究中心、青海省绿色建筑与生态社区重点实验室等高水平学科创新平台及陕西省新型城镇化与人居环境研究院等高端智库。

社会实践

随着 1994 年 3 月西安建筑科技大学城市规划设计研究院正式成立（2001 年正式更名为西安建大城市规划设计研究院），建筑学院、规划院与设计院共同构建了实践创作平台，全面实现了产、学、研的一体化。除此之外，建筑学院与企业共建实习基地 30 余家。

西安建筑科技大学建筑设计研究院的前身是 1958 年在建筑系成立的土建设计室，1961 年因国家经济困难而撤销。1974 年再次成立直至 1983 年改为建筑设计研究所，归学校领导。但它依然是建筑学院教师参与创作与社会服务的重要窗口。2015 年赵立瀛、刘永德、张勃教授荣获陕西省土木建筑学会颁发的"陕西杰出建筑师奖"。2016 年刘克成、周庆华教授荣获"陕西省工程勘察设计大师"称号。1990 年代至今，建筑学院教师参与主持的设计项目，多次获得陕西省优秀建筑奖及优秀工程勘察设计奖，其中一等奖 5 项，二等奖 3 项，三等奖 3 项；获得国家优秀建筑奖及优秀工程勘察设计奖多项，其中银奖 3 项，二等奖 2 项，三等奖 2 项；获联合国人居署世界人居奖 1 项。

西安建大城市规划设计研究院成立于 1994 年 3 月。自成立以来十分注重教学，科研与实际工程设计的结合。充分发挥建筑学院的人才优势，建立多学科发展相融合，多类型人才通力合作的规划设计研究团队。主持和参与完成国家重大科研项目 8 项，国家文物局委托项目 1 项，陕西省重大课题研究项目 7 项。在工程实践方面，获全国优秀城乡规划设计奖 11 项，其中二等奖 1 项，三等奖 6 项，表扬奖 4 项。获得陕西省优秀城乡规划设计奖 52 项，其中一等奖 21 项，二等奖 14 项，三等奖 16 项，表扬奖 1 项。

专业教育

目前建筑学院下设建筑学系、城乡规划学系、风景园林学系，开设 4 个本科专业，是我国西北地区唯一具有建筑学、城乡规划学和风景园林学学士、硕士、博士和博士后全系列人才培养资格的单位。1994 年起，建筑学专业连续五次，2000 年起，城市规划专业连续四次，以优秀级通过国家专业评估。建筑学、城市规划专业均为国家级特色专业、陕西省名牌专业，2017 年建筑学、城乡规划、风景园林和历史建筑保护工程 4 个本科专业全部进入陕西省一流专业。

2013 年"城乡规划学专业基础教学团队"获准陕西省教学团队，2015 年"风景园林专业教学团队"获准陕西省教学团队。2017年，西部绿色建筑重点实验室教师团队入选教育部"全国高校黄大年式教师团队"。

目前在读的本科生约1604人、研究生约1391人。已为国家和地区培养本科生和研究生约1.6万人，先后孕育了王小东、刘加平、常青三位院士，孙国城、刘纯翰等国家工程勘察设计大师。2017年，刘加平院士荣获首届全国创新争先奖。

（一）建筑学专业

1988年建设部批准了关于建立注册建筑师资格考试与建筑教育评估的建议，并成立了"全国高等学校建筑学专业教育评估委员会"，拟定了"高等院校建筑学专业本科教育质量评估指标体系"。1992年评估委员会率先对本科建筑学专业进行评估试点。同年根据评估要求，冶金部教育司同意我院建筑学专业1989、1990级部分学生改为五年制。1991年正式招收建筑学五年制本科生。建筑学本科与硕士专业分别于1993、1995年通过全国高校建筑学专业教育评估委员会的评估。实现了与注册建筑师制度和国际建筑教育制度的接轨。2002年，建筑学专业被评为陕西省名牌专业。2007年，建筑设计与理论通过国家重点学科评审，被认定为国家重点学科。2009年，建筑学专业被教育部、财政部批准为第四批高等学校特色专业建设点。同年获批省"建筑教育人才培养模式创新实验区"。2010年，建筑学专业开始实施"卓越工程师教育培养计划"。2011年获准国家"专业硕士学位"试点。2017年，建筑学专业获陕西省一流专业建设项目。2018年，获国家首批"新工科"研究与实践项目：面向西部绿色发展的全产业链高层次建设人才培养模式探索与实践。

进入21世纪以来，建筑基础教学在注重传统基本功训练的同时，先后融入了创造性思维训练与空间实体搭建训练。专业设计课程环节推行首席教师制。在高年级的教学中，开设特色方向课程：建筑与文脉、高层建筑设计与医疗建筑设计等。其中，建筑与城市文脉课程是陕西省双语教学的示范课程，也是国家级的精品课程，国家精品视频公开课程。建筑系2014年开始执行STUDIO制。在STUDIO与毕业设计选题环节建立学生与教师的双向选择制度。在理论教学方面，推行挂牌教学。在教学环节中完善了集中答辩周制度。我系师生在外来教学体系如苏黎世教学体系、英国AA教学体系等的冲击下，自2012年开始，开始探索具有本土特色、并适应中国国情的"自在俱足、心意呈现"教学改革体系，在全国建筑学教育领域引起广泛的关注。

建筑系学生在国际竞赛中屡获殊荣，在国际建协UIA举办的国际大学生设计竞赛中，我系88名学生分别在1999、2005、2008、2011、2014、2017年的六届竞赛中获得奖项16项。特别是第二十二届（2014）UIA国际大学生设计竞赛中，我系学生取得了包揽第一，二名的佳绩。在针对低年级学生举办的"中国建筑新人赛"中，从2012—2017年，共举办过六届，四届赛事的冠军都是我系学子，我校也成为获得该项赛事冠军次数最多的国内高校。其中，2015—2017年，我系学子连续三年在"中国建筑新人赛"的比赛中获得第一名，取得三连冠。在"亚洲建筑新人赛"的决赛中，我系学生取得了三次第二名，一次第三名的好成绩。虽无缘最高奖，却也是国内高校中的最好成绩。

1994年至今开设课程中获国家级精品课程1门，省级精品课程4门，省级精品资源共享课程1门。获得省，部（冶金部）级教学成果获奖特等奖2项，一等奖4项，二等奖3项。国家级教学成果奖2项（二等）。1994年至今，我系有省级教学名师3人。教师周若祁（1995）获全国优秀人民教师称号，刘克成（2014）年获得全国优秀教育工作者称号。林宣、张似赞、李觉、刘克成、王军、刘加平六位老师先后荣获中国建筑学会建筑教育奖。

（二）城乡规划专业

从1993级起，我校的城市规划专业学制正式调整为五年，并将1992级的部分学生由四年制转为五年制。1997年，全国高等学校城市规划专业教育评估委员会成立，2000年，我校城市规划专业首次以优秀级通过专业评估，成为国内最早通过城市规划专业评估的院校之一。2003 年城乡规划专业被列为陕西省名牌专业，2007 年城市规划专业成为国家级特色专业，2008 年成为国家重点培育学科。2011 年，国家城乡规划学一级学科设立。2012 年，建筑学院正式成立了城乡规划系。2012、2013 年我院城乡规划专业分别获得省级，国家级专业综合改革试点。2012 年"城市规划专业人才培养模式创新试验区""获省教育厅人才培养模式创新试验区"，2013 年，"城市规划学专业基础教学团队"被评为陕西省本科高等学校"专业综合改革试点"省级教学团队。2015 "城市体验、模拟与分析实验教学示范中心"被评为陕西省实验教学示范中心。2017 年，城乡规划专业获陕西省一流专业建设项目。

1995—1997 年期间，建筑学与城市规划专业统一按照建筑学招生，4、5 年级进行专业分科。2006 年，为顺应学科发展需求，使我校城乡规划专业的教育体系更趋完善、基础教育更加专业，建筑学院成立了城市规划专业基础教研室，使城乡规划专业低年级（1—5 学期）专业教学从原建筑学模式中脱离出来，进行了系统的教学改革与课程建设，在全国范围内产生了广泛的影响。2012 年城乡规划专业名称调整后，为适应新学科专业内涵，在原有"村镇规划"课程基础上予以扩展，形成了"乡村规划设计原理"课程，并在原有的城市公共中心规划设计和毕业设计中，逐步开设了乡村规划方向的设计专题，建立起了乡村规划的课程体系。从 2014 年开始，城乡规划系在城市公共中心规划设计课程中逐步引入 Studio 教学模式。所开课程中 5 门课程被评为陕西省教育厅精品资源共享课程。获得省教学成果一等奖 2 项，二等奖 1 项。国家教学成果二等奖 1 项。

（三）总图设计与运输工程专业

在 1990 年代末的全国大规模专业"改造"中，中国高校专业目录中的专业数由 504 种调减到 249 种。在这样的背景下，时任全国建筑学专业指导委员会主任的齐康先生，对我院开办的全国唯一的"总图设计与运输工程"专业进行调研。建议就学科内涵进行专业调整：运输方向划归土木工程学院交通工程专业，交通方向留在建筑学院划归城市规划专业。1999 年"总图设计与运输工程"专业调整至土木工程学院交通工程专业。除在校本科生整体归并，教师部分调至土木工程学院（如雷明、贾忠孝、王秋萍等），其他教师仍继续留在建筑学院任教。1959—2002 年，40 余年中，"总图设计与运输工程"专业，为我国培养了约 2000 多名本科生和 20 多名研究生，并为全国培训在职干部、在职设计人员近 1000 名。

（四）环境艺术专业

1995 年 10 月获国家教委批准建筑学院设立环境艺术专业（艺术类），1996 年正式面向全国招生，学制 4 年。该专业随着 2002 年学校艺术学院的成立而迁出。

（五）风景园林专业

风景园林专业创办的历史可以追溯到办学初期，彭埏教授在 1949 年起任教于东北工学院建筑系期间就曾担任开设造园学课程。1956 年随院系调整到西安建筑工程学院建筑系任教后，与西北建筑设计院合作，主持完成了西安市兴庆公园和大雁塔风景区的规划工作；1956 年出任西安市公园建设委员会特约委员。佟裕哲老师着手陕西地方景园建筑风格的考察和历史文献资料的收集整理，测绘尚存的景园建筑遗址。1957 年考察北京桂春园，1959 年在延安现场调查，1964 年考察留坝县张良庙。佟裕哲老师 1980 年代初相继在《建筑学报》上发表论文《中国园林地方风格考——从北京半亩园得到的借鉴》（1981.10），《中国园林地方风格考——陕西地方传统庭园的类型和组景特征》（1983.7）。1980 年代初在建筑专业开设了园林专业课程。1985 年西安冶金建筑学院时期，建筑系建筑历史教研室设立了"景园教研室"，为建筑与规划本科生开设"景园建筑"课程。1986 年开始招收风景园林方向的研究生。1990 年代初佟裕哲先生关于西部园林建筑的研究，国家自然科学基金项目：中国西部园林建筑（陕、甘、宁）（1991）、中国西部园林建筑（新疆、青海）（1995），论文著作：《中国传统景园建筑设计理论》，1994年由陕西科学技术出版社出版；1998年陕西科学技术出版社出版《陕西古代景园建筑》（1994），《新疆自然景观与苑园》（1994），《中国景园建筑图解》（2001），"中国地景建筑理论的研究"（《中国园林》2003.08）等，为学科的发展奠定了理论基础。"景园教研室"于1993年取消，风景园林学科团队并入建筑历史与理论教研室，改名为"传统建筑与风景园林研究所"。2001年底，建筑学院开展本科高年级"专门化"教学改革。2002年建筑学院成立了专门的景观与规划教研室，在城市规划专业开始景观专门化办学。2006年依托建筑学一级学科下，城市规划与设计二级学科招收风景园林规划与设计方向硕士博士研究生。2007年获准"景观学"五年制工科专业。2008年正式招收第一届学生，共计29名。2011年获国家首批风景园林学一级学科博士授权点。2012年根据教育部颁布的《普通高等学校本科专业目录（2012年）》，专业名称调整为"风景园林"，授予工科学士学位，学制五年。2012年获国家首批（9校）风景园林学博士后科研流动站。同年12月，建筑学院正式成立风景园林系。

新专业建设期间开展了大量的教改项目，指导学生获得大量的竞赛奖项，2015年"生态与艺术融合：人居环境建设需求下的风景园林专业人才培养体系构建与实践"获得陕西省高等教育教学成果一等奖。2013年，"多学科协同共建'生态与艺术融合'的风景园林人才培养实验区"，为陕西高等学校人才培养模式创新实验区。2015年，"风景园林专业教学团队"被评为陕西省本科高等学校"专业综合改革试点"子项目省级教学团队。2017年，风景园林专业获陕西省一流专业建设的培育项目。

（六）历史建筑保护工程专业

2014年7月，林源教授着手进行"历史建筑保护工程"本科专业的申报工作并获得批准。2016年新的专业开始招生。首届招收19名学生。2017年11月，成立了建筑遗产保护教研室。2017年，历史建筑保护工程专业获陕西省一流专业建设的培育项目。

六十年岁月一甲子，六十年风雨历沧桑。建筑学院地处西部，面向全国。截止到2018年，西安建筑科技大学建筑学院共为国家培养了1.6万余名（不含函授、夜大等成人教育毕业生）建筑设计人才。其中建筑学专业5414人，城乡规划专业1735人，总图设计与运输专业1797人；风景园林专业561人，环境艺术专业70人。硕士研究生4872人，博士577人。他们带着西建大人的期许，传承着西建大人的思想，在祖国的四面八方，为国家的建设贡献着力量。他们以自身的努力进取，辉煌成就，勤恳工作不断回报着母校，使我们的学院始终在全国建筑行业享有盛誉。

我们站在今日的站点回顾历史，是对建筑学院兴建、发展和壮大历史轨迹的真实记录。以期展现先辈们筚路蓝缕，以启山林之德；又望同仁们薪火相传，以继往并开来。

撰稿人：陈　静　　审定人：李志民

1.2.2 1956—1957 年建筑学院并校人员来源与简介

来源	建筑学教研组	民用建筑教研组	工业建筑教研室	初步设计教研室	美术教研组	画法几何组	党政及教辅人员
苏南工业专科学校 建筑科	程璘 徐明	王雪勤 沈元恺	蒋梦厚 李赤波	朱葆初 张文贤	胡粹中 丁肇辙	皇甫频 钮庭利	周昌农 严金龙 吴玉君 姚元海 贾林祥 潘燕林 顾红珍
东北工学院 建筑系	刘鸿典 陈汝为 张仲伟 马绍武 葛悦先 孔令文 梁绍俭 广士奎 刘丙炎 刘静文 王景云 白世荣 吴迺珍 姜佐盛 汤强民	彭埜 施淑文 李觉 王耀 雷茅宇 佟裕哲 宋柏树 侯继尧 赵立瀛 张宗尧 张缙学 罗文博	万国安 郭毓麟 郭水村 刘致远 林曙梅 王林春 周增贵 刘永德 熊振	黄民生 刘宝仲 张秀兰 杨维钧 张似赞 刘世忠 李树涛 林宣	闫建锋 刘作中 陈汝琪 秦毓宗 王正华 谌亚达	徐永全 高德祥	鄂奉岚 张素枝
之江大学	葛悦先	李觉		杨维钧 张似赞			
国立西北工学院 土木科	王慎言 张广益 梁作范 武克基				蔡南生	彭长生 李秀芳	
青岛工学院 土木系	周辅齐 钟一鹤 王建瑜	许贯三 汤道烈 黎方夏				宿敬昌	任勤俭 高洪英
同济大学	钟一鹤	汤道烈 黎方夏					
浙江大学	胡毓秀 蒋建初						
清华大学	夏云	宋宓贞 刘振亚		乐民成			
南京工学院	郭湖生						
天津大学			张璧田	南舜薰 殷绥玉			
太原建筑工程学院							伍世富
西南师范大学					张芷岷		
其他	王聪		徐光旭			沈新铭 肖贺昌 陈长林 朱鼎三 刘安廑 李维安 韩志英	吉康 郑世赢 刘锋 吕之琴

1951.02

1955.10

图纸绘制：费凡 梁锐 黄曦娇 审图：王怡琼

建筑学教研组

刘鸿典
教授

男，1905 年生，辽宁宽甸人。1928 年就读于东北大学建筑系，1950 年任教于东北工学院建筑系，1956 年随东北工学院整体迁入西安建筑工程学院建筑系。

梁绍俭
讲师

男，1925 年生，山东荣成人。1951 年毕业于东北工学院建筑系；1954 年就读于哈尔滨工业大学研究生班；随后任教于东北工学院；1956 年随东北工学院整体迁入西安建筑工程学院建筑系。

程　璘
教授

张广益
讲师

男，1923 年生，河南新安人。1949—1952 年就读于重庆大学建筑系；1952—1956 年任教于西北工学院；1956 年随西北工学院整体迁入西安建筑工程学院建筑系。

周辅齐
讲师

男，1913 年生，山东人。1932—1936 年就读于上海复旦大学；1955—1956 年任教于青岛工学院；1956 年随青岛工学院整体迁入西安建筑工程学院建筑系。

胡毓秀
讲师

男，1923 年生，浙江人。1947—1949 年就读于浙江省金华市前英士大学；1949—1951 年就读于浙江大学；1951—1957 年任教于浙江大学；1957 年 2 月调入西安建筑工程学院建筑系。

姜佐盛
讲师

男，1926年生，辽宁海城人。1950—1954年就读于东北工学院建筑系；1954—1956年任教于东北工学院；1956年随东北工学院迁入西安建筑工程学院建筑系。

葛悦先
讲师

女，1950年毕业于浙江杭州之江大学建筑系，同年任教于东北工学院建筑系；1956年随东北工学院整体迁入西安建筑工程学院建筑系。

白世荣
讲师

男，1925年生，辽宁沈阳人。1951年毕业于东北工学院建筑系；1951—1956年任教于东北工学院建筑系；1956年随东北工学院整体迁入西安建筑工程学院建筑系。

梁作范
助教

男，1929年生，陕西铜川人。1950—1954年就读于东北工学院建筑系；1954—1956年任教于西北工学院土木系；1956年随西北工学院整体迁入西安建筑工程学院建筑系。

吴迺珍
助教

女，1931年生。1951—1955年就读于东北工学院建筑系；1955—1956年任教于东北工学院建筑系；1956年随东北工学院整体迁入西安建筑工程学院建筑系。

刘丙炎
助教

男，1929年生。1951—1955年就读于东北工学院建筑系；1955—1956年任教于东北工学院；1956年随东北工学院整体迁入西安建筑工程学院建筑系。

钟一鹤
助教

女，1931年生，黑龙江哈尔滨人。1955年毕业于同济大学；1955—1956年任教于青岛工学院；1956年随青岛工学院整体迁入西安建筑工程学院建筑系。

王建瑚
助教

男，1934年生，江苏江阴人。1953年毕业于青岛工学院土木工程系，并留校任教；1956年随青岛工学院整体迁入西安建筑工程学院建筑系。

广士奎
助教

男，1927 年生，辽宁抚顺人。1953年毕业于东北工学院建筑系，同年留校任教；1955 年就读于莫斯科建筑设计学院；1956 年随东北工学院整体迁入西安建筑工程学院建筑系。

武克基
助教

男，1931 年生，陕西城固人。1950—1953 年就读于西北工学院土木系，毕业留校；1956 年随西北工学院整体迁入西安建筑工程学院建筑系。

王景云
助教

男，1929 年生，河北滦南人。1954 年毕业于东北工学院土木系；1954—1956 年任教于东北工学院建筑系；1956 年随东北工学院整体迁入西安建筑工程学院建筑系。

蒋建初
助教

男，1925 年生，安徽亳县人。1953 年毕业于同济大学；1953—1957 年任教于浙江大学；1957 年任教于西安建筑工程学院建筑系。

夏　云
助教

男，1927 年生，江西乐平人。1950—1954 年毕业于清华大学建筑系并留校任教；1957 年调入西安建筑工程学院建筑系。

民用建筑教研组

许贯三
教授

男，1896年生，湖南长沙人。
1921年毕业于国立交通大学土木工程科；1925年毕业于美国康奈尔大学土木工程科；1953—1956年任教于青岛工学院；1956年9月随青岛工学院整体调入西安建筑工程学院建筑系。

彭 埜
教授

男，1903年生，辽宁沈阳人。1927年毕业于燕京大学工程科；1929—1930年任张学良东北军区司令部长官公署局务处工程科中校技师；1945年任长春市建设局局长及政府咨议等职位；1948任教于东北大学工学院建筑系；1956年随东北工学院整体迁入西安建筑工程学院建筑系。

沈元恺
讲师

男，1922年生，浙江德清人。
1944年就读于国立中央大学建筑系，毕业后任教于苏南工专建筑科；1956年随苏南工专整体迁入西安建筑工程学院建筑系。

李 觉
讲师

男，1927年生，上海人。1950年毕业于浙江杭州之江大学建筑系，同年任教于东北工学院；1955—1957年进修于清华大学城市规划专业；1956年随东北工学院整体迁入西安建筑工程学院建筑系。

佟裕哲
讲师

男，1925年生，辽宁抚顺人。
1946—1951年就读于东北大学建筑学专业；1951年任教于东北工学院；1956年随东北工学院整体迁入西安建筑工程学院建筑系。

候继尧
讲师

男，1927年生，辽宁新民人。
1946—1951年就读于东北大学；1951—1956年任教于东北工学院；1956年随东北工学院整体迁入西安建筑工程学院建筑系。

张宗尧
助教

男，1926年生，辽宁锦县人。
1949—1952年就读于东北工学院建筑系，同年留校任教；1956年随东北工学院整体迁入西安建筑工程学院建筑系。

汤道烈
助教

男，1933年生，上海人。1955年毕业于同济大学建筑系；1955—1956年任教于青岛工学院；1956年随青岛工学院整体迁入西安建筑工程学院建筑系。

张缙学
助教

男，1927 年生，辽宁本溪人。
1953 年毕业于东北工学院建筑系，
同年留校任教；1955—1957 年进修
于清华大学建筑系；1956 年随东北
工学院整体迁入西安建筑工程学院
建筑系。

赵立瀛
助教

男，1934 年生，福建福州人。
1956 年毕业于东北工学院建筑系；
1956 年随东北工学院整体迁入西安
建筑工程学院建筑系。

施淑文
助教

女，1933 年生，沈阳人。1953 年就
读于东北工学院建筑系，1956 年转
入西安建筑工程学院建筑系学习。
1957 年毕业后留校任教。

工业建筑教研组

郭毓麟
教授

男，1906 年生，山东龙口人。1932
年毕业于东北大学；1953—1956 年
任东北工学院建筑系主任；1956 年
随东北工学院整体迁入西安建筑工程
学院建筑系；1956—1958 年任西安
建筑工程学院教务处处长。

蒋孟厚
教授

男，1920 年生，江苏常州人。
1939—1943 年就读于国立交通大学
土木系；1950—1956 年任教于苏
南工专建筑科；曾任建筑科主任；
1956 年随苏南工专整体迁入西安建
筑工程学院建筑系，不久去苏联主
攻建筑物理。

刘致远
助教

女，1932 年生，辽宁铁岭人。1952—
1956 年就读于东北工学院；1956 年
随东北工学院整体迁入西安建筑工程
学院建筑系。

林曙梅
助教

女，1930 年生，辽宁大连人。
1955 年毕业于东北工学院建筑系，
同年留校任教；1956 年随东北工
学院整体迁入西安建筑工程学院建
筑系。

周增贵
助教

男，1927 年生，山东蓬莱人。
1948—1949 年就读于安东科学院；
1949—1953 年就读于东北工学院，
同年留校任教；1956—1958 年就读
于同济大学研究生班；1956 年随东
北工学院整体迁入西安建筑工程学院
建筑系。

刘振亚
助教

男，1932 年生，浙江镇海人。
1955 年毕业于清华大学建筑系，同
年留校任教；1957 年调入西安建筑
工程学院建筑系。

初步设计教研室

朱葆初
教授

男，1903 年生。毕业于金陵大学。
曾任职于墨菲建筑师事务所；1956
年前任教于苏南工专建筑科，1956
年随苏南工专整体迁入西安建筑工程
学院建筑系。

黄民生
副教授

男，1920 年生，广东台山人。
1942 年毕业于上海沪江大学建筑系；
中华人民共和国成立后曾任教于东
北工学院；1956 年随东北工学院整
体迁入西安建筑工程学院建筑系。

林　宣
副教授

男，1912 年生，福建福州人。
1930 年就读于东北大学建筑系；
1931 年先后转读于清华大学、中央
大学，1934 年毕业于中央大学建筑
系；1950 年任教于东北工学院建筑
系；1956 年随东北工学院整体迁入
西安建筑工程学院建筑系。

张秀兰
讲师

女，1921 年生，山西介林人。
1942—1946 年就读于中央大学建筑
系；1950—1956 年先后任教于沈阳
工学院及东北工学院建筑系；1956
年随东北工学院整体迁入西安建筑
工程学院建筑系。

张似赞
讲师

男，1927 年生，广东汕头人。
1950 年毕业于浙江杭州之江大学建
筑系，同年任教于东北工学院建筑
系；1956 年随东北工学院整体迁入
西安建筑工程学院建筑系。

杨维钧
讲师

男，1927 年生，浙江慈溪人。
1950 年毕业于浙江杭州之江大学建
筑系，同年任教于东北工学院建筑
系；1956 年随东北工学院整体迁入
西安建筑工程学院建筑系。

刘宝仲
助教

男，1930 年生，河北昌黎人。
1953 年毕业于东北工学院建筑系，同年留校任教；1956 年随东北工学院整体迁入西安建筑工程学院建筑系。

李树涛
助教

男，1931 年生，浙江杭县人。
1951—1955 年就读于东北工学院建筑学，毕业后留校任教；1956 年随东北工学院整体迁入西安建筑工程学院建筑系。

美术教研组

胡粹中
教授

男，1900 年生，江苏苏州人。1922 年与著名水彩画家颜文樑创办苏州美专；1924 年毕业于苏州美术专科学校；曾任苏州美专总务主任、代理校长；1956 年随苏南工专整体迁入西安建筑工程学院建筑系。

阎建锋
讲师

男，1915 年生，北京人。1935—1939 年就读于国立北平艺术专科学校，毕业后留校任教；1950 年任教于东北工学院建筑系；1956 年随东北工学院整体迁入西安建筑工程学院建筑系。

刘作中
讲师

男，1911 年 9 月生。毕业于北平国立艺术专科学校，1946 年任教于中央美术学院；1953 年任教于东北工学院；1956 年随东北工学院整体迁入西安建筑工程学院建筑系。

陈汝琪
讲师

男，1925 年生，辽宁人。1945 年毕业于北京国立美术专科学校油画系；毕业后先后任教于吉林国立长白师范学院、国立重庆大学工学院、东北工学院等院校；1956 年随东北工学院整体迁入西安建筑工程学院建筑系。

秦毓宗
助教

男，1931 年生，辽宁省沈阳人。
1948—1952 年就读于东北鲁迅文艺学院；1952—1953 年任职于东北鲁艺创作室；1953—1956 年任教于东北工学院；1956 年随东北工学院整体迁入西安建筑工程学院建筑系。

王正华
助教

女，1932 年生，安徽合肥人。
毕业于西南师范学院；1954 年任教于东北工学院建筑系；1956 年随东北工学院整体迁入西安建筑工程学院建筑系。

蔡南生
助教

男，1930 年生，云南昆明人。
1954 年毕业于贵阳师范学院艺术专修科；1954—1956 年任教于西北工学院；1956 年随西北工学院整体迁入西安建筑工程学院建筑系。

丁肇辙
助教

男，1927 年生，浙江吴兴人。
1950 年毕业于苏州美术专科学校，随后调入苏南工专学校任教；1956 年随苏南工专整体迁入西安建筑工程学院建筑系；2017 年给建筑学院捐赠 30 万元人民币设立"丁肇辙教育基金"专项，奖励优秀学子。

谌亚邌
助教

男，1903 年生，江西南昌人。
1923 年毕业于国立北京美术专科学校师范系；1950 年任教于东北工学院；1956 年随东北工学院整体迁入西安建筑工程学院建筑系。

画法几何组

彭长生
助教

男，1928 年生，山西临汾人。
1953 年毕业于西北工学院土木系，留校任教；1956 年随西北工学院整体迁入西安建筑工程学院建筑系。

钮庭利
助教

男，1925 年生，上海人。1946—1949 年就读于苏州美术专科学习；1950—1952 年任教于苏州工业专科；1952—1956 年任教于苏南工专；1956 年随苏南工专整体迁入西安建筑工程学院建筑系。

刘永德
助教

男，1932 年生，辽宁海城人。
1955 年毕业于东北工学院建筑系，同年留校任教；1956 年随东北工学院整体迁入西安建筑工程学院建筑系。

党政及教辅人员

潘燕林
职员

女，1931 年生，江苏丹阳人。
1953 年肄业于苏南工专；1954 年任
职于苏南工专建筑科；1956 年随苏
南工专整体迁入西安建筑工程学院建
筑系。

张素枝
职员

女，1933 年生，河北沧州人。
1949 年任教于沧州市地区小学；
1951 年任职于沈阳市百货公司；
1956 年任职于西安建筑工程学院建
筑系。

高洪英
职员

女，1936 年生，山东青岛人。
1953 年任职于青岛工学院基建处；
1956 年随青岛工学院整体迁入西安
建筑工程学院建筑系。

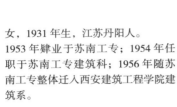

注：由于历史原因，徐明、马绍武、王聪、孔令文、王慎言、汤强民、张仲伟、刘静文；王耀、王雪勤、朱宓贞、罗文博、宋柏树、
黎方夏、雷茅宇；李赤波、徐光旭、张璧田、王林春、郭水村、万国安、熊振；殷绥玉、刘世忠、南舜熏、乐民成、张文贤；张芷岷；
肖贺昌、皇甫苹、李秀芳、陈长林、徐永全、朱鼎三、韩志英、刘安扈、高德祥、李维安；刘锋、伍世富、吕之琴、鄂奉岚、顾洪珍、
吉康、任勤俭、郑世赢、吴玉君、周昌农、姚元海、严金龙、贾林祥等创业者的信息缺失，在此表示歉意。

1.2.4 建筑学院机关历史发展脉络示意图

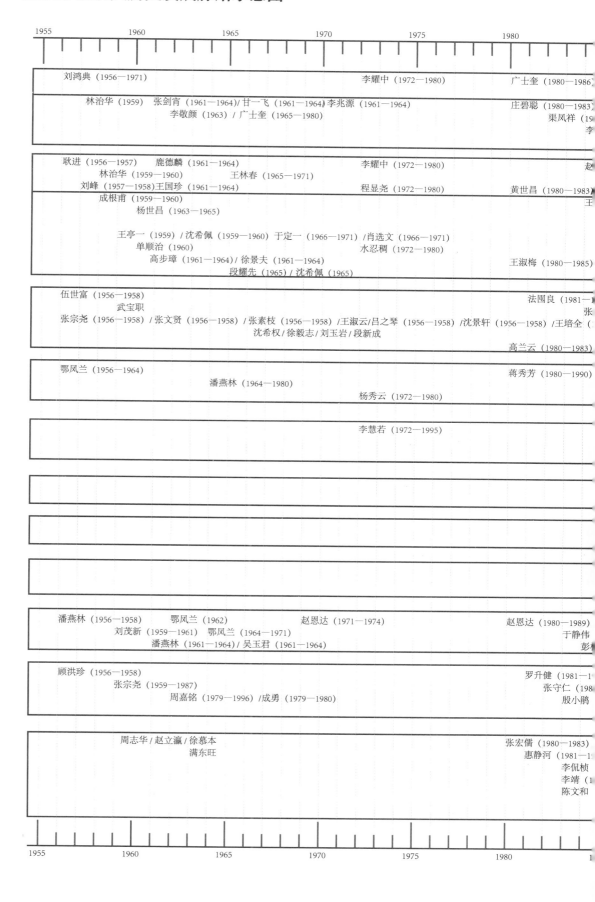

刘鸿典（1956—1971）　　　　　　　　　　　　　　　　　李耀中（1972—1980）　　　　　广士奎（1980—1986）

林治华（1959）　张剑霄（1961—1964）/甘一飞（1961—1964）李兆源（1961—1964）　　　　庄碧聪（1980—1983）
李敬颜（1963）/ 广士奎（1965—1980）　　　　　　　　　　　　渠凤祥（19
李

耿进（1956—1957）　　鹿德麟（1961—1964）　　　　　李耀中（1972—1980）　　　　　赵
林治华（1959—1960）　　　　王林春（1965—1971）
刘峰（1957—1958）王国珍（1961—1964）　　　　程显尧（1972—1980）　　　　黄世昌（1980—1983）
成根甫（1959—1960）　　　　　　　　　　　　　　　　　王
杨世昌（1963—1965）

王亭一（1959）/ 沈希佩（1959—1960）于定一（1966—1971）/肖选文（1966—1971）
单顺治（1960）　　　　　　　　水忍稠（1972—1980）
高步璋（1961—1964）/ 徐景夫（1961—1964）　　　　　王淑梅（1980—1985）
段耀先（1965）/ 沈希佩（1965）

伍世富（1956—1958）　　　　　　　　　　　　　　　　法固良（1981—
武宝职　　　　　　　　　　　　　　　　　　　　　张
张宗尧（1956—1958）/ 张文贤（1956—1958）/ 张素枝（1956—1958）/王淑云/吕之琴（1956—1958）/沈景轩（1956—1958）/王培全（
沈希权/徐毅志/刘玉岩/段新成
高兰云（1980—1983）

鄂凤兰（1956—1964）　　　　　　　　　　　　　　　蒋秀芳（1980—1990）
潘燕林（1964—1980）
杨秀云（1972—1980）

李慧若（1972—1995）

潘燕林（1956—1958）　　鄂凤兰（1962）　　　赵恩达（1971—1974）　　　赵恩达（1980—1989）
刘茂新（1959—1961）　鄂凤兰（1964—1971）　　　　　　　于静伟
潘燕林（1961—1964）/ 吴玉君（1961—1964）　　　　　　　彭

顾洪珍（1956—1958）　　　　　　　　　　　　　　　罗升健（1981—1
张宗尧（1959—1987）　　　　　　　　　　　　张守仁（198
周嘉铭（1979—1996）/成勇（1979—1980）　　　　　殷小鹃

周志华 / 赵立瀛 / 徐慕本　　　　　　　　　　　　张宏儒（1980—1983）
满东旺　　　　　　　　　　　　　　　　　　惠静河（1981—1
李侃桢
李靖（1
陈文和

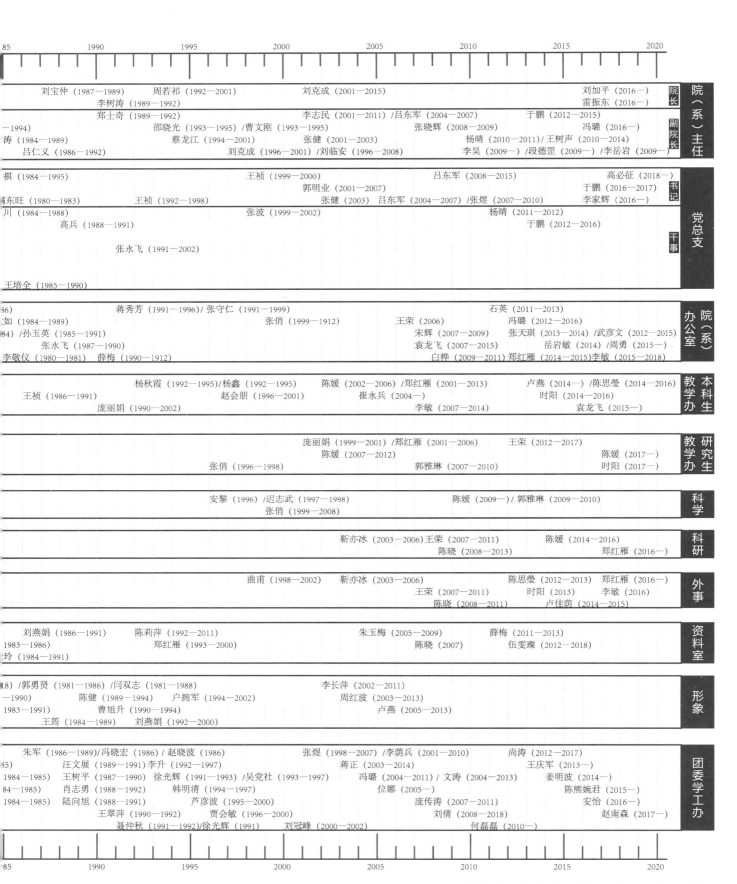

院（系）主任

院长：
刘宝仲（1987—1989）　李树涛（1989—1992）　周若祁（1992—2001）　刘克成（2001—2015）　刘加平（2016—）　雷振东（2016—）

副院长：
—1994）　郑士奇（1989—1992）　邵晓光（1993—1995）/曹文刚（1993—1995）　李志民（2001—2011）/吕东军（2004—2007）　张晓辉（2008—2009）　于鹏（2012—2015）　冯璐（2016—）　涛（1984—1989）　蔡龙江（1994—2001）　张健（2001—2003）　杨晴（2010—2011）/王树声（2010—2014）　吕仁义（1986—1992）　刘克成（1996—2001）/刘临安（1996—2008）　李昊（2009—）/段德罡（2009—）/李岳岩（2009—）

党总支

书记：
祺（1984—1995）　王祯（1999—2000）　郭明业（2001—2007）　吕东军（2008—2015）　高必征（2018—）　于鹏（2016—2017）　东旺（1980—1983）　王祯（1992—1998）　张健（2003）　吕东军（2004—2007）/张煜（2007—2010）　李家辉（2016—）　川（1984—1988）　张波（1999—2002）　杨晴（2011—2012）　高兵（1988—1991）　于鹏（2012—2016）

干事：
张永飞（1991—2002）　王培全（1985—1990）

院（系）办公室

86）　如（1984—1989）　蒋秀芳（1991—1996）/张守仁（1991—1999）　张俏（1999—1912）　王荣（2006）　石英（2011—2013）　冯璐（2012—2016）　84）/孙玉英（1985—1991）　张永飞（1987—1990）　宋辉（2007—2009）　袁龙飞（2007—2015）　张天琪（2013—2014）/武彦文（2012—2015）　岳岩敏（2014）/周勇（2015—）　李敬仪（1980—1981）　薛梅（1990—1912）　白桦（2009—2011）　郑红雁（2014—2015）李敏（2015—2018）

本科生教学办

杨秋霞（1992—1995）/杨鑫（1992—1995）　陈媛（2002—2006）/郑红雁（2001—2013）　卢燕（2014—）/陈思莹（2014—2016）　王祯（1986—1991）　赵会朋（1996—2001）　崔永兵（2004—）　时阳（2014—2016）　庞丽娟（1990—2002）　李敏（2007—2014）　袁龙飞（2015—）

研究生教学办

庞丽娟（1999—2001）/郑红雁（2001—2006）　王荣（2012—2017）　陈媛（2017—）　陈媛（2007—2012）　张俏（1996—1998）　郭雅琳（2007—2010）　时阳（2017—）

科学

安黎（1996）/迟志武（1997—1998）　陈媛（2009—）/郭雅琳（2009—2010）　张俏（1999—2008）

科研

靳亦冰（2003—2006）王荣（2007—2011）　陈媛（2014—2016）　陈晓（2008—2013）　郑红雁（2016—）

外事

曲甫（1998—2002）　靳亦冰（2003—2006）　陈思莹（2012—2013）　郑红雁（2016—）　王荣（2007—2011）　时阳（2013）　李敏（2016）　陈晓（2008—2011）　卢佳荫（2014—2015）

资料室

刘燕娟（1986—1991）　陈莉萍（1992—2011）　朱玉梅（2005—2009）　薛梅（2011—2013）　1983—1986）　郑红雁（1993—2000）　陈晓（2007）　伍雯璨（2012—2018）　玲（1984—1991）

形象

8）/郭勇贤（1981—1986）/闫双志（1981—1988）　李长萍（2002—2011）　—1990）　陈健（1989—1994）　户拥军（1994—2002）　周红波（2003—2013）　1983—1991）　曹旭升（1990—1994）　卢燕（2005—2013）　王筠（1984—1989）　刘燕娟（1992—2000）

团委学工办

朱军（1986—1989）/冯晓宏（1986）/赵晓波（1986）　张煜（1998—2007）/李荫兵（2001—2010）　尚涛（2012—2017）　85）　汪文展（1989—1991）李升（1992—1997）　蒋正（2003—2014）　王庆军（2013—）　84—1985）　王树平（1987—1990）徐光辉（1991—1993）/吴党社（1993—1997）　冯璐（2004—2011）/文涛（2004—2013）　姜明波（2014—）　84—1985）　肖志勇（1988—1992）韩明清（1994—1997）　位娜（2005—）　陈熊婉君（2015—）　84—1985）　陆向旭（1988—1991）芦彦波（1995—2000）　庞传涛（2007—2011）　安怡（2016—）　王翠萍（1990—1992）　贾会敏（1996—2000）　刘倩（2008—2018）　赵南森（2017—）　聂仲秋（1991—1992）/徐光辉（1991）　刘冠峰（2000—2002）　何磊磊（2010—）

图纸绘制：费　凡　梁　锐　黄曦娇　　审图：王怡琼

1.3 建筑学院现状组织机构示意图

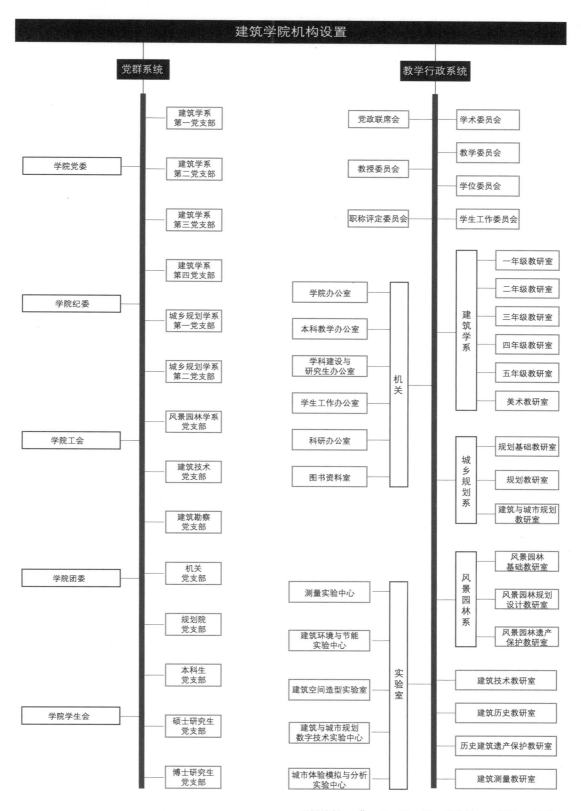

建筑学院机构设置

党群系统

- 学院党委
  - 建筑学系第一党支部
  - 建筑学系第二党支部
  - 建筑学系第三党支部
  - 建筑学系第四党支部
- 学院纪委
  - 城乡规划学系第一党支部
  - 城乡规划学系第二党支部
- 学院工会
  - 风景园林学系党支部
  - 建筑技术党支部
  - 建筑勘察党支部
- 学院团委
  - 机关党支部
  - 规划院党支部
  - 本科生党支部
- 学院学生会
  - 硕士研究生党支部
  - 博士研究生党支部

教学行政系统

- 党政联席会 — 学术委员会
- 教授委员会 — 教学委员会
  - 学位委员会
- 职称评定委员会 — 学生工作委员会

机关
- 学院办公室
- 本科教学办公室
- 学科建设与研究生办公室
- 学生工作办公室
- 科研办公室
- 图书资料室

建筑学系
- 一年级教研室
- 二年级教研室
- 三年级教研室
- 四年级教研室
- 五年级教研室
- 美术教研室

城乡规划系
- 规划基础教研室
- 规划教研室
- 建筑与城市规划教研室

风景园林系
- 风景园林基础教研室
- 风景园林规划设计教研室
- 风景园林遗产保护教研室

实验室
- 测量实验中心
- 建筑环境与节能实验中心
- 建筑空间造型实验室
- 建筑与城市规划数字技术实验中心
- 城市体验模拟与分析实验中心
- 建筑技术教研室
- 建筑历史教研室
- 历史建筑遗产保护教研室
- 建筑测量教研室

图纸绘制：费 凡 梁 锐 黄曦娇　审图：王怡琼

1.4 大事记年表（1956—2018 年）

1.4.1 关于筹建"西安建筑工程学院"的初步方案

一、建校基础：

将东北工学院建筑学、工业与民用建筑、工业与民用建筑结构、供热供煤气及通风四个专业，浙江大学工业与民用建筑专业，青岛工学院工业与民用建筑专业，苏南工业专科学校工业与民用建筑（及建筑设计）专修科，西北工学院工业与民用建筑及工业与民用建筑结构专业等调整出来加以合并，成立西安建筑工程学院。

二、专业设置：

原有建筑学、工业与民用建筑、工业与民用建筑结构、供热供煤气及通风四专业继续办理。1956 年增设给排水、城市建设与经营及建筑的经济与组织三个专业。

三、学制与最大发展规模：五年制。最大发展规模 8000 人。

四、建校地址及基本建设：校址确定在西安。于 1955 年由高教部拨与基建面积 75000 平方公尺（约 8333m²）。由筹委会召集勘测、设计、施工等工作。

五、建校时间：1956 年 9 月在新址开学上课。

六、当年新校学生到达数：3001 人

七、师资需要数：由筹建委员会根据招生计划按照教学工作量具体计算。

八、师资来源：

（一）专业课师资：各有关学校原有专业课师资应全部调入。根据 1954 至 1955 年年初报表：东北工学院专业教师 82 人，浙江大学 41 人，青岛工学院 32 人，西北工学院 20 人，苏南工专 37 人，共计 212 人。其中讲师以上共计 72 人。

东北工学院建筑类专业调出后，该校尚有"矿山企业建筑"专业，需要建筑学、矿山通风、结构原理、建筑材料、地质学、工程地质学等课教师。青岛工学院在以它为基础改建为测绘学院后，原工程测量专业尚需要建筑施工、工程建筑物勘查、建筑工程制图等课教师。因之，这两校专业课师资尚须酌量留下一部分。

（二）公共必修课、基础课、基础技术课骨干教师（相当于教研室主任）及部分讲课师资（包括已开课的助教）由东北工学院尽可能负责配备。所缺讲课教师需由建筑工程部于 1955 年抽调干部进行培养。

（三）上述三类课程所需助教列入 1956 年全国助教分配计划，其不足之数由建筑工程部调配一部分，数字与专业另定。

九、行政干部：新校的校长、副校长及其他的行政干部，均需建筑工程部设法配备。

十、筹备机构：由下列人员以及东北工学院、青岛工学院、浙江大学、西北工学院、苏南工专五校各出一人组成，在建筑工程部领导下，负责 1956 年开学以前有关一切筹备事宜。

主任委员：周荣鑫（建筑工程部副部长）

副主任委员：甘一飞

委员：（建筑工程部参加筹备委员会委员由建筑工程部提出，各有关学校参加筹备委员会委员，由学校提出，报部决定。）

1955 年 5 月 30 日

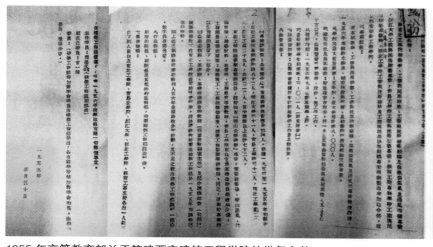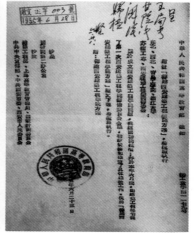

1955 年高等教育部关于筹建西安建筑工程学院的批复文件

1.4.2 大事记

1956
西安建筑工程学院

◆ 西安建筑工程学院于 9 月 12 日举行开学典礼，学院正式成立。建筑系（建筑学院前身，以下同）主任由刘鸿典教授担任。建筑系成立之初设民用建筑、建筑学、初步设计、美术、画法几何 5 个教研组。合计教师 110 人，职工 20 人。教师由东北工学院、苏南工业专科学校、青岛工学院和西北工学院的土建专业教师组成。

1957
西安建筑工程学院

◆ 全国开展"整党、整风、大鸣大放"运动，不久开展反右派斗争。建筑系部分教师和学生被错划为"右派分子"。

1958
西安建筑工程学院

◆ 中共中央提出了国民经济"以钢为纲"的口号。冶金工业部于 1958 年 7 月决定，在西安建筑工程学院增设钢铁冶金、钢铁压力加工和采矿三个专业，组成"矿资系"，当年招生。由于"计划"较晚，矿资系原计划招收 5 个班，结果只招收了 30 人。学校决定从建筑学专业抽调 30 人，从工民建专业抽调 90 人，转入矿资系。

1959
西安冶金学院

◆ 经冶金工业部与中共陕西省委共同商定，西安建筑工程学院从 1959 年 3 月 1 日起，改名为西安冶金学院。学院由单科性的建筑工程学院转变为采矿、冶金与建筑兼顾的多科性的高等学校。

◆ 12 月 2 日，经冶金部批准，建筑系和建筑工程系合并，改名为建筑系。

1962
西安冶金学院

◆ 全院贯彻调整、巩固、充实、提高方针，整顿教学秩序，强调"少而精"教学原则，重视理论课填平补齐。

1963
西安冶金建筑学院

◆ 8 月 8 日，经冶金部、教育部同意，学校更名为西安冶金建筑学院。

1964
西安冶金建筑学院

◆ 随着国民经济的调整、巩固、充实、提高方针的贯彻实施，建筑系分开为建筑系和建筑工程系。

◆ 工业运输专业脱离工艺系，并入建筑系。

1966
西安冶金建筑学院

◆ "文化大革命"开始,建筑学专业停止招收新生。毕业生亦未分配工作。

1969
西安冶金建筑学院

◆ 西安冶金建筑学院革委会和冶金部十二冶金公司宝鸡建设指挥部革委会,在驻冶院工人、解放军毛泽东思想宣传队的帮助下,遵照毛泽东的光辉指示,于 1969 年 9 月,实行厂校挂钩的办法,创办了"七·二一"工人大学。学制两年。首批 32 名学员选自建筑工人。

◆ 工业运输专业正式改名为总图运输设计专业。

1970
西安冶金建筑学院

◆ 撤销原有的工业经济、矿井建设、建筑学(和工业与民用建筑专业合并,改名为建筑工程专业)等三个专业。

1972
西安冶金建筑学院

◆ 国家决定招收工农兵学员。1972 年 4 月 24 日,1972 级新生报到开学,5 月 7 日正式上课。这是"文化大革命"以来建筑系第一次招收新生,学制三年。

◆ 10 月 30 日,院革委会向冶金工业部、国家建委报告,建议在 1973 年招生中,恢复建筑学专业,并开始招生。实际未能实现。直至 1975 年 11 月才正式确定恢复。

◆ 总图运输设计专业脱离建筑系,调整至建材系。

1975
西安冶金建筑学院

◆ 恢复建筑学专业并开始招收四年制本科生。

1977
西安冶金建筑学院

◆ 10 月中央决定恢复高考统一招生制度,第一批经过统一考试录取的 1977 级新生于 1978 年 2 月 23 日报到。

1979
西安冶金建筑学院

◆ 开始招收专业硕士研究生。

1980
西安冶金建筑学院

◆ 1980 年 9 月 1 日,陕西省高教局通知,同意恢复建筑系,撤销建筑材料系,其所属的建筑材料实验室划归建筑系。

1981
西安冶金建筑学院

◆ 总图运输设计专业又调整回建筑系。

1984
西安冶金建筑学院

◆ 建筑学专业 1979 级王琦等 13 名学生在第 15 届国际建筑师协会(UIA),第 12 届国际大学生建筑设计竞赛中获叙利亚建筑师奖。此后,我系在每三年一届的 UIA 大学生竞赛都组织参赛,截止到 2017 年,先后 12 次参赛,共获奖 10 次,共计 22 项。其中 1990 年获联合国教科文组织奖(最高奖),2014 年获第一名 1 项,第二名 1 项,2017 年获第二名 1 项,第三名 2 项,荣誉提名奖 4 项。

◆ 5 月 5 日,共青团陕西省委决定:授予西安冶金建筑学院建筑系 UIA 国际大学生建筑设计竞赛小组"新长征突击队"称号。

◆ 经冶金部批准,建筑系增设城市规划专业。

1986
西安冶金建筑学院

◆ 建筑系城市规划专业首次招生。在原有城市规划专门化基础上开办了城市规划专业,成为除同济大学、重庆大学(20 世纪 50 年代开办城市规划专业)以外全国较早开办城市规划专业的院校之一。

1988
西安冶金建筑学院

◆ 国家自然科学青年基金:县域乡村建设体系的研究,第一申请人李京生。

1992
西安冶金建筑学院

◆ 冶金部教育司通知:同意学院建筑学专业 1989、1990 级部分学生改为五年制。

1994
西安建筑科技大学

◆ 学校更名为西安建筑科技大学。

◆ 经国家教委高等教育司批准，同意学校城市规划本科专业由四年制改为五年制。

◆ 全国高等学校建筑学专业教育评估小组首次对我校建筑学专业进行了评估，各项指标均评定为 A 级。5 月 16 日，全国高校建筑学专业教育评估委员会正式授予学校《全国高等学校建筑学专业教育评估合格证书》，资格有效期为 6 年。在此有效期内，学校可授予毕业生建筑学学士学位。此后，我院建筑学专业先后于 2000 年、2006、2013 年连续四次优秀级通过专业评估。

1995
西安建筑科技大学

◆ 建筑学、城市规划两专业按建筑学大类招生。

1996
西安建筑科技大学

◆ 建筑系更名为建筑学院。

◆ 建设部通知，评估委员会同意专家组对学校建筑学硕士学位专业——建筑设计及理论的教育评估视察报告，决定可授予"全国高校建筑学硕士学位专业——建筑设计及理论教育评估合格证书"，获优秀级，其资格有效期为 6 年。在此有效期内，可授予毕业生建筑学硕士学位。4 月 2 日，国务院学位委员会批准西安建筑科技大学等 8 所高校，开展授予建筑学硕士学位的试点工作。此后，我院建筑学硕士学位评估分别于 2002、2008、2013 年连续 4 次优秀级通过评估。

◆ 由周若祁教授牵头承担的"绿色建筑体系与黄土高原基本聚居模式研究"项目是学校首次申报并获准独立承担的国家自然科学基金"九五"重点项目。

1998
西安建筑科技大学

◆ 建筑学院成立城市规划系，其中包括城市规划与设计和总图运输规划设计两个本科专业方向。

1999
西安建筑科技大学

◆ 1999 年 6 月，国际建筑师协会（UIA）第 20 届大会在北京召开，这是 UIA 成立半个世纪以来，首次在亚洲举行的大会。受大会组委会委托，我院承办了 UIA 国际建协和联合国教科文组织配合大会举办的国际建筑专业学生竞赛工作。

2000
西安建筑科技大学

◆ 总图运输规划专业划归土木工程学院。

◆ 城市规划专业以优秀级通过国家专业评估，是我国最早通过城市规划专业评估的院校之一。

◆ 在全国第八批申报博士学位授予权工作中，建筑设计及其理论二级学科博士授予权顺利通过复审，获得博士学位授予权。

2001
西安建筑科技大学

◆ 建筑学院刘加平教授获准承担国家杰出青年基金项目。

2002
西安建筑科技大学

◆ 建筑学院东楼四楼展厅的学校建筑博物馆正式开馆。

◆ 成立景观学与规划设计教研室。开始景观学本科专业方向教育，以 3+2（3 年建筑学基础，2 年景观学专业教育）的专业教育模式为主体。

2004
西安建筑科技大学

◆ 建筑学学科博士后流动站获准设立。

2005
西安建筑科技大学

◆ 建筑学学科获得一级学科博士学位授予权。

2006
西安建筑科技大学

◆ 学校获准牵头申报西部建筑科技国家重点实验室。

◆ 开始招收风景园林专业硕士。
◆ 在全国第十批博士、硕士学位授权申报工作中，学院获准建筑学一级学科博士学位授权。新增城市规划与设计和建筑技术科学 2 个博士点。

2007
西安建筑科技大学

◆ 建筑设计与理论通过国家重点学科评审，被认定为国家重点学科。
◆ 城市规划专业先后成为"陕西省级特色专业""国家级特色专业"建设点。
◆ 景观学研究所向教育部申报增设景观学五年制本科专业获得批准。2008 年面向全国正式招生。
◆ 西部建筑科技实验中心获得省部共建国家重点实验室培育基地。
◆ 西安市文物局首个与院校建立的科研机构——"西安城市遗产保护研究中心"在学校挂牌成立。

2008
西安建筑科技大学

◆ 城市规划与设计学科被评为陕西省"国家重点学科孵化学科"。
◆ 依托学校建设的省部共建西部建筑科技国家重点实验室学术委员会成立。
◆ 我院教师、建筑学博士后科研流动站在站博士后闫增峰获首批中国博士后科学基金特别资助。

2009
西安建筑科技大学

◆ 建筑学专业被教育部、财政部批准为第四批高等学校特色专业建设点。
◆ "建筑与城市文脉"课程荣获 2010 年度国家精品课程。
◆ 刘加平教授牵头的"西部建筑环境与能耗控制理论研究"获准国家自然科学基金委"创新研究群体科学基金项目"。这是学校首次获准该类基金项目，同时也是陕西省属高校中首次获该类项目的高校。

2010
西安建筑科技大学

◆ 刘加平教授等人完成的项目"西部低能耗建筑设计关键技术与应用"获得年度国家科技进步奖二等奖。
◆ 建筑学硕士和工程硕士（建筑与土木工程领域）2 个硕士专业学校类别（领域）获教育部批准开展专业学位研究生教育综合改革试点工作。

2011
西安建筑科技大学

◆ 建筑技术科学学科带头人、博士生导师刘加平教授当选为中国工程院土木、水利与建筑工程学部院士。
◆ 学院成功申报建筑学、城乡规划学、风景园林学三个一级学科博士点并获批准。

2012
西安建筑科技大学

◆ 建筑学院被中华全国总工会授予"全国工人先锋号"（我省教育系统唯一获此殊荣的单位）及"陕西省精神文明先进单位"荣誉称号。
◆ 继建筑学博士后流动站后，成功申报并获准批城乡规划学和风景园林学 2 个博士后流动站。
◆ 刘克成教授团队在第十二届 DOCOMOMO 国际大会代表中国做了申请加入 DOCOMOMO 国际的陈述报告及工作计划，并以全票获得通过，成为 DOCOMOMO 国际第 60 个正式成员，也标志着 DOCOMOMO 中国理事会正式成立。
◆ 城乡规划专业入选国家"专业综合试点改革"专业。

2013
西安建筑科技大学

◆ 教育部第三轮一级学科评估排名中，获得建筑学第六、城乡规划学第六、风景园林学第十的成绩。
◆ 杨柳教授获准杰出青年基金项目，荣获由中央组织部、人力资源社会保障部、中国科学技术协会颁发的"第十三届中国青年科技奖"。

2014
西安建筑科技大学

◆ 刘克成教授主持的"面向转型期我国城乡建设需求的城乡规划专业人才培养体系改革与实践"被评为 2014 年国家级教学成果奖二等奖。

◆ 我院学生作品"织·补 Weaving of the Old Community"荣获由联合国人居署举办的 2014ICCC 国际学生设计竞赛团队一等奖，这是亚洲学生取得的最高成绩。

◆ 穆钧、裴钊老师指导我院大学生"本土营造志愿者团队"荣获全国"小平科技创新团队"荣誉称号。

2015
西安建筑科技大学

◆ 刘加平院士牵头申报的《极端热湿气候区超低能耗建筑研究》获得国家自然科学重大项目基金。这是我国建筑学学科获准的首个国家自然科学基金重大项目，也是我校首次作为牵头单位承担的国家自然科学基金重大项目。

2016
西安建筑科技大学

◆ 新增历史建筑保护工程专业，并开始首届招生培养。

◆ 成立建筑学院第一届教授委员会，全体教授为委员会成员，制订《建筑学院教授委员会章程》，积极发挥教授委员会在学科建设、学术评价和学院管理中的作用。

◆ 杨柳教授入选"长江学者奖励计划"特聘教授。

◆ 刘加平院士主持完成的"青藏高原近零能耗建筑设计关键技术与应用"，荣获教育部高等学校科学研究优秀成果奖（科学技术进步奖）一等奖，这是我校首次获得该奖项的一等奖。

◆ 隋宇文恺营造纪颂碑落成，补绘的完整的《长安图》也刻在碑上，碑名由吴良镛教授题写。

2017
西安建筑科技大学

◆ 西部绿色建筑重点实验室顺利通过科技部验收。刘加平院士带领团队通过多年努力，省部共建西部绿色建筑协同创新中心获批成为国家重点实验室。

◆ 圆满通过全国第四轮一级学科评估。建筑学、城乡规划学、风景园林学在 2016 年教育部全国一级学科评估中均取得了 B+ 的成绩。

◆ 四个专业入选陕西省一流专业。学院建筑学、城乡规划、风景园林和历史建筑保护工程 4 个本科专业全部进入陕西省一流专业建设序列。

◆ 刘鸿典建筑博物馆在沈阳成立。

◆ 我院退休教师丁肇辙为建筑学院捐赠 30 万元人民币，设立"丁肇辙教育基金"专项，奖励优秀学子。

2018
西安建筑科技大学

◆ "面向西部绿色发展的全产业链高层次建设人才培养模式探索与实践"获批国家首批新工科研究与实践项目。

◆ 学院被表彰为"2018 年度陕西高等学校教学管理工作先进集体"。

◆ 1 月，省部共建西部绿色建筑协同创新中心获批成为国家重点实验室，这是我校建校以来获批第一个国家重点实验室，将为学校学科建设发展提供重要的平台支撑。12 月，该中心正式启动建设。

◆ 7 月，学院党委被省高教工委表彰为先进基层党委。建筑技术教研室党支部获得首批陕西高校"双带头人"教师党支部书记工作室，2016 级研究生建筑学 4 班党支部获得首批陕西高校党建"双创"研究生样板党支部。

◆ 12 月，建筑技术教研室党支部获批全国党建"双创"工作样板党支部。

2.1 概述

2.2 专业发展

2.3 人物传

2.4 建筑学院教授治学

2.5 专业发展大事记年表

第 2 章

专业发展历程

2.1.2 建筑学院教学机构发展历史图表

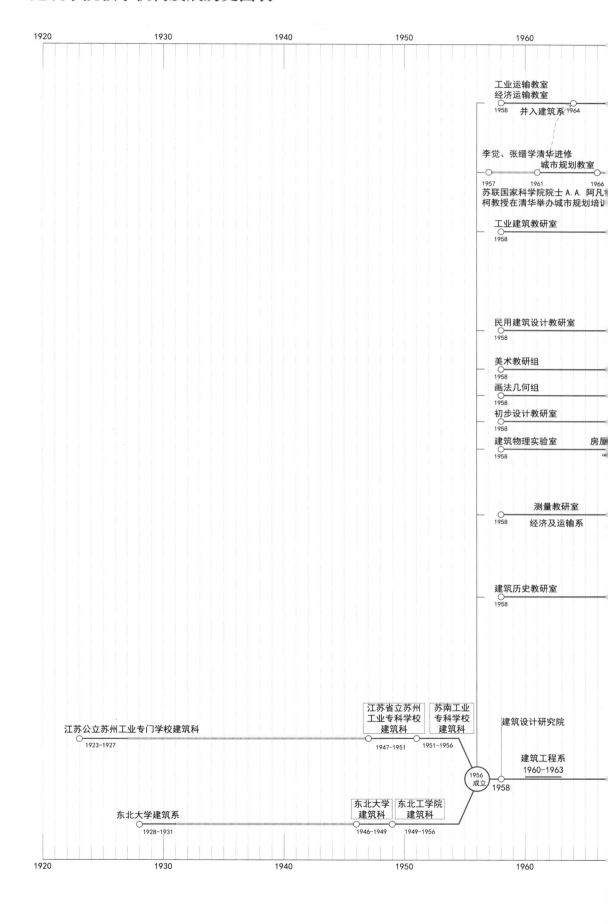

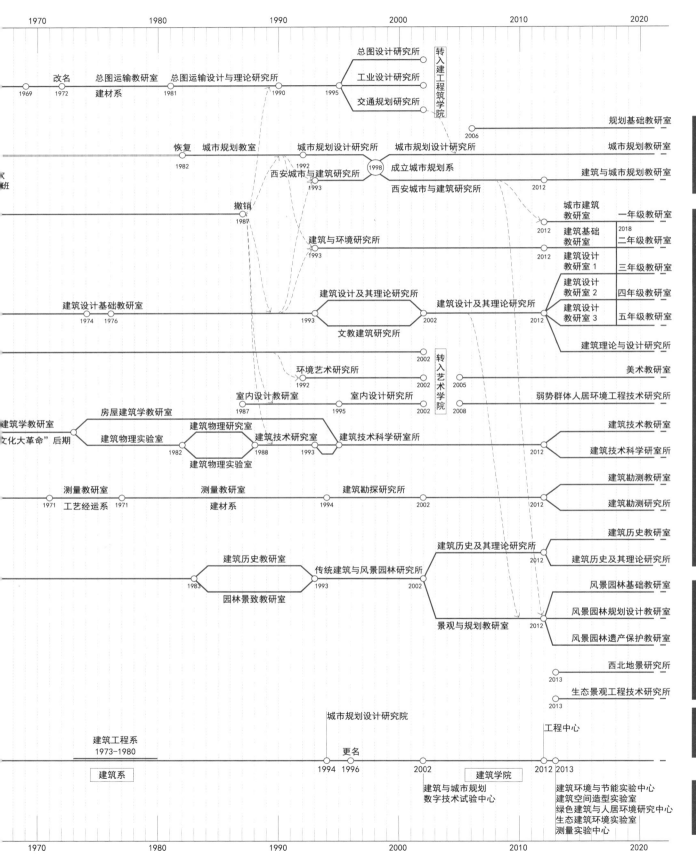

1970 1980 1990 2000 2010 2020

改名 总图运输教研室 总图运输设计与理论研究所 总图设计研究所 转入建工程筑学院
1969 1972 建材系 1981 1990 1995 工业设计研究所 2006
交通规划研究所

规划基础教研室

恢复 城市规划教室 城市规划设计研究所 城市规划设计研究所 城市规划教研室
1982 1992 1998 成立城市规划系 建筑与城市规划教研室 2012
西安城市与建筑研究所 西安城市与建筑研究所
1993

撤销 城市建筑 一年级教研室
1987 教研室 2012 2018
建筑与环境研究所 建筑基础 二年级教研室
1993 教研室
2012 建筑设计 三年级教研室
建筑设计及其理论研究所 建筑设计及其理论研究所 教研室1
建筑设计基础教研室 1993 2002 建筑设计 四年级教研室
1974 1976 文教建筑研究所 教研室2
2012 建筑设计 五年级教研室
教研室3
2002 建筑理论与设计研究所

转入艺术学院 美术教研室
环境艺术研究所 2002 2005
1992 弱势群体人居环境工程技术研究所
室内设计教研室 室内设计研究所 2008
1987 1995 2002

建筑学教研室 房屋建筑学教研室 建筑技术教研室
"文化大革命"后期 建筑物理实验室 建筑物理研究室 建筑技术研究室 建筑技术科学室所 2012
1982 1988 1993 建筑技术科学研室所
建筑物理实验室

测量教研室 测量教研室 建筑勘探研究所 建筑勘测教研室
1971 工艺经运系 1971 建材系 1994 2002 2012
建筑勘测研究所

建筑历史教研室
建筑历史及其理论研究所 建筑历史及其理论研究所
2012
建筑历史教研室 传统建筑与风景园林研究所
1983 1993 2002 风景园林基础教研室
园林景致教研室 风景园林规划设计教研室
景观与规划教研室 2012
风景园林遗产保护教研室

西北地景研究所
2013
生态景观工程技术研究所
2013

城市规划设计研究院 工程中心
建筑工程系 更名 建筑学院
1973-1980 1994 1996 2002 2012 2013
建筑系 建筑与城市规划 建筑环境与节能实验中心
数字技术试验中心 建筑空间造型实验室
绿色建筑与人居环境研究中心
生态建筑环境实验室
测量实验中心

城乡规划系

建筑学系

风景园林系

实习基地

实验室

1970 1980 1990 2000 2010 2020

图纸绘制：费 凡 梁 锐 黄曦娇   审图：王怡琼

2.2 专业发展

2.2.1 建筑学专业

西安建筑科技大学建筑学系具有悠久的历史。早在 1950 年代初期，承全国大规模院系调整的东风，西安建筑科技大学建筑系的生命历程开启。1955 年，高等教育部下发"筹建西安建筑工程学院方案"，明确将东北工学院、西北工学院、青岛工学院、苏南工业专科学校的土木建筑类专业合并，成立西安建筑工程学院，并于 1956 年 9 月 12 日举行开学典礼，学院正式成立。同年应冶金部要求，学院由隶属建工部改为隶属冶金部领导。至此，与清华大学、同济大学、南京工学院（现名东南大学）、天津大学、重庆建筑工程学院（现并入重庆大学）、哈尔滨建筑工程学院（现并入哈尔滨工业大学）、华南工学院（现名华南理工大学），共同形成了中国建筑院校"老八校"的基本格局，成为新中国建筑学科高等教育的主要力量。

一、专业沿革

1956 年西安建筑工程学院建筑系成立，设立民用建筑、建筑学、初步设计、美术、画法几何等 6 个教研组，苏联专家连斯基随东北工学院建筑系调来西安建筑工程学院工作，建筑系合计教师 110 人，职工 20 人。

1960 年，将建筑系与建筑工程系合并改为新的建筑系，到 1964 年建筑系与建筑工程系又分开，同时总图专业转到建筑系。1966 年"文化大革命"开始，期间，建筑系被认为是"封、资、修"的大染缸，受到极大的冲击，损失严重。"文化大革命"结束以后，国家进入全面恢复调整时期。1977 年国家恢复全国性的大学生招生考试，建筑系恢复了建筑学专业并开始招生。到 1980 年，建筑系与建工系两个系又分开。从此，建筑系的教学科研开始走上一个新的历史发展时期。

1985 年经冶金部批准，建筑系增设城市规划专业，成为除同济大学、重庆大学以外全国较早开办城市规划专业的院校之一。

随着 1990 年代建筑行业进入蓬勃发展的阶段，建筑系成立初期设立的各个教研室依次在 1980 年代末期到 1990 年代初期撤销或解体并转，于 1992—1993 年期间陆续成立了多个与建筑学本科教学关系密切的研究所，包括建筑与环境研究所、建筑理论与设计研究所、文教建筑研究所、环境艺术研究所、室内设计研究所、西安城市与建筑研究所等，充分将教学、科研、生产紧密结合，为后期在建筑学院综合管理下建筑学系的正式成立奠定了基础。

1994 年，响应国家推进高等教育体制改革的政策，西安冶金建筑学院更名为西安建筑科技大学，1996 年建筑系更名为建筑学院。由此建筑学院开始走向新世纪的发展历程。

进入 21 世纪以来，建筑学专业有了更大的发展。2002 年，建筑学专业被评为陕西省名牌专业。2007 年，建筑设计与理论通过国家重点学科评审，被认定为国家重点学科。2009 年，建筑学专业被教育部、财政部批准为第四批高等学校特色专业建设点。2010 年，建筑学专业开始实施卓越工程师教育培养计划。

2012 年，在建筑学院的综合管理之下，建筑学系正式成立，由之前若干相关的研究所进行分解或重组，形成目前建筑学系所辖的 6 个教研室：建筑基础教研室、城市与建筑教研室、建筑设计教研室 1、建筑设计教研室 2、建筑设计教研室 3、美术教研室。

2016 年，建筑学系完成新一届的行政换届，建立了建筑学系教学工作委员会。

2018 年，建筑学系结合课程建设将教研室按年级划分为一～五年级教研室。截至 2018 年建筑学系共有教师 99 人，其中教授 10 人、副教授 22 人、讲师 41 人、助教 26 人。

建筑学系当前在设置建筑学专业的同时，拥有 1 个国家级重点学科——建筑设计及其理论，3 个陕西省重点学科——建筑历史与理论、建筑设计及其理论、建筑技术科学。

历经 60 多年的发展，作为我国建筑类著名的老八校之一，我校建筑学学科依托西部独特的地缘条件，秉承学科优秀传统，在国家自然科学基金重大项目、创新研究群体与杰出青年重点项目、国际交流与合作项目以及国家科技计划重大项目的大力推进下，结合有重大影响的地域建筑创作项目的持续支撑，形成了西部绿色建筑、文化遗产保护、地域建筑更新、社会福祉建筑四大特色学科方向。在建筑学专业办学中，不断完善院——系管理机制，激发内在办学活力，加强对外交流合作，推进中外联合办学，不断拓展联合办学平台，提升开放办学水平。

二、办学思想

我院建筑学专业的办学历史可以追溯到 1928 年由梁思成先生创办的东北大学建筑系，以及 1923 年由柳士英、刘敦桢先生创建的苏州工专建筑科。办学伊始，一直注重知识的积累和基本功训练，强调艺术熏陶和师承关系。

20 世纪 50 年代以后，在沿袭传统的同时，聘请苏联建筑教育专家，借鉴原苏联的建筑教育经验，加强工程技术教育和实践教学环节，开辟了工业建筑设计和建筑物理学科领域，学制六年。

1970 年代末至 1980 年代，随着改革开放的进行，广泛吸收国内外建筑教育的有益经验，借鉴新的教育理念、方法，引进一批特色课程。在结合自身情况进行教学改革的同时注重建筑与整体环境的有机结合，注重地域建筑文脉的延续，初步形成了具有自身特色的教学体系，学制四年。

1990 年代后，在坚持生态建筑学、建筑与环境共生、多学科渗透的建筑学大学科理念的基础上，实行开放式办学，逐步建立了完善且具有我校特色的教学体系。1992 年，为了使建筑教育与国际接轨，并适应注册建筑师制度，建筑学专业学制改为五年。

自 1994 年起建筑学专业首次接受建设部专业评估并以优秀级通过，评估中清晰地梳理出了建筑学本科教学的办学思想和教学体系，并不断与时俱进、调整完善，以顺应建筑专业人才的成长规律和国家建设对建筑人才的培养需求，形成了依托本校学科资源优势、独具特色的建筑学专业办学思想。

2000 年以优秀级通过复评后，结合 21 世纪建筑教育观念的改变及对建筑学专业人才培养的要求，强调了教育的体系化和整体性，进一步优化了教学体系和课程设置，构筑了"三平台、二环节"的建筑学教育课程体系。并于 2006 年第三次以优秀级通过专业评估。

2006 年以来，建筑学专业系总结了数十年以来的教学经验，秉持优秀教学传统，不断夯实专业基础，并根据国家新时期对建筑人才的培养要求，结合"卓越工程师教育培养计划"，系统修订了人才培养目标，优化了教学体系，调整了课程框架，更新了教学内容，应对学科发展趋势，致力于培养符合新时期城乡建设事业需求的高素质应用型建筑专门人才。

2013 年在系统总结建筑学专业办学经验、秉持建筑教学传统、强化专业基础教育的基础上，通过不断优化建筑学专业教学体系，回归建筑教育本源，培养学生以人为本、尊重自然的建筑观，为学生建构注重空间实质与建筑全过程的设计思维。以专业能力培养为主线，继续完善"三平台、二环节"的专业课程体系，并实践建筑教育的"场效应"，探索建筑人才培养的新模式，并以优秀级第四次通过专业评估。

自 2012 年开始，建筑学专业开始尝试从以学生为本的角度出发，遵循建筑学专业认知规律，结合卓越工程师培养计划，大胆尝试探索具有本土特色、并适应中国国情的"自在俱足、心意呈现"教学改革体系，从 2012 级建筑学专业开始，展开对 1~2 个班的教改实验，在全国建筑学教育领域引起巨大的反响。

当前建筑学专业坚持"以人为本，尊重自然，承启历史，回应时代，立足地域，回归本原"的办学理念，在厚基础、宽口径、高素质、强能力的思想指导下，培养具有较强综合文化素质、社会责任感、良好职业道德、敬业精神和团队精神，具有扎实的建筑学专业素质、专业知识和专业能力，具有创新意识和能力、开放视野、可持续发展和文化传承理念的复合型建筑学高级人才。毕业生主要在设计和规划单位、房地产开发行业、教育和科研机构、管理部门等，从事建筑与城市设计、开发与管理、教学与研究等工作，也可以升入国内外高校或研究机构继续深造。

多年以来，我校建筑学专业已为国家和地区培养出大批优秀人才，先后培养了王小东、刘加平、常青三位院士，孙国城、刘纯翰等国家工程勘察设计大师。建筑学专业作为国家级特色专业、陕西省名牌专业，在第四轮全国学科排名中位居第六，在全国建筑学专业教育方面具有重要的影响，是西北地区迄今通过评估且具有资格授予毕业生建筑学学士、硕士学位以及工学博士学位的唯一高校，多年来形成了我校的人才培养特色，在城乡建设领域得到广泛认可。

三、办学规模

我校建筑学专业在 1956 年西安建筑工程学院建筑系成立初期招收了调整后的第一届学生，学制 6 年，设置建筑学（民用建筑）一个专业。

1977 年建筑系恢复建筑学专业并开始招收四年制本科生。

1982 年之前建筑学专业每年招收 1 个班，自 1983 年起每年招生 2~3 个班不等。

1991 年经国家教委批准，同意本科建筑学专业学习年限由四年改为五年，从 1991 年开始按五年制招生。从 1992 年开始，经冶金部教育司同意，建筑学专业 1989、1990 级部分学生改为五年制。1994 年，经报请国家教委高等教育司批准，同意学校城市规划本科专业也由四年制改为五年制。

从 1995 年开始招生规模不断扩大，并逐渐稳定在 3 个班左右。

从 2004 年开始建筑学专业招收本硕连读生，从原有的 3 个班招生规模扩大到 4 个班，从 2010 年开始继续扩大到 5 个班，至 2016 年，新增历史建筑保护工程专业，并开始首届招生培养，建筑学本科学生扩大为 6 个班。成为全国招生规模最大的建筑系。

自 1994 年起，建筑学专业已历经 1994 年、2000 年、2006 年、2013 年四次建设部（现为住房和城乡建设部）专业评估，并连续四次以优秀级通过。首次评估是 1994 年，这是国内建筑院校第二批次参与专业教育评估的院校，全国高等学校建筑学专业教育评估小组对学校建筑学专业进行了评估，各项指标均评定为 A 级，被全国高校建筑学专业教育评估委员会正式授予学校《全国高等学校建筑学专业教育评估合格证书》，资格有效期为 6 年，并在此有效期内，可授予毕业生建筑学学士学位。

2000 年，建筑学院建筑学、城市规划专业顺利通过全国高等学校土建类各专业教育评估委员会评估，成为西北地区唯一一所两个专业均通过专业评估的院校。

2006 年，建筑学专业（本科、硕士）第二次以优秀级通过建设部全国高等学校建筑学专业教育评估委员会的评估。

2013 年，建筑学专业本科和研究生教育第四次以优秀等级通过住建部专业评估，"建筑学专业硕士培养试点"以全优成绩通过教育部验收。

当前建筑学专业为国家级特色专业、陕西省名牌专业，并于 2011 年起实施卓越工程师教育培养计划。

四、教学成果

我校建筑学专业是国家级特色专业、省级特色专业、省级名牌专业，建筑教育人才培养模式创新实验区被立项为陕西省人才培养模式创新实验区建设项目。

建筑学专业本科教学笃实力行，全系教师在指导学生参与各类竞赛、荣获教学成果奖、获得精品课程、荣获教学名师、教学团队等方面成果丰硕、成绩卓著。

多年来教师指导学生积极参与由国际建筑师协会（UIA）主办的国际大学生建筑设计竞赛，屡获殊荣，成为该项赛事全球获奖最多、等级最高的高校。

1984 年建筑学专业 1979 级 13 名学生在第 15 届国际建筑师协会（UIA），第 12 届国际大学生建筑设计竞赛中获叙利亚建筑界奖（相当于三等奖），西安冶金建筑学院建筑系 UIA 世界大学生建筑设计竞赛小组被共青团陕西省委授予"新长征突击队"称号。1987 年，建筑系学生再次在第 16 届国际建筑师协会（UIA）世界大学生建筑设计竞赛中获得北欧分会、澳大利亚分会和匈牙利分会三项奖。1990 年，建筑系 9 名学生在第 17 届国际建筑师协会（UIA）世界大学生建筑设计竞赛中获最高奖——联合国教科文组织奖，冶金部发来贺电，联合国教科文组织驻华代表泰勒博士为我院竞赛优胜者颁奖，亚洲建协副主席、清华大学教授吴良镛发来贺信。在 UIA 大赛中的连续获奖的喜人佳绩，让西安冶金建筑学院蜚声海内外，国际知名度空前提升。

1999 年，建筑学院成功举办了第 20 届国际建筑师协会（UIA）世界大学生建筑设计竞赛，并在此次竞赛中荣获"优秀作品奖"，这已是自 1984 年以来建筑学院建筑学专业学生第五次荣获此殊荣。

2014 年，建筑学院学生荣获第 22 届国际建筑师协会（UIA）世界大学生建筑设计竞赛第一名、第二名，这是我校参加该项赛事以来第二次获得最高奖，也是中国建筑院校学生在该项赛事中取得的最好成绩。

年轻教师积极参与教学改革，指导学生参加各类国内外设计竞赛，取得优异成绩，在由东南大学与亚洲建筑新人战实行委员会共同主办的中国建筑新人赛暨亚洲建筑新人赛中国区竞赛中，三次取得第一名的好成绩。

建筑学系教师积极参与教学和科研工作，并将产学研紧密结合，取得了令人瞩目的教学科研成果。

2006 年，建筑学院刘加平教授主持的"黄土高原绿色窑洞民居建筑研究"，在联合国人居署 2006"世界人居奖"评审中，被评为优秀项目，建筑学院的科研教学成果引起了国际、国内的高度关注和广泛认可。

2009 年建筑学院刘加平教授牵头的"西部建筑环境与能耗控制理论研究"，获得创新研究群体科学基金项目，这是学校首次获准该类基金项目，同时也是陕西省属高校中首次获该类项目。刘加平教授因其在建筑热工与建筑节能研究方面取得的卓越成就和突出贡献，当选为中国工程院土木、水利与建筑工程学部院士。

刘加平教授等人完成的项目"西部低能耗建筑设计关键技术与应用"，获得 2010 年度国家科技进步二等奖。

2011 年，刘克成教授团队在第十二届 DOCOMOMO 国际大会中成为该组织的第 60 个正式成员，也标志着 DOCOMOMO 中国理事会正式成立。刘加平院士荣获"何梁何利基金科学与技术进步奖"，王小东院士、刘克成教授光荣入选首届"当代中国百名建筑师"。

2013 年刘加平院士牵头的"西部绿色建筑协同创新中心",被认定为 2013 年度"陕西省 2011 协同创新中心"。刘克成教授当选国际现代建筑遗产保护理事会中国委员会主席。

多年来,建筑学专业在教师个人的成长与培养方面硕果累累,自主培养了建筑技术科学方向中国工程院院士 1 人(全国仅 2 人),实现了西安建筑科技大学建筑学专业零院士的突破。建筑学系教师荣获全国模范教师、长江学者奖励计划特聘教授、万人计划:国家高层次人才特殊支持计划领军人才、百千万人才工程;有突出贡献中青年专家、创新人才推进计划"中青年科技创新领军人才"、新世纪百千万人才工程国家级人选、全国优秀教师、全国优秀教育工作者、全国冶金教育系统年度杰出人物奖各 1 人,陕西省教学名师 4 人、陕西省优秀教师 2 人、宝钢优秀教师 5 人、陕西省创新人才推进计划"中青年科技创新领军人才"2 人、陕西省五四青年奖章 1 人、省三八红旗手 1 人、陕西省工程勘察设计大师 2 人、省"三秦学者"2 人、陕西省"百人计划"2 人、陕西省"百人计划"短期项目 1 人、校级教学名师 6 人。

建筑学专业在团队建设方面也取得了优异成绩,获批多个国家级、省级和校级教学科研团队。2009 年刘加平教授牵头的"西部建筑环境与能耗控制理论研究",获准国家创新研究群体,成为我国建筑学学科首个国家创新研究群体。2013 年杨柳教授负责的"低能耗建筑设计团队"获准陕西省第一届重点科技创新团队。2016 年王树声教授"中国城市规划经验传承关键技术团队"获准陕西省重点科技创新团队;2015 年刘晖教授负责的"风景园林专业教学团队"获准陕西本科高校省级教学团队。近年来获得校级教学科研团队 9 支。

全系教师多年来坚持教学改革,矢志不渝,先后获得国家级教学成果奖 1 项、省级教学成果奖 5 项、校级教学成果奖近百项;主干课程获得国家级精品课程及国家级视频公开课各 1 门、省级精品课程 4 门、省级精品资源共享课 7 门、省级双语课程 1 门,获得省级教改项目立项 7 项,出版教材 26 部,列入住房城乡建设部土建类学科专业"十三五"规划教材选题 4 部。

2016 年校庆之际,建筑学系成功举办"2016 中韩建筑院校学生交流工作坊""UIA 霍普杯 2016 国际大学生建筑设计竞赛"等国内外高水平学术、教学会议,促进了学术、教学交流,提升了学院在国内外的学术影响力和知名度。

回顾历史,放眼未来,建筑学院建筑学专业将鼎力秉持坚守西部、面向全国、展望世界的办学视野,继续为国家"一带一路"政策的顺利推进努力奋斗,再建新功!

撰稿人:张　倩　审稿人:叶　飞

建筑学系教研室现任教师任职情况一览表

一年级教研室

姓　名	工作时间	姓　名	工作时间	姓　名	工作时间
王健麟	1985 至今	李军环	1997 至今	马　健	1993 至今
韩晓莉	1993 至今	靳亦冰	2003 至今	王　涛	2003 至今
李　钰	2003 至今	宇文娜	2005 至今	陈　聪	2007 至今
陈　敬	2012 至今	崔陇鹏	2013 至今	颜　培	2011 至今
张天琪	2013 至今	史智平	2006 至今	俞　泉	2012 至今
吴　超	2013 至今				

二年级教研室

姓　名	工作时间	姓　名	工作时间	姓　名	工作时间
李志民	1982 至今	王芙蓉	1995 至今	李立敏	1998 至今
刘　超	2010 至今	高　博	2004 至今	党　瑞	2005 至今
许晓东	2007 至今	田铂菁	2007 至今	成　辉	2008 至今
王　青	2008 至今	李建红	2010 至今	吴　瑞	2011 至今
李　涛	2013 至今	吴冠宇	2014 至今	杨　乐	2012 至今
朱　玮	2014 至今	王怡琼	2014 至今	庞　佳	2014 至今
王文涛	2016 至今				

三年级教研室

姓　名	工作时间	姓　名	工作时间	姓　名	工作时间
肖　莉	1987 至今	刘克成	1984 至今	张　倩	1993 至今
赵　宇	1994 至今	王　锦	2009 至今	周　崐	2010 至今
侯冰洋	2008 至今	师晓静	2007 至今	刘宗刚	2008 至今
吴　迪	2010 至今	王毛真	2010 至今	石　英	2011 至今
李　焜	2012 至今	李少翀	2016 至今	何彦刚	2012 至今
同庆楠	2013 至今	杨思然	2014 至今	吴涵儒	2014 至今
项　阳	2015 至今				

四年级教研室

姓　名	工作时间	姓　名	工作时间	姓　名	工作时间
李岳岩	1996 至今	安　黎	1996 至今	井敏飞	1993 至今
李　昊	1996 至今	王　琰	2018 至今	李曙婷	2009 至今
李　帆	2002 至今	王　璐	2007 至今	黄　磊	2007 至今
王　芳	2012 至今	孔黎明	2006 至今	王　东	2009 至今
苏　静	2009 至今	周志菲	2009 至今	王瑞鑫	2013 至今
陈雅兰	2013 至今	徐诗伟	2014 至今	王墨泽	2015 至今
吴姗姗	2016 至今				

五年级教研室

姓　名	工作时间	姓　名	工作时间	姓　名	工作时间
周文霞	1993 至今	叶　飞	1993 至今	王　军	2000 至今
陈　静	1994 至今	张　群	2001 至今	陈景衡	2001 至今
王晓静	2006 至今	温　宇	2005 至今	石　媛	2013 至今
梁　斌	2015 至今	冯　璐	2004 至今		

注：建筑学院西迁办学60年以来，建筑系从最初的单一建筑学专业办学，发展到了今日建筑学、城乡规划学和风景园林学三个一级学科三足鼎立的局面。师资队伍也随之不断地扩张分化。故在此仅列出建筑学系现任教职工名单，工作时间从入职时间计。建筑系历任教师名单参见附录。

2.2.2 总图设计运输工程专业

一、专业概况

我国在 1950 年代开展了大规模的经济建设，"一五"期间以 156 项建设项目为重点的建设工程在全国展开。这些项目大多为苏联援建项目。在工程设计专业中，苏联有工业运输专业，我国则没有这方面的专业和人才。为了培育经济发展急需的相关资源，我国于 1953 年在鞍山举办了总图设计培训班，由苏联专家扎瓦特斯基讲课，学员来自部分设计院、企业和高等学校，该班为我国培养了第一批总图设计人才。为了适应经济建设的需要，1956 年在我校设置了"工业运输专业"，并于当年招收 60 名学生。当时，工业运输专业的培养方向是两个方面，一方面是给设计院培养总图设计人才，使学生毕业后能够从事总平面设计、竖向设计、管线综合和厂矿企业铁路、道路设计工作；另一方面是给大型厂矿企业培养工业运输管理人才，使学生毕业后能够从事厂矿企业工业运输规划、设计和运输组织管理工作。此时开设的主要专业课程有黑色冶金工厂总图设计、工业铁路运输组织、工业铁路线路、工业企业铁路站场、道路工程、机械化运输及装卸机械等。

通过十年的教学实践和学生毕业后的工作实践，我国对于总图设计人才需要更为迫切。1972 年恢复招生时，经上级批准，我校的工业运输专业改名为"总图运输设计专业"，培养方向由原来的两个方向改为一个方向，即为设计部门和大中型企业培养总图设计人才，并对课程和课时作了适当的调整。运输类课时减少，总图类课时增加，同时增加了"工业企业厂址选择和总体规划"等课。由于专业方向改变和面向全国服务，使得专业招生人数由 30 人增加到 60~90 人。另外，学校还办了十期总图进修班，为国家培训总图设计人才约 500 名。

1980 年代，鉴于"总图运输设计"命名不易被更多的人理解，加之想增加培养方向，将专业名称改为"总图设计和运输"，试图恢复原专业的两个培养方向，即培养总图设计和工业运输管理人才。但由于课程设置变动甚微，培养工业运输管理人才的方向未能体现，实际的培养方向仍是总图设计人才。

1992 年，教委进行专业调整，为使总图设计与运输专业归类到土建类，将专业名称改为"总图设计与运输工程"。

"总图设计与运输工程"专业成立四十年来，为我国培养了约 2000 多名本科生和 20 多名研究生，并为全国培训在职干部、在职设计人员近 1000 名。四十年的实践证明社会需要总图专业，总图专业应为社会多培养人才，以满足市场需求。

二、参与的主要科研活动（截至 2002 年）

1980 年代后期至 21 世纪初总图专业归并土木工程学院期间，主要参与或主持以下科研活动：

1. 主持并完成《西安综合交通规划中的交通区划分及 0-D 出行调查程序设计》，主要参加人员有：吕仁义、罗西、惠静河、杨明瑞、戈刚等（1986—1987 年）。

2. 主持并完成《西安回民区调查及规划思考》。主要参加人员有：吕仁义、张沛、罗西等（1996—1998 年）。

3. 主持并完成《工业企业总平面设计规范》的修编工作，主持人：雷明。

4. 主持并完成多项旅游发展规划，如：华山旅游发展规划（1999 年）、南太白山生态保护与旅游发展规划

（2000年）、蒲城旅游规划（1997年）等。

5. 参与建筑学院相关规划设计研究项目，如：华山总规（吕仁义、杨明瑞、李侃桢等参与）、壶口总规（吕仁义、惠静河参与）、黄帝陵整修规划（吕仁义、焦海洲、井生瑞参与）。

三、其他事项

1. 1983年田茂勋老师退休后，由王树模、杨明瑞、贾忠孝等老师先后担任教研室主任（截至2002年）。

2. 21世纪初，学校决定将总图专业（已确定为交通工程方向）调整至土木工程学院。除在校本科学生整体归并，教师一部分在建筑学院退休（如井生瑞、焦海洲、李超诗、董金波、董淑敏、李广英）；另一部分调至土木学院（如雷明、贾忠孝、王秋萍等），其他教师（如吕仁义、陈晓键、罗西、赵晓光、张沛等）仍继续留在建筑学院任教。在此之前，一批青年教师先后调离总图教研室。其中包括：后任江苏省国土资源厅厅长（原南京市副市长）的李侃桢、西安市政协副主席汪文展、西安市国际港务区管委会主任杨明瑞等（以上均为吕仁义的研究生）。该阶段的研究生中，也涌现出一批名校的博士、博士后（包括清华大学、北京大学、同济大学以及美国宾夕法尼亚大学、哈佛大学），如张沛、马强、李强、崔芳华、丁威、杨迎旭、李晶、吴京城、蒋蓉、张欣洋、黄嘉颖等（截至2003年）。

另外，赵晓光老师曾出版两本场地设计方面的专著（张锦秋大师写序），并在本校开设了相关的课程，该书也成为国家一级注册建筑师考试的教材，并在全国各大城市开设讲座，影响巨大（场地设计是总图专业的核心教学内容之一）。

四、总图专业四十年大事记

1953年，为迎接我国经济建设的高潮，国家建设委员会和冶金部在鞍山举办了我国第一个总图运输设计培训班，由苏联专家讲课，学员来自各大设计院，这个培训班为我国培养了第一批总图运输设计技术骨干。

1955—1956年，为适应国家建设的需要，在1956年全国院系调整时，决定在西安建筑工程学院设置工业运输专业、并于同年招收第一届新生（60人）。

该专业的设置主要是学习苏联的结果，据说当时在苏联莫斯科铁道学院及古比雪夫建筑工程学院（著名专家杜宾斯基即在该院）均设有该专业。该专业第一任教研室主任是余士璜教授。

该专业当时属经济运输系，系主任是徐汇俊教授，第一个教学计划由刘克智教授译自俄文。1956年12月，为调查我国工业运输的现状并为筹建专业作准备，余士璜教授带吕仁义到北京及东北主要工业基地进行考查并收集资料。

1957—1958年，该阶段，我院也和全国一样，开展了反右派斗争，总图专业有的教师和少数学生被错划为右派，有的学生甚至以"大学生党"的恶名被错打为反革命分子。错划为右派的教师被下放到沙井村、坝桥等地劳动。在反右以前，有的教师和部分学生曾提出"工业运输专业"不宜设在建筑学院，建议搬迁，后来这部分学生受到了错误的批评。该段时间，完成了第一个教学计划的修编工作（包括1958年教育革命中师生关于教学计划的大辩论）。该教学计划确定的专业培养目标包括工业运输管理（去向是各大厂矿的运输部）及工业运输设计（即总图运输设计）。

1957年底，总图专业派出两名教师参加国家建设委员会在北京召开的全国总图运输设计座谈会，参与讨论如何办好这个专业，我系专业教师向会议提出了很好的建议和意见。

1958年，全体师生参加了大跃进、大炼钢铁、深翻耕地等项社会活动并参加了系办耐火材料厂的劳动。

1958年，撤销经运系并入工艺系，系主任是余士璜教授。

1959—1960年，田茂勋同志带队到鞍钢、本钢等地收集资料编写教材，并在1960年前，完成了全套七门课教材的编写，受到了院方的表扬。

1959年春，田茂勋、吕仁义同志赴本溪参加全国路厂协作会议。

1960—1961年，响应党的教育革命的号召，师生先后分赴包钢、石景山、鞍钢、八房山进行现场教学及现场设计。

1960年春，李元标、吕仁义等同志和西安铁路西站的同志一起研制成功"螺旋白灰卸车机"，当时作为重大科研成果上报。1960年，由工业运输教研室翻译的《工业铁路》上册，由高等教育出版社出版，这是我院建校后第一个正式出版的译著。

1960年，工业运输教研室被评为全院先进集体，受到表彰。本年度也开展了反右倾运动。

1961—1964年，进入困难时期，部分教师被下放食堂和三门峡农场等处进行劳动锻炼，被调出的预备教师先后回班继续学习。

1964年，工业运输专业脱离工艺系，并入建筑系。

1964—1966年

在1964年的教育革命中，本专业各门课的教材、教学计划、教学内容和教学方法均受到了全面的审查，并承受到相应的批判。

1965—1966年，本专业部分教师分批赴榆林和蓝田进行社教。

1965年底，田茂勋同志带队扎根武钢，进行调查研究和收集资料，为编写新的教材进行准备，时间长达八个月。同时，为武钢基地的建设做出了贡献。

1967—1976年（"文革"期间）在"极左"思潮影响下，教研室多数教师先后受到了不同程度的冲击（占当时在岗教师的一半以上）。

1969—1970年，曾就要不要保留工业运输专业在专业内进行过一次辩论，并将专业改名为总图运输设计专业。

"文化大革命"期间，我专业大部分青年教师（10人以上）被调离我院或调离本专业。

1972年开始，该专业调整至建材系。1972年恢复招生，招收72—76级工农兵学员。

1977年恢复招收四年制本科生。

1981年总图专业又调整回建筑系。

1983年，挂靠在国家计委的中国工业运输协会在北京成立，秘书处设在我院。雷明任常务理事兼秘书长。协会还发展成立了吉林、辽宁、河北、上海、江西、湖南、新疆、陕西分会。

1985年，总图专业开始招收硕士研究生。

1987年，中国金属学会冶金运输学会年会由我专业筹办，在西安召开。

1990年，名义挂靠我专业的陕西工业运输协会宣告成立，李超诗任秘书长。

该段时期，曾先后请英、美专家来系讲学（交通规划、物流等）并建立了联系。该段时期，我专业曾先后有多部著作出版。

1995 年，总图运输教研室分为三个研究所：总图设计研究所，所长井生瑞；工业工程设计研究所，所长雷明；交通规划研究所，所长吕仁义。

撰稿人：吕仁义　审稿人：陈晓键

总图运输工程专业教师任职情况一览表

姓　名	在系（院）工作时间	姓　名	在系（院）工作时间	姓　名	在系（院）工作时间
余士璜	1956~1978	白述杰	1965~1975	杨华志	1982~1988
刘克智	1965~1980	王振法	1965~1975	林　宇	1982~1987
徐汇俊	1956~1982	刘存亮	1965~1996	吴亚贤	1983~1988
吕仁义	1956~1996	邓继来	1971~1975	夏泽政	1983~1996
王树模	1957~1995	雷　明	1972~1996	马长青	1984~1989
田茂勋	1958~1983	李广英	1973~1996	李侃桢	1985~1990
李元标	1958~1974	董金波	1974~1996	汪文展	1989~1995
王建国	1959~1977	董淑敏	1974~1996	庞丽娟	1986~1990
丁淼钧	1959~1963	贾忠孝	1974~1999	王秋萍	1986~2002
白凤藻	1960~1970	陆少芬	1974~1981	罗玉金	1988~1998
杜宏保	1960~1972	刘　觉	1974~1990	赵晓光	1988 至今
吴天稷	1960~1972	井生瑞	1975~1996	罗　西	1988 至今
赵学信	1960~1963	罗守禧	1978~1988	聂仲秋	1991~1995
张淑婷	1960~1962	杜　瑾	1976~2012	王代明	1991~1998
洪德新	1960~1962	惠志中	1976~1980	孙　峰	1992 至今
楼关吐	1960~1962	张光荣	1977~1980	李　升	1992 至今
查全华	1961~1975	许兆宽	1977~1990	闫　波	1992 至今
钱君怀	1961~1976	殷景峰	1977~1982	宋　波	1992 至今
林毓光	1961~1975	李　斌	1977~1987	陈晓键	1992 至今
庄东白	1956~1993	惠静河	1981~1996	张　沛	1993 至今
蔡克仁	1964~1984	徐秀华	1981~1987	张　越	1994~1996
李超诗	1964~1996	戈　刚	1981~1994		
林振杰	1965~1976	陈泽冰	1981~1989		
王海平	1965~1976	杨明瑞	1981~1994		

2.2.3　城乡规划专业

西安建筑科技大学是全国最早开设城市规划课程的高校之一，城乡规划专业本科教育可划分为"孕育与波折、恢复与专门化、专业创立与发展、专业调整与拓展"四个阶段。

一、孕育与波折（1956—1976 年）

1956 年建校之初，城市规划在国内还是一门新兴学科，研究人员屈指可数。当时应我国政府之邀，苏联国家科学院院士 A.A. 阿凡钦柯教授在清华大学为我国培养第一批城市规划专业人才，东北工学院建筑系派李觉和张缙学老师前往学习进修。从东北工学院建筑系来的彭埜教授首先在建筑学专业开设了城市规划课程，开始讲授居住小区规划，并且指导学生在毕业设计中完成城市规划课题。当时进行的课题有居住小区规划和西安"北门 – 南门"城市中轴线详细规划等。教学之外，彭埜教授还与西北建筑设计院合作，主持完成了西安市兴庆公园和大雁塔风景区的规划建设。1958 年，李觉、张缙学、武克基老师在清华大学完成两年进修后返校，建筑系规划学科的基本队伍初步形成，正式成立了城市规划教研室，李觉老师任主任。同年，配合全国人民公社化运动，城市规划教研室开展"农村人民公社规划研究"，李觉老师任研究组组长，负责主持编制陕西省农村人民公社规划。1960 年研究组作为全国先进集体，在北京中国建筑学会全国会议上介绍经验，受到国家建工部的表扬。与此同时，城市规划教研室广泛展开了城市居住小区规划与居住环境设计研究，完成全国"住宅建筑设计依据研究"104-41 专题："居住面积研究"。在城市基本居住单位规划设计研究方面，结合我国的经济条件、社会条件和建筑技术情况进行了深入的探讨，许多研究成果位居全国前列。

"文化大革命"期间，建筑系被撤销，"城市规划无用"论在全国泛滥，城市规教研室也随之取消，学科发展受到重大冲击，城市规划研究被迫停顿，专业教师被分散到其他教研室。

二、恢复与专门化（1977—1985 年）

"文化大革命"结束以后，1977 年建筑系正式恢复招生。1982 年，恢复城市规划教研室，李觉、张缙学分任正、副主任，主要成员有佟裕哲、汤道烈、钱宜菊。1983 年后，陆续有史抗平、惠劼、邵京、郭洁等年轻教师先后分配到城市规划教研室工作。这一阶段城市规划教研室主要负责居住小区规划课程教学工作，并结合科研实践项目在建筑学专业学生的毕业设计中设置了城市规划专门化方向。这一阶段的专业课程教学，培育出一支较高素质的教师团队，为之后的城市规划专业办学积累了丰富的教学经验。

与此同时，城市规划教研室的教学活动也取得了重要的教学成果，1984 年，由佟裕哲、张缙学和侯继尧三位老师主要负责，其他教师协助，指导建筑学学生参加国际建协举办的第 15 届国际大学生建筑设计竞赛，获得第三名——叙利亚建筑奖，成为我国改革开放以后，建筑界走向世界的先声，轰动一时。

这一时期城市规划教研室教师也积极参与了多项重大的规划设计实践项目，如韩城县城总体规划、华山风景名胜区总体规划等，产生了较大的行业和社会影响。

三、专业创立与发展（1986—2011 年）

1985 年，经国家教委批准，建筑系开始设置城市规划专业，并于 1986 年正式招生，由城市规划教研室负责城市规划的专业课程教学工作。1986 年后，又有刘克成、赵菁、刘辉亮、王竹和邵晓光等年轻教师相继留校任教，进一步壮大了城市规划专业教师队伍。1993年，建筑系进行研究所体制改革，原城市规划教研室分解重组为三个研究所，即：城市规划研究所、建筑与环境研究所、西安城市与建筑研究所，所长分别为汤道烈、张缙学和刘克成，三个研究所共同承担城市规划专业的专业课程教学工作。2006年，城市规划基础教研室成立，段德罡、白宁先后担任教研室主任，承担城市规划专业低年级（1~5学期）的专业基础课程教学工作。

这一时期的专业办学思想和教学体系特点包括：

1. 确立了以城规原理、总规和城市公共中心规划为核心的专业课程体系

延续了城市规划专门化方向的城市规划原理、城市总体规划等核心课程，并拓展了城市商业步行街规划设计、居住环境设计、城市公共中心规划设计等系列专题，形成了以培养城市规划与建筑环境设计能力为核心的专业课程体系。2003年城乡规划专业被列为陕西省名牌专业，2007年城市规划专业成为国家级特色专业，2008年成为国家重点学科培育学科。2013年，"城市规划专业初步""城市规划思维训练"获评陕西省精品课程，获陕西省教学成果二等奖。

2. 城市规划专业学制调整为五年

为适应专业人才培养和国际接轨需要，1993级起，我校的城市规划专业学制正式调整为五年，并将1992级的部分学生由四年制转为五年制。

3. 通过专业评估，形成了完善的专业课程体系

1997年，全国高等学校城市规划专业教育评估委员会成立，并颁布了《全国高等学校城市规划专业本科（五年制）教育评估标准》，汤道烈教授为首届城市规划专业教育评估委员会委员。2000年，我校城市规划专业首次以优秀级通过专业评估，成为国内最早通过城市规划专业评估的院校之一，并以评估标准为基础形成了完善的专业课程体系。

4. 进行了系统的专业基础教学改革与课程建设

2006年，为顺应学科发展需求，使我校城乡规划专业的教育体系更趋完善、基础教育更加专业，建筑学院成立了城市规划专业基础教研室，使城乡规划专业低年级（1~5学期）专业教学从原建筑学模式中脱离出来，进行了系统的教学改革与课程建设，并在全国范围内形成了广泛影响，规划基础教学团队也成长为省级优秀教学团队。

在此期间，我校城市规划专业形成以城市规划基础与专业教育相结合的完整的专业教学体系，专业办学思想不断发展成熟，招生规模也从最初的1个班（1986）逐步扩大至2个班（2001）和3个班（2011）。

这一时期城市规划专业教师参与的重大规划设计实践项目包括：黄帝陵整修大纲、黄帝陵大区总体规划设计、华山风景名胜区总体规划（修编）、黄帝陵整修总体规划与设计、秦始皇陵保护规划、汉阳陵遗址公园规划设计、唐大明宫遗址公园总体规划等。

四、专业调整与拓展（2012年至今）

2011年，城乡规划学一级学科设立。2012年，为适应城乡规划学学科发展和专业教育的要求，建筑学院正式成立了城乡规划系，先后由陈晓键、任云英担任系主任，城市规划专业也正式更名为城乡规划专业。城乡规划系下设三个教研室，即：城市规划教研室、城市规划基础教研室、建筑与城市规划教研室。

这一时期的专业办学思想和教学体系特点包括：

1. 建立了乡村规划课程体系

城乡规划专业名称调整后，为适应新学科专业内涵，在原有"村镇规划"课程基础上扩展，形成了"乡村规划设计原理"课程，并在原有的城市公共中心规划设计和毕业设计中逐步开设了乡村规划方向的设计专题，逐步建立起了乡村规划的课程体系。2017年，我校学生在中国城市规划学会主办的首届全国乡村规划方案竞赛中获奖9项，是参赛院校中获奖数量最多、质量最高的院校。

2. 联合毕业设计成效显著

毕业设计是知识整合和专业能力提升的重要环节。为扩展师生的地域及专业视野，进一步提高毕业设计质量，自2012年至今，先后组织并参与了6个跨校和以规划专业为主的跨专业联合毕业设计，涉及土木建筑类"老八校"在内的20余所院校。我校累计参与的专业教师近100人次，学生300多人次，取得了良好的教学效果，并在全国范围内形成了广泛而积极的影响。

3. Studio教学模式已成体系

Studio教学模式即工作室教学模式，是注重学生专业应用能力的培养，以课题研究及承接技术项目为主要任务，将生产与教学、理论与实践紧密结合的一种教学模式。从2014年开始，城乡规划系开始在城市公共中心规划设计课程中逐步引入Studio教学模式，经过几年的教学实践，已经摸索出一套较为成熟的Studio教学组织方法，并且取得了良好的教学效果，结晶出《基于创新能力培养的城乡规划专业毕业设计开放式教学模式探索与实践》的成功经验，喜获2017年陕西省优秀教学成果二等奖。

4. 引入了专业设计课程答辩制度

为培养学生全面的专业表达及思辨能力，全面提升专业素养，建立专业设计课程的交流与反馈机制，进一步提高教学效果，在借鉴兄弟院校相关经验的基础上，引入了专业设计课程答辩制度，聘请规划管理和设计部门的专家和非任课教师担任答辩委员，针对所有专业设计课程进行结课答辩或中期答辩。

这一时期城乡规划专业获得国家级"专业综合改革试点"项目，该阶段重要教学成果包括陕西省教学成果一等奖："城市规划专业基于新时期高素质应用型人才培养目标的教学体系探索与实践"（2012）；教育部国家级教学成果二等奖："面向转型期我国城乡建设需求的城乡规划专业人才培养体系改革与实践"（2014），2017年城乡规划专业被列为陕西省一流专业。同时"城市规划原理系列课程""城市总体规划""城市居住环境规划设计""城市规划专业初步""城市规划思维训练"等五门课程先后被列为省级高校优质教学资源共享平台课程。

这一时期城乡规划专业教师参与的重大研究及规划设计实践项目包括："中国城市人居环境历史图典"（16卷）、联合主持"秦巴山脉绿色循环发展战略研究"（中国工程院重大咨询研究课题）、参编《国家历史文化名镇名村保护规划规范》，主编《陕西省美丽宜居乡村建设标准》，"陕西省城乡风貌特色研究"西安总体城市设计"汉中市城市特色规划""天水市城市风貌规划控制研究""乌鲁木齐市城市特色研究"等。

撰稿人：尤　涛　　审稿人：任云英

城市规划教研室教师任职情况一览表

姓名	工作时间	姓名	工作时间	姓名	工作时间
汤道烈	1992~1998	邵晓光	1992~1996	王平易	1992~1996
任云英	1992至今	王翠萍	1992至今	郑江涛	1992至今
董芦笛	1995~1996	吴庆瑜	1996~2011	邓向明	1993至今
迟志武	1993至今	王新跃	1993~1996	郭立德	1994~2000
段德罡	1995~2006	黄明华	1998至今	韩晓丽	1995~1997
周庆华	1998至今	张沛	1998至今	吕仁义	1998~2006
罗西	1998至今	吴峰	2002~2006	陈晓键	1998至今
陈超	2002至今	王侠	2003~2006	张峰	2003至今
黄嘉颖	2003至今	姜学芳	2006至今	陈磊	2006~2010
焦林喜	2005至今	杨辉	2007至今	马琰	2008至今
吴小虎	2007至今	李小龙	2010至今	张中华	2011至今
郑晓伟	2009至今	高雅	2013至今	屈雯	2013至今
付凯	2014至今	王阳	2015至今	王新文	2016至今
黄梅	2015至今	于洋	1994~2012 2016至今		

西安城市与建筑研究所（1992—2012年）建筑与城市规划教研室（2012至今）教师任职情况一览表

刘克成	1992至今	肖莉	1992~2013	惠劼	1992至今
雷振东	1992至今	张峰	1992~2003	张倩	1992~2003
林源	1992~1993	高燕	1994~2016	钱浩	1994~1997
赵晓光	2002至今	王芳	1995至今	常海青	2000~2012
尤涛	1994至今	岳邦瑞	1995~2012	李昊	2000~2012
朱城琪	1998~2005	温建群	2002至今	王代赟	2006至今
史智平	2006至今	邸玮	2007至今	王璐	2007至今
段婷	2007~2013	王宇	2007~2009	周志菲	2009~2012
苏静	2009至今	裴钊	2010~2016	付胜刚	2011至今
徐玉倩	2012至今	叶静婕	2013至今	张洁璐	2013至今
李欣鹏	2014至今	朱玲	2014至今	崔小平	2014至今

城乡规划基础教研室教师任职情况一览表

段德罡	2006至今	白宁	2006至今	吴锋	2006至今
王侠	2006至今	田达睿	2011至今	杨蕊	2006至今
赵雪亮	2006~2012	王琛	2006至今	谢晖	2006至今

张晓荣	2007 至今	蔡忠原	2007 至今	徐 岚	2007 至今
李小龙	2010~2011	姜学芳	2007~2008	王 瑾	2010 至今
沈 莹	2011 至今	林晓丹	2012 至今	张 凡	2012 至今
沈 婕	2013 至今	杨 琳	2012 至今	谢留莎	2015 至今
何彦刚	2012~2013	石 媛	2013~2014	赵雪亮	2006 至今

2.2.4 风景园林学科专业

西安建筑科技大学风景园林学科专业的发展，伴随着我国城乡人居环境建设发展和人才培养的需求，从一门附属于建筑学、城市规划学科下的专业知识课程，到一个独立的一级学科博士授权点，至今历经60余载，其发展历程可以分为三个阶段。

一、1956 至 1980 年代并校初期，开设园林课程，参与重大实践项目，考察探索地方园林风格

1956 年院系调整，通过并校，西安建筑工程学院聚集了东北大学、苏南工专等院校的专业教师，以及初期的建筑学专业教育体系，园林方面的课程设置属于其中的重要组成部分。

在此基础上，建筑系教师开启更为广泛的园林方面的实践及研究活动。1956 年建筑系彭埜教授与西北建筑设计院洪青合作，完成了西安市兴庆公园的设计工作，并主持了大雁塔风景区的规划设计工作，1956 年彭埜教授出任西安市公园建设委员会特约委员。

佟裕哲先生着手陕西地方景园建筑风格的考察和历史文献资料的收集整理，测绘尚存的景园建筑遗址。1957 年考察北京桂春园，1959 年延安现场调查，1964 年考察留坝县张良庙。随后发表论文《中国园林地方风格考——从北京半亩园得到的借鉴》(建筑学报 1981.10)，《中国园林地方风格考——陕西地方传统庭园的类型和组景特征》(建筑学报 1983.7)。

二、1980 年代至 2003 年，招收风景园林方向硕士和博士研究生，搭建研究团队，确立以中国地景文化为代表的西部园林理论思想

1. 开设专业课程，成立"景园教研室"，创立"西安唐风园林建筑研究会"

20 世纪 80 年代初，建筑学专业开设了园林专业课程 [1]，佟裕哲先生主讲。1985 建筑系成立"景园教研室"，佟裕哲先生担任主任。教研室的成员先后有施淑文、郭洁、汪滢、刘晖、付岩和高卫等 7 人，除了承担建筑学、城市规划的"景园建筑"本科生课程外，1986 年开始招收风景园林方向研究生，开设研究生课程，确立了汉唐园林的研究方向。这期间培养了数名年轻教师，为以后的专业学科发展奠定了师资基础。"景园教研室"

---

1 根据部分 80 级同学回忆，佟裕哲先生主讲了园林课程，并完成小游园的设计作为课程成绩。

于 1993 年取消，风景园林学科团队并入建筑历史与理论教研室，改名为"传统建筑与风景园林研究所"，所长刘临安[2]。

1985 年，佟裕哲先生创立了"西安唐风园林建筑艺术研究会"，并担任理事长，依托研究会开展了大量的学术交流活动和社会服务工作。

2. 获国家自然科学基金资助，开启西部园林研究，提出中国地景文化理论思想体系

佟裕哲先生带领研究团队继续开展考察本地景园建筑案例的测绘和研究工作。1986 年测绘岐山周公祠庙润德泉遗迹，提出中国风景名胜的传统特点，发表了《从卷阿到泰山——谈中国风景名胜地四位一体的传统和特点》（中国园林 1991.04），总结唐代园林建筑文化，发表《唐长安园林建筑文化的发展及特征——西部园林建筑研究之一》[长安大学学报（建筑与环境科学版），1990.Z2]，《唐长安城的郊野山林水系对现代城市规划的启示》（1999 年国际公园康乐协会亚太地区会议论文集），《从东西方人聚环境理论的演进中谈建筑师创作思维的变化》（建筑学报，1995.03），并结合实践创作发表了《西安人民大厦唐园建筑群设计》（建筑学报 1993.06）等一系列研究成果。

1991 年和 1995 年先后获得国家自然科学基金项目"中国西部园林建筑（陕、甘、宁）"和"中国西部园林建筑（新疆、青海）"，持续开展大量的考察和测绘工作，不断挖掘和梳理汉唐景园建筑及西部园林的思想体系。1994 年由陕西科学技术出版社出版《中国传统景园建筑设计理论》，1998 年陕西科学技术出版社出版《陕西古代景园建筑》《新疆自然景观与苑园》，2000 年台北文化建筑出版社、2001 年中国建筑工业出版社先后出版《中国景园建筑图解》。

2002 年中国科协成都学术年会上，佟裕哲先生于中国风景园林学会会场做了"中国地景建筑理论"的论文演讲，受到吴良镛先生的推荐，于 2003 年在中国园林杂志发表"中国地景建筑理论的研究"（中国园林 2003.08），确立了"中国地景文化"作为西部园林思想实践的理论体系。

3. 持续开展大量的风景园林实践活动

研究团队多年专注汉唐园林风格的设计实践研究，特别是依据唐杨惠之"粉墙为底，以石为绘"的唐代组石造景的理念，探索"终南山石组石造景"从选石、设计与施工的步骤方法，提出"横纹立砌"造景方法，并完成西安宾馆"唐壁山水"，华清池风景区"山水唐音"等作品。在考证研究汉唐时期风景营建特征的基础上，参与和主持一系列规划设计实践项目：陕西省大荔县公园设计（1983）、西安北院门规划（1984）、西安南大街环境景观规划（1986）、沈阳抚顺萨尔浒风景区规划（1987）、唐乾陵陵园保护规划（1990）、唐玉华宫苑保护规划（1993）、海口市人民公园规划设计（1993），积极探索西部园林的保护与实践创新，收获了颇为丰硕的理论和实践成果。

4. 学术交流与社会服务

1994 年佟裕哲教授参加国家自然基金委及吴良镛院士主持的人居环境与 21 世纪华夏建筑学术研讨会。1988、1993 年佟先生赴香港大学讲授"中国风景园林理论"课程。2000 年赴美国佛罗里达州迈阿密大学建筑系讲学。

佟裕哲先生曾代表学校任"中国圆明园学会"学术委员，"陕西省风景园林协会"副理事长，1999 年 12 月评为"中国城市规划学会"资深会员。

---

2 根据赵立瀛、刘临安撰写的"建筑历史与理论学科的历史回顾"。

2000—2001年，刘晖申请获准中法政府合作交流项目"50名中国建筑师在法国"长期类奖学金，赴法国"中国现代建筑观察站"、波尔多建筑与景观学院等机构研修，学习并参与法国风景园林教育体系及研究实践活动。

三、2002年至今，从"景观专门化"到"风景园林"新专业，"风景园林学"新学科独立发展，形成地域性风景园林学理论方法与实践的特色和优势

1. 景观专门化与景观学（2012年更名为风景园林）新专业建设

2001年底，建筑学院开展本科高年级"专门化"教学改革，刘晖老师负责"景观专门化"的相关筹备工作。2002年建筑学院成立"景观学与规划设计研究室"，室主任刘晖。2003年春季学期招收第一届城市规划专业景观专门化99级黄欣等4位同学。以后每年招收4~6名四年级城市规划专业学生。由"景观学与规划设计研究室"教师主要开设"景观规划设计""城市景观设计""城市绿地系统规划""毕业设计与实习（景观方向）"等课程。专门化教学一直持续到2012届毕业设计。专门化教学为西安建筑科技大学的风景园林学新学科和新专业的创立，奠定了坚实的基础。

2007年组织申报增设"景观学"五年制工科专业并获准，2008年正式招生第一届学生共计29名，2011年增加到每年两个班的规模。2012年根据教育部颁布的《普通高等学校本科专业目录（2012年）》，专业名称调整为"风景园林"，授予工科学士学位，学制五年。同年12月，建筑学院正式成立风景园林系，系主任刘晖，2016年，第二届系主任由董芦笛教授担任。截至2018年，风景园林系专业教师共计33名，其中教授4名，校聘教授1名，副教授5名。

新专业建设期间开展了大量的教改项目：陕西高等学校人才培养模式创新实验区，"多学科协同共建'生态与艺术融合'的风景园林人才培养实验区"（2013年，陕西省教育厅），陕西省本科高等学校"专业综合改革试点"子项目省级教学团队"风景园林专业教学团队"（2015年陕西省教育厅）。2015年"生态与艺术融合：人居环境建设需求下的风景园林专业人才培养体系构建与实践"获得陕西省高等教育教学成果一等奖。

2. 学科建设及学位点发展

风景园林学科逐步完善学科构架，面对地域与现实问题，建立学科体系。1988年城市规划专业招收风景园林方向研究生，2006年依托建筑学一级学科下城市规划与设计二级学科，招收风景园林规划与设计方向硕士博士研究生，2011年获批国家首批（19校）风景园林学一级学科博士授权点，同年获批陕西省重点学科。2012年获批国家首批（9校）风景园林学博士后科研流动站。

在2013年及2016年分别展开的学科评估中，"风景园林学"获得位次并列第10（共有38个参评单位）和B＋档并列第6（共有56个参评单位）的优异成绩。

学科方向：立足西部的风景园林学科及其学科方向凝练和建设是学科发展的基础和内涵。围绕地域特质和国家发展战略需求，发挥与建筑学、城乡规划学三位一体的学科群优势，坚持西部风景园林理论与实践探索六十年，形成了地域风景园林建设的两大特色研究领域：形成了中国地景文化理论思想与实践研究，西北脆弱生态条件下城乡宜居环境建设与生态保护修复的理论与实践研究。

基于学科定位目标及特色研究领域，围绕学科核心问题、学科基础和发展前沿，建构地域风景园林建设规划设计理论方法体系，设置了四个特色学科方向，分别是"中国地景文化历史理论与园林设计""西北城乡宜居环境与生态设计""西北脆弱生态修复与景观规划"和"遗址地保护展示与景观设计"。

科学研究：2001 年至今获得国家级科研项目 28 项。2013 年联合申请并获准风景园林学科领域第一个国家自然科学基金重点项目"城市宜居环境风景园林小气候适应性设计理论和方法研究"。并开展了"浐灞国家湿地公园"研究等重要的实践活动，逐步形成地域性风景园林规划设计理论与方法的优势与特色。

平台建设：2015 年成立"西北地景研究所""生态景观技术研究所""西北城市生境营造实验室"等科研平台；2011 年以来与国内外 30 余家风景园林、建筑、规划行业著名设计机构、咨询公司等签订了西咸新区沣西新城"海绵城市建设教学科研基地"ATA（北京）"行知旅行奖学金"、奥雅集团"梓人设计工作营"、易兰设计"街景重构研究中心"等产学研联合培养基地、实训实践基地等合作平台。

学术交流：2011 年，组织世园会"对话大师"论坛，2012 年组织《风景园林学科专业教育规范》宣贯活动，2013 年举办"《中国地景文化史纲》首发式暨学术研讨会"，2017 年组办"生态智慧与生态实践"同济—西建大论坛，2017 年承办"2017 中国风景园林年会"等重要学术行业的交流活动，并开启"西北风景园林与一带一路"论坛，推动西北地域风景园林建设的发展。（重要学术交流活动见附件 8）

刘晖教授担任"高等学校风景园林学科专业指导委员会委员""全国风景园林硕士专业学位委员会委员"等多个社会学术组织兼职。

3. 学科社会服务及影响

（1）华清宫景区规划建设践行中国地景文化理论，推动中国历史园林文化复兴

华清宫景区作为唐皇家园林遗址地，是 3000 年皇家温泉园林营建巅峰的发展，是中国历史地景文化的典型代表。本学科主持华清宫景区整修规划设计，从 2006 年至今通过一线建设实践探索，建构发展中国地景文化理论。基于骊山温泉自然地质形成机制，指导古温泉水资源生态涵养补给保护建设，配合限量开采，在 2009 年实现断流 18 年的古温泉自涌复流，解决了温泉文化的核心资源保护恢复难题。通过唐华清宫"山－宫－城"地景空间格局保护恢复和展示规划，推动 2015 年华清池景区和骊山森林公园实现"一体化"建设管理，更名"华清宫"景区，实现由公园到历史文化景区的转型。设计监造景区宫苑园林，重现盛唐皇家园林艺术，建设地下遗址实现"地层天井"式展示。运用景象空间体验模式，展现温泉御汤和随驾梨园的历史文化地景氛围，重建景区皇家御道感知游线，疏导扩容解决黄金周景点游客容量"井喷"式超载，保障文物及风景资源和游客的安全。随着景区环境不断改善，游览时间明显增加，2015 年游客量达 265 万人，比 2006 年增长 100 万人，扩大了唐皇家园林艺术的社会影响。

在历史园林遗址保护、风景名胜区规划、现代园林设计等多类型规划设计方向，运用中国地景文化理论，完成华山、天台山国家风景名胜区、西安世界园艺博览会文化展园等系列重大项目规划设计，有效地解决了自然与文化资源保护恢复和旅游建设规划等多方面的核心关键问题。

2011 年，组织世园会"对话大师"论坛；2012 年组织《高等学校风景园林本科指导性专业规范》宣贯活动；2013 年举办"《中国地景文化史纲》首发式暨学术研讨会"，华山风景名胜区总体规划获得全国优秀城乡规划三等奖，西安世园会"安康园"和"铜川园"，获陕西省优秀设计一、二等奖；2017 年组办"生态智慧与生态实践"同济—西建大论坛，承办"2017 中国风景园林年会"等重要学术行业的交流活动，并开启"西北风景园林与一带一路"论坛，极大地推动了西北地域风景园林建设的有序发展。

（2）浐灞国家湿地公园建设示范半干旱区生态景观工程创新集成技术，提升城乡生态环境宜居水平

西北地区具有干旱半干旱地区突出的水资源缺乏、水土流失、荒漠化等脆弱生态环境特征。通过人工建设干预自然生态过程，强化完善绿色基础设施的生态服务功能，缓解城镇化建设的巨大生态承载压力，成为国家

改善西部人居环境宜居品质的重要战略任务。

针对西北地区户外生活环境宜居条件改善和城市绿地生境建设，跨学科组建生态景观工程技术研究团队。在国家基金重点项目"城市宜居环境风景园林小气候适应性设计理论和方法研究"及"西北大中城市绿地–生境营造模式及适应性设计方法"等多项基金支持下，通过西安浐灞国家湿地公园的建设实践探索，创新集成半干旱区生态景观工程技术示范应用。构建西北城市低成本、低影响、低能耗、低维护的生态恢复建造适宜技术集成体系，开放绿地生境建设模式、城市户外环境生物气候适应性设计方法，在八水绕西安生态恢复建设工程、青海湟水河城市滨水区设计和西咸沣西新城国家海绵城市试点项目（2015）中进行示范推广应用，提升宜居环境品质，推动关中城乡绿色基础设施建设发展。

西安浐灞国家湿地公园，是西北半干旱地区河口型湿地恢复建设的典型代表，总面积798.2公顷。由于防洪堤切断了湿地水源和季节性河水漫滩自然过程，严重破坏河口湿地生态系统，导致湿地完全退化，丧失生态功能。基于现状地形高差，升坝抬水重建自重力河道水源和地表防渗水系，实现园区60%水面覆盖。进行场地的水体负地形改造，重建湿地水成土，恢复湿地植物群落和鸟栖生境。2015年公园建成两年后，检测表明已实现水质生态自净，恢复湿地植物180多种，湿地动物150多种，其中国家一、二级保护鸟类13种，生态系统功能基本恢复。重建的堤外河漫滩湿地和堤内人工生态湿地，形成了保育、修复和人工建设的多类型湿地生态系统。浐灞湿地改善了周边城市宜居环境品质，成为西安、咸阳周边地区人们健康休闲生活的重要场所和科普教育基地。2013年西安浐灞湿地公园获第三届国际园林景观规划设计大赛年度十佳设计奖。

（3）多学科协同西北典型生态区景观生态规划及营建示范，促进西北地区人与自然和谐发展

西北是大江大河的生态源头，是保障国家生态安全的重要区域，也是我国生态环境最为脆弱的地区。以国家生态安全重大战略实施促进区域人居环境建设发展，以地区城乡建设带动生态保护建设，是西北面临的重大历史任务。

依托973计划、中国工程院咨询研究等一批国家项目，围绕青藏高原区、大秦岭生态区、秦巴山地区、黄土高原区、荒漠绿洲区等典型生态区，协同生态、地理、环境工程及环境法学等领域开展多学科合作，完成大量生态建设基础研究和政策研究工作，成果包括西北景观资源调查、生态风险评价、生态环境修复及环境保护法律制定等内容。紧随国家生态建设战略步伐，完成系列重大咨询和示范规划设计项目。

2012年参与编制了《西安市秦岭生态环境保护条例》《大秦岭西安段生态环境保护规划》《秦岭北麓西安段浅山区绿道总体规划》，2014年设计建成了西北第一条大型绿道——"秦岭北麓绿道示范工程（子午峪—黄柏峪）"，专著《大秦岭山麓区绿道网络规划与建设》获陕西高校人文社科优秀成果二等奖。成果已在整个生态区建设推广，完成了6个县市的绿道建设应用，为加速大秦岭生态保护建设，为西安市乃至陕西省的长远发展做出了重要贡献。

撰写人：刘　晖　　审核人：董芦笛、岳邦瑞、宋功明、杨建辉、常海青

"景园研究室"阶段（1985—1993年）教师任职情况一览表

姓 名	工作时间	姓 名	工作时间	姓 名	工作时间
佟裕哲	1985~1993	施淑文	1985~1993	汪滢	1987~1993
郭 洁	1986~?	刘 晖	1991~2002	傅 岩	1994~2005
高 卫	1994~2011				

"景观学与规划设计研究室"阶段（2002—2012年）教师任职情况一览表

刘 晖	2002~2012	宋功明	2002~2012	岳邦瑞	2002~2012
杨建辉	2004~2012	菅文娜	2006~2012	李莉华	2006~2012
樊亚妮	2007~2012	吕 琳	2007~2012	李榜晏	2008~2012
杨光炤	2009~2012	刘恺希	2010~2012	马冀汀	2010~2012
周文倩	2010~2012	沈葆菊	2011~2012	徐鼎黄	2011~2012
薛立尧	2011~2012	董芦笛	2011~2012		

"风景园林系"阶段（2012—2018年）教师任职情况一览表

风景园林基础教研室

刘 晖	2012至今	董芦笛	2012至今	杨建辉	2012至今
王劲韬	2015至今	武 毅	2012至今	樊亚妮	2012至今
菅文娜	2012至今	刘恺希	2012至今	李莉华	2012至今
薛立尧	2012至今	杨 光	2012至今	周文倩	2012至今
金 云	2013至今	孙自然	2013至今	孙天正	2013至今
张 涛	2014至今	孙 婷	2015至今	王晶懋	2018至今

风景园林规划设计教研室

岳邦瑞	2012至今	陈 磊	2012至今	赵红斌	2012至今
李榜晏	2012至今	宋功明	2012至今	吕 琳	2012至今
沈葆菊	2012至今	马冀汀	2012至今	王丁冉	2013至今
包瑞清	2014至今	徐冰洁	2015至今	吴 雷	2017至今
徐鼎黄	2012~2016	于 洋	2012~2016		

风景园林遗产保护教研室

常海青	2012至今	段 婷	2012至今	陈义瑭	2012至今

2.2.5 历史建筑保护工程专业与建筑遗产保护教研室

"历史建筑保护工程"专业是一个新兴专业，随着 20 世纪 90 年代城市化进程的加速，文化遗产面临的保护问题日益突出，而对外交流的持续深化也使得从政府到学界乃至民众对于这一领域的关注度和认识水平不断提高。在这样的背景下，建筑学院于 2013 年由林源教授负责开始了这一新专业的申报准备工作；2014 年 7 月，正式提交了新专业开设申请书；2015 年 3 月，获得了教育部批准；经过充分准备，2016 年 6 月，学院决定开始正式招生。自此，西安建筑科技大学建筑学院在建筑学、城乡规划学、风景园林学三个专业之外又有了第四个本科专业（学制同样为五年）。同年 9 月，以全校跨专业遴选的方式招收了第一届历史建筑保护工程专业的学生，规模为 1 个班，学生共计 19 人。自 2017 年开始采用正常的高考招生方式，迄今已有 2016、2017 和 2018 级 3 个年级的学生，每年级均为 1 个班。2018 年，我校的历史建筑保护工程专业正式进入陕西省高校"双一流"专业建设名单，成为陕西省第一批一流培育专业。

为办好这一新建专业，促进建筑遗产保护方向的学科发展、加强教学与科研团队的建设，学院决定依托建筑学系，成立建筑遗产保护教研室，从建筑历史与理论教研室调拨三位教师作为这一新教研室的骨干。2017 年 11 月 1 日，"建筑遗产保护教研室"正式成立，由新专业的创办人兼负责人林源老师担任教研室主任，专职教师有喻梦哲、岳岩敏。目前，建筑遗产保护教研室拥有在编教师 5 人，其中教授 1 人、副教授 2 人、讲师 2 人，并根据教学与科研需要持续扩大教师队伍规模。

撰写人：林 源　审核人：岳岩敏

建筑遗产保护教研室教师任职情况一览表

姓 名	工作时间	姓 名	工作时间	姓 名	工作时间
林 源	2017至今	岳岩敏	2017至今	喻梦哲	2017至今
马纯立	2018至今	王玉兰	2019至今		

2.2.6 环境艺术专业与环境艺术研究所、室内设计研究所

西安建筑科技大学建筑学院设立环境艺术专业属国内八大建筑院校之首例，是国内最早在工科院校建筑学院设立环境艺术专业的学校之一，也是我校办学几十年的首个艺术类专业。该专业的设立弥补了我校（院）艺术渗透之不足，为我校办成一流综合性大学奠定了应有的学科基础，也为创办西安科技大学艺术学院创造了重要的前提条件。

一、历史沿革

1995 年 3 月学院班子策划创办环境艺术专业，学院指定由吴昊教授负责艺术类新专业的申报与筹建工作；9 月正式向国家教委申报；1995 年年底获得国家教委批准；1996 年 4 月西安建筑科技大学环境艺术专业开始面

向全国招生，首届招生 19 人，学制为本科四年。

建筑学院为支持办好环境艺术专业，将环境艺术研究所并置在本专业之下，同时拟成立室内设计研究所。研究所下设一个雕塑工作室，支撑专业建设与发展。两个研究所均由吴昊担任所长，并主持环境艺术专业教学与科研工作。

1995 年 10 月室内设计研究所正式成立。该所是在建筑系室内设计与景观园林教研室的基础上，配合创办艺术类专业需要成立的。室内设计与景观园林教研室教师有：张璧田、藤小平、吴昊、佟裕哲、施淑文、石力。之后这些教师分别进入建筑历史研究所、建筑设计与理论研究所以及室内设计研究所。

二、学科与师资队伍建设

环境艺术专业创办初期的教师有：吴昊、佟裕哲、王葆华、刘晓军、田勇、陈坦、田丰、顾磊、岳士俊、卢渊、武真 11 人。专业教学与科研主要由室内设计研究所及环境艺术研究所具体负责。研究所主要承担环境艺术专业本科生的教学任务，包括建筑学及城市规划专业研究生的部分专业课程。

室内设计专业方向，1996 年开始面向全国招收硕士研究生。建筑学院张群是本专业第一位硕士研究生，之后有王皎阳、王展、刘晨晨、梁锐、侯寅峰、陈晓育、陈珊等多名硕士研究生毕业。

环境艺术研究所、室内设计研究所在努力创办环境艺术专业的同时还积极筹建雕塑、摄影、广告学及视觉传达专业，为此 1998—2000 年引进了西安美院知名摄影专家李橹、刘智海，海归视觉传达人才汤亚莉、徐红蕾、林梅、樊海燕等，以及清华美术学院雕塑硕士生江林、江涛等雕塑人才。

研究所教师人数由 1995 年 11 人发展到 4 个专业近 20 人。1997 年联合西安建筑科技大学成教院创办广告学（专科）获得成功，该专业被陕西省教委授予职业技术类优秀专业称号。

环境艺术专业以建筑学为依托，以城市规划为引领；立足陕西（西北），面向全国致力于西北地区本土与地域文化研究，着眼于探索具有鲜明本原陕西传统民居的文化遗存；注重对绿色与生土建筑及其内部空间环境的创新设计探索与研究。多年来已形成了一套较完整的教学体系，培养了一批国内优秀的环境艺术与室内设计专业人才。

三、横向课题方面

与此同时，本专业重视产、学、研同步交融发展推进，并在积极办好专业教育的同时，不断参与地方政府与社会服务课题项目。在此期间完成的横向课题有：黄帝陵整修总体规划景区与祭坛区方案设计；99'昆明世界园艺博览会"陕西唐园"规划方案；北京"陕西大厦"室内环境总体设计；渭南市人民广场景观与公共艺术设计（主雕塑设计）；宝鸡宾馆迎宾苑环境景观与室内设计；龙羊峡发电厂主厂房室内环境设计；山西铝厂文化广场景观与公共艺术设计；西安南郊水厂景观规划与厂入口环境设计；西安建筑科技大学图书馆广场及周边景观规划；西安建筑科技大学粉体工程楼广场景观设计；渭南市大荔县人民广场景观环境设计等多个具有代表性的实践课题。

四、教材建设方面

教材建设也取得了不错的成绩。环艺专业配合教学需要先后出版了多部教材：《室内设计》吴昊编著；《建筑素描》吴昊编；《建筑模型》吴昊编著；《世界建筑画选》秦毓宗、吴昊编；《国外建筑渲染方法与步骤》

吴昊、赵恩达编;《环境艺术装饰材料与施工艺术》吴昊、于文波编;《流动空间——室内空间设计》吴昊、陈珊编等。

五、重要学术交流方面

1996 年在富平陶艺村举办"首届陶艺大学生作品展";

1997 年在建筑学院 4 层艺术展厅举办"西安地区当代艺术学术邀请展";

1997 年在建筑学院 4 层艺术展厅成功举办"陕西首届青年建筑绘画作品展";

1998 年在建筑学院 4 楼艺术展厅举办"日本著名平面设计大师招贴海报邀请展";

1999 年 10 月在西安建筑科技大学成功举办"'99'中国雕塑论坛",成为西北五省首家举办中国雕塑界高端学术论坛的高校,参加论坛的雕塑名家有钱绍武、曾祖韶、程允贤、韩美林等国家雕塑艺术大师;

1998 年 12 月,刘克成、吴昊访问挪威、瑞典等国家,并与挪威科技大学建筑学院建立了课题项目合作计划。

西安建筑科技大学建筑学院首个艺术类环境艺术专业及环境艺术研究所、室内设计研究所经历了一个从无到有,从有到强的艰辛奋斗过程。这样一个新兴艺术专业的成长发展,得益于一批优秀青年教师的无私奉献,并实现了将一个环境艺术专业,逐步建设、发展、完善成为艺术类颇具代表性的环境艺术、摄影、雕塑、视觉传达、广告学等多学科的艺术学院。

撰稿人:吴　昊　审稿人:王葆华

环境艺术研究所(包括室内设计所)教师任职情况一览表

姓　名	工作时间	姓　名	工作时间	姓　名	工作时间
张壁田	1987~1978	滕小平	1987~1995	吴　昊	1984~2001
佟裕哲	1995~2000	王葆华	1995~2001	田　勇	1995~2001
陈　坦	1995至今	刘晓军	1996~2001	黄　缨	1996~2001
田　丰	1996~2001	卢　渊	1998~2001	武　真	1996~2001
李　檣	1998至今	刘智海	1998~2000	徐洪雷	1998~2001
汤雅莉	1998~2000	林　梅	1998~2001	陈　辉	1999~2001
樊海燕	1999~2001	江　涛	2000~2001	江　林	2000~2001
张守仁	1997~2001				

2.2.7 摄影专业

西安建筑科技大学摄影教研室 2000 年初开始筹建，程平教授首任教研室主任。成立之初教研室有专职教师 6 人，兼职教师 5 人（其中包括西安电影制片厂导演张景龙、摄影师米家庆、西安晚报社摄影师葛新德等知名摄影师和电影艺术家）。

2000 年 7 月教研室开始招收摄影专业（影视艺术方向）本科生，首届招生 19 人。

2002 年，摄影教研室调整到学校新成立的艺术学院。

目前教研室共有教师 15 人，其中，教授 2 人，副教授 2 人，讲师 7 人，助教 2 人，实验员 2 人。教研室承担摄影和广播电视编导两个本科专业以及艺术学院、建筑学院的建筑摄影、设计摄影等课程的教学任务。近年来，数位教师多次荣获国内外电影及摄影大奖，先后 5 人次荣登西安建筑科技大学优秀主讲教师榜。

截至 2018 年 7 月，摄影专业在校生 129 人，历届学生在校期间获奖 169 项。已毕业学生 563 人。毕业生中，涌现出大量行业优秀人才，他们中有电影导演、摄影师和剪辑师，有报社主编和摄影记者，也有大专院校骨干教师和专业负责人。其中 2000 级胡冠军获中国广州纪录片节金奖、文化部文化和自然遗产日纪录片奖、中组部优秀党员教育纪录片一等奖；2002 级邓光辉担任中央电视台军事节目记者，出色地完成了汶川地震、南海巡航、南疆缉毒等重要军事报道的摄影工作；2003 级朱琳担任《推拿》《我不是药神》等优秀国产影片的剪辑指导，获得台湾电影金马奖最佳剪辑奖。

在未来的发展中，摄影教研室将继续秉承"教书育人、以生为本"的初心，坚持"重技术基础、树艺术精神"的教学理念，劲步向前，拥抱明天。

撰稿人：张燕菊　审稿人：赵怀栋

摄影教研室（建筑学院时期）教师任职情况一览表

姓 名	工作时间	姓 名	工作时间	姓 名	工作时间
程 平	2000~2002	张燕菊	2000~2002	刘智海	2000~2002
赵怀栋	2001~2002	韩卫东	1991~2002	张亦兵	2000~2002

2.2.8 建筑历史与理论研究所历史回顾

西安建筑科技大学建筑历史与理论学科肇源于苏南工业专科学校建筑科和原东北工学院建筑系。1956 年四校合并建校时，建筑工程系便成立建筑历史教研室，并展开了中、外建筑教学与科研工作，历经六十余年的发展，总体可以分为四个时期。

一、1956—1976

1956 年教研室成立，由林宣、周增贵、殷绥玉、张似赞、赵立瀛五位教师组成，林宣任教研室主任。1959 年至 1962 年，周增贵、殷绥玉相继调离，教研室调整为林宣、张似赞、赵立瀛三人，林宣任教研室主任。

1956 年建校初期，教研室主要继承了苏南工业专科、东北工学院建筑系两所学校的教学传统，由林宣、张似赞、赵立瀛负责中、外建筑史的教学工作，开设有中国古代建筑史、中国近现代建筑史、外国古代建筑史、外国近现代建筑史四门本科核心课程。1979 年，赵立瀛开设了传统建筑理论、古代城市与建筑遗产保护、营造法式等课程，张似赞开设了"世界建筑历史及理论"系列课程教学，包括外国建筑理论与流派、外国当代建筑理论等，至此形成了建筑史教学的核心课程体系。

科研方面。1958 年，林宣与赵立瀛参加了由国家建工部建筑研究院主持的我国第一部全国高等学校的通用教材《中国建筑简史》的编写工作。同年，按照全国建筑历史理论研究统一部署，向中央有关部门汇总编写陕西地区中国近代建筑史（包括近代和解放后的建筑）资料，作为编写中国近代建筑史的材料。1964 年赵立瀛参加了由刘敦桢先生主编的《中国古代建筑史》的编写工作，此书获原国家建工部优秀科研成果一等奖。1975 年，赵立瀛写信给中国科学院建议牵头合作编写《中国古代建筑技术史》，随后得到中科院的支持。1977 年，林宣、赵立瀛正式参加《中国古代建筑技术史》的编写工作，赵立瀛任编审组副组长、副主编。1985 年此书获得中科院科技进步二等奖，并于 1986 年获得国家优秀图书奖。

二、1977—1992

1981 年刘临安留校任教，1982 年杨豪中留校任教。1983 年，赵立瀛任教研室主任。同年，建筑历史与理论获准硕士学位授权点，林宣、张似赞、赵立瀛开始招收硕士研究生。

科研项目方面，赵立瀛主持完成韩城司马迁祠保护规划（1985 年）、黄帝陵文物保护规划（1988 年）、黄帝陵整修规划及建筑设计（1990—1996 年）等。整修黄帝陵工程总体规划于 1998 年被评为全国城乡优秀设计一等奖、陕西省优秀设计一等奖。

科研成果方面，1979 年张似赞翻译出版《新建筑与包豪斯》，是建筑学院首次翻译国外学术著作，此书的出版开启了研究、翻译国外学术著作的序幕，成为外建史科研的一个重要方向。1988 年张似赞翻译出版《建筑空间论——如何品评建筑》（2006 年再版）、1992 年发行《西方建筑流派·讲义》。1981 年，开始，赵立瀛开始对我国建筑"民族形式"创作历史和传统建筑理论进行研究，1986 年赵立瀛被国家人事部授予中青年有突出贡献专家。1992 年，赵立瀛、刘临安等编著完成《陕西古建筑》，成为第一部关于陕西古代建筑历史的专著。1992 年完成中宣部、建设部项目，出版专著《中国古代建筑丛书——中国宫殿建筑》等。

研究所的对外学术交流自改革开放后逐步开启。1984 年张似赞访问联邦德国，此后又陆续至欧洲进行学术讲学四次。随后赵立瀛赴意大利罗马大学做访问学者。

三、1993—2005

林宣、张似赞分别于 1992、1993 年退休。1993 年，林源留校任教。同年，佟裕哲、施淑文、钱宜菊、刘晖进入研究所，赵立瀛任所长。1994 年，刘临安担任建筑历史与理论研究所所长，同年施淑文退休。2001 年王树声留校任教，2002 年杨豪中调任西安建筑科技大学艺术学院院长一职，2002 年佟裕哲、刘晖等人从建筑历史与理论研究所分出，成立风景园林教研室。2006 年宋霖留校。

1993 年研究所获得建筑历史与理论方向博士学位授权点，是建筑学院第一个博士学位授权点，张似赞、赵立瀛开始在中、外建筑史方向招收博士研究生。1994 年，招收刘临安、杨豪中为首届博士生。1994—1998 年，刘临安、杨豪中陆续在建筑历史与理论、建筑设计及其理论方向培养硕士研究生和博士研究生，1997 年建筑历史与理论被列为陕西省重点学科。

科研项目方面，1996年，赵立瀛主持的国家自然科学基金项目《中国传统建筑的自然观和建筑观》，推进了研究所在中国传统建筑理论方向的研究里程。佟裕哲主要以风景园林为学科方向展开研究，承担了2项国家自然科学基金项目。佟裕哲编著出版了《中国传统景园建筑设计理论》（1994年）、《陕西古代景园建筑》（1998年）、《新疆自然景观与苑园》（1998年）等著作。1999年，赵立瀛、刘临安出版了中宣部委托中国建筑工业出版社组织编写的《中国建筑艺术全集——元代前陵墓卷》一书。2003年，林源出版了《古建筑测绘学》，是国内较早的系统总结和研究古建筑测绘的著作。研究所为适应西方当代建筑的发展与变化，在教学与科研方面把握西方建筑的新动向。1994—2006年间，杨豪中翻译出版了《后现代主义建筑与文化》《欧洲当代建筑概述》《建筑中的后现代主义》《绿色建筑》《国外著名建筑师丛书·路易斯·巴拉干》《瑞典与挪威的地域性建筑》等专著。2002年刘临安翻译出版了《凤凰之家——中国建筑文化的城市和住宅》《意大利当代百名建筑师作品选》，林源翻译出版《高迪》、《建筑设计笔记》。

工程实践方面，1996年完成陕西旅游景观资源开发研究、1996年完成唐玉华宫风景区总体规划设计等。除此之外，还完成了唐长安天坛遗址保护设计、汉长安桂宫遗址保护设计、西安顺城巷（南门段）规划设计、太原市优秀近现代建筑遗产规划设计研究、三峡库区古民居评估保护研究等项目，并获省科协优秀学术论文奖4项。

人才培养方面，佟裕哲、杨豪中、施淑文、林源、王树声、马龙等教师先后在意大利罗马大学、瑞士苏黎世联邦理工大学、比利时鲁汶大学、德国汉诺威大学、华沙理工大学、香港中文大学等地进行访学及合作研究。王树声到清华大学作博士后和高级访问学者。1999、2003年林宣先后被教育部授予"全国教育系统关心下一代工作先进个人"荣誉称号。2002年被陕西省教工委授予"校外教育工作先进个人"荣誉称号。2004年林宣被中国建筑学会授予了首届国家建筑教育学者终生荣誉称号。

四、2006—2018

2006年，林源任教研室主任。2007年，赵立瀛退休，刘临安调任北京建筑大学建筑学院院长。同年，马龙、王兆宗、宋辉进校工作。2008年，王树声担任建筑历史与理论研究所所长，马龙任副所长。2008年，张颖、郭敏进校任教。2009年，吴国源进校任教，2011年，王凯、严少飞留校任教。2013年，喻梦哲入校工作、岳岩敏留校任教。2014年，王兆宗调离学校。截至目前，研究所由杨豪中、王树声、马龙、吴国源、宋霖、宋辉、张颖、郭敏、王凯、严少飞11人组成。马龙担任教研室主任，其中教授2名，副教授1名，讲师5名。此期间，外聘侯卫东、左国保、林从华等人在校培养硕士及博士研究生。目前，研究所以杨豪中、王树声二位教授为学术带头人，分别形成现代建筑理论、建筑遗产保护、中国本土城市规划理论三个鲜明的研究方向，并创造了一批标志性的学术研究成果。近几年，研究所主持国家自然科学基金优秀青年基金项目1项、面上基金项目5项、青年基金项目5项，参与国家自然科学基金重大项目1项，主持国家艺术展览基金"国家艺术基金"1项、陕西省社科基金1项、陕西省艺术类重点项目1项等。王树声获得陕西省科学技术一等奖1项，华夏建设科学技术一等奖1项，陕西省高等学校科学技术一等奖1项，陕西省科学技术二等奖1项。

中建史方面，林源任教研室主任以来，牵头整合了"中国建筑史课程群"的设置，系统建构了本科和研究生建筑史教学体系。在科研成果方面，林源出版了《中国建筑遗产保护基础理论》《中国古建筑测绘大系·陕西祠庙建筑》（国家"十三五"重点出版图书规划项目）《凌苍莽·瞰紫微——陕西古塔调查实录》《苏州艺圃》

《陕西古建筑测绘图辑——泾阳·三原》等专著。宋辉参编出版著作《喀什高台民居》，此书获得国家第六届中华优秀出版物奖，并参编《建筑设计资料集（第三版）·第四分册》中宗教建筑的伊斯兰教建筑专题的主编工作，喻梦哲出版《晋东南五代宋金建筑与〈营造法式〉》。林源翻译出版《如果·那么——建筑的思索》《建筑绘图》《布迪厄—建筑师读本》等。主持完成唐大明宫复原研究、秦阿房宫复原研究、陕西古塔田野调查与研究、陕西省元代木构建筑研究与保护、汉代乡村聚落与建筑研究等课题。2018 年 4 月，国家艺术基金"引绳敷墨——丝绸之路陕西段建筑遗产测绘成果"暨"西安建筑科技大学 1998—2018 建筑遗产测绘教学成果二十年特展"成功举办，同时举办了国内首个建筑遗产测绘的高端学术论坛。2014 年 7 月，林源主持我院申报"历史建筑保护工程"本科专业并获得批准，2016 年新专业开始招生。2017 年 11 月，成立了建筑遗产保护研究所。其他获奖有吴国源的陕西省高等学校人文社会科学优秀成果三等奖 1 项、陕西省哲学社会科学优秀成果三等奖 1 项、陕西省高等学校人文社会科学优秀成果一等奖 1 项。

外国建筑史方面。主要由张似赞、杨豪中、马龙、宋霖、张颖、郭敏完善了西方建筑史的系统教学工作。现代建筑理论研究方向，张似赞翻译出版《高层建筑》。2007 年张似赞获得第二届中国建筑学会建筑教育特别奖，并于 2010 年 2 月获得世界建筑史教学与研究维特鲁威奖。杨豪中出版《美术鉴赏》《世博会：国际经验与运作》《二十世纪瑞士建筑》《芬兰与丹麦的地域性建筑》《保护文化传承的新农村建设》《景观设计基础》《室内空间设计——办公、展示》《室内空间设计——居室、宾馆》《艺术设计专业》等专著。杨豪中指导研究生、本科生荣获 51 届国际景观师联合会（IFLA）国际景观学生设计竞赛第一名、国际建筑师协会（UIA）2011 年大学生设计竞赛优秀奖 1 项，中国环艺学年奖金奖、银奖等 6 项，获"园冶杯"风景园林国际竞赛一等奖、二等奖等 4 项，获中国风景园林学会设计竞赛一等奖等。2012 年杨豪中获得世界建筑史教学与研究阿尔伯蒂奖。

王树声教授长期致力于中国城市规划传统的挖掘及其现代化研究。王树声 2009 年出版《黄河晋陕沿岸历史城市人居环境营造研究》，作为核心成员参与吴良镛院士《中国古代人居环境史》的研究工作。2011 年王树声提出大西安发展轴线及空间构架，得到省政府批示。2015 年，出版"十二五"国家重点出版图书规划项目《中国城市人居环境历史图典》（18 卷），获得国家出版基金资助，并获得第六届中华优秀出版物奖。2017 年 1 月，在《城市规划》期刊开辟"继承与创新"专栏。2018 年王树声研究团队获"陕西省重点科技创新团队"称号。科研实践项目有：2008 年以来，主持襄阳市、榆林市、介休市、太谷县等多个国家历史文化名城保护规划、城市总体规划及西安唐皇城复兴规划等项目，获得省部级优秀城乡规划设计一等奖 4 项、国家级优秀城乡规划设计三等奖 2 项。

建筑历史与理论研究所历经六十余年的发展，几代学人前仆后继，艰辛奋斗，取得了诸多成果。今天，面临新形势的挑战，研究所不忘初心，决心继承和发扬改革和创造精神，薪火相传，砥砺前行。

撰写人：王 凯　　审核人：林 源

建筑历史与理论研究所教师任职情况一览表

姓　名	工作时间	姓　名	工作时间	姓　名	工作时间
林　宣	1956~1992	施淑文	1956~1995	张似赞	1956~1996
赵立瀛	1956~2007	周增贵	1956~1962	殷绥玉	1956~1960
钱宜菊	1979~1985	刘临安	1984~2008	杨豪中	1982至今
傅　岩	1991~1995	佟裕哲	1993~2006	刘　晖	1997~2002
林　源	1993~2018	王树声	2001至今	宋　霖	2006至今
马　龙	2007至今	王兆宗	2007~2014	宋　辉	2007至今
张　颖	2008至今	郭　敏	2008~2017	吴国源	2009至今
王　凯	2011至今	严少飞	2011至今	岳岩敏	2013~2018
喻梦哲	2013~2018				

2.2.9　建筑技术科学学科历史回顾

一、基本情况

本学科是以东北工学院建筑系工民建教研室为基础发展起来的。1956年四校并校时，来自于东北工学院的王景云、广士奎、刘玉书、白世荣、梁绍俭、马绍武、孔令文、刘炳炎等多位老师，来自于青岛工学院的王建瑚老师，来自于西北工学院的武克基老师，来自于苏南工业专科学校的蒋孟厚老师，四校人马汇聚西安，投入到建筑技术科学的研究之中。起初主要讲授建筑构造课。1955年苏联专家阿·阿·连斯基教授受聘到我系讲学，开设了建筑物理讲座。在培养工业建筑设计研究生和进修教师的过程中，开设了工业与民用建筑构造、建筑热工、建筑隔声、天然采光等课程，为我国开设建筑物理课打下了基础，同时开始筹建建筑物理实验室。1957年苏联专家马克西莫夫，来校培训教师，并为学生授课。

从并校到"文革"的十年间，本学科以房屋建筑学教研室为主体，已形成独立的新的学科体系。在鼎盛时期有教师近三十人，其中三分之一为教授和讲师，其余为中华人民共和国成立后毕业的青年教师（助教），教研室下设建筑物理实验室。

这一阶段先后由梁绍俭、武克基、广士奎等老师任教研室主任，王景云任实验室主任。

除担任建筑学专业的建筑物理、民用建筑构造课教学外，更多的教师担任了工民建、供热通风、给排水、建筑经济、预制构件等专业的房屋建筑学课程。实验室除完成教学实验外，更多的是作为科研基地，并为中国建筑科学院等单位培养了一批建筑物理的研究人员和教师。

"文革"后期，本学科分为房建教研室（主任：武克基）、建筑物理实验室（主任：王景云）两个独立单位，前者承担工业与民用建筑构造及房屋建筑学等课程教学工作，后者承担建筑物理的教学与科研实验工作。

到1982年建筑物理实验室又分为两个独立的机构，全体教师组建建筑物理研究室（主任：王景云），承担教学和科研任务。另外由实验工作人员（6人）组成建筑物理实验室（主任：蒋建初），主要承担教学实验和科研实验工作，不再担任教学工作。蒋先生不幸去世后，由夏云担任实验室主任。

本学科从 1982 年起开始培养工学硕士研究生，1998 年起开始培养工学博士研究生，为我国培养了众多从事建筑技术科学研究的专业人才。

1992 年建筑物理研究室改称为建筑技术研究室（主任：惠西鲁），下辖建筑物理教研室和建筑物理实验室。1993 年惠西鲁调离，由刘加平任建筑技术研究室主任。

1995 年 12 月，成立建筑技术科学研究所，建筑技术研究室并入建筑技术研究所，刘加平任所长。承担教学和科研任务，主要承担的课程有房屋建筑学、建筑概论、建筑结构、建筑材料与构造、城市环境与城市生态、建筑物理、建筑法规、建筑防灾、建筑设备等课程，以及相关的课程设计及毕业设计。这一阶段，建筑物理教研室和房屋建筑学教研室教学工作仍然相互独立管理，直至 2003 年经调整纳入统一管理系列。

2006 年，建筑物理实验室更名建筑环境与节能实验中心，刘加平任实验中心主任。

2015 年至今，由杨柳任建筑技术科学研究所所长兼建筑环境与节能实验中心主任。

二、教师队伍建设

1963 年前，本学科约三分之二以上为助教，教授只有 1 人（程麟老先生），讲师 8 人，其中研究生毕业 2 人，苏联副博士 2 人（广士奎和刘玉书老师于 1956—1962 年前往苏联攻读副博士，同期前往苏联的建筑学院老师有周增贵、刘宝仲、沈希权、栗德元、张缙学）。

改革开放以后，从 1979 年起，本学科陆续有 7 名教师晋升为副教授。1986 年起先后有 5 人升为教授。教师队伍呈现两头大中间小的局面，这也反映出大环境的断代现象。

1990 年代以后，青年教师迅速成长，老教师相继退休，队伍中副教授、讲师占了绝大多数，而教授人数锐减。2000 年以来，中青年教师迅速成长起来，不断在科研和教学中有所建树，逐渐形成以教授和副教授占绝大多数的优良教研梯队。2011 年刘加平老师当选中国工程院院士，为带动本学科发展做出了突出的贡献。2016 年，杨柳老师入选长江学者奖励计划特聘教授，也是我校第一位长江学者。

1986 年 7 月经国务院学位委员会批准，建筑技术科学学科为硕士学位授权学科。1998 年起开始培养工学博士研究生。从 1982 年开始招收硕士研究生，到 2000 年共培养硕士毕业生 39 人，均获得硕士学位。

三、教学建设

本学科房屋建筑学、建筑物理等课的教学水平在国内一直被公认是较高的，其特点是克服了房屋建筑学课罗列构造尺寸的枯燥乏味状态，运用建筑物理、力学、结构、材料等理论知识"把房建讲活了"。建筑物理课更受到国内同行的好评，经常有兄弟院校的教师入院进修。

正是因为本学科师资力量强、教学水平较高，故在改革开放后，国家教材编审委员会指定由我校为新《建筑物理》《房屋建筑学》通用教材的主编单位。由王景云主编的新《建筑物理》教材自 1979 年第一版发行后一直作为全国通用教材，陆续在 1987 年、2000 年、2009 年再版修订。2000 年、2009 年刘加平任《建筑物理》主编。《房屋建筑学》由同济大学、东南大学、我校和重庆大学共同完成的统编教材已出版至第五版。第一版至第三版由广士奎担任主编。第四版和第五版由张树平担任主编。由武克基、广士奎担任主编的部属院校教学用书《房屋建筑学》出版一直沿用，被建设部评为优秀教材二等奖。2010 年杨柳专著《建筑气候学》，是我国第一本阐述了建筑与气候之间的关系与设计方法的教材，标志着我校建筑气候学这一方向在全国的教学和科研中处于领先地位。

研究所（教研室）出版教材和编著共计 62 本。

四、科研工作

本学科一直重视科研工作，早在 1957—1959 年，就主持了全国规模的南方建筑降温问题研究课题中的建筑热工部分的全部工作，还抽调近 20 名教师对武汉、广西、西安等地区夏季热工问题进行了深入的实测调查（负责人梁绍俭、王景云）。最后提出了代表当时国内先进水平的建筑热工论文十余篇，其中四篇汇编于《南方建筑降温问题的研究》一书，受到冶金部和陕西省的奖励。1970 年代初期，又完成了《330 工程》秦安变电站调试工程中振动与噪声部分调试（王景云、吴洒珍），为我国第一条超高压输电线路建设做出了贡献。

在科研工作中，我们很重视支援国防建设。"文化大革命"前受总字 507 部队委托承担地下热工研究项目，因"文化大革命"中断，但获得了西安地区温度变化规律资料。从 1970 年代初期开始至今，我室一直支援总后营房部科研工作，其中洞库防潮（负责人王建瑚）、活动营房保温防热研究（负责人王景云）不仅收到较好效果，还为部队培养了一批建筑热工方面的人才。

节能节地及生态建筑研究在我室也取得了一系列高水平成果，受到国内外学术界好评，其中夏云同志的贡献最为突出，如 1987 年主持国家自然科学基金项目《综合用能立体用地节能建筑研究》，获冶金部科技进步二等奖，夏云老师也是我校最早一批主持国际自然科学基金的研究者。

刘加平院士长期从事建筑物理理论与应用的科学研究，专攻建筑热工与节能的基础理论和设计方法，潜心于地域民居建筑演变和发展模式的理论探索和工程实践，是我国该领域杰出的科学家之一。

1992 年刘加平教授主持了国家自然科学基金面上项目"被动式太阳房节能优化研究"。2002 年，主持了国家自然科学基金国家杰出青年科学基金项目"传统民居建筑中生态建筑经验的科学化与技术化研究"；2004 年，主持了国家自然科学基金国际合作计划项目"建筑节能设计的科学基础问题研究"；2007 年，主持了国家 863 计划"太阳能富集地区超低采暖能耗居住建筑设计研究"，同年还主持了国家自然科学基金重点项目"西藏高原节能居住建筑体系研究"；2010 年刘加平教授主持了我国建筑学学科第一个国家创新研究群体科学基金"西部建筑环境与能耗控制理论研究"。

刘加平院士历经多年积累，在 2016 年作为项目负责人主持了国家自然科学基金重大项目"极端热湿气候区超低能耗建筑模式及科学基础"，这也是建筑学科科研工作者第一次获得国家基金重大项目，该项目的研究对建立适应极端热湿恶劣气候、能源资源极度匮乏的超低能耗建筑模式和创造适宜的人居环境，具有重大意义。

刘加平院士所主持的国家自然科学基金资助重点项目、重大国际合作项目、863 项目计 15 项；累计在陕北、云南、西藏、四川、青海、宁夏等地主持完成多种类型低能耗建筑示范项目 100 万 m²；主持的科研项目获国家科技进步奖及省部级奖励 10 项，国际学术奖励两项。

杨柳长期从事被动式建筑设计基础研究和气候适应性热舒适研究。主持了国家杰出青年科学基金项目"建筑热环境"，"十二五"国家科技支撑计划课题"可再生能源建筑应用与建筑节能设计基础数据库研发"，陕西省重点科技创新团队——低能耗建筑设计创新团队，陕西省科技统筹创新工程计划项目"实用型相变蓄热材料的研发及其在乡村节能建筑中的集成应用研究"。

闫增峰长期从事建筑围护结构热湿基础理论研究，新型建筑节能构造体系研究，建筑物理环境调控技术研究和建筑节能与绿色建筑咨询分析研究。主持了国家科技支撑计划课题"夏热冬冷地区供暖模式与相关设备的研发及示范"，国家自然科学基金面上项目"多场耦合条件下的莫高窟洞窟热湿环境调控理论与技术研究"，陕西省社会发展重点项目"城市建筑节能技术和新产品集成与示范",为西部农村节能发展、博物馆物理环境调控研究都做出了突出的贡献。

胡冗冗的"徽派民居建筑空间模式更新及节能设计理论研究"项目,获得国家自然科学基金面上项目支持。刘大龙的"城市室内外耦合热环境中的建筑热工设计",获得国家自然科学基金面上项目支持,"城市空间耦合辐射场的形成机理及对建筑能耗的影响",获准国家自然科学基金主任基金支持,"高原气候适应性节能建筑设计优化与标准研究",获准"十二五"国家科技计划子课题支持,"西部太阳能富集区城镇居住建筑太阳能利用的绿色性能模拟与设计方法研究",获准"十三五"国家重点研发计划子课题支持。

赵西平长期从事建筑节能、建筑构造技术和生态建筑技术研究。获准教育部项目"西北地区传统聚落生态环境保护及可持续发展研究";获准陕西省教育厅专项科研计划项目"西安市大型公建合同能源管理模式研究";获准国务院西部办网络教育中心项目"绿色建筑知识普及课件"。为绿色建筑普及和西部住宅节能发展做出了贡献。

其他青年教师也在各自的领域有了长足的进步和发展:何泉主持了国家自然科学基金"地域生态导向下的康巴藏区民居建筑适应性模式研究"。朱新荣主持了国家自然科学基金青年基金项目"轻型围护结构表面对流换热系数影响机理与确定方法"。何文芳主持了国家自然科学基金青年项目"新疆农村建筑热环境设计方法及其应用研究"。李恩主持了国家自然科学基金青年科学基金项目"卫藏地区民居建筑的气候与辐射适应性机理及应用"。翟永超主持了国家自然科学基金青年科学基金项目"运动状态下空气流动对人体热舒适的影响"。

在编订标准和规范方面,根据国家计委计综〔1984〕305号文的要求,我室王建瑚、王景云两位同志自始至终参加了《民用建筑热工设计规范》GB 50176—93的制定工作,除提出近十篇专题研究报告外,均为文件的主要执笔人。该规范奠定了我国热工设计的基础。2007—2015年建筑技术教研室教师主编、参编了国家一级地方相关节能方向的标准、规范共计14篇。为国家与地方的节能基础事业做出贡献。

近十余年,建筑技术教研室教师主持省部级项目21项,国家级项目25项;共发表约426篇论文,其中中文核心约208篇,SCI论文21篇,EI论文90篇,CSCD论文77篇。

由于在建筑物理的教学、科研等方面做出了较大贡献,本学科早先有三位教师(王景云、王建瑚、蒋建初)被全国建筑物理学术委员会同时聘为学术委员,1995年又新增刘加平、曹文刚为学术委员会委员,刘加平还兼任热工学组副组长,2016年刘加平兼任中国建筑学会建筑物理分会理事长。陕西省建筑物理学术委员会一直挂靠在我校,历届主任委员分别为我校的梁绍偀、王景云担任。夏云被吸收为国际能源基金会会员,中国建筑学会太阳能建筑委员会理事。教研室老师始终活跃在国内外各类学术委员会中,为西部乃至全国的教学和科研发展做出了重要贡献。

撰写人:王 雪　审核人:万 杰

建筑技术研究所教师任职情况一览表

姓名	任职时间	姓名	任职时间	姓名	任职时间
广士奎	1956~1993	王景云	1956~1994	任勤俭	1956~1996
吴迺珍	1956~1991	白世荣	1956~1987	马绍武	1956~
孔令文	1956~	郭湖生	1956~	胡毓秀	1956~
王慎言	1956~	钟一鹤	1956~	蒋孟厚	1956~
程麟	1956~	王建瑚	1956~1987	蒋建初	1956~1983
刘玉书	1956~1984	刘丙炎	1956~1991	武克基	1956~1994
梁绍俭	1958~	夏云	1956~1993	蔡克仁	不详
陈汝为	1956~	王聪	1956~1980	陈梅	1964~
宋占海	1988~1996	段杏林	1960~1982	高树德	1964~
王桢	1978~1993	赵逆	1975~1996	李永祥	1976~2010
王祯	1977~2001	袁顺禄	1977~1985	张闻文	1978~1985
杨冬花	1979~1984	秋志远	1979~1987	徐筑	1981~
韩建军	1981~	韩茂蔚	1981~	杜高潮	1982~1991 1998~2015
石金虎	1974~1985	梁作范	1956~1990	房志勇	1992~
王丽娜	1982~1995	曹文刚	1982~1995	苏博民	1982至今
惠西鲁	1982~1993	李祥平	1982~2014	刘加平	1982至今
成炎	1983~2000	赵西平	1984至今	武六元	1985~2013
高大峰	1985~1999	钟珂	1993~	王平易	1988~1998
万杰	1987至今	董玉香	1988~1997	陈良	1982~1993
杨君庆	1981~1993	庞丽娟	1982~1987	罗升建	1981至今
闫增峰	1992至今	戴天兴	1996~2008	夏葵	1993~2001
户拥军	1994~2002	张树平	1994~2016	岳鹏	1994~2016
何梅	1994至今	郭华	1994至今	杨柳	1999至今
何泉	2003至今	谭良斌	2004~2008	胡冗冗	2005至今
刘大龙	2006至今	董俊刚	2008至今	朱新荣	2008至今
何文芳	2012至今	王雪	2012至今	李恩	2013至今
宋冰	2015至今	翟永超	2015至今	范征宇	2016至今
刘衍	20168至今				

2.2.10 美术教研室

苏南工业专科学校建筑科美术教学是由原苏州美术专科学校创办人之一胡粹中教授负责，助教王子英协助，1953年迁入原苏州美专校址苏州名园沧浪亭内。教室是罗马式建筑美术专用教室，所用石膏模型均为美专校长颜文梁先生在建校初期从法意等国由原雕塑翻制的石膏像，也是我国首次引进的石膏模型原件大卫象、无臂维纳斯、平头维纳斯等数十件。在我校建校时胡粹中老师亲自负责指导从苏州装运至西安，原放在我院东楼三楼美术教室内，为我系教学所用，可惜在"文革"初期不幸被人从三楼推下砸得粉碎后填入东楼门口枯井的厄运。

一、1956—1958

教研室主任胡粹中（教授）、秘书丁肇辙（教员），成员有闫建锋（讲师）、刘作中（教员）、蔡南生、张芷岷、秦毓宗、王正华、黎方夏（这五人均为助教）、李文华（讲师，一年后离职回苏州），后配一教辅任勤俭。

当时有美术教室三大间，模型室一间，除石膏像外有各种陶瓷、瓶罐、静物、教具一百多件，其中大部分是胡粹中老师从苏州搜集购买来的，也有部分由刘作中老师到北京购买运来。

当时除本专业课程外，还上外专业的绘画课。教研室在胡粹中老师的主持指导下，培育出浓厚的学术风气，教师们一心扑在教学上，并利用课余时间外出写生或备课。1957年，以美术教研室教师为班底，成立了中国美术界第一个水彩画学会，胡粹中教授为首任会长，命名为《春蕾水彩画会》载入中国水彩画发展史册。并在西安市举办首次水彩画展，受到西安美协（即现省美协）领导石鲁、赵望云等专业名家以及市内美术界、水彩爱好者的广泛好评。

二、1958—1962

这期间，教研室内有三位教师下放农村劳动，一个被清除出教师队伍。当时建筑学学制六年，美术学时增加，并且还要承担外专业的绘画课，师资力量严重不足。为补充师资，临时调高年级学生唐永亮、高晓基、赵复元三人来协助教学并加以培养，高、赵二人不久即调至院内工作。张缙学老师调任教研室副主任，主抓思想政治工作，既忙于教学又积极从事教材建设。当时闫建锋老师为编写西洋美术史教材与绘制插图经常彻夜不眠。

三、1962—1966

下放农村的三位教师回到教研室，唐永亮毕业分配至北京，原东工美术教研室主任谌亚逵教授以教员身份回教研室，美术教学归于正常。1965年，社会主义教育运动开始，美术教研室作为全校重点，原美术教学体系遭到无端批判，进行所谓改革。1966年"文革"开始，运动使教研室工作陷于瘫痪，并捣毁了所有石膏像，收缴了部分老师的珍贵资料与收藏，胡粹中老师被退休回原籍苏州。

1974年至1978年，"文化大革命"造成的破坏还在延续。从招收第一批工农兵学员起美术教研室被改为建筑设计基础教研室。课程设置由原美术、设计初步、画法几何三门课合并为一门课，称为建筑设计基础，它打乱了原来的教学体系及课程体系。张缙学任主任，闫建锋老师被安排在附小任小学教师，除谌亚逵老师外其余老师均被安排参加编写教材与教学工作。

粉碎"四人帮"后，美术教研室获得重生，由张缙学老师任主任，美术课才重新走上正轨。

四、1979—1986

张缙学老师回到城规教研室，经全组教师投票推举、院系批准，由丁肇辙任教研室主任，王正华任副主任，这一时期闫建锋老师重回教研室执教。1984年又调入王新经老师，后来陆续有吴昊、康庄、蔺宝钢、刘乔廷等老师被分配到教研室任教，周嘉铭同志来室担任教辅工作。

为提高师资队伍水平，在院方的大力支持下，全室教师曾三次利用寒暑假及无课时间赴成都、重庆、贵阳、柳州、桂林、广州等地写生，尔后结合水彩实习周，每年有两名教师外出写生，从而创作了大批水彩画。并以向全院汇报的形式举办过四次水彩画展。得到院方领导、学生及全院美术爱好者的好评。此后又在西安市内举办第二次春蕾水彩画展，省美协领导及省市美术界人士参观了展览，圆满成功。

为提高教师的学术水平，大力开展教学科研活动，曾举办过三次学术报告会，蔡南生老师在长期研究水彩画水分控制法的基础上，于 1988 年出版了《水彩风景画技法》，迄今已数次再版。为提高教学质量，教研室经常开展教学法研究活动，并在集体讨论研究基础上制定了第一个美术教学大纲。为发挥教师及教学条件的优势，除上好本专业课程外还积极为省内建筑界及美术爱好者办了多次短训班，取得了较好效果。

1986 年丁肇辙辞去教研室主任职务，由王正华接替。丁肇辙于 1988 年离休。

五、1986—1988

美术教研室由王正华同志任教研室主任，教师人数为 10 人，青年教师均为来自西安美术学院的应届毕业生。

1989 年王正华同志退休，美术教研室工作由吴昊主持并任教研室主任，这时教研室教师有蔡南生、秦毓宗、王新经、吴昊、康庄、蔺宝钢、刘乔廷。之后我室又接收了西安美院的几位毕业生如姚延怀、王葆华、陈坦。并从西安莲湖区中学调进俞进军，从宝鸡市调进蒋一功二位老师。

自 1989 年开始，美术教研室更加注重学术交流及教学研究，并多次进行教学改革，使美术教学逐步形成了我院的特点，尤其是水粉画教学的引入，为我院建筑学及城市规划专业在建筑绘画的表现方面，注入了新的技法与形式，在建筑绘画的教授与辅导上取得了新的成果。1990 年全国大学生建筑绘画竞赛，吴昊老师辅导的几位学生均获得一、二等奖。

自 1989 年起，美术教研室在吴昊老师的倡议下，全体教师大抓建筑美术教材建设，建筑设计教师也参与其中，成果有《建筑美术家作品集》等。1991 年我校被列为全国建筑美术教材编委院校，并参与了全国首版建筑美术教学用书《水彩》、《水粉》（与东南大学合编）、《素描》、《速写》及《建筑画》等的编写。

1989 年蔺宝钢老师创作的壁画《远古的回音》，参加了五年一届的全国第七届美展，这是美术教研室老师首次参加国家级美术大展。

1991 年 3 月，由我校发起的"西安地区建筑院校学生美术作品巡回展"，得到了西安交大、西北建工学院、西北工业大学、西安美院设计系等六家兄弟院校的响应和称赞，也得到了老一辈建筑学专家刘鸿典、蔡南生等著名教授的支持。

六、1988—1994

教研室除重视教材建设外，在教学改革与教学法研究方面也提出了很多设想。在素描方面，对结构素描、建筑速写及建筑钢笔写生进行了大胆的尝试，使全系学生得益匪浅。这项教改在建筑系 88 届得到了很好的推广，此项教改被院教务处评为教学优秀奖。在色彩教学方面，及时地引入色彩设计课程，这项教改在 88 届城规专业中获得了省教委 1991 年教学成果二等奖。

此外，教研室积极参与社会服务项目。吴昊老师参与了整修黄帝陵的设计与规划，完成了陵区装饰中雕塑部分的初步设计，同时参与了陵区功德坛方案的设计。之后，蒋一功老师又投入到黄帝陵规划与设计组中，对黄帝陵规划进行了更为深入精微的设计。

1992 年美术教研室调入人员有蒋一功、俞进军两位老师。教研室对教学大纲计划进行了新的修改和调整，并把美术外出实习恢复于教学大纲中，从而使美术教学的特点得以充分体现。

1994 年教研室在院领导的大力支持下，出版了我校建校以来第一本由美术教师与建筑设计教师共同参编的《建筑美术家作品集》。

1994 年 10 月，由蒋一功老师任教研室主任。

1996 年由蒋一功、蔺宝钢、俞进军等老师完成的教学改革项目，获得冶金部教学改革成果二等奖。

自 1989 年到 1991 年，美术教研室离退教师有蔡南生、王正华、秦毓宗，王新经老师病退，康庄、刘乔廷老师先后调离美术教研室。调入教师除蒋一功、俞进军外，还有姚延怀、王葆华、陈坦、冯郁等青年教师。

七、1995—2002

1995 年吴昊与王葆华二位教师离开美术教研室，开始审报筹办环艺专业。1999 年，蔺宝钢老师创作的水彩画《暮冬》、蒋一功、蔺宝钢创作的壁画《生生不息》两幅作品双双参加了全国第九届美展。

2002 年 4 月，我校正式成立艺术学院，美术教研室全部编入艺术学院。此后老师们仍继续承担建筑学院的美术课程。2005 年之后，建筑学院重新成立了美术教研室，由建筑学院老师和艺术学院老师共同承担美术课程教学任务至今。

八、2005—2018

2005 年，建筑学院基于建筑学专业美术教学自身的特点，决定通过一系列教学改革，打造适于建筑学专业的美术课程体系，因此重新引进美术教师。至 2017 年共引进美术教师 4 名，其中工艺美术设计专业背景 2 名：薛星慧（教研室主任）、阚阿静；平面设计专业背景 2 名：张永刚、任华。通过上述两个专业背景的人才引进，旨在将艺术、工艺、设计有系统地融入当下的建筑美术教学，并以此为基础整合新的教学思路、探索新的教学体系。

2005—2008 年，美术课及美术老师隶属于建筑基础教研室；2008 年单独成立美术教研室，专门致力于美术课的教学改革工作。12 年来，新的教学体系终于突破了过去通过画素描、色彩训练美术基础技法的教学模式，真正做到了通过素描、色彩训练学生的认知能力、感受能力、审美能力——从如何通过画画变得会画画，到如何通过画画精准塑造学生深刻的感受力和创造力。

通过 4 位教师的不断努力，新的教学体系开始在全国崭露头角。2011 年起，我院学生开始在国内最高级的相关竞赛"全国高等学校建筑与环境艺术专业学生作品大奖赛"中多次获奖，至 2015 年共举办的 3 届比赛中，我院学生累计获奖 17 项，其中 2 次获得金奖，2 次获得银奖。新的教学体系受到了来自业内各高校专家的高度好评，成为近年国内建筑美术教学改革最大的热点和亮点。美术教研室近 5 年承担科研项目、获奖、发表专著，论文和出版情况如下：发表教学论文：8 篇。主持校级教学改革项目：累计 2 项。指导学生获奖：（省部级以上）8 项，其中金奖 1 项。优秀辅导教师获奖：省部级以上 8 项，校级 2 项，累计 10 项。出版著作：2 本，其中教材译著 1 本、学生作品集 1 本。

配合学院专业设置的不断增加，美术教研室已将教学改革工作拓展至风景园林、城乡规划专业，并取得了优异的成果。未来美术教研室将保持教学改革工作的核心思想：通过画画精准塑造学生深刻的感受力和创造力；并将科学研究和教学研究结合起来，系统化完善所有专业的教学体系，为我院乃至全国的学生提供更多帮助。

撰稿人：蔺宝钢　薛星慧　　审稿人：蔺宝钢

美术教研室教师任职情况一览表

姓 名	工作时间	姓 名	工作时间	姓 名	工作时间
胡粹中	1956~1975	闫建锋	1956~1982	刘作中	1956~1977
陈汝琪	1956~1987	张芷岷	1956~1982	秦毓宗	1956~1991
王正华	1956~1989	蔡南生	1956~1990	丁肇辙	1956~1988
谌亚逵	1956~1963	黎方夏	1956~1958	张缙学	1974~1978
王新经	1983~1991	吴昊	1984~2002	康庄	1985~1991
蔺宝刚	1985~2002	刘乔廷	1986~1992	周嘉铭	1979~1996
姚延怀	1991~2002	王葆华	1993~2002	陈坦	1993~2000
蒋一功	1991~2002	俞进军	1991~2002	冯郁	1995~2002
武真	1998~2002	薛星慧	2005至今	阙阿静	2005至今
张永刚	2007至今	任华	2005至今		

2.2.11 测量学科

测量教研室筹建于1956年3月,当时由东北工学院、西北工学院、浙江大学、苏南工专等四所院校的有关测量学教师、实验员及工人组成,定名为测量教研组。首任教研室主任是浙江大学土木系的张树森教授、副主任是西北工学院房伟龄讲师、实验室主任是苏南工专的陆希舆讲师。随后,由浙江大学测量教研室向相关院校各测量教师发函,布置1956~1957学年第一学期的教学任务。

1956年7月学校筹备委员会召开第五次会议,会上由高等教育部宣布浙江大学土木系工民建专业不调整来西安。于是教研组改由房伟龄老师负责。组建的教研组共计10人,其中讲师3人,助教4人,实验员1人,工人2人。10人中有:西北工学院4人,苏南工专4人,东北工学院1人,同济大学应届毕业生1人。

测量仪器设备来源是:西北工学院测量实验室全部仪器、设备,浙江大学和东北工学院部分仪器设备以及当时购置的部分仪器设备,基本保证了教学需要。

测量教研室成立至今,隶属关系曾有过三次变更:1956年成立时,隶属于工业经济及运输系;1958年改属工艺经运系(简称工艺系);1971年改属建材系;1977年改属建筑系。

学校于1994年7月正式在原测量教研室及测量实验中心的基础上成立"建筑勘测研究所",并持有国家测绘总局颁发的测绘资质证书(乙级)。

现阶段在教学方面,目前建筑勘测研究所承担了我校6个院系、9个专业的"工程测量""地理信息系统""3S技术应用""矿山测量"等课程,年课时量累计约2200个标准课时。同时2011年研究所撒利伟老师、冯晓刚老师荣获西安建筑科技大学首届"圣和圣"杯最受学生欢迎主讲教师提名奖,2015年冯晓刚老师荣获西安建筑科技大学优秀实验指导教师奖,2016年李凤霞老师荣获该年度优秀主讲教师奖、优秀教案奖。2014年度由建筑勘测研究所承担的"工程测量"课程获得我校专业基础课总排名第一的成绩。同时累计主持和完成教学改革项目4项。

在科研方面,截至2016年底,建筑勘测研究所共计出版教材6部,专著1部,发表学术论文70余篇。作为项目主持人先后完成和在研国家级课题 5 项，省部级课题 9 项，厅局级课题 12 项。作为主要参与人累计参与国家级课题 8 项，省部级课题 6 项，厅局级课题 10 项。2016 年度以城市热环境为主要研究内容的"关天经济区城市热力景观格局、过程、趋势及其对策研究"课题，荣获西安建筑科技大学科技进步三等奖。

在横向课题方面，截至 2016 年底，建筑勘测研究所累计完成横向课题 500 余项。累计完成生产产值 8000 余万元。主要内容集中在，大型建（构）筑物变形监测、控制测量与地形图测绘、高精准地貌测绘与土方测量、水下测绘与管线测绘、低空摄影测量与倾斜摄影测绘、基于遥感的生态环境评价及数字城市平台研发等方面。

建筑勘测研究所经过近 60 多年的发展，已经初步形成了以下四个研究团队：①大型建筑物与构筑物变形与形变监测团队；②智慧城市平台建设团队；③三维激光扫描与倾斜摄影测量团队；④ 3S 技术应用团队。并已经初步形成了智慧城市平台服务体系，遥感卫星应用服务体系及各类测绘工程服务三大服务体系。

六十多年来，先后有 54 人在测量教研室任教和工作，大家都为教研室的建设和发展，为测绘教育事业付出了辛劳，作出过贡献，回顾历史、展望未来，我们对已经过世的先辈们，对已经调离的师长和同事们表示崇高的敬意和深切的怀念，并对我们的未来充满希望。

撰稿人：冯晓刚　　审稿人：刘明星

建筑勘测教研室教师任职情况一览表

姓　名	工作时间	姓　名	工作时间	姓　名	工作时间
房伟龄	1956~1976	周嘉佑	1960~1995	张正宇	1984~1986
陆希舆	1958~1965	谷立贵	1959~1962	刘晓烨	1985~1988
张正葭	1965~1983	倪翼鹏	1961~1964	王立人	1984~1992
董世华	1956~1980	杨　俊	1961~2003	赵西安	1984~2005
姜言华	1956~1989	杨兴华	1962~1971	刘明星	1985至今
杨永祥	1956~1969	吴天稷	1964~1965	刘昌江	1986~1991
张铁彦	1956~1985	邵秋芬	1968~	撒利伟	1987至今
吕振江	1957~1959	张素林	1968~	杨　鑫	1991至今
王万有	1956~1958	周昌农	1968~	库向阳	1993~2006
施　鑫	1956~1958	余明舫	1969~	曹建农	1994~2001
陈善铨	1957~1959	于承潜	1969~	唐冬梅	1996~2015
夏国梁	1956~1964	李家瑞	1969~1994	许五弟	2001~2017
谢蕴声	1962~	默国庆	1976~1982	吴继勇	2001至今
董金波	1960~1961	胡安宸	1977~1995	王相东	2005至今
巫金华	1959~1962	张　琳	1973~1983	冯晓刚	2006至今
荆翠英	1959~1962	王晓伦	1982~1995	李凤霞	2008至今
董国良	1959~1962	易又庆	1982~1993	周在辉	2010至今
竺志忠	1960~1974	李振峰	1984~2002	李　萌	2001至今

2.3　人物传

教书育人是人类教育的永恒追求和高等教育的基本运行规律。高品质的大学教育并不是空穴来风，必须仰赖于一支学问德行兼优的教师队伍。他们既作为知性而存在，又作为德行而存在，既要精于"授业"、"解惑"，更要以"传道"为责任和使命。

从教必育人，育人必从教。自 1955 年创办以来，数百位建筑学人矢志不渝、前仆后继，在中国经济社会、建筑行业发展的时代浪潮中，不断审视和调整教学内容，改革和创新教学方法，创立了扎根西部、融通中外、立足时代、面向未来的西建大学科优秀传统，实现了理念同频共振、质量实质等效、模式和而不同，树立起"更国际、更中国"的西部建筑教育旗帜。

在此次编撰的《院志》中，我们从西安建筑科技大学为庆祝并学校 60 周年校庆而编著出版的《甲子六书》——感动建大.楷模篇中选取了七位先生作为教师代表列入人物传。以事系人，缅怀先辈传业之艰辛；以传明德，激励后人。

2.3.1 刘鸿典

粗布青衫寸寸心

你始终不语，只是坐在那里／东楼门前的石板啊／斑驳你沉沉的爱意／一群孩子叽叽喳喳／在你的耳边私语，一言一语／爷爷，爷爷，我们画的线条里／你最偏爱谁的笔迹／不语，不语／您只是／赞许他们的／勇气

——节选自文涛诗作《鸿典爷爷，读你，念你》

雁塔校区教学东楼，西安建大早期建筑之一，与教学主楼、教学实验西楼构成一个建筑群落的有机体。教学东楼最早是建筑系的教学与办公楼，现在叫作建筑学院。

西安建筑工程学院成立时，刘鸿典是建筑系首任系主任，任职长达 10 年，是学校五位二级教授之一。

教学东楼自落成至今，始终是建筑学院师生的大本营。当年刻写着"建筑系"的石匾，因东楼门口整修改装而拆除，如今仍立靠在楼边的角落，石匾上"建筑系"三个字是刘鸿典教授的亲笔。

刘鸿典的书法作品蜚声学界内外。当年西安建筑工程学院校牌、校徽，均采用他的墨宝。他的水彩画曾得童寯的真传，又受教于著名水彩画家张充仁。20 世纪 50 年代，他曾当场为学生画一幅幼儿园设计方案的建筑渲染图，20 分钟一气呵成，色彩绚丽引人入胜，当即成为方案讨论会上的亮点。

如今，刘鸿典教授的石像坐落在东楼门口，老人家手执画笔，日日月月年年，与出入教学东楼的建筑学子颔首打招呼，催促着大家努力奋进。

在教学东楼，或者说是在建筑学院，再延伸到整个校园，刘鸿典教授永远是师生的偶像。刘鸿典出生在辽宁省宽甸县步达远村一个没落地主家庭，由于当地的封闭与落后，12 岁才得父亲准许开始读小学。先是在五里外的邻村读村立国民小学，15 岁时又"不惮辛苦，跋山涉水数百里"前往安东县立元宝山小学，高小毕业时差不多 17 岁了。1929 年 9 月，刘鸿典考入东北大学建筑系时，已经 25 岁，而他的老师梁思成任建筑系主任时，也才 27 岁。

刘鸿典是东北大学建筑系第二届学生，跟随梁思成、林徽因、童寯、陈植、蔡方荫等建筑大师学习，是我国"建筑四杰"的直系传人，也是新中国早期绝少的几位没有留洋经历的著名建筑师之一。

刘鸿典从事建筑设计，可谓成果累累，他设计的建筑作品从北到南，至今留存不少，且颇多经典。

中华人民共和国成立前，他曾在上海搞设计，上海市的中心游泳池、中心图书馆、虹口中国医院、淮海中路上方花园风格各异的独立别墅、福州交通银行、南通交通银行杭州交通银行等，不少作品至今仍是当地著名的标志性建筑。

中华人民共和国成立初期，他担当完成了东北工学院校园总平面图、东北工学院冶金学馆、东北工学院长春分院教学楼、淮南矿区火力发电厂、东北大学（南湖）学生宿舍和教师住宅等设计，还于 1950 年参加了沈阳工学院新校区的设计规划工作。其中，由他主笔的东北工学院校园总平面规划设计图，主题鲜明、气势雄伟，功能分区合理、道路贯通，疏密得兼、景观环境幽美，前临南湖公园、后滨浑河，真是最完美的"花园式校园"。

这样一位有着卓越成就的建筑大师，却有着许多坎坷的人生磨难。

"九·一八"事变打断了刘鸿典的求学生活，他随着东北大学一起流亡，经历种种波折，终在沪续课、修完学业。

1933 年，刘鸿典毕业离校，却不能回到家乡报答父老乡亲，无奈中只得在上海谋生。他在上海生活了 17 年，为上海设计了许多经典建筑，但是作为东北人的刘鸿典，"流浪"是他难以忘怀的记忆，"在上海举目无亲，一

天没有职业，生活便马上感受到威胁"，所以刘鸿典又说他在上海的设计，都是"为生计而设计"。

刘鸿典刚到上海时，有一次到他老师的事务所帮助画图。刚一进大楼的电梯，就被电梯服务生赶了出来，因为他穿的是粗布棉袍。活得要有尊严，由此成为他的人生目标。

当中华人民共和国的成立给了每一位中国人以莫大的尊严时，他毅然"不受谣言蛊惑，甘心情愿留在新中国投身教育事业"，欣然接受东北工学院的聘请，返乡任教，以极大的热忱，全身心地投入教学与建校工作，由此开始实现自己"为人民祖国而设计"的建筑理想。

1956年，刘鸿典担任西安建筑工程学院建筑系主任、教授。他秉承东北大学梁思成、童寯等先师的教育理念，开创了学院建筑学专业硕士研究生教育，成为首任硕士生导师。刘鸿典对学生要求极严，凡不结合实际的题目，空泛的理论性论文，是绝对不会被通过的。

刘鸿典在近四十年的教授生涯中培养了数以千计的学生。从东工到西安建大，他教过的学生，大都成为相关学科的开拓者和国内外知名学者，成为院士者有之，获"建筑大师"称号者有之、担任各建筑设计院院长者有之，在大学里担任教授、博导者，更是不乏其人。

建筑学院楼前刘鸿典先生的半身石像，就是刘鸿典的"关门弟子"张正康建筑师（前甘肃省建筑设计院院长）以兰州校友会的名义捐赠的。

在生命的最后十年，刘鸿典以病弱之躯无尽地奉献着自己的余热。他参加《中国大百科全书·建筑·园林·城市规划》、《美术辞林》、《陕西省地方志》等大型辞书的编撰工作；主持华山风景区及多个城市规划的评议会；参加兵马俑二、三号坑、陕西省历史博物馆、临潼贵妃池规划设计论证，广州市游乐园设计；西安火车站、西安市南大街拓宽工程等多项设计方案的评议；担任研究生指导组组长，参与评审职称论文，他始终满腔热忱，不遗余力。

刘鸿典先后于1957年、1983年两次递交入党申请书，并于1985年如愿加入了中国共产党。这年正逢他八十大寿。在校党委专为他举行的"入党、祝寿"双喜庆祝会上，他表示更要以"老骥伏枥"的精神把知识献给人民。

1995年8月，曾担任张学良将军行营秘书处机要室主任的洪钫，受张将军之托，从美国檀香山专程到91岁的刘鸿典教授家探望。刘老设家宴款待贵宾，席间叙谈东北大学的峥嵘岁月、校史掌故，非常高兴。翌日清晨，刘老梳洗整装后，对儿子刘垦说："我要走了……"，当日下午即安然仙逝。

未留遗言，也应该没有什么放不下吧。

——原载《漫游西安建筑科技大学》，重庆大学出版社，2011

刘鸿典

1905—1995

刘鸿典，中国第二代建筑师代表人物之一、著名建筑教育家、书法家，并校初期5位二级教授之一。西安建大首任建筑系主任，为学校获准建筑学专业硕士研究生授予权、建立建筑教育体系等奠定了坚实基础。耄耋之年仍以病弱之躯无尽地奉献着自己的余热，于80岁高龄如愿加入中国共产党。

2.3.2 郭毓麟

缅怀前辈——追忆郭毓麟教授

2006年中秋佳节，我校迎来并校50周年华诞，可喜可贺。回首往事，沧桑巨变；见今风采，万象更新。心情万分激动。

饮水当思开山井，晚辈耕耘不忘怀。在"百年树人"的科学殿堂，不忘记平凡的，曾经为此添砖加瓦的普通人和前辈；更不能忘记在历史的传承中做过贡献的长者。

东北大学工学院建系，是中国近代开创建筑教育的最高学府，汇聚了一批留学有成的归国学子，如到任前即被委任系主任的梁思成教授及任课的林徽因教授、童寯教授、陈植教授、蔡方荫教授，都是我国第一代建筑领域的泰斗。一个好端端、蒸蒸日上的建筑系，仅仅存在了三年，就因"九·一八"事变而夭折了。

"九·一八"事变后，一个没有建筑系的东北大学师生背井离乡，从此开始了流亡生活。经过北平复校，西迁长安。此间，据《东北大学史稿》中记有："东大"西安分校是在1936年2月由原北平"东大"工学院和补习班组成的……校址，前陕西省农林职业专科学校……由于原校舍不敷应用，张学良校长又于附近购得数百亩土地，并拨15万元以建筑教室、宿舍和大礼堂。这项工程是由"东大"工学院毕业同学郭毓麟等义务设计并监督施工的。不到一年全部竣工。兴建大礼堂时在墙基内还砌了一块纪念碑，碑上刻有张学良校长的题词：

沈阳设校　　　　经始维艰

至"九·一八"　　痛遭摧残

流离燕市　　　　转徙长安

勘尔多士　　　　复我河山

校长张学良立

以后又南渡四川三台，直到日寇投降，"八·一五"还乡，于1946年5月"东大"迁返沈阳。之前，在沈阳成立了东北临时大学补习班，主任陈克孚，收容伪满时期各大院校的在校生。在"东大"迁回后约半年，东北临大即行结束。大部学生并入"东大"，按志愿和专业分别编插入相应的院系和班级。从此恢复了原"东大"的建筑系。不料于1948年初，"东大"当局强制师生集体迁校至北平。于1949年元月22日，北平和平解放。3月上旬，"东大"师生又返回东北。工学院留沈阳，先到吉林政治学习，半年后回沈阳。初在铁西校址，称"沈阳工学院"。此时，建筑系已有三个年级的学生。由于在北平时任课教师和兼职教师，大部没有随迁回沈，如王之英教授（留日）、赵冬日教授（日本早稻田大学硕士）二位为光复后复校的建筑系第一、二任主任，另汪国瑜教授、徐振鹏教授、赵正之教授等，均留在北平。当时回沈教师只有彭垡教授（北京燕京）、贾伯庸教授（日本东京工大）、郑惠南教授（留日，著名雕塑家）、王耀副教授（天津工商）、赵克东副教授（天津工商）等人，主干课教师极缺乏。由沈阳工学院副院长去沪招聘，特邀郭毓麟老师回家乡主办建筑系，在郭老师毅然决定后，如刘鸿典教授（东大第二届）、张剑霄教授（天津北洋）、林宣教授（东大第三届）、黄民生教授（上海沪江）、张秀兰讲师（南京中央大学）等人的相继到校，致使当时还称作"沈阳工学院"的建筑系，立即成为师资齐全、力量雄厚的阵营以及不断补充的新生力量形成完整的梯队。对摆在面前的教学任务和等待兴建的风雨操场、采矿馆、教工住宅等工程设计，均迎刃而解。直到扩迁到南湖新校址，并改称"东北工学院"的新校区的总平面规划及各系的教学馆、教工住宅区、学生宿舍区及实验室、工厂等全面设计任务均由建筑系承担，并成立了设计室。

更重要的是，"东北工学院"在建筑系郭毓麟主任的领导下，团结各位同仁，将老"东北大学"建筑系的办学理念和教学方法，原汁原味地传承下来，起到承前启后的作用。这一功绩是不可抹灭的。

梁思成、童寯、陈植三位教授都是美国宾夕法尼亚大学建筑系毕业的。这个学校的建筑系在 20 世纪 20 年代很有名气。他对法国"美专"（BEAU ARTS）的纯美术教学为主，重视宏观群体的艺术综合，轻视微观个体的设计和专业技术的综合这些特点和不足作了修改，走上艺术和技术并重，对个体建筑设计加以突出的道路。还继承了"美专"的独立研究室（STUDIO TYPE）的学分制和师带徒制。全凭建筑设计课的优劣高低，定分定级。优者不受年级限制，可以破格升级。"宾大"十分重视构图原理，师法"学院派"在比例尺度、对比微差、韵律序列、统一协调、虚实高低、线脚石缝、细部放大等方面的基本功训练，还很重视素描、速写、水彩及单色渲染的技巧。1920 年代初期，美国流行"摩登古典"（MODERN CLASSIC），梁、童、陈三位的授业老师保罗·克瑞特（PAUL CREL）是其代表人物。这套基本功训练，1930 年时由童寯教授承担教职。童师十分重视"学院派"的"五柱式"的模数制，要求同学能识、能画、能背诵如流，能按模数默画。这种严格训练，使学生终生难忘。我国的宋《营造法式》和清《营造则例》经过梁思成教授的提炼、总结，有了异曲同工之妙。没有深厚的功底，总结不出来这种能传之久远的科学规律。但梁思成教授不主张在创作上受其约束，他要求学生能自觉地取其精华来丰富自己的审美观念，这也是能产生"摩登古典"流派之所在。

东北工学院图书馆，藏有早期珍贵的建筑图书和刊物为国内外少有，童寯教授在老"东大"建筑系讲课时用的西洋建筑史的玻璃幻灯片多箱，转战各地携带身边爱护备至。在郭毓麟教授任"东北工学院"建筑系主任期间，童寯教授即将这批具有文物价值的幻灯片完璧归赵。这呈现了老"东北大学"建筑系和"东北工学院"建筑系之间的传承关系，也反映了师徒之间的关爱之情。

郭毓麟教授为人忠厚、对人诚恳、作风朴实；碰到荣誉，舍己宽人、礼让同仁；团结同事、要求进步；关心青年的培养成长，对优秀的年轻教师破格晋升讲师，多批送外校进修及听专家讲课；本身长于建筑设计与营造，留下很多作品，是一位品德高尚的建筑前辈，东北工学院的创业者。

（文／刘宝仲）——原载《感悟建大》，陕西人民出版社，2006 年

郭 毓 麟

1906—1982

郭毓麟，建筑师、工程师、教授。历任东北工学院建筑系主任及教研组主任，西安建筑工程学院筹备委员会委员、西安建筑工程学院教务处长及夜大主任、西安冶金建筑学院图书馆馆长、建工部高校教材编审委员会委员、陕西省政治协商会议委员等，还先后兼任沈阳市人民政府城市建设计划委员会委员，沈阳市科学普及协会委员，辽宁人民政治协商会议委员，全国建筑学会理事，西安冶金建筑学院院务委员会委员。长期从事建筑构造和工业建筑设计方面的研究，主审了有关建筑构造和工业建筑设计原理教材。

2.3.3 林宣

爱心谱就人生音画

在这所以土木、建筑学科为特色的大学里，林宣的一生，又何尝不是一段美妙的音乐飘落人间，凝固成了永恒的建筑。

一所大学让人心向往之，大师的魅力必不可少。大师之于大学，既体现于学术上的勇攀高峰，也必然显现于精神上的示范指引。

并校半个多世纪以来，有一种叫作"风骨传家，精神以立"的品质，深深地扎根于西安建筑科技大学的文化土壤，成为这所大学不可或缺的文化构成。在建大人的记忆里，林宣教授是一位精神上的大师，他把毕生精力和满腔心血都奉献给了我国的建筑教育事业，其德行举止，令世人景仰，其暖流爱心，谱就一段人生音画。

林宣教授常对学生讲："建筑学界有一个绝妙的比喻，在古希腊，高高的奥林匹斯山上的乐神弹奏着竖琴，美妙的音乐飘落人间，凝固了，就成了建筑。"林先生诗意的话语曾点燃了许多青年学子学习建筑的激情。

九十多年的人生历程，林宣时刻用自己的一言一行弹奏着生命的乐章，尽管这个乐章凝固了，但他用高尚的精神构建起的无形建筑，在人们的心中留下了永恒的影像。

林宣1912年出生于福州市一个有深厚家学渊源的大家庭，从小就受到了良好的教育。五年的私塾教育，使他在古汉语和英语方面打下了深厚的功底，这也为他此后从事中国古建筑研究奠定了基础。

把林宣引入建筑这一领域的是他的堂姐林徽因。1930年7月，林宣考取了东北大学建筑系。"九一八"事变后，林宣在颠沛流离中先后转读于清华大学等学府，于1934年从南京中央大学毕业。毕业后，他毅然放弃了去海外发展的机会，效仿着梁思成、林徽因，用所学知识来报国、救国，继续着中国建筑史的研究和整理工作。

1950年，东北工学院建筑系恢复招生。林宣举家迁到沈阳，受聘于东北工学院建筑系，成为当时该校建筑史学科唯一的专业教师。

1956年，林宣随东北工学院建筑系来到古城西安，成为西安建筑工程学院首批创业者和建设者以及学校建筑历史与理论学科的奠基人。

执教杏坛，是林宣的最爱。他常说，教师的职责不光是给学生传授知识、答疑解惑，更重要的是塑造学生的灵魂，老师的一言一行、一举一动都会对学生起到潜移默化的作用，都会在学生身上留下永久的痕迹。在几十年的教学生涯中，他总是提前十分钟来到教室。他的讲义也总是每年重新书写，即便是到了六七十岁，给本科生上课时依旧如此。

"我太爱教育了，太爱青年学生了。"这是林宣的口头禅。他也始终以一位长者的风范无微不至地关怀着青年学子。

1984年，林宣指导他的研究生刘临安从事韩城元代殿堂结构研究，对要考察的十几座大型建筑，他为学生制定研究计划，从图文收集、测绘数据、到访谈记录，无一不详尽周致。

林宣左手拿着放大镜，右手拿着红笔批改刘临安的毕业论文，连标点符号、错字漏字也不放过。最后，刘临安撰写的毕业论文得到了同行专家的广泛好评，认为填补了我国元代建筑史研究的空白。

1987年，已是75岁高龄的林宣从教学科研第一线上退了下来，但他仍然身心不离教育事业，不顾年迈体弱，常义务赴米脂、榆林、蓝田、佛坪等贫困山区，毫无保留地把积累了一生的丰富教学经验传授给当地的中小学教师。

有一段经历让林宣终生难忘。20 世纪 50 年代末，他在陕北一个叫董家湾的小山村搞社教，大队部破例给他送来了全村最亮的油灯，让他晚上记工分用。那是一个大雪纷飞、寒风凛冽的夜晚，他拨亮油灯埋头记账，不知何时一抬头，猛然发现周围已站满了睁着黑葡萄般眼睛的孩子，那种惊奇与羡慕的目光，让他揪心般疼痛。

退休后，林宣把更多的精力投入到希望工程捐资助学之中，省吃俭用、慷慨解囊，资助六十余名失学儿童重返课堂，完成了小学、中学学业，考上了大学。他经常把受资助的孩子带到自己家里，管吃、管住、管上课，教他们学英语，讲古文，为他们购买教材毫不皱眉，却对自己的生活节俭到了常人难以想象的地步。为了节省几毛、几元的公共汽车票钱，多年以来，他在西安城区办事开会，全是以步代车。"五毛钱就可以给孩子买一个作业本了"，他是这样斤斤计较的。

1994 年 12 月 14 日，他顾不得照顾因患中风而瘫痪在床多年的老伴，冒着刺骨的寒风和纷飞的大雪，为陕西耀县 13 名家庭贫困的孩子送去了学费，还专程去老区照金镇看望一位受他资助的学生徐妙林，深一脚、浅一脚地给妙林卧床不起的父亲送去了数千元的医药费。

1995 年，家住耀县孙塬镇贺咀村的董静因父亲病逝，家里欠下了上万元的债务，随时面临失学的困境。1996 年，林宣开始资助她。从此以后，每个学期考完试，她都会接到教授爷爷打来的电话和写来的信。在林老的鼓励下，董静考取了宝鸡文理学院。

2004 年年初，林宣被教育部授予"全国关心下一代工作先进个人"荣誉称号，这也是他五年来连续第三次被教育部授此殊荣。当年 8 月，林宣被中国建筑学会授予首届"国家建筑教育特别奖"荣誉称号，包括他在内，全国仅有五名学者获此殊荣。

2004 年 10 月 22 日，恰逢农历中的重阳节，就在这个爱老敬老的节日里，林宣先生驾鹤仙游。有人评价，林宣先生的人生如同一个三棱镜，折射出七色的光芒：赤色代表着他热血沸腾的爱国之心，橙色代表着他在建筑学业上取得的累累硕果，黄色代表着他金子般纯洁的爱心，绿色代表着他甘当绿叶的襟怀，青色代表着他淡泊名利的高尚情怀，蓝色代表着他蓝天般的博大胸怀，紫色代表着他一辈子乐育桃李，终于迎来了万紫千红的学术春天……

云山苍苍，江水泱泱，先生之风，山高水长。

掬水月在手，弄花香满衣。长歌送挽，表达的是对大师的不舍；微风轻拂，传递的是对其精神的敬意。林宣老人走了，值得包括全体建大人在内的人们去思索、领悟和继承。

——原载《漫游中国大学——西安建筑科技大学》，重庆大学出版社，2011 年。

林　宣

1912—2004

林宣，第二届建筑中国建筑学会历史与理论学术委员会顾问，从事中国建筑史教学，对陕西省古建人才的培养及古代建筑保护及维修工作做出了重大贡献。曾获得首届"国家建筑教育特别奖"荣誉称号，晚年热心于"希望工程"，并被教育部授予"全国关心下一代工作先进个人"荣誉称号。

2.3.4 佟裕哲

"宁匠勿华"——纪念佟裕哲先生

佟裕哲先生是 1956 年从东北大学迁至西安创建建筑系的第一批教师之一,至 2014 年 7 月去世,从教 58 年。先生一生倡导中国文化的传承,尊师重教,诲人不倦,治学精进,学者风范。85 岁始,整理其学术思想,创中国地景文化理论,立西部园林的学术地位。

尊师与传承

佟先生倡导中国文化的传承,遗言首句便是"人生的最终使命,仍是为人类传递文化",这是他一生作为学者、师者的感悟。

佟裕哲教授 1925 年出生于辽宁抚顺,1946 ~ 1951 年在东北大学梁思成先生创建的建筑学专业学习,他在简历中写到:"师从郭毓麟、刘志平、林宣、赵冬日教授,师承刘鸿典、彭埜教授"。熟悉的人也会经常听他教育年轻学生要"尊师",先生说的不仅是要懂礼貌,更是传承老师们的思想和精神。有时候他还会说他的老师是梁思成先生,很多人会暗暗地笑话他,其实是追从梁先生的治学思想。1956 年来西安教书,受梁思成先生中国古代建筑文化研究精神的影响和启迪,开始考察陕西汉唐时期人工建设遗址,绘制图纸,不断挖掘中华传统文化。听佟先生说他与梁思成先生的两次会面,一次是在东北大学求学期间,代表同学们专程到清华请梁先生和林先生给他们开"中国建筑史"课程,梁先生推荐了中国建筑史专家刘志平先生去上课。还有一次是工作后路过北京拜访梁先生,正好是北京建设"十大建筑"期间,梁先生还征求他的意见,并在那时结识了吴良镛先生。佟先生多次提起这些事,并且认为我们学校建筑学教育由梁思成先生最初创建,就应该遵循其思想和精神,挖掘和传承中国传统文化。自 2008 年招收第一届景观学专业到 2013 年,每年的新生专业教育,佟先生都亲临会场,不厌其烦、孜孜不倦地教导学生"尊师"爱校,其意义深刻。记得先生每天在校园中慢慢行走,时时述说中国历史上的"规划师""建筑师"和他们的故事,说学校所处唐代的亲仁坊,柳宗元写"梓人传"的地方,不断拉近我们和历史的距离。佟先生用他一生的学术追求告诉我们尊师的道理。

挖掘与整理

佟先生在 2013 年 5 月举行的"《中国地景文化史纲图说》首发式暨学术研讨会"上谈本书的编后感时说:中国的历史理论发掘上仍留有空白。他引用清末学者严复的话:"顾吾古人之所得,往往先之",鼓励后辈学人"古人发其端,而后人应能竟其绪;古人拟其大,而后人应能议其精"(改严复之语)。今天东西方文化交流频繁,忙于学习消化西方文化,中国学科思想文化的发掘与整理工作不足,实际上空白很多。希望与后辈学人共勉。

佟先生研究活动和学术思想的发展,是从唐风园林建筑艺术走向中国地景文化思想,并经历了三个阶段。从 1960 到 1980 年代,开始注意陕西地方景园建筑风格的考察,测绘尚存景园建筑遗址,收集历史文献著作。1983 年于《建筑学报》发表"中国园林地方风格考"。1985 年创立"西安唐风园林建筑艺术研究会",同年在西安冶金建筑学院建筑系(今西安建筑科技大学建筑学院)设立"景园教研室",逐步形成以研究西部景园建筑为方向的教学和研究团队。1990 年代,佟先生开展大量而深入的考察测绘工作,发现关中地区汉唐以来景园実例类型丰富，具有一定的理论思想体系，且有传统文脉的连续性。1994年整理考察测绘案例，梳理汉唐景园思想体系，撰写出版《中国传统景园建筑设计理论》。1998年以"中国西部园林建筑"为主题，先后获准国家自然科学基金的两次资助，沿丝绸之路对西部地区景园建筑进行了系统的考察和研究，1998年整理出版《陕西古代景园建筑》和《新疆自然景观与苑园》，并于2001年由中国建筑工业出版社出版《中国景园建筑图解》。

公元两千年以来，不断凝练景园建筑的理论思想和体系。期间受吴良镛先生人居环境科学思想的影响，开展对地景学理论思想的探讨，提炼西部园林的思想内涵，并于2003年《中国园林》发表"中国地景建筑理论——美学与数学、哲学的融合"，提出"中国地景建筑理论起源于西部秦朝时代（公元前350年），到隋唐时期（公元700年）已形成系统理论。地景学主要是研究人工工程建设中（城市、建筑、园林）如何去结合自然，因借自然（山、水、林木草地构成的生态与景观以及气候因素等），中国地景建筑理论有两大特征，一是天人合一观，景观、生态与人文相和谐。二是景观设计美学与数学、哲学相融合。"近十年来，随着风景园林学科发展，探索和挖掘中国地景建筑产生的文化原因，非常迫切。古人对自然环境的认知，从视觉感知、语言绘画表达、专门语汇诞生，到思想观念的形成，最后实现于各种人类的营建工程，是我国风景园林文化形成的过程，凝聚着东方哲思与营建智慧。从地景文化角度，再次梳理中国传统地景建筑理论的形成及其历史演变，捕捉古人认知自然环境形成风景美学的思想内涵，勾勒出中国传统风景园林文化的思想发展脉络，于2013年9月88岁高龄撰写出版《中国地景文化史纲图说》。

吴良镛先生在《中国地景文化史纲图说》一书中的序言中写道："佟裕哲教授扎根于西部50多年，对周、秦、汉、唐遗留下的景园遗迹进行挖掘、整理，总结其类型和基本理论体系，让人们在了解江南园林、北方园林和岭南园林的同时，认识到西部园林的价值。佟裕哲教授几十年如一日的执着追求和严谨的治学精神值得当代人学习。"

守拙精神

佟先生总是强调梁思成先生的"守拙"和锲而不舍的精神，教导我们要"宁匠勿华"。先生写字做事从来都是一笔一画，一丝不苟，有头有尾，标点符号，清清楚楚。绘图和文稿修改，亲力亲为，电脑打印稿修改也是用剪刀胶水，字字推敲，从不含糊。另外，"守拙"也是一种追求真实和事实的态度。佟先生在《中国地景文化史纲图说》中的"自序"中写到："实例考证，现场测绘，以及查阅文献、梳理史料花费的时间较长，这是胡适治史观（有一分证据，只说一分话。有三分据证说三分话，治史者可以作大胆的假设，然而绝不可作无证据的概论也）对著者的约束。"有一说一，不怕被笑话，扎扎实实，严谨而有根据，不做"虚头巴脑"的事儿，历来是佟先生的风格。

治学应著书立说，不断给自己画句号，还要给人生画句号。先生从1978年改革开放初期一直到2013年，不断梳理其学术工作和治学观点，认真总结，并发表文章和著作，从先生的研究成果可以看到其学术思想不断演变。另外，佟先生研究历史理论喜欢用图说话，不仅仅是设计方案和测绘图纸，还包括历史人物头像、理论框架、历史脉络，都用图示语言表达，并且亲自手绘，上颜色，再用电脑打印文字，贴于图上，"纯手工制作"。佟先生坚持"图说比文字表达更为确切并易使读者接受"。

研究成果

1956年后调任至西安建筑科技大学建筑学院（原西安冶金建筑学院建筑系）任教。1999年被中国城市规划学会授予资深会员，国家一级注册建筑师；兼任原中国圆明园学会学术委员、原中国风景园林学会规划设计专业委员，原陕西省风景园林学会副理事长，原名称为丝绸之路文化研究中心学术委员。1984 年与其他四名副教授指导的毕业设计获得由 UNESCO（联合国教科文组织）和 UIA（国际建筑师协会）主办的第 12 届国际大学生建筑设计竞赛第三名，1989 年获国家教委优秀教学成果奖。1988 年赴香港大学建筑系讲学，讲学题目——中国风景园林理论；2000 年赴美国佛罗里达州迈阿密大学建筑系讲学。1998 年主持国家自然科学基金"中国西部园林建筑研究"。发表论文及专著 20 余篇。

佟先生多年专注汉唐园林风格的设计实践研究，特别是依据唐杨惠之"粉墙为底，以石为绘"的唐代组石造景的理念，探索"终南山石组石造景"从选石、设计与施工的步骤方法，提出"横纹立砌"造景方法，并完成西安宾馆"唐壁山水"，华清池风景区"山水唐音"等作品。在考证研究汉唐时期风景营建特征的基础上，参与和主持一系列规划设计实践项目：陕西省大荔县公园设计（1983）、西安北院门规划（1984）、西安南大街环境景观规划（1986）、沈阳抚顺萨尔浒风景区规划（1987）、唐乾陵陵园保护规划（1990）、唐玉华宫苑保护规划（1993）、海口市人民公园规划设计（1993）；2010 年担任国家 5A 景区华清池规划的顾问。其中西安北院门规划和西安南大街环境景观规划分别于 1985 年和 1986 年获得省规划设计二等奖。

结语

尊师而传承之精华，面对现实求思辨，才有创新之本源。对于大学而言，其意义至深至远，吾辈不能遗忘。挖掘整理是基本，研读古人经典，考察测绘现存，是传承文化的必经之路，更需要有佟先生那样沉浸于浮躁闹市之外的治学境界。守拙是坚持做事最好的方法，心怀至远，脚踏实地。

转眼间，佟先生离开我们快 2 年了，2004 年老人家在东楼花园亲手栽植的枇杷小树苗已经枝繁叶茂，果实累累。今年建筑学院办学 60 年之际，作为学生和学人，梳理往事，纪念前辈，指引前行。

刘晖　2016 年 3 月 21 日

佟 裕 哲

1925—2014

佟裕哲，男，满族。西安冶金建筑学院教授。辽宁抚顺人。1980 年加入中国民主同盟。1951 年毕业于东北工学院建筑系。曾任中国圆明园学术委员会委员、陕西省园林学会副理事长、西安唐风园林艺术研究会会长。从事城市规划、建筑学及园林的教学和科研，指导硕士研究生。讲授小区规划、建筑园林。1984 年国际建协世界大学生设计竞赛获奖者的指导教师之一。参加"西安南大街规划方案"制订，获陕西省科技成果三等奖；"西安北院门旅游街设计"，获市科协二等奖。完成西安人民大厦唐风庭园等 30 余项规划与设计。论文《西安旧区改造途径》1987 年在英国伦敦 ICTR 国际年会论文集上刊载。在国内发表论文 20 余篇。

2.3.5　张似赞

美的传播者

在相隔二十年后 / 当听到 / 一个八十多岁老人的话语 / 依然轻柔优美 / 依然平和喜悦 / 我就仿佛见到 / 您心中的花园 / 正枝叶繁茂 / 花开满园

——摘自何锐诗作《心中的花园》

2015 年 7 月，88 岁的张似赞先生走了，去了他心中最美丽的"花园"。先生离世的消息在师生中激起了久久的波澜。

校园里的师生依稀记得，身形瘦小的先生温和细致，低声慢语。即使走在他生活了快 60 年的校园里，依然是低着头，脚步极轻，要么沿着路边，要么顺着墙根。许多同学更是忘不了先生那自己制作的独特海报、滑至鼻尖的眼镜，笨重的卡式录音机，睿智的语言和优雅的微笑。

张似赞 1927 年 8 月出生于广东汕头。牧师家庭的熏陶使他从小对哥特式的教堂建筑产生浓厚兴趣，自幼小时，成为建筑师便成了张似赞的梦想。少年时期的张似赞也很喜欢当老师的感觉。他 12 岁时，因一场大病而不得不在家调养一段时间，当教师的姨妈就安排他去给一年级的小学生讲故事，看着小朋友们听得津津有味时的表情，他非常高兴，于是就很起劲地讲了一个学期的故事。

为了这份喜欢，1950 年之江大学建筑系毕业后，张似赞就离开南方的家人到东北工学院执起了教鞭，"天经地义"地当了老师。1956 年全国高校第三次院系调整时，张似赞作为学校的第一批开拓者来到西安。

在这所大学的课堂上，张似赞给学生讲了一辈子的世界建筑。哪怕是班上最调皮爱逃课的学生，都不会错过他的课。他把本来挺枯燥的世界建筑史，讲得波澜壮阔、精彩纷呈、浪漫奇幻，他用自己对西方文化、艺术深厚的修养，用极其优美的、浪漫的方式，将世界建筑史的画卷如诗如画地展现在学生眼前，让学生们打开眼界。

每当讲课在配有音乐的幻灯片中戛然而止时，沉醉在情景中的学生才如梦方醒般知道要下课了，这是张似赞的授课带给学生们的共同的难忘的体验。他不仅仅在传授知识，更像一位美的传播者，把自己对美好的热爱，用诗意般的语音，传播给学生们。那是一颗颗美好的种子，播撒在每一个学生的心中。这些美好的种子一旦发芽，会帮每一个学生打开发现美、欣赏美的窗子，通过这扇窗看到更辽阔、美好的一个世界。

令西安建大名声远扬的 UIA 世界大学生建筑设计大赛，从 20 世纪 80 年代初算起，几十年间台前幕后，张似赞一直是最骨干的指导教师。一生纯纯净净地站在自己喜欢的课堂上，使他获得了世界建筑教育终生成就奖和世界建筑教育研究维特鲁威奖。

平时沉默寡言的张先生其实是个语言大师，不仅课堂上神采飞扬、妙语连珠，而且还特别精通英语、俄语，有一定的德语、法语和意大利语水平。几十年间，他几乎是西安建大最高水平学术讲座的现场翻译。瘦瘦小小的站在主席台一角的他常常成为主角，绅士般的世界建筑师协会主席和高傲的哈佛大学建筑学院院长，都发自肺腑地为这位中国同行的业务水平和英语能力而热烈鼓掌。

建筑 83 级校友康慨回忆，先生讲外国建筑史威尼斯圣马可广场时，凭借精准的建筑学知识及娴熟的摄影技巧能倒推出广场照片是从对面交易大楼的哪一个窗户所拍。先生会欣然为其他高校几个研究生翻译的《现代建筑语言》作序，并用占全书 1/3 篇幅的序言将现代建筑语言产生及滥觞仔细梳理一遍，也会为青年学者关于"欧风形式"精髓与思想、形式与语言的求教，给出长达 20 页答复。

张老师一生勤奋努力，对诸多艺术尤其是传统艺术有着广泛的关注和深入的思考。他不仅是一名深受大家爱戴的教师，更是一个博学的长者，艺术家。潜心研究西方建筑历史与理论的同时，更是长期对中国建筑问题进行着深入的思考。先生多年前的一篇论文《历史告诉我们——对中国建筑的分析与展望》获得了第四届全国教育家教学成果一等奖。在近年由钱伟长先生主持中华人民共和国成立以来全国优秀论文遴选中，张老师的文章依然脱颖而出，可见先生的水平。

有人说，建筑是凝固的音乐。课余中的张似赞可能唯一的嗜好就是西方古典音乐。不然，你真的不能理解，快 80 岁的老人了，每个周末给学生举办古典音乐欣赏讲座。课前海报均为自己亲手制作，都是将纸铺在客厅，徒手绘制而成。因而每次画报均会被学生揭下收藏。自己提着笨重的卡式录音机，把他在古典音乐中获得的纯净的养分享给学生。

几十年间，张似赞几乎一直是独居于校园。按照现在年轻人的观点，很多学生一开始不太理解先生的一些选择。他的爱人和孩子们目前在香港都有很好的事业，而先生退休后却没有选择和家人在一起，而是独自一人留在学校给学生们授课，每年一次的"鹊桥相会"让常人觉得不可思议。先生对此却很淡然，他说他离不开他喜欢的课堂，离不开他喜欢的西安，纯纯净净的日子过得充实而自在。

纯粹只是喜欢鸟叫的声音，几十年间这个这所大学的知名教授，一直执意地住在校园内一座老楼的一层，70 平方米的两居室，简朴但极其干净。也许是因为一人独居，先生家里几乎每天都有校内外的学生上门拜访，借还音乐磁带的、请教学术问题的络绎不绝，跟先生一起欣赏古典音乐，跟先生学煲汤，跟先生聊建筑，谈学问。

学生第一，是先生一生的信条。只要有学生拜访，先生会当即放下手中工作接待。学生请教的时间从无限制。聊到兴奋处到凌晨三四点也是常有的事，先生宁可自己熬夜补回花在学生身上的时间。后几年就有几个学生常年住在先生家里。为师者，传道授业解惑，先生一生，都在身体力行地传道。

建筑学 1996 级马鹏准备考研前后，搬到张似赞家里同住，一来安静学习，再者照顾先生。张似赞得知他很想学琴，当时告诉他：你若考上研究生，我就去买一台电子琴教你。成绩出来的当天下午，张似赞便带马鹏去音乐学院旁挑了一台。从五线谱教起，教学生如何读谱，再教指法，很费了先生一段时间。后来张似赞教了马鹏一首巴赫的平均律，此曲曾被改编为圣母颂。这是马鹏唯一至今没有忘的曲子。当时练好之后，马鹏和先生坐在琴前，马鹏弹旋律，先生单手配和声。此情此景，让马鹏永生难忘。马鹏考入了同济大学，临行前和先生道别。先生关门后，马鹏给先生磕了三个头。因为他知道，先生从小受西式教育，断不会让他行此大礼的。

一个胸中满是美好的人，就像一颗开满繁花的大树，张似赞就是一个勤奋耕耘的园丁，他耕耘了一个花木繁茂、鲜花盛开的花园，他让每一个经过花园的人，都留下芳香的美好的回忆。

生活中的张似赞也是纯净的不设防。有个喜爱古典音乐的同学去拜访先生时，看到了一排排的碟片，甚是欣喜，先生就很热情地把贝多芬、舒曼的 CD 借给他。这些碟片都是他在国外讲学时精心搜集的，可谓非常珍贵，而先生却没问过那个同学的姓名，以及什么时候归还。

2005 年，学校宣传部副部长王继武要给他拍张给学生上课的照片。张似赞曾专门偷偷地打电话告诉王继武，说下午打电话找他时，接电话的是他的夫人，她不愿意别人打扰，肯定说他不在家，其实呢，他在家呢，"你放心，放下电话 20 分钟后，我们图书馆门前见"。

这是一个八旬老人的童言无忌。这个一生从事建筑教育的老人，通过授业解惑为这个世界创造着最好的建筑；他也在用他一生的纯净，在学生的心中构建着一座座最美丽的精神花园。

好吧，就用张先生自己的话祝福先生："我们不必道永别了，你永远留在我心中最美丽的一座花园里。"

——原载于《甲子六书》　西安建筑科技大学　编著

张 似 赞

1927—2015

张似赞，建筑教育家，世界建筑史学家。主讲外国建筑史、外国近现代建筑理论等课程，获中国建筑学会建筑教育特别奖，世界建筑教育终生成就奖以及世界建筑教育研究维特鲁威奖。一生淡泊纯净，艰苦朴素，爱生如子。

2.3.6 张缗学

风范长存天地间

一年前的 8 月，一个凄风苦雨的日子，他走了，永远地走到了另一个世界。

他走了，走得那么不甘心，走得那么匆忙。

他曾与日本著名学者龟田先生商定，共同写一部关于黄河流域文化发展方面的专著，资料已备齐，提纲已列好，可如今却……

他曾与挚友张似赞教授商定，要好好总结建筑系连续 4 次获国际大学生建筑设计大奖的经验，因为在国际上任何一个国家、一所学校从没有 4 届连续获奖的先例，可如今……

他不甘心，因为举世闻名的黄帝陵修复、开发规划还待进一步研究，黄河壶口瀑布风景区规划、秦渡古镇小区规划、连云港、广州、本溪等地他参与或负责的工程都等着他，如今他去了，揣着永远的遗憾去了。

他去了，可他那忘我工作、不辞劳苦的工作精神，他那立志为国争光，呕心沥血培养下一代的风范却永留人间，折射出那伟大却又平的一生。

志在千秋伟业

听说张缗学去世，许多人都不相信：他虽然 67 岁，可身体一直很硬朗，精力一直那么充沛。在人们印象里，他不像个学者，倒像个考察队员，是个"拼命三郎"。

1987 年，有关部门为了开发华山旅游资源，特请西安建筑科技大学建筑系为之规划。接到这一任务，作为总体规划研究者和负责人之一的张缗学，高兴万分。西岳华山，素以雄奇险伟著称天下。古往今来，一直为旅游观光之圣地，作为年过花甲的老人，能为开发自然美、造福社会做点贡献，这是幸事。

其实按要求，他们只要对华山峪进行考察然后对东面的黄埔峪进行了解基本上就可设计，可张缗学不。他一头沉进华阴县志里，把华山的来历、典故景点分布一条条摘录出来。他说："西岳华山是大自然赐予我们的宝贵财富，我们搞规划，必须对国家负责，对子孙后代负责。"近 5 万字的材料整理了出来，华山的 72 峰、36 洞，以及神话传说、历史典故尽在其中。

要把纸上的东西变成规划图中的点线，在别人来讲，或许随意画上几笔就可以应付，可张缗学不。他非要实际观察，考证后才放心。但华山并非其他地方，方圆 100 多公里的五条峪道，危崖峭壁、怪石耸立、奇险无比，有些峪道还处于原始状态。张缗学决心探险。不少人劝他。你 60 多岁了，冒那么大风险干啥？张缗学不以为然。他和他的学生，三进仙峪，四进黄埔峪，最远处直达华山主峰南端的凤凰山。

据历史记载，毛女洞是唐代一位公主修仙成道之处，位置在北峰下边的大上方、小上方附近，万丈绝壁无路可走。张缗学在黄埔间问了好多人，都没有人到过那儿。张缗学不死心，说："唐公主能上去在那修行，那就一定有路。智取华山的英雄，不就是从黄埔峪上的北峰吗？"于是，他动员几个年轻人，带上干粮、摄像机、照相机、绳索等，找了一位向导，从黄埔峪进去，沿着当年"智取华山"英雄们走过的路，直插北峰。上山后，山高无路，他们钻石峰、爬绝壁，上了不到一半，所带干粮跌落下去，摄像机头也被碰掉。转瞬间，头顶乌云密布，冷风袭来。向导执意不再前行。张缗学没法，只好撤兵。下撤没多远，大雨倾盆而下。他们冒着被山洪卷走的危险，匆忙下山，等回到住地，已是晚上 10 点多了。

不久，张缙学又提出到大上方去。

他们沿着上次走过的路，攀登到北峰下边的大上方。站定一看，个个都愣住了：眼前是白花花山石，仰头望不到顶，俯视看不到底。要过去，只能从山中腰通过，可是，500多米的山腰，没有路、没有可扶的树，怎么走？大伙你看看我，我望望你，最后目光都集中到张缙学脸上。

张缙学心里斗争也很激烈，他是老师，又是年龄最大的，而且是负责人，万一出了事，怎么向学校和家长们交代？可既然上来了，难道就此半途而废？他咬咬牙，下决心说："这样吧，我先探探路，能过咱就过，万一不行，只好另找办法。"说着，他身子一缩，贴着石壁开始爬行。

"老师不行！"几个年轻人一见，急得大喊，他们怕他出事，忙跟上他。想把他拉回来，可张缙学已经爬了五米多，没有退路。大伙儿只好跟上，一寸一寸地挪着、爬着、终于爬了过去。

过了石壁，到了大上方，这里倒是一块平地，可上边荆棘丛生。张缙学和大家喝了点水，吃了点东西，轮流砍伐荆棘，在杂草乱刺中钻行，衣服被撕成条，手、脸、头被划破。几番寻觅，他们终于找到了毛女洞遗址，还发现了一些文物。张缙学高兴得手舞足蹈，几个人忙摄像的摄像、画草图的画图，到太阳西沉之际，才匆匆下山。

这年，整整一个暑假，张缙学凭着对事业的真挚的爱，冒着随时可能粉身碎骨的危险，靠对事业的赤诚之心，在华山的悬崖峭壁上爬行，荒草丛林中出没。他们跑遍了华山5条峪道，终于全面搞清了华山的资源情况，首次提出以华山主峰为中心，把东边的黄埔峪，西边的仙峪、瓷峪用索道、栈道、公路连接一起，搞成一条全新的旅游通道。这一规划方案在评审中得到专家们一致好评，公布后，被国内许多知名的建筑院校引入教材，作为范例来学习。

黄河壶口瀑布是华夏文化的一处精华所在。1991年国家建委分别委托陕西、山西两省组织力量提供开发总体规划。张缙学又接到这一艰巨的任务。为了尽快拿出成果，一放寒假，就与他的弟子们开始考察。11月，那里已是寒风料峭、大雪纷飞。为了了解壶口瀑布冬季枯水季节的流速规律，他们在壶口一天爬十几座山。

壶口没有住的地方，没有吃的地方，张缙学他们常常一去就是三五天，有时吃方便面，有时在看筏子的民工那儿煮些面条。晚上几个人挤在窑洞里，度过一个又一个夜晚。3年多时间，张缙学到壶口十几次，走遍了这里的山山水水。他了解了黄河壶口，壶口附近的农民也认识了他。

1993年5月，由他主持的黄河壶口规划，在国内得到了专家的肯定。国外很多同行和华侨也给予很高评价。

直到今天，西安建大的人们提起张缙学，有时还不理解：像他那么深的资历，那么厚实的学问，何以一听到有任务，就玩命地争，玩命地干？

青海龙羊峡水电站是黄河上游第一座水电站，大坝里空间太大。有关方面想求专家帮助设计，慕名求到张缙学头上。1992年11月，又是大雪纷飞时，他和几个助手赶到青藏高原，高原缺氧，他克服严重的高原反应四处奔波，牛羊肉吃得他胃疼、便血，他瞒着众人坚持到最后。在连云港搞设计时，本来一个小小的商业区，根本费不了多大的劲儿，可他硬是跑遍整个城市，跑遍沿海岛屿。他的学生问他为啥要这么干，他说："任何一个规划都必须与整体联系在一起，我们每搞一项规划，都必须经得起历史的考验，不能让后人指脊梁骨。"

心为后继有人

张缙学去世后，人们悲痛不已。他的研究生，年轻的副教授程帆在谈到张缙学时，含着泪花说："他是我们的严师，我们一直把他当作严父看待。"的确，现在建大建筑系以及毕业在外单位颇有建树的年轻人，几乎每个人的成长过程中都浸透着张缙学的心血。

1984年，世界举行大学生建筑设计比赛，西安建大厉兵秣马，组织人力参战。这是一次全球性高水平的会战，也是世界英才的一次大聚会，如能取得名次，那对于中国，对于西安建大来讲，将是莫大的荣耀。张缙学和另外几位资深教授被选中作为学生的指导老师。

一听说参加国际比赛，有几位同学找张缙学了解国际上建筑设计的最新发展流派，张缙学从欧美等国几个派系，目前世界最具水平的国家——讲解，不几天，着几个同学向他陈述自己的设计思路，张缙学看了后沉思半会说："你们记住一个死理：干什么事，总跟在别人后边跑是不会有出息的。了解他们是为了超越他们，不是为了跟在他们屁股后边。中华民族有自己的辉煌历史，有自己的建筑风格，只要我们能在民族性基础上体现现代特色，这就是别人没有的东西。"张缙学一席话，同学们清醒了许多。这以后，张缙学和其他教授为同学们收集资料，带学生到西安那些有特色的建筑区实习、考察，帮他们按国际潮流发掘民族特色的东西。辛苦一年，终于在大赛中获了奖。此后，西安建大连续4届在大学生国际建筑设计中获奖，这是世界任何一个国家、任何一所学校都没有的先例。

张缙学觉得，培养年轻一代，首先得与他们感情上融在一起，这样，说话才有人听。程帆是他的研究生，学业结束后，他想去国外深造。张缙学觉得年轻人有宏大志向是值得肯定的，但他提醒程凡："搞建筑设计，每个国家、每个民族都有他自己独特的东西。作为一个搞学问的人，首先应把本民族的东西研究透，把基础夯扎实，这样你出去才能充实、提高。"程帆听了后，回去仔细琢磨张缙学的话，觉得很有道理。他推迟了出国计划，跟着张缙学和其他老师参加黄河壶口瀑布风景区规划设计，参加黄帝陵风景资源考察，参加眉县小区规划开发，取得很大收获。后来出国，颇为国外专家看重，他的论文在国外引起很大反响。回校后，成了系里的台柱子、年轻的副教授。

1993年，国际大学生设计比赛又要进行，此次大赛允许指导老师也参加比赛，作为教师组，这时，系里决定搞，张缙学与其他几位老教授商量后，准备搞一组，谁挑头呢？按道理非张缙学不可，可张缙学却提出让年轻女讲师赵青负责。赵青怕挑不起这个担子，张缙学说："怕什么，有我们几个老家伙给你做后盾，你怕啥！"

此后，张缙学和其他几个老教授陪着赵青，到距西安40公里外的秦渡小区考察。平时，他们不断启发赵青的思路。一年多时间，设计搞了出来，在第4届大学生设计比赛中，同系里学生组一样，也获了奖，而赵青通过这次担担子，比过去更加成熟，成为年轻的副教授。

情存事业之中

张缙学的逝世，有人感到意外，感到突然。因为在这些人眼里，他一直那么精神矍铄，那么劲头十足。可了解他的人都知道这是他必然的结果。

1994年春节过后不久，他先上连云港，又到广州，广州返回第二天，又上秦渡古镇，而且走前买了去连云港的火车票，从秦渡古镇返回那天，他胃疼不止。可有谁知道，十几年来，他胃一直不好，每次外出，总带有不少胃药，而且几次便血。这次，妻子执意让他去医院，他又说"老毛病了，等我从连云港回来再说。"可妻子不答应，第二天硬把他送到医院，医生一听就初步断定胃癌，又到第四军医大学一确诊，真是此病。张缙学不得不住进医院。

住院十几天后，他就叫女儿把家里他正搞的有关规划资料拿到病床，坐在那儿又是写，又是画。大夫看见了，对他家属说："你们咋回事，有这样护理病人的吗？"张缙学妻子闷头不语。他知道张缙学的脾气，要让他不干事，比他闲着令他难受。

学校、系里领导到医院探望他，他问了这个项目又问那个项目，拉着系主任的手讲黄陵规划下一步应该怎么搞，有时候从床头拿几页纸，对赵青讲秦渡小区一些补充方案。随着病情的发展，癌细胞转移到肝上，肚子鼓鼓地胀，坐没有办法坐，张缙学躺在那儿，写完关于连云港设计方案的一些构想、关于广州设计娱乐养生健身工程的设想，到病情十分严重的那几天，一位同事去看他，他有气无力地说："等我出院后，咱们得赶快把连续4届大学生获国际设计奖的经验总结出来。"说完，他叹息："要干的事太多了，好多事刚开了个头，一些事干了一半，躺在床上真急死人。"

命运是无情的。张缙学十分不情愿、不甘心地"走"了。然而，在他的67个春秋里，却为我们留下了那么多丰硕的成果：1989年获陕西省优秀成果一等奖、国家级优秀教学成果奖，1991年获冶金部高校科研先进工作者，1994年故后，又荣获宝钢教育基金优秀教师奖。

他的名字、他的生命与黄帝陵、华山、壶口瀑布同在，永存大地。

（文 / 张似赞）原载《感悟建大》，陕西人民出版社，2006 年

张 缙 学

1927—1994

张缙学，西安建筑科技大学建筑学院教授，主持、参与黄帝陵整修规划设计、华山风景名胜区总体规划等多项设计（规划），获冶金部高校科研先进工作者、宝钢教育基金优秀教师奖等多项荣誉。

2.3.7 刘宝仲

甘为人梯助攀登

我在校读书的时候，刘宝仲先生还是一位青年教师，身材高，眼睛大，学问好，充满活力，举止潇洒。而我还是一个不成熟的学生，学习一般，志向未定。我是在刘老师指引下，思想和学业逐渐成熟起来的。

开始接触刘老师，大约是在三年级做课程设计《土门俱乐部》，刘老师辅导我们这个组的时候。我感觉他最大特点是因材施教，对每个学生根据不同特点选择不同的思路进行辅导。他看过一位同学的草图，发现趋向现代建筑风格，就引导他朝简洁、明快的方向拓展思路。看了我的草图，他说，你在追求中国传统建筑风格，于是侧重给我补充传统建筑方面知识。最后我在俱乐部辅助用房的布置上采用了中国式庭院，立面处理也揉进了一些传统元素，细致到花格窗、庭院的花阶铺地都得到刘老师的具体指导。结果我们一个设计小组，同学们的设计风格各异。这第一次接触，刘老师给我留下非常美好的印象，奠定了我们终生师生情谊的基础。

1962 年暑假，在校园遇到刘老师，他迎面走来，对我说："你没有回家呀？有时间到我家里来，我给你讲些东西。"我知道他要给我"吃小灶"，就很高兴地去了他家，一共去过几次已经记不清了。开始他给我介绍楼台界画，以张择端的《清明上河图》为例，这是一幅民俗画，但其中建筑物用的是界画手法。他给我讲解，界画的透视方法不同于通常的二点透视，没有灭点，相当于等轴测投影。我很奇怪地问他，建筑物那么多直线，古代又没有丁字尺和三角板，用毛笔怎么画呢？刘老师拿来直尺和两支毛笔，给我示范。后来又给我讲，现代建筑透视图多用水彩渲染，他最近在思考，中国的界画有许多东西可以借鉴用在现代建筑的表现中，他还拿出自己的几幅草图给我看。就在这以后，《建筑学报》发表了不少钢笔淡彩作品，在线条勾勒等方面吸收了不少国画技法。效果新颖生动，画起来还快捷。刘老师的思维是超前的，这个暑假的"小灶"，我受益匪浅，逐渐钢笔淡彩成了我的长项。

最让我难忘的是，毕业设计中刘老师对我的帮助。毕业设计我的选题是《西安民乐园小区规划》，设计中和指导教师在学术观点上有些分歧，由于当时年轻不成熟，不知应该怎么处理。我找到刘宝仲老师，倾诉了思想的苦闷。他首先告诫我要尊重老师，学会沟通。没想到话锋一转，"设计中有问题可以直接找我商量，我会帮助你的"。不久他又根据我的思路，从教师资料室借来几幅赖特的草图给我参考。我很惊讶，美国现代建筑大师，怎么草图像是中国画的白描呢？刘老师给我讲，赖特 20 世纪初在日本多年，对浮世绘和老子的学说很有研究。从那时开始，我一生深受赖特"有机建筑"的影响。刘老师还给我讲解一些中国古代城市空间处理的理念。我的毕业设计图很荣幸地参加了当年秋季在无锡举办的全国建筑学会第二届年会画展，其中街坊透视图用的就是钢笔淡彩。殊不知我得天独厚，毕业设计是在学校两位名师指导下完成的。

1963 年我毕业分配到鞍山，临行前刘老师把我叫到家里，师母又做了一顿美餐，为我践行。刘老师推心置腹地告诫我在政治、工作、生活三个方面都应注意些什么。其中有一段话是这样说的，"鞍山是工业城市，技术力量雄厚，一个大学毕业生到了那里，就像一滴水掉到大海一样，一定要谦虚谨慎，学会夹着尾巴做人。"最后很动情地告诉我，他也是辽宁人，很思念家乡，但因工作需要回不去。他说还有一位大学同学，又是画友，在鞍山，有事可以找他，并亲自给我写了推荐信。刘老师介绍的这位就是原冶金部焦耐设计院总工曹光铸先生，我在鞍山工作 25 年，这位意外拜访到的老师对我一直帮助很大，20 世纪 80 年代我的一篇获奖论文《鞍山建筑风格刍议》就是在曹先生指导下完成的。

离开学校 15 年后我才有机会再次见到刘老师。我和同单位的张维工程师出差到西安，在市招待所安顿好后，我急忙赶到刘老师家，因为我知道张工和刘老师也曾经是同学，进门后我先带给他张工的问候，告诉他明天我们一起再到学校来。听罢，刘老师拿起一条蓝颜色毛线长围巾，搭在肩上，很潇洒地向后一甩，拉起我就向外走，"走，去把张维接到家里来。"回到家，师母已经摆好一桌酒菜，我们边吃边聊。我看到写字台和床上铺满手稿和插图，刘老师说这是《建筑师》杂志的约稿，这篇文章可能就是 1980 年第四期《建筑师》刊登的《沈阳故宫及其建筑艺术》或 1981 年第七期《建筑师》刊登的《崇政殿的建筑艺术》。从这几篇论文里我不仅学到许多知识，而且刘老师那种严谨治学的精神一直影响着我。当时我说，可惜不在您身边，不然可以学很多东西，还可以帮您誊写稿子，画插图。刘老师很不以为然地说，这些年搞运动耽误了许多时间，现在你也人到中年，正年富力强，应该是自己出成果的时候。张工接过话说，我们老了，你正当年，干吧，我们给你当人梯！这句话中的"人梯"一词，在当时已不止一次见过或听过，但这次令我非常感动。

这时刘老师的心情，正如稍后他给我的一封信中所写的："二十年来社会变化很大，当然都不例外地经历着，但现在有希望了。出外看到不少校友和毕业生做出相当的成绩，无疑对我都是鼓舞，因此，也愿今后尽自己力量作点贡献，但毕竟不如你们更有希望了"。从那以后的多年来，我总感觉是站在许多老师和前辈的肩上向上攀登。这种巨大动力至今还在我的心底燃烧。

最后一次见到刘老师，是在 1994 年。我到西安办事，晚上到刘老师家。这时他可能已经卸任系主任职务。他对我说，"明天你到学校来，今年是老系主任刘鸿典虚岁 90 大寿，由我发起给刘先生制作了半身塑像，明天揭幕，你来参加吧。"他的用意就是让大家记住为建筑和教育事业奉献毕生精力的老教授，弘扬尊师重教的风气。可惜我的机票已买好，第二天要返回海南。刘老师又是拉起我就走，我们看望了刘鸿典先生，一起回忆起过去的事情，最后拍照留念。三代师生坐在一起，这张照片我非常珍惜。因为在刘鸿典先生最后的日子我能见到他一面，留下永久的纪念。1999 年我还去过西安，刘老师好像在佛山市当顾问，以后只有电话和书信来往，没再有机会见面。

几十年间，许多关键时刻，我每前进一步都离不开刘老师的帮助与教诲。刚参加工作不安心矿山设计，刘老师写信苦口婆心劝导我要服从工作需要，并深刻指出"最重要的一点，就是'红'的问题，一个步子走错不知在今后事业中带来多大损失，万万切记！"我喜欢钢笔画，刘老师整理了一批相关资料寄给我参考。我在《建筑学报》发表的第一篇论文，内容经过刘老师指导，题目也经过他的润色。我在深圳办公室，刘老师告诉我有困难该找谁……

我在同学中，政治、学习、天赋哪个方面都表现一般，但是刘老师一朝为师，对我这个学生一如既往地关心，不管课上、课下，也无论在校还是离校，几十年没有停止对我的帮助教育，不带有丝毫功利色彩。我毕业整整半个世纪，在动荡坎坷的这些年总算为社会做了一些有益的事情，得益于母校老师们对我的培养教育。当年的老师有的已经作古，我以一生不懈的努力告慰他们在天之灵；有的老师依然健在，我以人生最后一搏作为向他们的回报。最后借此一纸之地，向我的师母——刘老师夫人表示敬意，感谢她一直以来在生活及各方面对我的关心爱护。

（文 / 王曾睿）——原载《西安建大报》2013 年 4 月 15 日第 2 版

刘 宝 仲

1930—2006

刘宝仲，曾任西安冶金建筑学院建筑系主任，中国建筑学会第七届理事及建筑创作委员会会员等，参加了武汉长江大桥，北京人民大会堂等多项方案设计比赛和百余个工程的设计工作，多次获奖。1989 年被英国剑桥国际传记中心列入名人录，1990 年被美国名人学会列入名人录，1991 年被英国剑桥国际传记中心选为世界 500 功勋会员。

2.4 建筑学院教授治学

"教授治学"理念贯穿了建筑学院六十余年来的办学历程，是建筑学院的优良传统。

早在1956年西安建筑工程学院建筑系成立之时，即由刘鸿典教授、许贯三教授、郭毓麟教授、朱葆初教授、胡粹中教授、沈新铭教授分别担任各教研组、教研室主任职务，负责各教研组、教研室的建设工作。其中，刘鸿典、郭毓麟、胡粹中三位教授还成为西安建筑工程学院科学研究委员会委员，参与学校层面的科研及相关管理工作。据不完全统计，自1956年至今，建筑学院共晋升教授80余名。在跨越半个多世纪的办学历程中，他们先后在建筑学院的教学、科研、青年教师培养、建筑创作实践、社会服务、对外交流等工作中发挥了带头作用，是对国家建设，人才培养，理论创新，学科发展贡献最大的教师群体。

为进一步贯彻"教授治学"理念、更好地发挥教授群体在学科建设中的领军作用、响应国家号召，按照学校的统一部署，建筑学院于2016年5月成立了院教授委员会。教授委员会的成员主要由学院全体在岗教授组成，同时吸纳少量副教授参与。成员覆盖建筑学、城乡规划学和风景园林学三个学科及其主要方向。

作为学院最高学术机构，教授委员会对学院及学科建设的重大事项进行研讨，协助学院行使学术事务的咨询、审议和评定工作。教授委员会的成立突出了教师的主体地位，保证了学术权力的相对独立性，对各学科的建设发展、提高整体办学水平起到了重要的促进作用。

1956年建校以来，建筑系教授，副教授任职情况

教 授	刘鸿典　程　璘　许贯三　彭　垫　郭毓麟　蒋孟厚　朱葆初　胡粹中　沈新铭　肖贺昌 余士璜　刘克智　徐汇俊
副教授	王学勤　王　耀　黄民生

改革开放后，年度新增教授

年度	新增教授	年度	新增教授
1982年	耿维恕	2003年	赵西安　张　沛　王　军
1986年	刘宝仲　赵立瀛　张似赞　王景云　广士奎 张缙学	2004年	陈晓键
1987年	夏　云　李　觉　刘永德　刘振亚　佟裕哲 张宗尧　葛悦先　林　宣　徐维忠	2005年	
1988年	侯继尧　张令茂	2006年	任云英　赵西平
1991年	李树涛　施淑文　夏泽政　吕仁义　武克基 王福川	2007年	闫增峰　杨　柳
1992年	刘炳炎　吴遒珍　蔡南生	2008年	肖　莉　刘　晖
1993年	汤道烈　张　勃　周若祁	2009年	雷振东　王树声
1994年	刘舜芳　杨　俊	2010年	胡冗冗
1995年		2011年	
1996年	刘加平　郑士奇	2012年	张　群　岳邦瑞
1997年	王　竹　刘克成	2013年	林　源　李　昊
1998年	刘临安	2014年	李岳岩　李军环　王劲韬（校聘教授）
1999年	杨豪中	2015年	段德罡　王　军　常海青
2000年	吴　昊　张树平　赵秀兰　李志民	2016年	于　洋　陈景衡　王　琰　董芦笛
2001年	周庆华	2017年	张　倩　黄嘉颖　吴国源
2002年	黄明华	2018年	无

1956 年建校以来的建筑系教授

刘鸿典

程　璘

许贯三

彭　垫

郭毓麟

蒋孟厚

朱葆初

胡粹中

沈新铭

肖贺昌

余士璜

刘克智

徐汇俊

王雪勤
副教授

王 耀
副教授

徐 明

黄民生

耿维恕

刘宝仲

赵立瀛

张似赞

广士奎

王景云

张缙学

李 觉

夏 云

刘永德

刘振亚

佟裕哲

张宗尧

葛悦先

林 宣

西安建筑科技大学建筑学院 院志 1956—2018

第 2 章 专业发展历程

091

徐维忠

侯继尧

张令茂

李树涛

施淑文

夏泽政

吕仁义

武克基

王福川

刘炳炎

吴迺珍

蔡南生

汤道烈

张　勃

周若祁

刘舜芳

杨　俊

刘加平

郑士奇

刘克成

王　竹

刘临安

杨豪中

吴　昊

张树平

赵秀兰

李志民

周庆华

黄明华

赵西安

张　沛

王　军

陈晓键

任云英

赵西平

闫增峰

杨　柳

刘　晖

肖　莉

王树声

雷振东

胡冗冗

岳邦瑞

张 群

李 昊

林 源

李军环

李岳岩

王劲韬

段德罡

王 军

常海青

于 洋

陈景衡

王 琰

董芦笛

张 倩

黄嘉颖

吴国源

2.5 专业发展大事记年表

1956

◆ 建筑系开办建筑学一个专业。2、3、4年级的学生由东北工学院53级学生（61人）、54级学生（57人）、55级学生（65人），合计183名学生转入，同年招收第一届（56级）学生，学制6年。

1957

◆ 1月11日，苏联专家阿·阿·连斯基及其夫人归国。
◆ 应国家政府之邀，苏联国家科学院院士A·A·阿凡钦柯教授在清华举办了城市规划培训班，为我国培养了第一批城市规划专业人才。我系派教师李觉、张缙学、武克基老师前往学习进修。
◆ 西安建筑工程学院科学研究委员会正式成立，17名委员会委员中，建筑系3名：刘鸿典、郭毓麟、胡粹中。
◆ 首届毕业生

题目类型	毕业设计题目	指导教师
重工业	黑色冶金联合企业总平面及大型轧钢厂设计	阿·阿·连斯基
	黑色冶金联合企业平面及平炉车间设计	
	黑色冶金联合企业总平面及薄板厂设计	
	粗铜冶炼厂总平面及反射炉车间设计	
	重型机械制造厂总平面及锻钢车间设计	
轻工业	棉纺织染印联合企业总平面及纺线车间设计	

◆ 6月，在苏联专家阿·阿·连斯基的指导下，随院系调整由东北工学院转来西安建筑工程学院学习的六名研究生，经过2年3个月的学习，完成了学习计划，毕业走向工作岗位。
◆ 在当时西安美协领导石鲁、赵望云的倡导下，全省成立了十余个画会，其中我系胡粹中教授领衔的"春蕾水彩画会"（主要是我系美术教研室，部分民用建筑设计教研室的老师）是我国成立最早的省市级水彩画会。画会于1957年在西安市举办水彩画展，这是西安市首次举办的水彩画展览。

1958

◆ 1958年李觉、张缙学、武克基老师在清华大学完成两年进修后返校，正式成立了城市规划教研室，李觉老师任城市规划教研室主任。
◆ 中共中央提出了国民经济"以钢为纲"的口号。冶金工业部于1958年7月决定，在西安建筑工程学院增设钢铁冶金、钢铁压力加工和采矿三个专业，组成"矿资系"，当年招生。由于"计划"较晚，矿资系原计划招收5个班，结果只招收了30人。学校决定从建筑学专业抽调30人，从工民建专业抽调90人，转入矿资系。

1962

◆ 全院贯彻调整、巩固、充实、提高方针，整顿教学秩序，强调"少而精"教学原则，重视理论课填平补齐。

1964

◆ 6月，教育部在上海锦江饭店召开了建筑学专业全国统一教学大纲修订会议，全国高等学校建筑系都派教师代表参加，并邀请了全国各大设计院的总建筑师参加。会议最后修订出《建筑学专业各门课程的统一教学大纲》。

1966

◆年初，全国修订建筑学专业教材会议在南京工学院召开，全国七个主要建筑系都派教师代表参加。会议决定：根据全国统一教学大纲，各校分工负责编写各门课程的教材，从此建筑学专业才有了各门课的正式的教科书。

1977

◆建筑工程系建筑学教学组在陕西省建筑标准设计协作网的协助下，调查收集了我省近十年来新建的或正在修的医疗与中小学建筑，汇编成册，为教学与科研提供参考。

1984

◆建筑学专业 79 级王琦等 13 名学生在第 15 届国际建筑师协会（UIA）第 12 届国际大学生建筑设计竞赛中获叙利亚建筑师奖。

◆5 月 5 日，共青团陕西省委决定：授予西安冶金建筑学院建筑系 UIA 国际大学生建筑设计竞赛小组"新长征突击队"称号。

◆在全国中小学建筑设计竞赛中西安冶院八个方案七个中奖。

1985

◆"联系社会实践 改革建筑设计课教学"获冶金部部级优秀教学成果一等奖，完成人：李树涛等。

◆1 月 19~26 日，建筑系主任广士奎，教师刘振亚及周庆华同学赴开罗参加 UIA 第十五届国际建筑师协会会议并领奖。

◆建筑系"联系社会实践，改革建筑设计课程"荣获冶金部教学改革一等奖。

◆"全国村镇文化中心及住宅设计竞赛"评选揭晓：我院三个方案获奖。

1986

◆建筑系城市规划专业首次招生。在原有城市规划专门化基础上开办了城市规划专业，成为除同济大学、重庆建筑工程学院（20 世纪 50 年代开办城市规划专业）以外全国较早开办城市规划专业的院校之一。

◆12 月 13~16 日，由建筑设计院和建筑系青年教师李永祥、李靖等同志组织举办的"全国首届青年建筑画展"在省美术家画廊展览。

1987

◆建筑学 83 级学生在第 16 届 UIA，第 13 届国际大学生建筑设计竞赛中获北欧分会奖、澳大利亚分会奖、匈牙利分会奖。

◆建筑系学生在 1987 年全国文化馆建筑设计竞赛中又获好成绩 。

1989

◆李觉、李志民教授荣获陕西省优秀教师光荣称号 。

◆"结合国际竞赛进行毕业设计"获陕西省优秀教学成果一等奖，国家教委优秀教学成果一等奖。完成人：张缙学、佟裕哲、侯继尧。

◆"从提高'建筑构造'教学质量论教师的主导作用"获陕西省优秀教学成果二等奖，完成人：夏云。

1990

◆建筑学 86 级学生在第 17 届 UIA，第 14 届国际大学生建筑设计竞赛获最高奖——联合国教科文组织奖。

1991

◆刘鸿典、李觉获得国家教委荣誉证书

◆"结合国际竞赛进行课程设计教学改革"获陕西省优秀教学成果一等奖，完成人：李觉、刘辉亮等。

◆ "坚持教学改革，加强教学管理，提高教学质量"获陕西省优秀教学成果二等奖，完成人：李树涛等。

◆ "教学紧密结合实际，培养优秀的四化人"，获陕西省优秀教学成果三等奖，完成人：张宗尧等。

◆ 我系学生获国际建筑设计竞赛最高奖 被评为《冶金报》1990年十大新闻之一。

◆ 经国家教委批准，同意学院本科建筑学专业学习年限由四年改为五年，从1991年开始按五年制招生。

1992

◆ 刘宝仲被英国剑桥国际传记中心理事会授予国际功勋章、奖状、证书。

◆ 冶金部教育司通知：同意学院建筑学专业89、90级部分学生改为五年制。

◆ 建筑系学生王进在第五届国际寒冷城市学术会议的竞赛中，作品"给银色世界增添动感和情趣·'街道冬天'"获国际构思竞赛奖，以唯一的中国获奖学生名列榜首。

1993

◆ 王竹老师荣获宝钢教育基金教学类优秀奖。

◆ 王竹老师荣获济源教育基金优秀青年教师一等奖。

◆ 建筑学93级学生在第20届UIA，第17届国际大学生建筑设计竞赛中获优秀作品奖。

◆ 国家教委高等教育司批准学校城市规划本科专业由四年制改为五年制。

◆ 全国高等学校建筑学专业教育评估小组首次对我校建筑学专业进行了评估，各项指标均评定为A级。5月16日，全国高校建筑学专业教育评估委员会正式授予学校《全国高等学校建筑学专业教育评估合格证书》，资格有效期为6年。并在此有效期内，可授予毕业生建筑学学士学位。此后，我院建筑学专业先后于2000、2006、2012、2018年连续五次优秀级通过专业评估。

1994

◆ 周若祁教授荣获全国五一劳动奖章。

◆ 张缙学教授荣获宝钢教育基金教学类优秀奖。

◆ 蔺宝钢老师荣获济源教育基金优秀青年教师二等奖。

1995

◆ 周若祁获全国优秀人民教师称号。

◆ 王竹荣获霍英东教育基金教学类优秀奖

◆ "深化改革寻求特色——对五年制建筑学专业高年级模块教学的探索与启示"获陕西省优秀教学成果二等奖。完成人：王竹、曹文刚。

1996

◆ 周若祁当选全国人大代表。

◆ 林宣教授荣获首届中国建筑学会建筑教育特别奖。

◆ 王竹、吴昊荣获宝钢教育基金教学类优秀奖。

◆ 董芦笛荣获济源教育基金优秀青年教师一等奖。

◆ "建筑学教学与国际接轨的改革和建议"获陕西省优秀教学成果二等奖。完成人：周若祁、刘临安、邵晓光、曹文刚。

◆ "美术教学改革的实践"获冶金部部级优秀教学成果二等奖。完成人：蒋一功、蔺宝钢、俞进军、姚延怀。

◆ 建筑学、城市规划两专业按建筑学大类招生。

◆ 建设部通知，评估委员会同意专家组对学校建筑学硕士学位专业——建筑设计及理论的教育评估视察报告，决定可授予《全国高校建筑学硕士学位专业——建筑设计及理论教育评估合格证书》，获优秀级，其资格有效期为6年。在此有效期内，可授予毕业生建筑学硕士学位。4月2日，国务院学位委员会批准西安建筑科技大学等8所高校，开展授予建筑学硕士学位的试点工作。此后，我院建筑学硕士学位评估分别于2002、

2008、2013 年连续 4 次优秀级通过评估。

◆ 在全国大学生建筑设计竞赛中,学校获得一金、一银、二铜和三个佳作奖,获奖总数列全国 56 所参赛高校之最。

1998

◆ 董芦笛荣获济源教育基金优秀青年教师二等奖。

◆ "深化教学改革,培养学生创新能力"获冶金部部级优秀教学成果一等奖。完成人:王竹、刘临安、滕小平、庞丽娟、蔡龙江。

◆ 第六届全国大学生建筑设计竞赛评选结果在大连理工大学揭晓,建筑学院 95 级同学荣获一枚银牌、三枚铜牌和三个佳作奖,在 72 所参赛学校中奖牌总数名列第一。

◆ 建筑学院成立城市规划系,其中包括城市规划与设计和总图运输规划设计两个本科专业方向。

1999

◆ 李志民荣获宝钢教育基金教学类优秀奖。

◆ 建筑学 93 级学生在第 20 届 UIA,第 17 届国际大学生建筑设计竞赛获优秀作品奖。

◆ 学校成功举办了第 20 届国际建筑师协会(UIA)第 17 届世界大学生建筑设计竞赛的全部工作:包括为竞赛出题,收集参赛方案,组织专家评审,公开展览优秀方案等。

◆ 担任国际建协第 17 届国际大学生建筑设计竞赛评委的吴良镛院士、彼得罗尔教授等五位国际著名建筑师均被学校聘为荣誉教授。

2000

◆ 总图运输规划专业划归土木工程学院。

◆ 城市规划专业以优秀级通过国家专业评估,是我国最早通过城市规划专业评估的院校之一。

◆ 在全国第八批申报博士学位授予权工作中,建筑设计及其理论二级学科博士授予权顺利通过复审,获得博士学位授予权。

2002

◆ 刘临安荣获宝钢教育基金教学类优秀奖。

◆ 成立景观学与规划设计教研室。开始景观学本科专业方向教育,以 3+2(三年建筑学基础,两年景观学专业教育)的专业教育模式为主体。

◆ 挪威科技大学在我院开设研究生进修班 。

2003

◆ "建筑设计的分解递进式综合强化训练——建筑学专业三年级系列快题建筑设计训练课教学"获陕西省优秀教学成果二等奖 。

2004

◆ 林宣教授荣获中国首届建筑教育最高奖——中国建筑学会建筑教育特别奖。

◆ 建筑学学科博士后流动站获准设立。

2005

◆ 建筑学 93 级学生在第 20 届 UIA,第 17 届国际大学生建筑设计竞赛获优秀作品奖。

◆ "城市公共中心规划设计系列课课程内容和教学体系的创新与实践"获陕西省优秀教学成果二等奖,完成人:李昊、任云英、邓向明等。

◆建筑学学科获得一级学科博士学位授予权。

◆建筑学院博士生导师王小东喜获罗伯特·马修奖。

◆张似赞教授荣获中国第二届建筑教育最高奖——中国建筑学会建筑教育特别奖。

2006

◆学校获准牵头申报西部建筑科技国家重点实验室。

◆开始招收风景园林专业硕士。

◆在全国第十批博士、硕士学位授权申报工作中，学院获准建筑学一级学科博士学位授权。新增城市规划与设计和建筑技术科学2个博士点。

2007

◆校博士生导师王小东教授当选中国工程院土木、水利、建筑工程学部院士。

◆张似赞教授荣获中国建筑历史教学特别贡献奖。

◆刘克成荣获宝钢教育基金教学类优秀奖。

◆"建筑教育'场效应'模式的探索与实践"获陕西省优秀教学成果一等奖，完成人：刘克成、李志民、吕东军、刘临安、李岳岩。

◆"中央划转西部院校创新性工程型研究生培养的探索与实践"获国家教委优秀教学成果二等奖。完成人：徐德龙、郝际平、王秉琦、刘克成等。

◆建筑学院博士生导师王小东荣获第四届梁思成建筑奖。

◆建筑学院教师、省摄影协会主席胡武功荣获第七届中国摄影金像奖。

◆建筑设计与理论通过国家重点学科评审，被认定为国家重点学科。

◆城市规划专业先后成为"陕西省级特色专业""国家级特色专业"建设点。

◆景观学研究所向教育部申报增设景观学五年制本科专业获得批准。2008年面向全国正式招生。

2008

◆建筑学2004级学生荣获"DOMUS IN SPACE"设计竞赛三等奖。

◆建筑学2003级学生在第23届UIA，第20届国际大学生建筑设计竞赛中分获第七名和优秀作品奖。

◆城市规划与设计学科被评为陕西省"国家重点学科孵化学科"。

2009

◆刘加平教授当选中国工程院土木、水利、建筑工程学部院士。

◆李觉教授荣获中国第四届届建筑学会建筑教育特别奖。

◆王军荣获宝钢教育基金教学类优秀奖。

◆"立足城市站点 打造专业特色——城市规划专业基础课程的研究与实践"获陕西省优秀教学成果二等奖。完成人：刘克成、段德罡、白宁、王侠、吴锋等。

◆杨豪中老师获得"世界建筑历史教学与研究阿尔伯蒂奖"。

◆建筑学专业被教育部、财政部批准为第四批高等学校特色专业建设点。

◆《建筑与城市文脉》课程荣获2010年度国家精品课程。

2010

◆"城市规划专业基于新时期高素质应用型人才培养目标的教学体系探索与实践"获陕西省优秀教学成果一等奖。完成人：刘克成、段德罡、周庆华、李昊、任云英。

◆建筑学硕士和工程硕士（建筑与土木工程领域）2个硕士专业学校类别（领域）获教育部批准开展专业学位研究生教育综合改革试点工作。

2011

◆刘克成教授荣获宝钢优秀教师特别提名奖。

◆ 2011 年日本建筑新人赛中，周正获玄武奖（四等奖）

◆学院成功申报建筑学、城乡规划学、风景园林学 3 个一级学科博士点并获批准。

2012

◆刘加平院士荣获何梁何利基金科学与技术进步奖。

◆教师陈磊获得全国高校青年教师教学竞赛工科组二等奖。

◆"居住环境系列课程"被陕西省教育厅评定为省级精品资源共享课程，课程负责人：惠劼。

◆"城市规划原理系列课程"被陕西省教育厅评定为省级精品资源共享课程，课程负责人：任云英。

◆"城市总体规划"被陕西省教育厅评定为省级精品资源共享课程，课程负责人：黄明华。

◆"城市规划专业人才培养模式创新实验区"被陕西省教育厅评定为省级人才培养模式创新实验区，课程负责人：陈晓键。

◆环境设计专业教学团队荣获陕西省教育厅教学团队，课程负责人：杨豪中。

◆在亚洲新人站（中国区）大学生建筑设计竞赛中。我院学生周正获得最优胜奖，并获得日本新人站海外组"青龙奖"，韩国首尔新人站亚洲总决赛优秀奖。2012 Blue Award 可持续发展建筑学生设计国际竞赛一等奖；2012International VELUX Award 荣获提名奖。

◆继建筑学博士后流动站后，成功申报并获准设城乡规划学和风景园林学 2 个博士后流动站。

◆城市规划专业入选国家"专业综合试点改革"专业。

2013

◆杨柳教授被授予陕西省青年科技标兵、陕西省三八红旗手荣誉称号。

◆王树声教授荣获第 12 届陕西青年五四奖章。

◆刘晖荣获宝钢教育基金教学类优秀奖。

◆"城市规划专业初步"被陕西省教育厅评定为省级精品资源共享课程，课程负责人：白宁。

◆"城乡规划"被国家教育部评定为国家级专业综合改革试点，项目负责人：刘克成。

◆"多学科协同共建'生态与艺术融合'的风景园林人才培养实验区"被陕西省教育厅评定为省级人才培养模式创新实验区，课程负责人：刘晖。

◆城乡规划学专业基础教学团队荣获陕西省教育厅教学团队，课程负责人：刘克成。

◆"生态与艺术融合：人居环境建设需求下的风景园林专业人才培养体系构建与实践"获陕西省优秀教学成果一等奖，完成人：刘晖、董芦笛、杨建辉、岳邦瑞、宋功明。

2014

◆杨柳教授被授予陕西省优秀教师。

◆刘克成被教育部表彰为全国优秀教育工作者。

◆"景观设计"被陕西省教育厅评定为省级精品资源共享课程，课程负责人：杨豪中。

◆"基于新型环境观念的环境设计专业人才培养模式创新试验区"被陕西省教育厅评定为省级精品资源共享课程，课程负责人：杨豪中。

◆全国第十三届"挑战杯"竞赛我院学生作品"西北贫困农村地区现代夯土绿色民居设计建造示范研究"获得二等奖。

◆王博获得 2013 年亚洲新人站大学生建筑设计竞赛优秀奖。

◆"面向转型期我国城乡建设需求的城乡规划专业人才培养体系改革与实践"获国家教委优秀教学成果二等奖。完成人：刘克成、陈晓键、段德罡、周庆华、李昊、任云英、惠劼、白宁、王侠、李小龙。

2015

◆我院学生荣获联合国人居署举办的 2014ICCC 国际学生设计竞赛团队一等奖。这是亚洲学生取得的最高成绩。

◆建筑学 2009、2010 级本科生和 2013、2014 级硕士生在第 25 届 UIA，第 22 届国际大学生建筑设计竞赛中获第一、二名和两项优秀作品奖。

2016

◆建筑学 2014 级本科生在第四届亚洲建筑新人赛荣获第二名。
◆倡导"文化自信"的本土化建筑学专业人才培养模式创新与实践，获陕西省优秀教学成果一等奖。完成人：李昊、穆钧、王璐、王毛真、吴迪、吴瑞、付胜刚。

2017

◆赵立瀛教授荣获中国民族建筑事业终身成就奖。
◆雷振东教授荣获宝钢教育基金教学类优秀奖。
◆刘加平牵头的西部绿色建筑重点实验室教师团队荣获全国高校黄大年式教师团队。

2018

◆刘加平、王军教授荣获 2016 中国建筑设计 . 建筑教育奖。
◆"面向西部绿色发展的全产业链高层次建设人才培养模式探索与实践"获批国家首批新工科研究与实践项目。来自校内土木工程、给排水等 3 个专业 29 名一年级学生通过专业遴选进入建筑学新工科实践班学习。
◆加快国际化办学步伐，独立设置留学生班级，完善留学生培养方案和教学计划。制定出台《建筑学院本科生赴国（境）外大学交流学习管理规定（试行）》。
◆城乡规划专业以优秀成绩通过住建部专业评估，建筑学专业顺利通过中期督察。
◆"面向 2035 的中国城乡建设工程科技人才培养体系研究"获批教育部人文社会科学研究重点专项。
◆"西部绿色建筑拔尖创新人才'全融贯'培养模式的探索与实践"获得陕西省教学成果奖特等奖。
◆"城乡规划专业跨校联合毕业设计教学模式创新与实践"获得陕西省教学成果奖二等奖。
◆《城市公共中心规划设计原理》获得陕西省优秀教材一等奖。
◆青年教师付胜刚荣获陕西省首届课堂教学创新大赛一等奖。
◆在"创青春"全国大学生创业大赛中，我院学子公益创业赛作品《无止桥土生土长公益团队》获得金奖，创业计划竞赛作品《新田文化创意有限责任公司》获得银奖。
◆荣获 2018 年全国大学生英语竞赛特等奖 1 项、第四届"互联网＋"大学生创新创业大赛铜奖 1 项。
◆刘晖教授荣获 2017 年全国风景园林专业学位研究生教育先进工作者荣誉称号。

第 3 章

学术研究

3.1 概述

我院的学术科研工作起步于 20 世纪 50 年代建校初期。经过数十年的建设和发展，建筑学院依托西部独特地缘条件，秉承学科优秀传统，在国家自然科学基金重大项目、创新研究群体与杰出青年重点项目、国际交流与合作项目以及国家科技计划重大项目的大力推进下，结合有重大影响的地域建筑创作项目的持续支撑，形成了西部绿色建筑、文化遗产保护、欠发达地区乡村人居环境营建、西北脆弱生态条件下城乡宜居环境建设与生态保护修复等特色学科方向。我校建筑学科已成为全国特别是西部地区重要的科研基地。

20 世纪 90 年代，学校大力培育并激发基层单位和广大教师开展科学研究的积极性，在学院成立了以学术研究为核心的研究所，成为学术人才与学术研究团队的孕育基地。经过多年的潜心努力，目前，建筑学院拥有 6 个研究中心（绿色建筑与低碳城镇国际科技合作基地、西部绿色建筑协同创新中心、陕西省古迹遗址保护工程技术研究中心、陕西省村镇建设研究中心、陕西省乡村振兴规划研究院、中国城乡建设与文化传承研究院），6 个研究所（建筑设计与理论研究所、城市与建筑研究所、建筑与环境研究所、建筑勘测研究所、建筑技术科学研究所、历史城市建筑保护与风景园林研究所）；3 个实验室（西部绿色建筑国家重点实验室、青海省绿色建筑与生态区重点实验室、陕西省新型城镇化与人居环境研究院）。培育中国工程院院士 2 人，教育部"长江学者"特聘教授 1 人，"万人计划" 1 人，国家杰出青年基金获得者 3 人、国家优秀青年基金获得者 1 人，国家百千万人才工程入选者 2 人。现有研究生 1200 名，其中博士生近 300 名；现有建筑学、城乡规划学、风景园林学 3 个博士后流动站，31 名博士后在站从事科研工作。

自 1980 年代以来先后承担各国家级科研项目 130 项，科研合同总经费逾 3.2 亿元；发表学术论文 1291 篇，其中三大索引收录 699 篇；专著与教材 59 部；主持或参加编制的国家和地方标准共 24 项；申请或授权专利 135 项；获得省部级以上科研奖励 262 项，其中科技类奖项 46 项（包括国家科技进步二等奖 3 项，省部级科学技术奖一等奖 15 项、二等奖 14 项、三等奖 14 项）。

3.2 学术研究与科研团队

3.2.1 中国窑洞及生土建筑研究

一、黄土高原地区窑洞研究的缘起

1980 年 12 月 5~10 日，在甘肃省兰州市召开了中国建筑学会窑洞及生土建筑调研协调会，创立了"窑洞及生土建筑研究会"，我国著名规划大师任震英出任会长，西安建筑科技大学侯继尧教授、重庆大学陈启高教授、福建省土木建筑学会秘书长袁肇义工程师、云南省建委总工程师毛朝屏任副会长。同时，在我院设立生土建筑研究会分会。30 多年来我院就此开展了卓有成效的科学研究工作，以及国际学术交流活动，取得了丰硕的研究成果。

自 1981 年始至 1991 年期间，由日本东京工业大学为首组成的"中国黄河流域窑洞民居集落考察团"，在团长、日本建筑学会副会长青木志郎教授的带领下，一行 10 余名专家、学者和研究生先后来华、来陕调研考察，与我校进行学术交流。

1984 年 6 月，美国宾夕法尼亚州立大学建筑系的吉·戈兰尼（GideonS.Golany）教授首次来我校开展了讲学交流。1984、1985 两年期间戈兰尼教授多次深入陕西、甘肃、山西境内，对黄河两岸的窑洞聚居村落调查研究和实地测绘。

1984 年侯继尧教授主持的冶金部自然科学基金项目"黄河流域窑洞民居的现代化研究"获大学科研二等奖。

1985 年建筑系侯继尧教授受吉.戈兰尼教授正式邀请，应聘为美国宾夕法尼亚州立大学建筑系客座教授，讲授中国窑洞，指导"长安兴教寺旅游风景区窑洞度假村设计"课题。期间，1984 从清华进修回来的王军（时任助教）加入生土建筑研究团队，协助侯继尧教授进行相关研究，并陪同戈兰尼教授在西北考察窑洞。

1986 年 8 月，东京工业大学茶谷正洋研究室的八代克彦申请到中国留学，在侯继尧教授的指导下研究中国窑洞。以"中国黄河流域窑洞民家研究"为题研究 2 年，回国后获日本建筑学会审定的建筑工学博士学位。

1987 年戈兰尼教授的专著《掩土建筑——历史、建筑与城镇设计》由我院夏云教授翻译、张似赞教授校译，中国建筑工业出版社出版。1989 年我校授予戈兰尼教授为我校名誉教授。

二、我校生土建筑研究初见成果

1989 年 8 月侯继尧、任志远、周培南、李传泽编著的《窑洞民居》一书由中国建筑工业出版社出版。该书于 1990 年 12 月，荣获第二届全国优秀建筑科技图书一等奖。

1989 年 9 月，由任震英主笔，侯继尧编辑的《中国四千万窑居者的春天》一书出版。

1990 年侯继尧教授在美国墨西哥州召开的"保护生土建筑历史遗迹"国际会议上宣读了《中国生土建筑的保护与开发》的论文。

1992 年由中国建筑学会和日本建筑学会共同主办的"中日传统民居学术研究会"出版的《中日传统民居学术研究会》论文集，收录了侯继尧、冯晓宏发表的论文《中国西部住文化的探究》。

1992 至 1999 年,侯继尧教授在国际城市地下空间联合研究中心（ACUUS）组织的国际地下空间学术会议上,曾任第 3 届、第 6 届国际会议组委会委员，第 6 届巴黎国际会议分会主席。

1994 年 6 月出版的《建筑设计资料集》第 6 集，其中《生土建筑》一章为侯继尧教授与硕士研究生李亦锋共同编写。

1996 年以周若祁教授为项目负责人的"黄土高原绿色建筑体系与基本聚居模式研究"，获准国家自然科学基金委员会的重点项目。这也标志着我院对黄土窑洞、生土建筑的研究已拓展为对黄土高原人类聚居环境的研究。借助于国家自然科学基金的支持，窑洞与生土建筑的研究已经进入一个跨学科研究的领域，研究内容已拓展到聚落的保护与绿色建造技术发展。

三、立足黄土高原，从生土走向乡土

1998 年王军获准国家自然科学基金面上项目"黄土高原土地零支出型窑居村落的可持续发展研究"（项目编号 59778008）。

1999 年 9 月国际城市地下空间联合研究中心与建筑学会生土建筑分会和西安建筑科技大学联合主办了第 8 届国际地下空间学术会议。中国窑洞建筑是这次会议的主要议题之一。

1999 年侯继尧、王军合著《中国窑洞》由河南科学技术出版社出版。

2001 年王军、靳亦冰、李钰等与生土建筑分会合作完成了建设部科研项目"甘肃庆阳窑居生态示范村研究"，并与 2002 年 10 月在甘肃庆阳小崆峒风景区建成示范窑洞建筑。

2005 年南京大学青年教师吴蔚与王军合作完成国家自然科学基金项目"下沉式窑洞改善天然采光与太阳能利用的一体化研究"（项目编号 50508015）。

2007 至 2009 年王军教授完成了国家自然科学基金面上项目"生态安全视野下的西北绿洲聚落营造体系研究"（项目编号 50778143）。该项目对河西走廊、新疆绿洲农业区的生土聚落进行了深入的研究。

2009 年，王军教授的专著"十一五"国家重点图书《西北民居》由中国建筑工业出版社出版，其中"窑洞民居"一章，客观详实地介绍了西北地区的窑洞聚落。

四、西北乡土建筑创作研究团队从科研走向实践

2008 年 1 月至 2011 年 6 月，王军教授主持完成了"十一五"国家科技支撑计划重大项目中的"西北旱作农业区新农村建设关键技术集成与示范"课题（2008BAD96B08）。在该研究课题中，以陕北安塞县梅塔村、侯沟门村为示范基地，将绿色建筑及清洁能源技术融入窑洞村落的整体改建中，为陕北新农村建设作出示范样板。

2011 年 1 月至 2012 年 6 月，王军教授团队与陕西省农村科技中心合作承担国家星火计划重大项目"陕西省新农村绿色社区建设技术集成与示范"（项目编号 2011GA850001）。该项目对陕西省境内的陕南、关中、陕北不同地域的村落、乡土建筑进行调查研究，编制了农房图集，建立了绿色社区示范点。

2011 年 1 月，王军教授团队承担了青海省住建厅项目"青海省新农村建设与特色民居设计研究"。该项目的研究成果得到青海省省级领导的好评，项目组完成的"青海省特色民居推荐图集系列"获青海省 2013 度优秀工程设计一等奖。团队在青海省的工作得到省住建厅的支持，由该项目引导，王军团队研究地域由黄土高原转向青藏高原的乡村人居环境研究，并以青藏高原乡村牧区建设以及生态安全为契机申请国家科研资金的支持。

2013 年 1 月至 2015 年 12 月，王军教授主持完成了"十二五"国家科技支撑计划项目课题"高原生态社区规划与绿色建筑技术集成示范"（2013BAJ03B03）。该项目在青海省科技厅、住建厅的支持下，在青海省湟源县

藏族日月乡兔儿干村建立了生态社区示范基地，在示范基地内，课题组建造了一座新型庄廊院，集成了"现代夯土技术、土钢结构体系、新型生土砖技术、被动式阳光庭院、太阳能热炕技术、碳纤维地暖技术、镁水泥屋面保温材料、生态木室内外装饰"8 项绿色建筑技术。示范项目的建成带动了当地农房建设中绿色建筑技术的推广应用。该示范工程获住房城乡建设部第二批田园建筑优秀实例二等奖。

2014 年 1 月至 2017 年 12 月，王军教授主持完成了国家自然科学基金面上项目"生态安全战略下的青藏高原聚落重构与绿色社区营建研究"（项目编号 51378419）。项目从生态安全的视角对青海省多民族传统聚落的生存智慧进行研究，并对传统的夯土建筑材料进行科学分析，提出优化与改良策略，研究成果对青海省美丽乡村建设提供了理论与技术支撑。

2014 年 1 月至 2016 年 12 月，王军团队中崔文河讲师主持完成了国家自然科学基金青年项目"青海多民族地区传统民居更新适宜性设计模式研究"（项目编号 51308431）。

2014 年 3 月至 2016 年 10 月，王军教授承担完成了高等学校博士学科点专项科研基金（博导类）"生态安全导向下的高原聚落营建策略研究"（项目编号 20136120110007）。

2014 年，由王军教授团队主持编写了《青海省绿色建筑设计标准》，2015 年 2 月由青海省住房和城乡建设厅、青海省质量技术监督局联合发布。

2015 年至 2017 年 10 月，王军团队完成了住房和城乡建设部组织编写的《中国传统窑洞营造技术》，由中国建筑工业出版社出版。在这部专著里把中国窑洞的历史演变，以及国内外学者对窑洞研究的成果作了全面的梳理与总结；通过对几十位健在的窑洞老匠人的访问，对各地窑洞的实地考察，将各类窑洞的建造技艺、施工流程以及窑洞的传承与创新进行了详细的解析与论述。

2016 年 12 月，王军教授团队建造的新型下沉式窑洞、夯土庄廊院获住房和城乡建设部第二批田园建筑优秀实例奖：

二等优秀实例青海省西宁市湟源县日月藏族乡兔儿干村　新型庄廊院

三等优秀实例河南省三门峡市陕州区张湾乡官寨头村　地坑院窑洞更新实践

2017 年 6 月，由我校与青海省建筑建材科学研究院有限责任公司共同承担的青海省重点实验室，"青海省高原绿色建筑与生态社区重点实验室"在青洽会上签约，2018 年 5 月 8 日正式挂牌。

西北乡土建筑与地域文化研究团队将继续立足西北，努力前行。

撰稿人：王　军　陈　静

3.2.2　绿色建筑体系与黄土高原基本聚居模式研究

1996 年，我院由周若祁教授牵头承担的国家自然科学基金重点项目"绿色建筑体系与黄土高原基本聚居模式研究"（59638210），是国家自然科学基金委确立的"九五"重点研究项目"绿色建筑体系与人类住区模式"之一，也是我校首次申报并获准独立承担的国际自然科学基金"九五"重点项目。

课题组以建设中国黄土高原绿色建筑体系为目标，通过对人、自然与建筑相互作用历史过程的研究，探索"生产—生活—生态"复合系统的运行机制，寻求绿色技术支撑下的住区模式和可持续发展的调控机制。课题组在陕西省政府以及延安市政府的支持下，以延安枣园作为实验基地，建设绿色住区示范工程，展开了针对黄土高原地区村镇绿色住区规划设计研究。为进一步建立适宜于中国可持续发展的住区模式提供依据。由此也开启了我院在绿色建筑与人居环境领域研究的新篇章。

课题组完成了相关的研究工作。获得了丰硕的研究成果。

1997 年，延安枣园建成绿色住宅示范小区，该小区成为黄土高原绿色住区示范基地。

1997 年 8 月 12—26 日，建筑学院刘加平教授等人和日本大学理工学部吉田灿、关口克明教授等人共同对延安枣园有关太阳房、居住热环境进行了测试研究。

1998 年 9 月，建筑学院研究生魏秦赴日本参加 UIFA 国际女性建筑师协会第 12 届大会。

1999.07.18—07.24 课题组成员闫增峰、董芦笛赴日本，与日本大学理工学部吉田灿、关口克明教授开展关于"黄土高原聚居模式与绿色建筑体系研究"。

1999 年，西安建筑科技大学绿色建筑研究中心编著出版了《绿色建筑》一书（中国计划出版社）。主编：周若祁，副主编：杨豪中、张树平、王竹、王志远、刘加平、刘克成。

2001 年，由著名学者吴良镛院士，齐康院士等组成的专家委员会对课题"黄土高原绿色建筑的体系与基本聚居单位模式"研究成果进行了学术评审，对该项目研究成果给予了高度评价，认为"达到了国际先进水平"。

撰稿人：陈　静

3.2.3　西藏高原节能居住建筑体系研究

2005 年，刘加平教授向国家自然科学基金委员会提出建议，鉴于西藏地区被划归为采暖地区的实际情况，针对西藏高原太阳能资源极为丰富、采暖期长但采暖期室外平均温度并不很低、西藏城乡建筑环境质量低劣和建筑围护结构保温性能较差等现状，应该开展西藏高原节能居住建筑体系研究。

2006 年，刘加平带领课题组向国家基金委提出申请获得批准；同年，课题组以《太阳能富集地区超低能耗太阳能采暖建筑设计研究》为题，向国家 863 计划提出申请并获得批准。

从 2006 年下半年开始，课题组联合日本大学理工学部、九州大学和美国华盛顿州立大学，同时展开了现场调查与测试研究、热工参数实验室试验研究、理论分析与模拟研究、太阳能和气候数据库研究、西藏自治区建筑节能设计标准和太阳能采暖设计标准研究等工作。

2007 年 5 月，刘加平教授团队作为主编单位，联合西藏自治区设计院，编制完成了《西藏自治区民用建筑采暖设计标准》、《西藏自治区居住建筑节能设计标准》、《西藏自治区建筑节能设计标准图集》，经建设部组织召开评审会获准通过，2008 年 3 月颁布实施。

配合两个标准的贯彻推广，联合西藏自治区建设厅、西藏自治区建筑设计院，依托西藏自治区直属系统干部周转房项目，进行低能耗城市住宅示范，并报建设部批准为可再生能源利用示范工程。工程总占地面积 450 亩，建筑面积 30 万 m^2，拟建住宅 3278 套，总投资约 47048 万元。项目拟分三期建设。一期建设用地 100 亩，拟建住宅 1000 套，建筑面积近 9 万 m^2，建筑形式以多层建筑（5 层）为主，采用框架结构体系。

示范项目二，位于青海省海北藏族自治州刚察县沙柳河镇，土地总占地面积 95923m^2，基本户型面积 78m^2，砖混结构，均为单层建筑，层高 2.8m。总建筑面积 7800m^2，其中被动式太阳能采暖住宅 80 套（6240m^2），主被动结合太阳能采暖住宅 20 套（1560m²）。项目于 2008 年初启动，于 2010 年底完工。

CCTV 科教部拍摄制作了科教电视片《高处不再寒》2 集，每集 18 分钟，专题介绍课题研究内容和成果。2008 年以来，已经在央视 10 套、4 套、7 套、2 套播放多次。

撰稿人：成　辉

3.2.4　教育建筑研究

从 20 世纪 80 年代初起，在张宗尧、赵秀兰教授的带领下，以文化教育建筑为对象开展研究工作。后经主管部门冶金部批准，成立了"文化教育建筑设计研究所"。经过 30 多年的持续建设与发展，该研究所已成为国内基础教育建筑研究的基地。进入 1990 年代末期随着建筑计划学理论与方法的引入与应用，研究对象拓展至基础教育建筑、特殊教育建筑、福祉建筑等领域。

20 世纪 80 年代，张宗尧教授带领研究团队，通过借鉴美国、日本等国家学校的设计标准，在对西部地区中小学校进行深入调研的基础上，提出了中小学校的功能构成（主要教学用房由普通教室及物理、化学、美术、史地等教室共同构成）及设计标准，大大提高了我国中小学校的设计和建设标准。

20 世纪 90 年代，张宗尧教授带领研究团队，出版基础教育建筑系列教材《中小学校建筑设计》《托幼、中小学建筑设计手册》，成为广大建筑设计师、教育管理者进行中小学校建筑设计的重要参考书。成果编入了《中小学校建筑设计规范》（1987）。在以后长达 20 年的时间里，这一规范成为评判我国中小学校建筑是否达标的重要标准，影响到我国数以千万的中小学校建设。

1999 年张宗尧、赵秀兰在中国建筑工业出版社出版的《托幼、中小学校建筑设计手册》一书中，将中小学校建筑设计分成普通中小学校和特殊教育学校（盲校、聋校、弱智学校）两个部分，首次为特殊教育学校设计做出了示范。

1999—2001 年，李志民教授完成了国家自然科学基金课题《肢体残疾者行为特征及肢残特教学校环境研究》对肢体残疾群体进行了针对性的研究。

2004 年，李志民教授作为主要起草人员，参与由建设部颁布的国家设计规范《特殊教育学校建筑设计规范》JGJ 76—2003。该规范较为系统全面地规定了特殊教育学校的设计要点，完成了特殊教育类学校设计规范从无到有的历史性突破。

2006—2008 年，李志民教授获得自然科学基金面上项目资助，完成"适应素质教育的中小学校建筑空间及环境模式研究"，为研究适应素质教育的中小学建筑空间与环境模式奠定了基础。

2009—2011 年，李志民教授获得自然科学基金面上项目资助，带领团队完成了"西部特色的农村中小学建筑空间环境研究"。

2013—2017 年，李志民教授获得自然科学基金面上项目资助，带领团队完成"西部超大规模高中建筑空间环境计划研究"。

2015—2017 年，在李志民教授指导下，王琰教授完成了国家自然科学基金青年项目"集约发展下的西北高职院校建筑指标及空间适应性设计研究"。该项目基于专业分类，对高职院校实训空间设计要点及相关指标展开研究。

2016 年，李志民教授带领团队完成《特殊教育学校建筑设计规范》号的修编工作，并力主将特教学校出现的新变化和新趋势反映在新版设计规范当中，使规范能够真正起到指导性的作用。

2017 年，在李志民教授指导下，周崐副教授成功申请国家自然科学基金面上项目"基于走班制教学组织形式的高中建筑空间模式及建筑设计研究"。

在项目实施中，将建筑计划学、环境行为学作为研究的理论与方法，将空间构成、空间模式、空间计划作为研究重点，持续、专注、深入地对基础教育建筑、特殊教育建筑等进行研究。在著作、教材、规范等方面，编写了发行量达到 5 万余册的系列教材《中小学校建筑设计》《托幼、中小学建筑设计手册》等，成为我国中小学教育建筑规划设计的理论基础。李志民教授主持完成的《中小学校设计规范》GB 50099—2011、《盲校建筑设计卫生标准》GB/T 18741—2002、《特殊教育学校建筑设计规范》JGJ 76—2003 等 4 部国家标准与规范，成为中小学校科学化、规范化建设的重要保障与依据，对全国超过 10 亿 m² 校舍的空间环境品质提升起到基础支撑与指导作用。

在技术服务方面，李志民教授带领团队，为国家及中西部地方政府提供建设决策咨询、技术服务与人员培训，发挥智库作用。在工程实践方面，近年来在陕西、青海、广西等西部地区完成基础教育设施布局调整计划及学校设计 30 余项，以"阎良区西飞一中新校区总体方案设计""福建东山县东山一中"等为代表的一批项目，由于其科学创新及绿色环保的设计策略，大大提升了学校空间环境品质，为当地学校建设起到了一定的示范作用，更好地促进了教育建筑的健康发展。

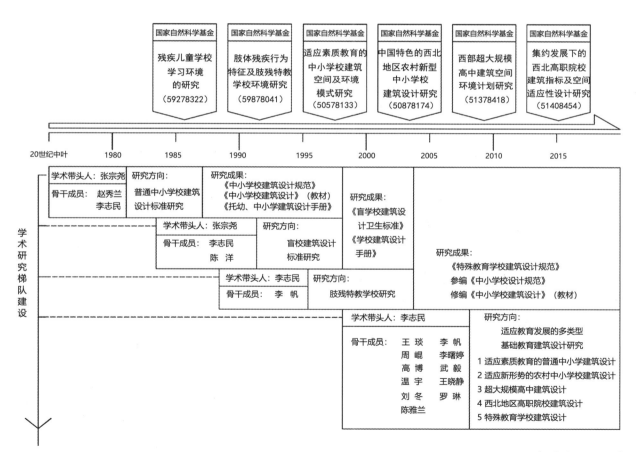

撰稿人：王 琰

3.2.5 文化遗产保护与利用研究

自 20 世纪 80 年代中叶，本学科方向就开始致力于风景名胜区、历史文化名城、大遗址保护和遗址博物馆设计等学科前沿领域的研究和实践。目前本学科发展成为以建筑学、城乡规划学及风景园林学为主要支撑，结合相关学科从事文化遗产保护研究与工程规划设计，主要研究方向有：01. 历史文化名城保护；02. 大遗址保护及遗址公园规划设计；03. 遗址的保护展示工程设计；04. 博物馆建筑设计。

2005 年至今，本学科方向先后与省科技厅、省市文物局合作成立了"陕西省古迹遗址保护工程技术研究中心""陕西文化遗产保护研究中心"和"西安城市文化遗产保护研究中心"，在此基础上组建的"陕西省古迹遗址保护工程技术研究中心"，已获国家级文物保护甲级资质，成为西部乃至全国在本领域的重要研究基地。

在国际合作方面，本学科团队与罗马大学、挪威科技大学、米兰理工大学等相关大学及国际上文物保护方面的专家建立起了长期良性的合作关系，现已发展成为国际建协（UIA）建筑遗产与文化特征委员会主任单位、国际现代建筑遗产理事会（DOCOMOMO）中国委员会主任单位、国际古迹遗址理事会（ICOMOS）中国理事会常务理事单位，中国古迹遗址保护协会遗址展示与阐释委员会主任单位。

本学科团队由刘克成教授担纲，目前发展成为教授、副教授、讲师等专业研究队伍 40 余名，科研人员全部具有硕士研究生以上学历，学科背景包括了建筑历史与理论、建筑设计与理论、城市规划、风景园林、历史地理学、文化遗产保护等专业，目前已初步形成了多学科协同创新的人才队伍，为本学科的可持续发展打下了坚实的基础。

本团队在历史文化名城保护、大遗址保护及遗址公园规划设计领域完成了国家科技支撑计划课题"西北地区历史文化村镇保护规划技术研究"和"遗址博物馆环境监测调控关键技术研究"项目子课题 –"遗址博物馆建筑设计体系与导则研究"、陕西省教育厅专项科研项目"西安大都市圈整体空间特色的定位与发展研究"、陕西省软科学研究计划项目"陕西关中地区历史文化名城形态基因的挖掘、筛选与整合研究"等。完成了西安历史文化名城保护规划、鼓浪屿近现代建筑群保护规划、秦始皇陵文物保护规划、汉景帝阳陵保护规划、侵华日军第 731 部队旧址保护规划、隋大兴唐长安城遗址保护规划以及大运河（河南段）申遗规划、丝绸之路（西安部分）申遗规划等。完成了一系列重要的国家考古遗址公园规划，诸如：大明宫国家考古遗址公园、汉阳陵国家考古遗址公园、秦始皇陵国家考古遗址公园、统万城国家考古遗址公园、中国石峁考古遗址公园、大堡子山国家考古遗址公园等项目。为挖掘，整理，保护，展示中国古代辉煌的建筑文化作出了重大贡献。

在大遗址展示设计领域，开展了国家文物局科研课题"大遗址展示与利用要求"及遗址展示领域国家自然科学基金项目。相关成果主要包括元上都遗址保护展示、汉长安城直城门遗址保护工程、汉长安城未央宫前殿遗址保护工程、隋唐长安延平门、明德门遗址保护展示、大地湾遗址保护展示、广东海上丝绸之路博物馆"南海 1 号"申遗保护展示等国家重大文化遗产展示项目。

在遗址博物馆建筑设计领域，完成了国家科技支撑项目"遗址博物馆环境监测调控关键技术研究"，并完成《遗址博物馆设计导则》，承担完成了汉阳陵帝陵丛葬坑遗址博物馆设计、石铠甲坑和百戏俑坑博物馆设计、碑林石刻艺术博物馆设计、剑南春古酒窖遗址博物馆设计、跨湖桥遗址博物馆设计、汉阳陵遗址博物馆、西安大唐西市遗址博物馆、统万城博物馆、石峁博物馆、青海省乐都博物馆及瞿昙寺保护设施、南京科举博物馆、南京金陵美术馆、南京电影博物馆等重要博物馆建筑设计。硕果累累，难以胜数。

其中汉阳陵帝陵丛葬坑保护展示厅先后获得世界建筑师协会（UIA）的建筑遗产保护大奖、2007年度国家优质工程银质奖和新中国成立60周年建筑创作大奖、全国优秀勘察设计一等奖等奖项，开创了国内遗址博物馆的新模式，国际古迹遗址理事会主席称赞其为"国际古迹遗址保护的典范"。西安大唐西市博物馆荣获全国优秀勘察设计二等奖、西安碑林博物馆新石刻艺术馆荣获全国优秀勘察设计三等奖。

中心在文化遗产保护领域所进行的一系列探索性、前沿性的科学研究，为我国遗址保护事业贡献了成熟的经验，成为国内文化遗产保护与展示方面最有实力的团队之一，推进了国家及陕西文化遗产保护与展示科学的发展。

撰稿人：刘克成

3.2.6　建筑气候学研究

2001年，杨柳访问香港城市大学，协助国际建筑节能领域知名学者香港城市大学Joseph C. Lam博士与西安建筑科技大学刘加平教授申报国家自然科学基金重大国际（地区）合作项目，2003年9月，"建筑节能设计基础科学问题"项目正式获批。

2003年，完成了《建筑气候分析与设计策略研究》博士论文，提出针对建筑设计阶段运用恰当的建筑气候分析方法获得建筑与地域气候的适应关系，正式开启了建筑气候学方向研究。

2004—2009年，先后申请获准了国家自然科学基金青年基金项目"建筑气候设计方法及其应用基础研究"和两项面上项目"北方夜间通风降温设计参数及应用""基于北方地域气候适应的被动式降温设计基础研究"，建筑气候学方向有了稳定的国家项目的支持。研究团队逐渐将研究集中在建筑与地域气候的关系，并在定量分析气候的地域分布规律、人体热舒适的气候适应规律的基础上，有针对性地提出建筑设计方法和节能技术，建立我国的被动式设计分区，为建筑设计提供基础理论支持。研究成果获得两项国家科学技术学术著作出版基金资助，先后出版专著《建筑气候学》《人体热舒适的气候适应基础》。成果获得陕西省科学技术进步一等奖、华夏建设科技进步二等奖。

2012年，杨柳教授带领团队申请获准了陕西省首届重点科技创新团队——"低能耗建筑设计创新团队"。在前期研究基础上，通过省级创新团队的支持，开始了建筑气候学方向年轻学术人才的培养和团队的建设，组建了建筑热工、建筑构造、建筑材料、建筑设计等方向的青年人才队伍。通过发挥青年教师群体力量和学科交叉优势，在建筑节能基础研究和建筑能耗控制技术创新方面取得了一定突破，为建立适宜不同气候条件下的建筑节能设计标准和规范提供了科学支撑。

2013年，申请获准了国家杰出青年科学基金项目"建筑热环境"，并于同年获得第13届中国青年科技奖。研究主要从气象参数的更新和完善、气候分区方法的建立，数据库的建设几个方面开展建筑节能基础气象参数的系统研究工作，解决低能耗建筑设计计算基础理论和应用数据中的核心技术和关键科学问题。

2014年，申请获准了"十二五"国家科技支撑计划课题"可再生能源建筑应用与建筑节能设计基础数据库研发"，采用最新的Web平台架构技术及数据库技术，从气候分析、热工设计、能耗模拟以及室内热环境评价等多个方面为建筑工程设计人员提供全面可靠的基础数据支撑。团队培养的青年学者闫海燕博士后（后任教于河南理工大学）申请获准国家自然科学基金青年基金项目"干热和湿热气候特征对人体热适应的作用机理研究"（项目编号51408198）。

2015年，杨柳教授入选"长江学者"奖励计划特聘教授，组建长江学者创新研究团队，继续在建筑与城市气候方面开展深入研究。与中国建筑科学研究院林海燕主编完成《建筑节能气象参数标准》，研究成果获得陕西省科技进步二等奖。

2018年，杨柳教授带领团队获得十三五国家重点研发计划项目"建筑节能设计基础参数"和国家自然科学基金重点项目"建筑气候区划理论与方法"的资助。同时主持并参与了建筑学院"西部绿色建筑高层次人才培养模式"国家教学成果奖的申报工作。

2018年，青年教师刘衍申请获准国家自然科学基金青年基金项目"西北地区相变蓄热通风复合降温技术的热工设计方法"（项目编号51808429）。

撰稿人：杨　柳

3.2.7　乡村规划研究

中国西部地域辽阔、气候极端、生态脆弱、发展滞后、民族众多、文化多元，其乡村人居环境建设发展所依托的基础、面对的问题和适宜的路径均具有独特性。

建筑学院地处西部，早在建校之初，侯继尧、李树涛、南舜熏、黎方夏等老师完成了陕南、陕北地区的民居考察工作。

1960年，李觉老师带领的农村人民公社规划组作为先进集体，在中国建筑学会全国会议上介绍经验，受到国家建工部表彰。

1984年，张缙学等老师开展《陕西乡村建设志》调查研究工作。

1987年，李觉、刘克成老师获批国家自然科学基金项目"乡村及小城镇形态结构理论"。

1987—1994年，分别由刘宝仲、周若祁老师带队，先后5次针对韩城村寨堡开展中日师生联合调查工作。

1988年，李京生老师获批国家自然科学基金项目"县域村镇体系研究"。

1994年，自然科学基金委主办、建筑学院承办的"人聚环境青年学术论坛"在冶园宾馆成功召开。

1996年，刘克成、雷振东老师获批国家自然科学基金项目"乡村人居环境可持续发展模式研究"。

1996年，雷振东老师完成了《"空"与"废"——从两个自然村谈起》硕士学位论文研究。

1996年，我院首次获批九五国家自然科学基金重点项目"绿色建筑体系与黄土高原基本聚居模式研究"（周若祁等），标志着我院在国内本领域研究水平的新高度。

2005年，雷振东老师完成了《整合与重构——关中乡村转型模式研究》博士学位论文研究。

2006年，受学院安排，雷振东老师组织30余名教师完成了西安市周至、蓝田、临潼三区县约50个社会主义新农村规划编制工作。

2007年底，建筑学院成立"弱势群体人居环境工程技术研究所"。

2008年5·12汶川大地震后，建筑学院以弱势群体人居环境工程技术研究所为核心，协同土木学院、环境学院、规划院等教师，5月17日组成8名专家团赴四川绵竹开展抗震救灾调查，完成了绵竹市域主要村镇的震灾考察研究。

2008年6月启动，受住房和城乡建设部村镇司委托，建筑学院弱势群体研究所牵头，历时两年完成了台湾援建陕甘南极重灾区6区县，13个农村居民点（共计800多户）的规划、设计、监理任务。

2008年，受西安市政府委托，雷振东、朱建军老师代表西安建筑科技大学，汇同西安市规划局、西安市规划院，完成了广元市6个区县7天的实地调研和指导工作。雷振东、朱建军、于洋等老师义务完成了《剑阁县域农村灾后重建规划》图纸和文本成果。随后历时2年，弱势群体研究所完成了《剑阁县下寺村灾后重建规划》及灾后重建系列研究成果。

2009年，雷振东老师团队承担了"十一五"科技支撑课题"历史文化名镇名村保护技术研究"西北子课题，研发了历史文化名镇名村开放数据平台和动态监测软件，参编了《历史文化名镇名村保护规划规范》。

2012年，雷振东老师获批国家自然科学基金项目"黄土沟壑区乡村聚落集约化转型模式研究"。

2013年，于洋老师获批国家自然科学基金项目"新型城镇化下西北地区基层村绿色消解模式与对策研究"。

2014年，雷振东老师获批国家自然科学基金项目"适应现代农业生产方式的黄土高原新型镇村体系研究"，获批国家自然科学重点基金合作单位项目"快速城镇化典型衍生灾害防治的规划设计原理与方法"。

2014年起，雷振东老师乡村规划团队青年教师陆续获批国家自然科学青年基金项目6项："青海农林牧式新型农村社区区划原理与规模测算方法研究"（2014，马琰），"黄土高原植物—民居生态共生原理与协同营造方法研究"（2014，菅文娜），"关中平原小城镇内涝生态自平衡模式与空间匹配方法研究"（2015，徐岚），"匹配退耕还林的陕北乡村新型聚居模式与规划方法研究"（2015，张晓荣），"西北大田农业区的新型镇村体系模式与人口测算方法研究"（2017，屈雯），"黄土沟壑区传统村落生态理水智慧图解及现代传承研究"（2019，芦旭）。

2015年，雷振东老师团队所完成的《青海瞿昙镇总体规划暨详细规划》获全国优秀城乡规划设计二等奖（村镇类）。

2016年，王瑾老师获批国家自然科学基金青年基金"西北地区小城镇既有街区绿色水基础设施规划设计方法及应用研究"。

2016~2020年，段德罡老师驻村规划师团队在杨陵区、延川县、长安区等地全面开展"调查—规划—设计—建设—运营"五位一体的乡村营建，并于2019年荣获第七届"陕西好青年"集体奖、2020年荣获第19届"陕西青年五四集体奖章"。

2017年，雷振东老师团队所完成的"都市乡村'共荣'发展模式试验——西安大石头村规划设计"获全国优秀城乡规划设计二等奖（村镇类）。吴左宾老师团队所完成的"商洛市北宽坪美丽乡村建设规划"获全国优秀城乡规划设计二等奖（村镇类）。

2017年，李岳岩老师作为西安建筑科技大学"万名学子扶千村"活动规划设计总负责人，带领400余名师生脱贫攻坚社会实践团，组成50个实践分队深入洛南山区乡镇，走村入户，在全县16个镇136座村庄开展了村庄规划编制工作。

2017年，段德罡老师获批国家自然科学基金项目"基于低技术模式的西北地区低碳乡镇规划设计方法"。

2018年，雷振东老师团队获批陕西省"县域新型镇村体系科技创新团队"。

2018年，由陕西省发改委、科技厅、农业厅联合授牌，在建筑学院成立"陕西省乡村振兴规划研究院"省级科研平台。

2018年，黄梅老师获批国家自然科学基金青年项目"黄土高原传统村落绿色水基础设施规划关键技术方法研究"。

撰稿人：陈景衡

3.2.8　中国城市规划传统的继承与创新研究团队

该团队以国家优秀青年基金获得者王树声教授为负责人，长期致力于中国城市规划传统的继承与创新，在中国本土城市规划理论研究与实践方面取得系列学术成果。团队现为陕西省重点科技创新团队。

自2002年起，团队开始对我国县以上的城市规划建设历史经验展开基础研究和典型调查，从黄土高原起步，逐渐扩展至全国。

2007~2010年期间，团队负责人王树声教授先后以博士后、高级访问学者身份在清华大学学习交流，作为核心成员参与完成由吴良镛院士主持的"中国人居环境史"研究课题和国家指南针计划资助项目"人居环境发明创造的价值挖掘与展示示范"。

2009年9月，王树声教授完成专著《黄河晋陕沿岸历史城市人居环境营造研究》，由中国建筑工业出版社出版，吴良镛院士为该书作序，并入选吴良镛院士主编的《人居环境科学丛书》。

2011年4月，团队拟出版的专著《中国城市人居环境历史图典》（18卷）入选"十二五"国家重点出版图书规划项目。

2011年9月，团队获准国家自然科学基金面上项目"黄土高原历史城市人居智慧及其当代应用研究"；同年11月，针对西咸新区规划问题，向陕西省政府递交了《大西安规划建设的几点建议》的报告，提出"弘扬东方古都优秀规划传统，建立大西安新轴线"的政策建议，得到省政府领导的批示和采纳实施。

2012年3月，团队拟出版的专著《中国城市人居环境历史图典》（18卷）获国家出版基金资助，经费335万元。

2013年2月，团队承担并开展国家"十二五"科技支撑计划课题"西北地区历史文化村镇社区的提升技术集成研究"。同年，团队负责人王树声教授荣获"陕西青年五四奖章""陕西省中青年科技创新领军人才"称号；团队青年教师王凯获准陕西省教育厅专项科研计划项目。

2014年9月，团队负责人王树声教授获准国家自然科学基金优秀青年科学基金项目"黄土高原地区城市规划历史经验的科学化"；团队青年教师李小龙获准陕西省教育厅专项科研计划项目；同年，团队成员李小龙、严少飞、王树声指导城乡规划专业毕业设计获陕西省优秀毕业设计一等奖。

2015年9月，团队青年教师李小龙获准国家自然科学基金青年项目"关中地区县城空间生长的历史文化基因传承研究"；团队青年教师严少飞获准陕西省教育厅专项科研计划项目。

2015年4月，历时十二年的努力，《中国城市人居环境历史图典》（共18卷）由科学出版社出版。该成果系统凝练了中国1400余座城市的历代经典规划设计经验，从"图"和"文"两方面揭示了中国城市规划的核心价值与规划成就，全书2100万字。吴良镛、张锦秋、刘加平三位院士为该书作序，并评价为"我国城乡规划领域承古开新的标志性巨著"和"我国城市规划发展史上的里程碑"。

2015 年 10 月，团队负责人王树声教授在《人民日报》发表《重拾中国城市山水传统》一文，该报还介绍了《中国城市人居环境历史图典》的出版。

2016 年 3 月，新华社以"中国历时 12 年首次整理出 1400 多座古城规划经验"为题发布新闻通稿，对团队成果进行报道。

2016 年 5 月，中国城市规划协会、中国城市规划学会、中国建筑学会、西安建筑科技大学联合在清华大学举办了"中国城市规划传统的继承与创新"暨"中国城市人居环境历史图典"座谈会。住房和城乡建设部副部长黄艳、中国工程院副院长徐德龙院士、吴良镛院士、张锦秋院士以及首都规划界知名专家学者 20 余人出席了座谈会，校长苏三庆教授代表学校出席座谈会并致辞，王树声教授作了"中国城市规划传统发掘与学习"的报告，与会专家对《图典》的学术价值给予高度评价，座谈会由中国城市规划协会会长、住房和城乡建设部原总规划师唐凯主持。

2016 年 5 月《光明日报》以北宋《长安图》首度补绘，以"唐长安城及山水田园全貌尽显"为题对团队完成中国现存最早石刻城市地图——北宋吕大防《长安图》残碑的首度补绘研究进行报道。12 月，《城市规划》杂志刊登了王树声、崔凯、王凯撰写的《北宋吕大防〈长安图〉补绘研究》一文。

2016 年 9 月，中央电视台"新闻联播"报道了《中国城市人居环境历史图典》的出版，指出："《中国城市人居环境历史图典》全面发掘整理了全国 1400 多座古城的地方志和城市图，是我国首次对全国范围内的古城规划经验进行大规模收集整理研究"。此外，《瞭望》《中国教育报》《中国建设报》《中国文化报》《陕西日报》等媒体先后进行报道。

2016 年 10 月，团队开始将学术研究成果运用到教学实践的探索。王树声教授开设"中国本土规划概论"。此后，李小龙、李欣鹏等指导学生先后获全国城乡规划专业指导委员会城市设计竞赛一等奖、亚洲设计学年奖城市设计类金奖等。

2017 年 1 月起，城乡规划学科的顶级期刊《城市规划》杂志开设"继承与创新"学术专栏，并邀请团队负责人王树声教授担任该栏目主持人，连载团队在中国本土城市规划领域的研究成果。

2017 年 1 月，团队研究成果《中国城市人居环境历史图典》（18 卷）获住房和城乡建设部华夏建设科技奖一等奖、第六届中华优秀出版物奖；2 月，团队研究成果"本土规划理论方法与应用"获陕西省科学技术一等奖。

2018 年 10 月，团队负责人王树声教授受邀在同济大学"第十五届中国城市规划学科发展论坛"上，作"城市规划的中国智慧"主题报告；11 月受邀在杭州"2018 中国城市规划年会"上，作"中国城市规划智慧的现代传承"大会主题报告，首次提出了"文地系统规划"的概念；12 月，《城市规划》杂志第 12 期刊登了王树声教授撰写的《文地系统规划研究》一文。

撰稿人：李小龙

3.3 科研平台

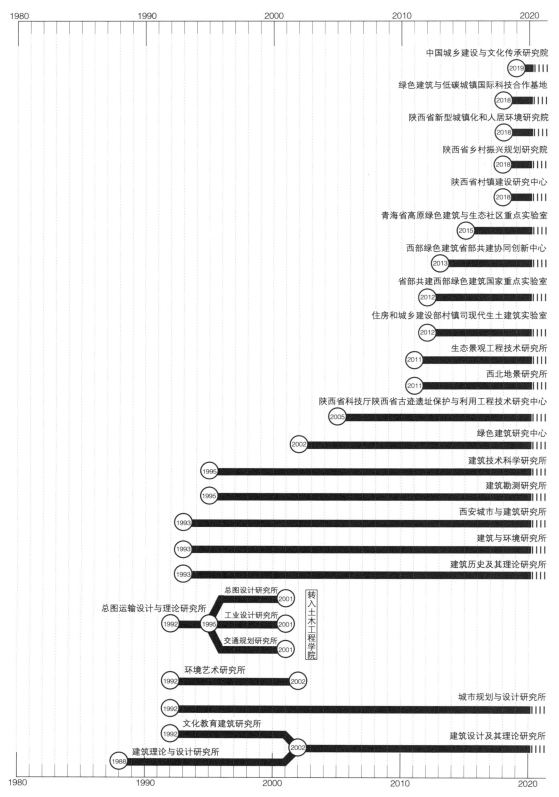

图纸绘制：费 凡 梁 锐 黄曦娇 审图：王怡琼

3.3.1 省部共建西部绿色建筑国家重点实验室

省部共建西部绿色建筑国家重点实验室，以推进西部绿色建筑科学有序发展，把提升我国绿色建筑整体水平作为建设总体目标和任务。面向我国西部大发展与一带一路战略的社会经济发展需求，针对基础设施建设与产业增长对绿色建筑整体水平提升的迫切要求，服务于切实改善西部人居环境质量的任务，解决重大工程、新型城镇化建设项目的设计、建造与安全运行的重大科学问题与关键技术。

在国家科技部和陕西省人民政府的大力支持下，省部共建西部绿色建筑国家重点实验室，于2016年11月通过陕西省与科技部会商。2017年12月1日，科技部、陕西省人民政府在科技部召开了省部共建西部绿色建筑国家重点实验室专题协商会议。同年12月22日，陕西省科技厅会同科技部基础研究司，组织专家对依托西安建筑科技大学建设的、省部共建西部绿色建筑国家重点实验室建设运行实施方案，进行了深入论证，专家组一致同意通过论证，并建议尽快付诸实施。2018年1月23日，科技部、陕西省人民政府批准建设省部共建西部绿色建筑国家重点实验室，实验室建设工作正式启动。

实验室针对西部地域特征和绿色建筑发展迫切需要解决的关键问题，依次从技术体系支撑、设计方法集成到结构性能提升的三个层次，形成覆盖绿色建筑领域全寿命周期的三个研究方向，分别为：方向一，西部绿色建筑基础理论与适应性技术；方向二，西部生态城乡规划与绿色建筑设计方法；方向三，西部绿色建筑材料、结构与构造。三个研究方向进一步细分为十个研究内容，目前已经形成较为稳定的"学术带头人—学术骨干—研究人员"的科研梯队。实验室在高级人才培养建设上取得突出成效。实验室主任刘加平教授2011年当选中国工程院院士，学术骨干杨柳教授2016年受聘"长江学者奖励计划"特聘教授，学术骨干牛荻涛、杨柳、王怡教授分别于2007年、2013年、2014年获准国家杰出青年科学基金，学术骨干王树声教授2013年获准国家优秀青年科学基金，杨柳、牛荻涛、王怡、刘艳峰教授入选国家"万人计划"，杨柳、王怡教授分别于2013年、2015年获中国青年科技奖，2017年王怡教授入选"百千万人才工程"国家级人选。人才建设成效奠定了多层级研发平台基础，促进了各研究方向的科研产出，中青年人才成为科技创新骨干。

实验室创新研究群体在规模和研究水平上取得了长足的发展和进步。实验室拥有国家创新研究群体"西部建筑环境与能耗控制理论研究"。该创新研究群体为我国绿色建筑领域首个国家创新研究群体。2013年以牛荻涛教授为带头人的科研团队"现代混凝土结构安全性与耐久性"获得教育部长江学者创新团队，2013年以杨柳教授为带头人的团队"低能耗建筑设计"获得陕西省重点科技创新团队，2014年以刘艳峰教授为带头人的团队"西北村镇太阳能光热综合利用"获得陕西省重点科技创新团队，2017年以王怡教授为带头人的团队"工业建筑环境与节能"和以王树声教授为带头人的团队"中国城市规划经验传承关键技术"获得陕西省科技创新团队。

实验室现有专职研究人员98人，其中院士2人，二级教授10人，博导36人，正高职称以上44人，副高职称以上68人，45岁以下研究人员66人，形成了专业结构和年龄结构较为合理的研究队伍。

撰稿人：刘春艳

3.3.2 陕西省西部绿色建筑协同创新中心

陕西省西部绿色建筑协同创新中心（简称"中心"），是 2013 年入选陕西省"2011 计划"的协同创新中心之一。"2011 计划"暨高等学校创新能力提升计划，由教育部和财政部共同制定实施，是我国高等教育系统继"211""985"之后又一项体现国家意志的重大战略举措。该计划旨在通过大力推进高校与高校、科研院所、行业企业、地方政府以及国外科研机构深度合作，全面提升高校人才、学科、科研三位一体的创新能力。

陕西省西部绿色建筑协同创新中心由西安建筑科技大学牵头，联合国内绿色建筑研究与实践的龙头单位组建而成。中国建筑股份有限公司、中国建筑科学研究院、中国建材西安墙体材料研究设计院作为核心成员单位；中国建筑西北设计研究院、陕西建工集团总公司、新疆建筑设计研究院等为主要参加单位。中心实行理事会领导下的中心主任负责制，

按照"国家急需、世界一流"的要求，以解决制约西部绿色建筑发展的关键科学技术为主要研究内容，以人才、学科、科研三位一体创新能力的提升为主要目标，中心围绕绿色建筑基础设计参数研发、绿色建筑理论和技术的地域化、地域建筑传统与现代工程技术的融合、在现行学科划分和专业分工的基础上提升建筑整体性能的理论与方法、全寿命周期评价与建筑整体化性能提升等几方面的主要科学问题，设置了西部绿色建筑科学基础、西部绿色建筑设计、西部绿色建筑结构、西部绿色建筑设备与施工等五个协同创新研究平台。以完善科学基础与评价体系，建立生态城乡规划与绿色建筑设计方法，创作适宜于不同地域绿色建筑模式，提升建筑结构性能及工业化建造水平，优化环境控制、资源利用、绿色施工技术等性能指标。

中心主任由我国绿色建筑学科学术带头人、中国工程院院士刘加平教授担任。现有专职研究人员百余名，包括中国工程院院士 3 人、国家杰出青年基金获得者 3 人、国家优秀青年基金获得者 1 人等为核心的人才队伍。中心拥有国家创新研究群体 1 个、教育部创新团队 1 个、陕西省重点科技创新团队两个。

该中心积极探索适宜西部绿色建筑协同创新的体制和机制，先后建立了组织管理、创新人才协同培养、人员聘任、科研考核、知识产权协议归属、资源配置、国际合作等方面的体制机制，针对西部绿色建筑的重大、共性问题，通过突破共性关键技术，以形成一批经济与社会效益显著的产业化成果、编制完成成套标准规范体系、打造一流优势学科群、集聚一群高水平创新人才、建立一体化资源开发共享平台、形成一系列协同创新的示范效应为目标，使协同中心成为国内外高水平的绿色建筑科学研究基地、拔尖创新人才培养基地、对外合作交流基地。

撰稿人：刘春艳

3.3.3 陕西省古迹遗址保护工程技术研究中心

西安建筑科技大学陕西省古迹遗址保护工程技术研究中心经陕西省科技厅于 2005 年 12 月批准成立，主要致力于历史文化名城保护工程、大遗址保护工程、考古遗址公园规划工程、遗址保护展示工程、文物建筑的保护与维修工程、近现代史迹及代表性建筑物保护工程、遗址博物馆工程、文物保护工程中的数字技术应用等方面的研究与实践。

多年来，中心在中国历史文化名城保护、大遗址保护、国家遗址公园规划、历史街区保护、传统建筑保护、遗址博物馆设计、近现代文化遗产保护等领域完成了一批在国内外具有重要影响的保护项目，目前已发展为国内知名的文化遗产保护研究机构。

该中心由刘克成教授担纲。刘克成1963年生，西安建筑科技大学建筑学院前院长、教授，国际建筑师协会（UIA）建筑遗产及文化特征委员会主任，国际现代建筑遗产理事会（DOCOMOMO）中国理事会主席，国际古迹遗址理事会（ICOMOS）遗产阐释与展示科学委员会委员。中心现有教授、副教授、讲师等专业研究人员30余名，科研人员全部具有硕士研究生以上学历，学科背景包括了建筑历史与理论、建筑设计与理论、城市规划、风景园林、历史地理学、文化遗产保护等专业，目前已初步形成了多学科协同创新的人才队伍，为中心的可持续发展打下了坚实的基础。

陕西省古迹遗址保护工程技术研究中心无偿为西安建筑科技大学建筑学院在读硕士研究生、博士研究生提供学习、实习研究基地。中心自2005年成立以来，共培养硕士研究生100余名，博士30余名。此外，中心与国内外遗产保护机构建立了紧密的协作关系。该中心必将为陕西省乃至国家文化遗产保护事业做出更为巨大的贡献。

3.3.4　青海省高原绿色建筑与生态社区重点实验室

西安建筑科技大学与青海省建筑建材科学研究院经过多年科研合作，圆满完成了国家"十二五"科技支撑计划课题"高原生态社区规划与绿色建筑技术集成示范"。在此基础上，双方有意向进一步深度合作，在青海省科技厅、住房和城乡建设厅的支持下，将原青海省建筑建材科学研究院的"青海省高原土木工程与工程材料重点实验室"，更名为"青海省高原绿色建筑与生态社区重点实验室"，双方于2015年签订合作协议，2017年青洽会上正式签订了合作文件，实验室运行一年后于2018年5月8日举行揭牌仪式。西安建筑科技大建筑学院王军教授任重点实验室学术委员会主任。

重组后的重点实验室由西安建筑科技大学与青海省建筑建材科学研究院共同构建和运行，紧密契合青海省地域特点、青海省"十三五"发展规划的总体战略，形成若干有特色、有优势的建筑科学和技术研究方向，全面助力青海省城乡建设事业发展。

"青海省高原绿色建筑与生态社区重点实验室"，主要针对青海省城乡建设中绿色建筑与生态社区建设领域的重大科学和关键技术问题展开研究。其核心研究方向凝练如下：

1. 青藏高原地域建筑原型研究

该研究方向主要根据青藏高原的历史与文化、资源与环境、经济与社会的特点，以保护青藏高原生态安全为目标，对青藏高原地域建筑的基础理论、特殊性问题和关键技术进行研究，挖掘青藏高原地域建筑原型的生态智慧，为高原绿色建筑创作奠定基础。

2. 青藏高原绿色建筑设计理论研究

青藏高原是中华民族建筑文化遗产的宝库，各族人民在贫乏的物质资源条件下探索出高效利用地域资源的各类建筑，形成了低能耗、低成本与环境融合的聚落营造模式。本研究方向针对当前青藏高原人居建设与环境保护的突出矛盾，总结提炼出适应于青藏高原资源环境条件的营造规律，在一系列绿色建筑技术支撑下的地域性城乡规划和生态社区、绿色建筑理论与设计研究。

3. 青海省村镇适宜性建筑结构体系研究

针对当前青海省自然环境条件，发展具有特色鲜明适宜青海省村镇低成本建筑结构体系，构建青海省村镇建设的关键科学问题与抗震防灾理论，提高青海省村镇建筑结构的安全性和经济性。

4. 青海省绿色建筑材料开发与优化研究

依据青藏高原资源、环境和经济条件，结合本实验室的研究优势，进行青藏高原绿色建筑材料、制备工艺技术、高原建筑设施耐久性研究。

5. 青海省绿色建筑技术的转化利用与推广研究

针对青藏高原自然气候严酷、生态环境脆弱、太阳能资源丰富的特征，以及经济基础薄弱、贫困人口较多的现实，在绿色建筑技术的转化利用、示范工程的推广以及教育培训等方面进行研究。

实验室将充分整合双方的优势学科团队，通过构筑产学研一体化平台，创造良好的研究软、硬件条件，在青海省科技厅、住房和城乡建设厅的领导与支持下，探索适合青海省城乡社区发展需要的关键性建设理论及支撑技术，着力解决青海省城乡规划、建筑设计、施工、建材以及传统建筑遗产保护中的一些关键问题，并大力培养青海省建筑科技领域的优秀科技人才。

3.4 学术研究大事记年表

1956

◆ 苏联专家阿·阿·连斯基随东北工学院调往西安建筑工程学院建筑系，继续完成培养研究生的工作。在任期间，还开设了建筑物理讲座，为以后学科的发展及科研工作打下了良好的基础。

1957

◆ 西安建筑工程学院科学研究委员会召开了第二次全体会议。会议根据国家建委编制的"1958年建筑科学研究计划的主要研究项目和分工建议"中所提出的研究题目及分配给我系的任务有6项：①各地居住建筑的典型设计；②旧城市的充分利用和改建规划问题；③中国近百年建筑的研究；④民间住宅的调查研究；⑤建筑热工；⑥建筑光学。

1958

◆ 全国南方建筑热工会议6月3~7日在我院举行。参加单位有：建筑工程部建筑科学研究院、冶金工业部冶金建筑研究院、武汉黑色冶金设计院、西北工程建筑设计院、南京工学院、重庆建筑工程学院、中南土建学院、同济大学、浙江大学、武汉医学院、北京医学院、西安医学院、国务院科学规划委员会建筑班、市建委等16个单位。会议内容主要有：①关于南方建筑热工方向和内容的报告和讨论；②建筑热工实测方法的报告和讨论；③建筑热工研究经验交流；④修订1958年南方建筑热工科研计划。

◆ 林宣、赵立瀛参加了由原国家建筑工程部建筑科学研究院主持的《中国建筑简史》的编写工作，这是新中国成立以后新编的第一部关于中国建筑历史的专著。1962年该书由建筑工程出版社出版，并作为当时全国高等建筑院校的通用教材。后被日本京都大学人文科学所与东京平凡社编译出版了日文译本。

1959

◆ 为迎接中华人民共和国国庆十周年，按全国建筑历史理论研究统一部署，从事中国近现代建筑史（包括近代和中华人民共和国成立后的建筑）的分省普查工作，向中央有关部门汇总编写资料，并作为编写中国近现代建筑史的素材。我系成立了李觉、刘永德、赵立瀛调研小组。课题组以延安为中心的陕北老区建筑调查整理工作为主。编写《建国十年来陕西省建筑成就》《延安及老解放区建筑史》总结了陕西省及老解放区在党的领导下，在建筑方面的成就及经验。

1964

◆ 赵立瀛参加了由中国科学院学部委员、老一辈著名的建筑史学家刘敦桢教授主编的《中国古代建筑史》的编写工作，1980年该书由中国建筑工业出版社出版，1981年获国家建工部优秀科研成果一等奖。

1977

◆ 林宣、赵立瀛参加了由中国科学院自然科学史研究所主持的《中国古代建筑技术史》的编写工作，赵立瀛任编审组副组长、副主编。1985年该书由科学出版社与香港商务印书公司出版，以中、英两种版本向国内外发行。1986年获国家优秀图书奖。

1980

◆《中国古代建筑史》荣获国家建工总局一等奖。完成人员：赵立瀛。

1988

◆《中小学校建筑设计规范》GBJ 99—86 荣获建设部科技进步二等奖。完成人员：张宗尧。

◆ 王竹获中国建筑学会青年建筑师论文竞赛佳作奖。

◆ 国家自然科学青年基金：县域乡村建设体系的研究，第一申请人：李京生。

1990

◆ 吴昊第十届亚运会美术作品展《秦牛》获优秀奖。

1991

◆ 张宗尧《中小学建筑设计》获建设部二等奖。

◆ 夏云《太阳能建筑对传统建筑的挑战》论文获建设部优秀奖。

◆ 惠西鲁"地面库防热防潮研究"获总后勤部二等奖。

1993

◆ "节能节地民用建筑设计研究"荣获冶金部科技进步二等奖。完成人：夏云、张宜仁、焦小沅、王进、施燕、李莉萍、杨君庆、毛庆鸿。

1996

◆《陕西古塔》荣获建设部科技图书二等奖。完成人员：程平。

◆ 由周若祁教授牵头承担的"绿色建筑体系与黄土高原基本聚居模式研究"项目是学校首次申报并获准独立承担的国家自然科学基金"九五"重点项目。

1997

◆ 建筑学院刘加平教授作为本年度学校同日本大学理工学部校际协议交流人员赴日开展为期一个月的交流讲学活动。其间刘加平教授同日方的交流伙伴吉田灿教授代表各自所主持的研究室签订了合作开展科学研究工作的协议书，拉开了学校同日本大学理工学部校际进行实质性合作科研的序幕。

2001

◆ 由周若祁教授等承担的国家自然科学基金重点项目"黄土高原绿色建筑的体系与基本聚居模式研究"，在国家基金委"九五人居环境系列重点项目"学术评审会上，由著名学者吴良镛院士，齐康院士等组成的专家委员会对该项目研究成果给予了高度评价，认为"达到国际先进水平"。

◆ 建筑学院刘加平教授获准承担国家杰出青年基金项目。

2005

◆ "黄土高原绿色窑洞民居建筑研究"荣获华夏建设科学技术奖一等奖。完成人：刘加平、王竹、张树平、杨柳、赵群、闫增峰、王怡、刘艳峰、何梅、杜高潮、郭华。

◆ "陕北乡村零能耗居住建筑研究"荣获陕西省科学技术二等奖。完成人：刘加平、王竹、杨柳、闫增峰、张树平、王怡、武六元、赵西平、谭良斌。

2008

◆ "长江上游绿色乡村生土民居建筑研究"荣获华夏建设科学技术奖二等奖。完成人：刘加平、周伟、杨柳、闫增峰、尚建丽、胡冗冗、赵群、赵西平、谭良斌、李汉益。

◆ "建筑节能设计的基础理论与应用研究"荣获陕西省科学技术一等奖。完成人：刘加平、杨柳、李昌华、胡冗冗、刘艳峰、刘大龙、祁飞、朱新荣。

2009

◆ "建筑气候与节能设计基础及应用研究"荣获华夏建设科学技术奖二等奖。完成人：杨柳、刘加平、李昌华、胡冗冗、何泉、刘艳峰、刘大龙、祁飞、朱新荣。

◆ 刘加平教授牵头的"西部建筑环境与能耗控制理论研究"获准国家自然科学基金委"创新研究群体科学基金项目"。这是学校首次获准该类基金项目，同时也是陕西省属高校中首次获该类项目。

2010

◆ "西部低能耗建筑设计关键技术与应用"荣获国家科技进步二等奖。完成人：刘加平、杨柳、王怡、刘艳峰、胡冗冗、周伟、李昌华、尚建丽、高庆龙、李汉益。

2011

◆ 刘加平荣获世界人居奖优秀奖。
◆ 刘加平荣获陕西省高等学校科学技术一等奖。
◆ 张沛荣获陕西省优秀决策咨询研究成果奖一等奖。
◆ 张沛荣获西安市科技进步奖二等奖。
◆ 吴国源荣获陕西高等学校人文社会科学研究优秀成果奖三等奖。
◆ 何泉荣获第五届中国优秀建筑论文评选一等奖。
◆ 建筑技术科学学科带头人、博士生导师刘加平教授当选为中国工程院土木、水利与建筑工程学部院士。

2012

◆ "西藏高原低能耗太阳能建筑研究与应用"荣获陕西省科学技术一等奖。完成人：刘艳峰、杨柳、王怡、胡冗冗、王登甲、刘大龙、何泉、桑国臣、尚建丽、朱新荣。
◆ 刘加平荣获何梁何利基金科学与技术进步奖。
◆ 杨柳荣获陕西省高等学校科学技术一等奖。
◆ 吴国源荣获陕西省哲学社会科学优秀论文三等奖。
◆ 国家自然科学基金创新群体基金项目"西部建筑环境与能耗控制理论研究"顺利结题，并获得600万元资金延续资助。

2013

◆ 刘克成荣获现代建筑遗产保护大奖。
◆ 王军荣获中国建筑学会突出贡献奖。
◆ 杨柳教授带领的低能耗建筑设计创新团队入选陕西省重点科技创新团队。
◆ 杨柳荣获第九届陕西青年科技奖、被评为陕西青年科技标兵。
◆ 杨柳荣获第十三届中国青年科技奖。

2014

◆ 周庆华被评为全国优秀城市规划科技工作者。
◆ 王树声入选陕西省创新人才推进计划中青年科技创新领军人才。
◆ 穆钧荣获首届（2012—2013年度）陕西省土木建筑科学技术奖青年科技奖。
◆ 陈晓键荣获2014年度西安市政府决策咨询奖一等奖。

◆ 王丁冉荣获 2014 年中国风景园林学会优秀论文奖。

◆ 成辉荣获西安市第十五届自然科学优秀学术论文三等奖。

◆ 王琰荣获陕西省自然科学优秀学术论文三等奖。

◆ 吴国源荣获陕西高等学校人文社会科学研究优秀成果奖一等奖。

2015

◆ "低能耗建筑被动式气候营造方法及其关键技术"荣获陕西省科学技术二等奖。完成人：杨柳、王树声、胡冗冗、刘大龙、何泉、朱新荣、何文芳、李红莲、罗智星、宋冰、李恩、王雪。

◆ 刘加平荣获教育部全国高等学校科学技术奖一等奖。

◆ 杨柳被评为科技部中青年科技创新领军人才。

◆ 杨柳荣获陕西省高等学校科学技术奖一等奖。

◆ 杨柳荣获 2015 年度陕西省科学技术奖二等奖。

◆ 刘加平院士牵头申报的"极端热湿气候区超低能耗建筑研究"获得国家自然科学基金重大项目，资助额度 1768 万元（直接费用 1500 万元）。这是我国建筑学学科获准的首个国家自然科学基金重大项目，也是我校首次作为牵头单位承担的国家自然科学基金重大项目。

2016

◆ "青藏高原近零能耗建筑设计关键技术与应用"荣获国家科技进步一等奖。完成人：刘加平、杨柳、王怡、刘艳峰、胡冗冗、周伟、李昌华、尚建丽、高庆龙、李汉益。

◆ 杨柳被评为"长江学者奖励计划"特聘教授。

◆ 陈景衡教授主持的"西部太阳能富集区城镇居住建筑绿色设计新方法与技术协同优化"获得国家重点研发计划重点专项 2016 年度课题支持。

◆ 张中华副教授的"地点理论研究"获准 2016 年国家社科基金后期资助项目资助，这是我校首次获准国家社科基金后期资助研究项目。

◆ 王树声教授团队编著完成的《中国城市人居环境历史图典》18 卷，是"十二五"国家重点图书出版规划项目，也是我国首次对全国范围古代城市规划经验进行大规模收集整理，9 月 25 日央视"新闻联播"进行了报道。

◆ 林源教授首次翻译发表了中文版《关于作为人类价值的遗产与景观的佛罗伦萨宣言（2014）》，此前联合国教科文组织仅发布有英文版、法文版。

◆ 刘加平院士主持完成的"青藏高原近零能耗建筑设计关键技术与应用"，荣获教育部高等学校科学研究优秀成果奖（科学技术进步奖）一等奖，这是我校首次获得该奖项的一等奖。

2017

◆ 王树声教授——中国城市规划经验传承关键技术创新团队入选陕西省科技创新团队。

◆ 西部绿色建筑重点实验室顺利通过科技部验收。刘加平院士带领团队通过多年努力，省部共建西部绿色建筑协同创新中心获批成为国家重点实验室。

◆ 刘加平院士在"庆祝全国科技工作者日暨创新争先奖励大会"上荣获首届全国创新争先奖，其领衔的西部绿色建筑重点实验室教师团队入选教育部"全国高校黄大年式教师团队"。

◆ 王树声教授主持完成的"中国城市人居环境历史图典"荣获华夏建设科学技术奖一等奖。

◆ 杨柳教授经国务院批准享受政府特殊津贴。

2018

◆ 省部共建国家重点实验室西部绿色建筑协同创新中心，12月，该中心正式启动建设。

◆ 9月，"陕西省乡村振兴规划研究院"获批成立，12月，"陕西省村镇建设研究中心"获批成立，这将推动学院发挥学科特色和专业优势，更好地为陕西实施乡村振兴战略提供决策支持和技术服务。

◆ 刘加平院士荣获第十四届光华龙腾奖中国设计贡献奖。

◆ 杨柳教授团队"建筑节能设计基础参数应用模式与共享平台"获批国家级重大研发项目，"中国建筑气候分区理论、方法与区划"获批国家级重点研发项目。

◆ 于洋教授"城市新区低碳模式与规划设计优化技术"获批国家级重点研发项目。

◆ 刘加平院士5月被日本空气调和卫生工学会授予"日本空气调和卫生工学会国际荣誉会士"称号，6月当选为中国建筑学会副理事长，同时兼任中国建筑学会建筑物理分会理事长，7月受聘为西安市专家决咨委副主任。

◆ 王树声教授被评为2017年度"西安市十佳创新人物"。

◆ 杨柳教授荣获西安"十佳科技人物"表彰。

◆ 段德罡教授荣获中国城市规划学会2017—2018年度"杰出学会工作者奖"，并担任中国城市规划学会乡村规划与建设学术委员会副主任委员。

4.1　概述

4.2　重点工程简介

4.3　工程实践大事记年表

第 4 章

工程实践

4.1 概述

建筑学是一门注重实践的学科，教学、科研和工程实践是这一学科的三大支柱，纵观国内外著名的建筑院系莫不如是。我校建筑学院自创立开始，建筑创作与工程实践始终伴随着建筑学院的发展。建筑学院陆续创办了建筑设计研究院、城市规划设计研究院等实践创作机构，设计了东北大学四大馆、西安电报电话大楼、黄帝陵整修工程、华山风景名胜区规划等作品，为教学和科研提供了有力的支撑。

4.1.1 西安建筑科技大学建筑设计研究院的历史回顾

西安建筑科技大学建筑设计研究院诞生于 1958 年，时称"土建设计室"，行政上隶属建筑系。设计人员主要是建工系和建筑系的教师和学生，专职人员不足十人。主要承担了学校行政楼以及图书馆设计，行政楼设计由张秀兰老师带领毕业生完成。

1958 年下半年，学院受邮电部委托，承接了西安报话大楼的设计任务。设计室扩编为设计院。系主任林治华兼任院长，梁绍俭任副院长，主持日常工作。张剑宵任总工，沈元恺负责实施项目设计，李振权、戴庆山、王振乾等参加设计。该大楼建筑面积为 21000m²，塔楼高达 63m，是当时西安市的最高建筑，现已成为西安的标志性历史建筑。此间，设计院还陆续完成了西安医学院办公大楼等 20 多个项目的建筑设计。

1961 年，在贯彻中央关于"调整、巩固、充实、提高"的八字方针中，对设计院组织机构进行改组。当时主要矛盾是设计任务安排偏多，交图时间紧，现场服务任务重，与正常的教学工作产生了矛盾，且由于当时认识上的局限性，最终不得不撤销了设计院。

1974 年，为满足学生学工的要求，学校从有关专业抽调了建筑、结构、设备等方面的技术人员十余人，恢复了"土建设计室"，隶属于建筑系，主任为陈来安。

1978 年张广益继任主任，郑惠春为副主任，沈元恺任总工。设计室编制扩大到 14 人。此间完成了华山医专等 20 多项工程设计。

1981 年，冶金部首次为设计室颁发了冶设证第 28 设计证书，准予承担中小型民用建筑工程及配套工程建筑设计任务。

1983 年，由学校呈报冶金部批准，设计室改为"建筑设计研究所"，处级建制，归学校领导。1984 年呈报冶金部批准，将"建筑设计研究所"更名为"西安冶金建筑学院建筑设计研究院"，梁绍俭任院长，沈元恺任总工。

1983 年底由梁绍俭院长带队，周若祁、高国栋、刘绥国参加，赴海口同广东省海南行政区建委联合，成立了海南行政区工程建设设计公司，梁绍俭任公司经理。建筑系派出教师和81、82级学生会同设计院的各专业设计人员赴海口，承担了海南大学总体规划及教学行政楼、图书楼等 15 个单体设计。

1985 年，学校呈报冶金部，申请将设计院升格为甲级设计单位。冶金部会商陕西省计委，由陕西省计委发设字第 012 号便函，同意设计院按甲级资质承接任务。

1987 年 1 月，秋志远担任设计院副院长，主管设计院本部工作，梁绍俭院长主管海南设计公司。

1987 年 4 月，设计行业重新换证时，由于当时在编专职人员达不到甲级设计院的要求，经国家计委重新审查登记，由冶金部颁发了冶设证乙字 0012 号设计证书，准予承担城乡建设行业乙级设计证书规定的建筑工程设计。同年，冶金部同意设计院实行技术经济责任制。

1987 年底，学校决定撤销海南建设设计工程公司。1988 年 6 月，在大家呼吁不要放弃海南这个窗口的要求下，又成立了海南设计分院，梁绍俭担任分院院长，分院归学校直接领导。1991 年为理顺管理体制，学校将海南分院划归设计院管理，1991 年 7 月，李启明担任海南设计分院院长。

1990 年 5 月，秋志远担任设计院院长兼总工，周若祁为设计院总建筑师。

1989 年下半年至 1992 年，设计院开展了全面质量管理，并于 1992 年 4 月通过省、部全面质量管理验收。

1991 年 7 月，苟友和、杨风兰担任设计院副院长。

1992 年，雷天定担任总经济师（副处级），陈梅为总建筑师，张保印为总结构师。

1993 年，设计院向冶金部申报建筑设计资质，经建设部批准，我院获准晋升为建筑甲级设计单位，证书编号 2600141。

1994 年，西安冶金建筑学院建筑设计研究院更名为"西安建筑科技大学建筑设计研究院"。

1995 年，经设计院申报，国家计委批准设计院具有工程咨询（建筑）甲级及（水泥厂、新型建筑材料）及市政行业（给水、排水）工程咨询乙级资质。

1996 年，我院取得建设部建材行业工程设计乙级资质证书，证书编号 2600142。

1996 年 5 月，赵逆担任设计院院长。秋志远为院总工。此外，利用设计院资质证书，经学校同意，由建筑系、建工系、学校分别在珠海、深圳、大连、上海成立了设计分院。

1998 年，李慧民担任设计院院长，李启明、侯兰英为副院长。

1999 年 10 月，李启明担任设计院院长，侯兰英继续担任副院长。

1999 年，建设部按照新颁布的《建筑工程设计资质分级标准》要求，对全国所有建筑工程资质重新核定，设计院第一批取得甲级建筑工程设计资质证书，证书号 2600141。

同年设计院负责设计的黄帝陵庙前区工程荣获"全国优秀设计银奖"。

2000 年 7 月，刘宏斌担任设计院副院长，张闻文为院总工程师。

2001 年，设计院自筹资金 500 万元，自建办公楼。2002 年迁入新办公楼，完全改善了当时的办公环境。

2011 年 4 月，王陕生担任设计院副院长兼总建筑师。

2011 年末，设计院产值突破亿元。

2012 年，设计院荣获"当代中国建筑设计百家名院"称号。

2014 年 6 月，姚慧担任设计院副院长。

2015 年 11 月，赵建安担任设计院副院长、总工程师，姚慧兼任总建筑师。

2017 年 5 月，侯兰英担任设计院院长，艾宏波为设计院副院长。

设计院经历了 60 余年的发展，由最初设计室的 10 人左右发展至目前 300 多人的设计队伍，其资质范围、等级及业务范围也相继扩大。目前，设计院具有建筑工程设计、风景园林工程设计、工程咨询、工程造价咨询、工程监理甲级资质，建材行业专项甲级资质，市政、冶金行业专项乙级资质，并通过 ISO 9001 质量管理体系认证，在西北地区的设计行业中占据重要地位。

近十年是设计院的高速发展时期，设计院逐步形成了专业化的设计团队，相继完成了颇具规模的城市设计、建筑设计、景观设计等项目千余项，完成的设计作品，遍及全国各地，累计完成建筑面积约 3100 万平方米，完成产值约 13 亿元。同时，设计院作为学校产学研平台，长期与建筑学院密切合作，所完成的项目涉及遗址保护、博物馆、酒店、旅游及风景园林等多个领域，完成的设计项目先后获得国家级优秀设计奖项 10 余项，省建设厅颁发的优秀设计奖项 70 余项。创造了较好的社会效益及经济效益。

求源创新是我们的精神境界，精设广厦是我们的追求目标。西安建筑科技大学建筑设计研究院将继续以高品质的技术服务于大众、奉献于社会，以开放之胸怀与业界同行共同构筑城市生活的美好未来。

撰稿人：李 莉　　审稿人：姚 惠

4.1.2　西安建大城市规划设计研究院的历史回顾

西安建大城市规划设计研究院成立于 1994 年 3 月（曾用名：西安建筑科技大学城市规划设计研究院，2001 年 4 月 3 日正式更名为现用名），是隶属于西安建筑科技大学的国有企业，拥有城乡规划和旅游规划双甲级和土地规划乙级资质。主要从事区域规划、城市战略与总体规划、分区规划、详细规划、风景区规划、环境景观规划设计、旅游规划及城市设计等各类城市规划设计工作，并承担城市单项专业规划、综合交通规划、历史文化名城保护规划等工作。

我院拥有固定办公场所 1000 余平方米，下设有行政办、总工办、经营办、财务室、档案室、保密室、规划设计一所、规划设计二所、规划设计三所、规划设计四所、规划设计五所、城市与区域经济研究所、策划与规划研究所、旅游规划研究所、风景园林研究所、环境艺术研究所及建筑与环境研究所，同时设立有城乡规划与设计研究中心及历史文化名城研究中心。

我院作为西安建筑科技大学教学、科研、产业三位一体的重要组成部分，自成立以来充分发挥高等院校具有的学科、人才等综合优势，建立了多学科发展相融合，多类型人才通力合作的规划设计研究团队。全院专职人员 100 余名，其中注册规划师 34 名，中高级职称占 73%，硕士及博士研究生以上学历占 53%，每年培养硕士、博士研究生 20 多名，累计超过 150 名。同时在教学、科研以及实际工程设计方面，工程技术人员与建筑学院教师在完成本职工作的基础上互有穿插，形成了既保证各项工作正常运转，又相互促进的良好格局，充分发挥了高校人才优势的特点，达到了人员构成高效精炼、相互协作的阶段性目标。

1. 发展历程

1994 年，国家建设部正式认定学校成立城市规划设计研究院具有城市规划甲级资质。2003 年 4 月我院取得了旅游规划设计乙级资质。2011 年 7 月，我院顺利通过了国家旅游局对旅游规划设计资质乙级升甲级的审核工作，取得了旅游规划甲级资质，成为西北地区首批旅游规划甲级资质单位之一。

1998 年 9 月，根据西安建筑科技大学〔1998〕172 号文件精神，任命副校长段志善同志为西安建筑科技大学城市规划设计研究院法人代表；2011 年，根据西安建筑科技大学〔2011〕284 号文件精神，由校党委副书记、副校长田东平教授任我院法定代表人。同时根据我院的发展要求，在对营业执照进行法定代表人变更的同时，对注册资金进行了增资，由原来的 100 万元增加到 500 万元，并对规划资质、组织机构代码证、税务登记证等所有证照进行了换证或变更登记，为我院经营业务的拓展提供了更广阔的平台。2017 年 9 月 19 日正式将我院法定代表人变更为资产管理公司党委书记吕东军。

2014 年国家住房和城乡建设部要求对全国甲级城乡规划编制单位进行资质核定及换证工作，当年 3 月份我院顺利通过了每隔五年一次的甲级资质核定及换证工作。同期，根据《陕西省工商行政管理局关于统一换发新版营业执照的公告》并结合我院业务发展，在换发新版营业执照的同时，增加和细化了营业范围。

2015 年 12 月，我院顺利通过了土地规划乙级资质的申报审批，取得了土地规划乙级资质，为进一步拓展规划业务领域奠定了重要的基础。同年我院成为中国城市规划协会常务理事单位，同期完成全国景观园林实习基地的申报工作，获首批"全国示范性风景园林专业学位研究生联合培养基地"称号。

2. 业务特色

黄土塬区与秦岭山区承载着中华文明的历史辉煌，我院本着"传承历史、务实创新"的宗旨，潜心挖掘传统营城技艺，融汇现代城市规划优秀思想，回应当今时代发展诉求，完成了大量有内涵、有深度的规划设计项目，足迹遍布西北地区和北京、辽宁、山东、江苏、云贵、两广、海南等全国各地；随着业务市场的不断拓展，规划项目的迅速增加，我院与越来越多的甲方单位建立了长期稳定的合作关系，并立足深厚的技术实力完成了大量有影响力的规划设计项目。

我院完成的重大项目有："河北雄安新区起步区概念性总体城市设计及启动区城市设计""西安市总体城市设计""兰州市区黄河两岸规划设计""西咸新区泾河新城城市设计及城市设计导则编制""黄帝陵文化园区规划""炎帝陵风景名胜区规划设计""华山风景名胜区总体规划""陕西省旅游发展总体规划""泰安历史文化轴与岱庙周边修建性详细规划""石嘴山城市总体规划""安康市城市总体规划""榆林市城市总体规划修编""黄陵县城市总体规划""乌苏市城市总体规划修改及'三规合一'编制""西咸新区泾河新城总体规划""西安渭河生态景观带规划设计""西安白鹿原城市公园规划设计""山西省灵石县夏门镇夏门历史文化名村保护规划""汉中历史文化名城保护规划"等。

为适应我国城市规划行业激烈的市场竞争，我院积极探索适应市场变化的经营机制和专门机构，主动关注国家、地区及行业政策变动趋向，主动搜集项目信息来源，争取新市场新项目，使市场份额稳步提升；不断强化投标业务增长点，积极与国内外知名规划设计机构共同工作，逐步建立更加广泛的合作网络，积累了大型招投标项目经验，在一批具有重大影响力的国际竞赛招投标中，展现了我院的技术实力，获得了广泛的社会影响力。

与此同时，面对当前我国宏观政策背景与生态文明建设、一带一路等国家战略的实施，我院作为知名建筑类高校的规划设计研究机构，充分发挥高校学科齐全、人才密集的优势，不断强化政府智库职能的建设，为促进地方政府提高城市发展战略决策的科学性，发挥了积极有效的作用。并且快速响应国家政策导向，回应近年来规划领域的热点问题，如多规合一、海绵城市、综合管廊、城市设计、城市双修等，坚持理论和实践相结合的原则，搭建新的技术平台，培养新型技术人才，积极进行技术拓展，加快技术团队建设，深化管理改革，促进自身发展，以满足不断变化的社会经济发展需求。

3. 人才建设

在队伍建设人才培养方面，我院一贯注重培养和锻炼各级专业技术人才，不断完善老、中、青技术骨干梯队，年轻项目负责人承担的重大规划项目，同样受到甲方的认可并获得了良好的声誉。我院周庆华院长荣获2016年陕西省工程勘察设计大师称号，为广大员工起到了良好的表率作用。进一步强化新员工培训，开展院内规划项目交流研讨系列讲座活动。举办 GIS 技术专业讲座、海绵城市技术沙龙，在专家、技术骨干的带动下，各专业技术人员捕捉学科前沿信息的能力不断提升；持续发布专业讲座信息，督促技术人员通过广泛学习拓宽专业视角；积极组织相关人员参加规划协会、学会举办的年会及各类咨询与学术交流活动，扩大了我院在国内外的技术交流范围；通过传、帮、带和专业培训促进人员的相关专业技术成熟度，快速壮大专家团队。

4. 管理创新

为适应形势的不断发展，我院在探索院所两级工作机制、探索全员经营组织模式、实行全员工作岗位聘任、健全管理制度和规章、强化各所（室）专业作用等几个方面不断加大管理与改革力度。

我院在完善的质量保障体系基础上，重点发挥由各专业知名教授和中青年专家组成的技术委员会的作用，对院内所有项目进行不同层级的技术审核，并对所有重大项目进行重点跟踪指导，严格把控每一个项目的设计质量和学术水准。以保证对城市发展和建设工作提供全程、全面的技术咨询，为城市蓝图落地和持续发展提供理论和技术保障。

5. 科研工作

在科研论著方面，多年来我院在城市与区域经济、总体城市设计、城市动态规划、地域文化保护传承、地域生态特色保护研究等方面进行深入探索，取得的成果得到了相关部门和专家的高度评价，建院以来累计承担九项国家级科研项目和多项省级课题研究。我院一贯重视对当前学科发展前沿理论的关注与研究，通过技术委员会等形式多次组织专业技术研讨会，要求专业技术人员认真总结所完成的每个项目，对项目中的创新点和独到见解进行归纳和提炼，积极撰写论文并争取发表，鼓励员工积极参加各类研究课题，在实践中不断总结和提高理论水平。已出版十余部专业著作、发表百余篇学术论文。历年来承担的课题研究统计如下：

序号	科研课题名称	级别
1	《秦巴山脉地区绿色循环发展战略研究》 （中国工程院重大咨询项目）	国家级 科研项目
2	《会泽历史地段保护规划与建筑整治研究》 （中国工程院重大咨询项目）	
3	《绩效视角下的西北地区大中城市新区开发强度"值域化"控制方法研究》 （国家自然科学基金面上项目）	
4	《西北地区县域中心城市公共设施适宜性规划模式研究》 （国家自然科学基金面上项目）	
5	《西北地区中小城市"生长型"规划方法研究》 （国家自然科学基金面上项目）	

序号	科研课题名称	级别
6	《耦合于分形地貌的陕北能源富集区域 城镇空间形态适宜模式研究》（国家自然科学基金面上项目）	国家级科研项目
7	《人地和谐视角下陕北黄土高原地区小城镇空间形态节地模式研究》（国家自然科学基金面上项目）	
8	《西北地区东部河谷型城市生长的适宜性形态研究》（国家自然科学基金面上项目）	
9	《中国古代村镇人居环境典型案例及政策建议研究》	
10	《陕西省城市设计标准》（与省院合作）	省级课题研究
11	《陕西省城市设计技术方法与管理研究》	
12	《陕西省城乡建筑风貌特色研究》	
13	《陕西省城乡一体化研究》	
14	《陕西省城乡风貌特色研究》《陕西省小城镇发展研究》	
15	《西咸新区现代田园城市建设标准》	
16	《陕西现代生土砌体技术规范研究》	

　　风雨二十年，西安建大城市规划设计研究院融入中国新型城镇化的建设浪潮，业涯浮沉间，我们始终不忘初心、执着砥砺前行。在新常态、新变革的时代，守匠心之本，探研学之源，拓实践之行，求事业之果。

撰稿人：西安建大城市规划设计研究院

4.2 重点工程简介

4.2.1 建筑设计类

整修黄帝陵工程规划设计

  黄帝作为中华民族的"人文始祖",他率领先民始制衣冠,造舟车,养蚕桑,创文字,建医学,定算数,发明指南车,由此结束蛮荒混沌,开创了中华民族五千年文明。据司马迁《史记．五帝本纪》载:"黄帝崩,葬桥山"。黄帝陵早已成为了海内外炎黄子孙祭祖和谒陵的场所,是中华民族团结统一,力量汇聚的象征。秦汉以来,历代均以修缮黄帝陵、庙为国之盛事。1990年4月,全国政协主席李瑞环同志在陕视察工作期间,专程到黄帝陵实地考察,并对重新整修规划黄帝陵工作作了重要讲话。李瑞环同志指出:在当前情况下,重修黄帝陵,对于弘扬中华民族悠久的历史文化,振奋民族精神,增强民族凝聚力和加强民族团结,具有特殊的现实意义和深远的历史意义。整修黄帝陵工程的大幕由此拉开。

  1990年5月西安建筑科技大学(时称西安冶金建筑学院)受陕西省政府委托,积极参与并投入到重修、整修黄帝陵工程的民族大业中,为黄帝陵整修工程做出了积极的贡献。1990—1992年期间我校黄帝陵规划设计小组完成了多轮次、多方案的规划设计工作。经过多方专家的反复论证与方案比选,最终于1992年6月9日在"整修黄帝陵一期工程设计方案审定会"上,确定了西安建筑科技大学整修黄帝陵一期工程方案设计为实施方案。我院黄帝陵规划设计小组以此为基础开展初步设计与施工图的设计工作。一期工程建于1992年8月破土动工,1998年12月竣工。完成的项目有入口广场、印池、轩辕桥、桥北广场、龙尾道、庙前广场、轩辕庙门、谒陵道、陵区道路、棂星门、黄帝陵墓冢整治、龙驭阁、陵道、神道,以及绿化工程等22项。1997年5月,整修黄帝陵一期工程胜利完工,经陕西省计划委员会组织验收,建设质量优秀。1998年整修黄帝陵、庙前区工程被评为陕西省优秀设计一等奖,全国城乡优秀设计一等奖。1998年3月18日,陕西省人民政府对在黄帝陵整修一期工程建设中做出突出贡献的13个单位和20名同志予以通报表彰。西安建筑科技大学以及我院的赵立瀛、周若祁教授位列其中。

皇帝陵庙前区设计获
国家第八届优秀工程设计
银奖
全国优秀工程勘察设计评选委员会
一九九九年

整修黄帝陵工程，不仅是我校完成的一项国家级重点工程项目。由此也带动了教学、科研以及对黄帝陵周边地区规划工作的开展。《西安建筑科技大学学报》分两期刊载了黄帝陵规划设计专辑的研究论文。西安建筑科技大学与黄帝陵基金会联合编著了《祖陵圣地·黄帝陵·历史·现在·未来》一书（中国计划出版社，2000）。2001 年，华文出版社出版发行了由周若祁、张同乐、张光联合编著的《黄帝陵区可持续发展规划》一书；张光老师负责《陕西省志》第七十五卷——黄帝陵志（陕西省人民出版社，2005）第八章"整修黄帝陵工程"的编撰工作。周若祁教授以黄帝陵规划与设计为题，指导 88 级建筑学专业学生的毕业设计。其中宋照青同学的毕业设计荣获了 1992 年台湾财团法人洪文教基金会学生优秀设计作品二等奖。

撰稿人：陈　静　　审稿人：蒋一功

1994 年 4 月 6 日李瑞环同志接见海峡两岸建筑学人学术研讨活动代表

整修黄帝陵工程规划设计要事记

1990

4 月，李瑞环同志在陕视察工作期间，专程到黄帝陵实地考察，并对重新规划整修黄帝陵问题作了重要讲话。李瑞环同志指出：在当前情况下，重修黄帝陵，对于弘扬中华民族悠久的历史文化，振奋民族精神，增强民族凝聚力和加强民族团结，具有特殊的现实意义和深远的历史意义。

5 月，陕西省政府组织省建筑设计院、西安建筑科技大学（原西安冶金建筑学院）、省规划设计研究院等设计单位和大学，对黄帝陵进行实地考察，并形成了第一轮规划设计方案。陕西省政府提出了"雄伟、庄严、肃穆、古朴"的设计原则。

6 月上旬，陕西省派人携带规划方案进京，向中央领导及有关部门作第一次汇报。党和国家领导人李瑞环、王震、习仲勋等同志以及国家著名的建筑、规划及文物考古专家戴念慈、郑孝燮、吴良镛、谢辰生、罗哲文听取了汇报，中央领导同志和与会专家肯定了陕西省提出的设计原则。

6 月 15—20 日，戴念慈、单士元、郑孝燮、吴良镛、罗哲文、冯钟平等专家到黄帝陵现场查看，并在总体构思上提出了高水平的设想和见解。

重修黄帝陵规划设计组项目研讨与汇报

7月8—13日，建设部周干峙副部长率清华、同济、天大等高等院校的专家来陕考察黄帝陵现状，并对规划方案提出了具体的指导意见。

8月30—31日，陕西省派人带着修订后的5个方案（分别由西安建筑科技大学、陕西省建筑设计研究院、陕西省规划设计研究院、中建西北设计研究院和西安建筑科技大学青年教师组提出）第二次赴京，向李瑞环同志及建设部、国家文物局的领导和有关专家汇报。与会专家和领导同志们认为几个方案都有很大的改进，很有特点，已经形成了几个可供选择的方案。

10月，受省政府委托，陕西省土木建筑学会邀请省内建筑、园林、规划、历史、考古等方面的专家，召开了重修黄帝陵规划设计研讨会，形成了《重修黄帝陵规划设计条件》。此后，由西安建筑科技大学和陕西省建筑设计研究院据此编制了综合方案。

10月13日，陕西省政府向来陕视察工作的李瑞环同志再次进行汇报。李瑞环同志认为，方案已比较成熟，可以向海外发表，广泛征求意见。

1991

中国建筑学会在1991年《建筑学报》第一期上刊登了陕西省的综合方案和西安建筑科技大学、陕西省建筑设计研究院、陕西省规划设计研究院、中建西北设计研究院等4个单位的5个方案，并向海内外征集设计方案和意见。

7月11日，国家计委以"计投资〔1991〕1061号《关于重修陕西省黄帝陵问题的复函》"，正式批准一期工程立项。

11月，陕西省政府于黄陵县召开《重修黄帝陵工作会议》，宣布成立了陕西省重修黄帝陵工作领导小组，郑斯林副省长任组长，省政府孙武学副秘书长、省计委赵保华副主任等任副组长，办公室设在省计委，赵保华兼任主任。自此，整修黄帝陵工程正式起步。

11月，由西安建筑科技大学与陕西省建筑设计研究院联合组成"重修黄帝陵规划设计组"。确定了设计组织及领导成员，拟定了《重修黄帝陵设计工作纲要》。

1993

4月6—7日，陕西省人民政府和建设部在西安联合召开了"整修黄帝陵专题工作研讨会"。陕西省副省长王双锡、建设部副部长周干峙主持会议，国内和陕西的规划、建筑、考古、雕塑界的著名学者、专家郑孝燮、谢辰生、罗哲文、杨鸿勋、汪国瑜、王景慧、

王克庆、曹春生、石兴邦、张锦秋、赵立瀛、陈启南、刘文西、王天任、顾宝和等参加了会议。会议纪要指出，西安建筑科技大学编制的《整修黄帝陵规划大纲》和陕西省城乡规划院编制的《黄陵县城总体规划修编大纲》为整修黄帝陵工作的开展和工程的实施奠定了基础，总体规划大的框架已经成熟，待进一步修改完善，可作为一个历史性、阶段性的小结和今后工作的依据，由陕西省人民政府会同建设部、国家文物局正式批准实施。

7月23日，陕西省人民政府、建设部、国家文物局以"陕政函〔1993〕150号'关于同意《整修黄帝陵规划大纲》《黄陵县城总体规划修编大纲》的批复'"，批准《整修黄帝陵规划大纲》《黄陵县城总体规划修编大纲》，用以指导整修黄帝陵工程的黄陵县城建设。

1994

4月4—6日，黄帝陵基金会分别在黄陵和西安举行了"海峡两岸建筑学人'黄帝与黄帝陵整修'学术研讨会"，参加研讨会的有国内著名的建筑学家周干峙、吴良镛、齐康、李道增、张锦秋、顾宝和等，台湾建筑专家林长勋、吴夏雄等19人。西安建筑科技大学黄帝陵规划设计组的李峰荫、何保康、赵立瀛、张缙学、李树涛、周若祁、蒋逸公、张树平等参加了研讨会。

4月6日，全国政协主席李瑞环接见了参加"海峡两岸建筑学人'黄帝与黄帝陵整修'学术研讨会"的全体与会人员，并就整修黄帝陵工作发表了重要讲话。

1995

4月3—6日，建设部副部长周干峙、规划司副司长王景慧来陕参加公祭黄帝陵活动，现场检查了整修黄帝陵一期工程的施工情况。4月5日晚，省计委、省黄陵办在西安人民大厦向周干峙同志汇报整修工作情况，陕西省副省长刘春茂、中国工程院院士张锦秋、省建筑设计研究院总建筑师顾宝和、西安建筑科技大学周若祁教授参加了汇报会议。周干峙同志作了重要讲话，认为"整修黄帝陵工作在过去的一年中取得了很大进展，庙前区的面貌有了总体的改观，改变了黄陵的形象，初步形成了新的格局，基本上达到了李瑞环同志1994年提出的要求，这些成绩是应该充分肯定的。"周干峙同志同时也指出了施工中存在的一些问题。

1996

1月30—31日，陕西省计划委员会在西安人民大厦召开了

"《黄帝陵（专属）区总体规划》初步评审会"，陕西省副省长潘连生出席会议，建设部、国家文物局和陕西省各有关部门、延安行署、黄陵县政府的负责同志及有关方面的专家学者共50人参加了会议。会议《纪要》指出："西安建筑科技大学编制的《黄帝陵区总体规划》有较高的理论水平，内容丰富，资料翔实，目标明确，论据充分，指导思想符合中央和省委、省政府的意图和要求"。并要求进一步修改完善后，报请省政府和国家有关部门审批。

3月29日，陕西省计委总工高瑞清、省黄陵办副主任吕毅、西安建筑科技大学教授赵立瀛和副教授张树平，就整修黄帝陵一期工程设计与建设情况，向建设部副部长周干峙同志作专题汇报。周干峙同志传达了李瑞环同志关于整修黄帝陵工作的讲话精神，并对整修黄帝陵工程及设计提出了指导意见。

4月4日，西安建筑科技大学周若祁、赵立瀛教授向建设部副部长周干峙同志汇报了整修黄帝陵一期工程建设与设计问题。中国工程院院士张锦秋、省建筑设计研究院总建筑师顾宝和、省计委总工程师高瑞清、建设部规划司副司长王景慧等专家学者参加了汇报会。周干峙同志和与会专家充分肯定整修工程和设计。

5月，整修黄帝陵庙前区工程，经过3年多的施工，庙前入口广场、印池、轩辕桥、停车场及服务部等主要工程基本完工。经陕西省计划委员会组织验收，建设质量优秀。遗留项目逐年续建，整修工作持续进行。

1998

整修黄帝陵、庙前区工程被评为陕西省优秀设计一等奖，全国城乡优秀设计一等奖。

整修黄帝陵一期工程设计人员名单

项目负责人：	周若祁					
设计负责人：	赵立瀛					
设计顾问：	顾宝和					
主要设计人：	（建筑）	赵立瀛	周若祁	罗鸿平	（结构）	焦海洲	张树平
	（环境造型）	蒋逸公			（总图）	井生瑞	
	（电器）	林守琰			（给排水）	蒋友琴	
审定人：	秋志远	杨凤兰					

设计单位			
主设计单位：	西安建筑科技大学	建筑学院
		建筑设计研究院
		城市规划设计院
合作设计单位：	中国建筑西北设计研究院
	陕西省建筑设计院
	陕西省水利设计院
	陕西省林业勘察设计院
	陕西省公路设计院
	西安市园林绿化设计院

撰稿人：张树平
摘自：《祖陵圣地·黄帝陵·历史·现在·未来》

枣园绿色窑居住区示范工程

1997 年 4 月，陕西省和延安市人民政府在延安市召开现场会，枣园绿色窑居住区示范基地建设正式启动。

1998 年 4 月，中日联合课题组完成的枣园绿色窑居示范规划设计方案和新型窑居建筑方案通过延安市建委组织的评审。

2000 年 6 月，经过几年艰苦努力，在延安市、宝塔区政府协调下，第一批新型窑居建筑示范工程竣工。

2001 年 8 月，北京科教电影制片厂拍摄介绍新型窑洞的电影片《西北新民居》完成，刘加平教授任技术顾问。

2001 年 10 月，中央电视台为"走进科学"栏目拍摄的电视片《新窑洞》完成后期制作，在中央台 10 频道播放（30 分钟）；后译成英文，在 CCTV-9 频道和香港明珠电视台先后播放 5 次。

2001 年 10 月，刘加平教授获准国家杰出青年科学基金资助，题目是《中国传统民居生态建筑经验的科学化与技术化研究》，使新型绿色窑居建筑的研究和推广得以继续进行。

2002 年 6 月，在刘加平教授等人的指导下，枣园第三批新型绿色窑居建筑共计 80 户建设完工。

2003 年 12 月，延安市房地局组织开发的王良寺经济适用窑（2 万余平方米）住宅小区建设完工。

2004 年 6 月，课题组申报"华夏建设科学技术奖"，9 月，刘加平教授代表课题组进行答辩，获一等奖。

2004 年 11 月，由刘加平教授任大会主席的《The 3rd International Workshop on Energy and Environment of Residential Buildings》在西安建筑科技大学举行。

2005 年 3 月，由刘加平主持申报的《黄土高原新型窑居建筑》获建设部"全国绿色建筑创新奖（工程类）"三等奖。

2005 年 5 月，由刘加平教授主持申报联合国人居署的世界人居奖（World Habitat Award），在全球 134 个项目中入选前 12 名（中国唯一入选项目）。

2006 年 10 月，《The New Generation of Yaodong Cave Dwellings In Loess Plateau》获 2006 年度世界人居奖优秀提名奖证书。

撰稿人：成　辉　　审稿人：杨　柳

四川彭州大坪村灾后重建示范工程

　　大坪村重建示范工程始于 2008 年 8 月，至 2008 年底建成了 80 户。2009 年年初，村民搬入新居。此后该项目在大坪村又继续推广建设多达 200 余户。

　　至 2009 年 7 月，约有 72% 的农户正在修建沼气池或者已经建成沼气池并投入使用，这将方便农户对能源的使用，同时减少了对薪柴等传统能源的使用。据估算，新建民居能源消耗中大约 50% 来自可再生资源，其余 50% 来自电力，薪柴等。

　　截至 2011 年，大坪村村民入住新居两年多，大都从对震前家园的向往和留恋中，转化为对新建家园的归属和认同。2011 年，该项目荣获世界人居奖（World Habitat Awards）优秀奖（Finalist）。

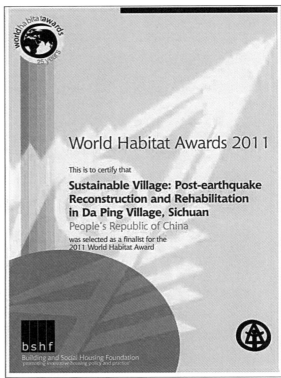

撰稿人：成　辉　　审稿人：杨　柳

汉阳陵帝陵外藏坑保护展示厅

　　汉阳陵始建于公元前 153 年，位于泾渭交汇的五丈塬，是汉景帝刘启与王皇后同茔异穴的合葬陵园，以及第五批全国重点文物保护单位。

　　汉阳陵规模宏大，格局完整，文物埋藏丰富。古人依据"视死如生"的理念，围绕帝陵封土建设有 84 道大型外藏坑。2001 年，西安建筑科技大学古迹遗址保护工程技术研究中心通过国际竞赛获得汉阳陵帝陵外藏坑 A 段保护展示厅建筑设计权。

由于项目紧邻帝陵封土，为了更好地保护文物及陵园环境，设计将整个建筑置于地下，充分体现了保护文物及其历史环境完整性和真实性的国际先进理念，达到了"大象无形，气象万千"的环境意象，开创了中国新一代遗址博物馆模式。

设计运用先进科技，创造性地将遗址环境与参观环境分离，封闭模拟文物埋藏环境，为文物保护和考古提供了良好的条件，为国内外同类型文物遗址保护以及遗址博物馆建设提供了新的典范。

设计始终以文物为主体，以文化为主线，根据汉阳陵文物的特点，通过精心的流线设计、材料选择和灯光照明，有意识淡化了建筑本体，为游客提供了观察文物的不同角度，从多层次揭示了文物的文化内涵，营造了一个充满吸引力的文化环境。

项目是我国第一座近帝陵封土，对遗址实现全封闭保护的现代化全地下遗址博物馆。国际古迹遗址理事会主席米歇尔·佩赛特先生题词盛赞此项目："这是一项杰出的成就，是国际古迹遗址保护的典范。"

撰稿人：刘克成　　审稿人：肖　莉

汉阳陵帝陵外藏坑保护展示厅遗址参观廊

汉阳陵帝陵外藏坑保护展示厅门厅引道

大唐西市及丝绸之路博物馆

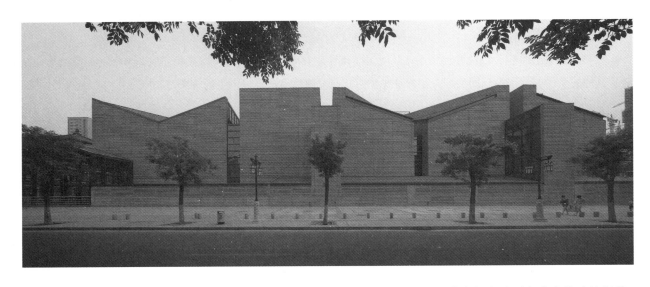

大唐西市及丝绸之路博物馆建于原隋唐长安城西市遗址之上，项目包括隋唐长安城西市十字街遗址保护、西市出土文物展示、丝绸之路历史文化展示以及相关辅助内容。

西市遗址是隋唐丝绸之路的起点和重要标志，"丝绸之路"商贸交流的重要文化遗产之一。西安大唐西市遗址及丝绸之路博物馆作为丝绸之路的起点和物质载体，将对丝路五国正在进行的联合申报世界文化遗产工作具有重要的意义和作用。

建筑分为七大功能区：博物馆入口区、遗址展示区、博物馆展示区、城市客厅区、商业服务区、库房及设备辅助区、地下车库区。建筑设计通过采用尺寸为 12m×12m 的展览单元，将隋唐长安城里坊布局、棋盘路网的特点，贯彻于博物馆空间始终。同时，对建筑的体量、尺度、材料、肌理和色彩等方面进行了一系列新的探索，创造出高低错落、丰富有序的空间层次和效果，并用现代的方法和手段，表现出隋唐长安城市与建筑文化的深层结构，以及唐代西市的恢弘气势与繁华景象。

建筑内部空间与外部形象设计，从形式、结构、尺度、坡屋顶的坡度、材料、色彩质感等方面，追求以新颖而富有独特地域特色的建筑形象，与周边新唐风建筑相协调。

该馆的设计和建设里程碑的意义主要在于：①通过一次次研讨申报，最终推动了国家遗址博物馆建设、经营、管理模式的改变，国家文物局首次批准私营企业投资建设遗址博物馆，开创了中国遗址博物馆建设模式的先河。②同时也改变了公众对文化遗产价值的认识和思维观念，促进企业（包括私人企业）资本投入文化遗产保护事业。大唐西市及丝绸之路博物馆是中国第一座私企投资建设的遗址博物馆。③十字街遗址大厅"城市客厅"的理念设计，增强了博物馆的活力和效益的考虑与策划，建立了博物馆新的运营理念，提升了企业文化，增强了企业影响力，使商业开发项目与文化遗产保护项目有机结合，已实现互利共赢，共生共荣。大唐西市博物馆目前是中国唯一的由私企管理的国家一级博物馆。

建筑落成以及建设过程中，得到了来自国际古迹遗址理事会、国家文物局领导专家和建筑专家同行的高度赞扬。国际古迹遗址理事会主席米歇尔·佩赛特指出：大唐西市是丝绸之路的起点。它不仅是中国的，也是世界的。大唐西市博物馆为中国文化遗产保护传播与弘扬提供了一个成功的范例。

撰稿人：刘克成　　审稿人：肖　莉

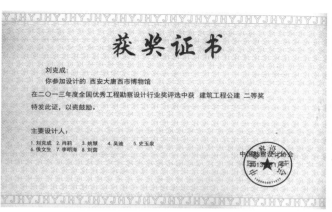

实景照片

中国科举博物馆设计

中国科举博物馆位于南京老城东南隅江南贡院中轴线上，这里曾是始建于南宋乾道四年（1168 年），中国历史上规模最大的古代科举考场。江南贡院作为中国科举制度的载体，至今仍屹立于南京秦淮河畔。它不仅是中国封建科举制度的千年化石和兴衰成败的历史见证，也是科举制度文明的有形遗产在南京最直观的体现。这里是孕育了秦淮文化、南京历史文化、科举文化、国学文化的心脏地带。"中国科举博物馆"的设计与建设是在 2012 年，陕西省古迹遗址保护工程中心完成的《江南贡院保护规划》基础上实现的。

中国科举博物馆的设计是站立在城市设计的历史视点上将今日的夫子庙、中国科举博物馆、秦淮河三位一体视作一个整体，面对历史、今日、未来的历史视域展开的，是一个保护、发掘、整理、展示的复杂过程。

在空间组织上，中国科举博物馆的出现修复了该街区的东西经脉联系，由西至东依次将夫子庙、贡院街、中国传统文化产业、中国科举制度研究中心、中国科举博物馆、中国科举文化保护中心紧密拉结为一体。同时，中国科举博物馆隐于地下，为明远楼让出空间，从而恢复了江南贡院南北轴线的贯通：从南至北依次将秦淮河、贡院码头、江南贡院牌坊、中国科举制度博物馆、明远楼、致公堂、国学院、戒慎堂、飞虹桥、衡鉴堂、会经堂、南京邮电局旧址等，各个时期的历史建筑串联为一个完整的空间序列，蔚然展开。整个博物馆如同深埋地下的宝盒，期待人们开启尘封的历史，馆顶（地面上）为水面，在池底黑色石材的映衬下，水面如镜，倒映着矗立百年的明远楼，不但让明远楼与周边当代仿古建筑得以区分，而且隔绝了世俗的嘈杂，使人在进入博物馆前获得一片宁静。同时，30m×30m 正方形的博物馆主体恰似一个盛满墨汁的巨型砚，于无声中诉说着历史，水面取"镜鉴"之意（以史为鉴）。

博物馆的参观流线试图通过空间的塑造，让参观者亲历其境，切身感受到一个古时莘莘学子的仕途之路。路径设置依次为：棘路，博物馆的引道，经匣，依棘路顺势而下，抵达学海——博物馆序言厅，由此再进入博物馆中央大厅，这是一个 4 层通高的中心展厅，随后由下至上依次进入专题展厅：隋史厅，科举制度创立时期；唐史厅，科举制度完备时期；宋史厅，科举制度改革时期；元史厅，科举制度中落时期；明史厅，科举制度鼎盛时期；最后是清史厅，科举制度灭亡时期。至此参观完毕，遂使所有关于江南贡院的信息集聚于脑海中，回味无穷。拾级而上，猛然看到这段历史仅存的遗物——明远楼，刹那间，穿越时空，一切想象与疑惑，似乎有了答案。珍珠序列的建筑设计，科举文化的真实再现，中华文明的信息冲击，历史遗迹的保护展示，无不映射出建筑大师们的忠贞与智慧。

撰稿人：刘克成　审稿人：肖　莉

西安碑林博物馆新石刻艺术馆

石刻艺术馆以西安碑林博物馆收藏的宗教石刻造像展示为主题内容，兼顾文物库房，文保修复、图书资料及安全监控等功能为一体的建筑。

该方案在总平面布局上：1. 保持与整个碑林博物馆建筑群落协调一致，强化碑林博物馆中轴线及其空间格局。与现有石刻馆在体量、体型、尺度等建筑元素遥相呼应。2. 根据保护规划对博物馆流线组织，展示厅主入口设置在建筑西北处。充分利用现状地形，分层设置参观入口和内部人员与文物出入口，便于使用与管理。3. 设计利用地势高差，降低建筑高度，以及建筑坡屋顶形式保持与碑林历史环境以及西安城墙的和谐。4. 建筑设计力求保留用地内的大皂角树，保护生态环境以及环境记忆。设计坚持永续利用和可持续发展的思想。

在建筑设计中将主入口与保留树木有机结合，利用地形高差，分层设置参观人流与内部人员、文物出入口，流线设计简洁、互不干扰。功能分区明确，并充分利用空间，降低建筑高度。建筑内部空间设计不仅满足不同种类、不同大小尺寸展品对展示空间的需求，同时空间的对比与变化丰富、强化展示效果。充分考虑设计的灵活性、可变性，为未来发展提供最大的动态可能性。展厅采用无障碍设计。建筑主体结构采取钢筋混凝土框架结构，建筑形式局部采用坡屋顶，外墙采用灰砖与玻璃，在建筑形式、材料与色彩的确定上，既保持历史环境和谐，又体现时代性、独创性。

撰稿人：刘克成　　审稿人：肖　莉

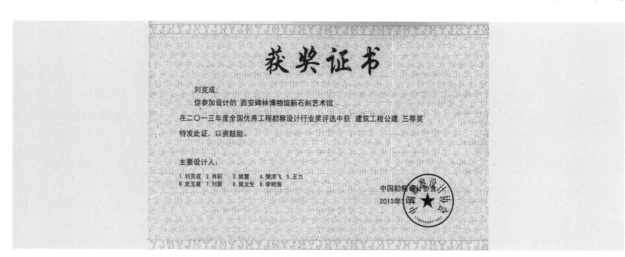

金陵美术馆

　　金陵美术馆的前身是一个建于 20 世纪 60~70 年代的工业厂房，它像一个侵入者，坐落在南京历史最为悠久的城南地区，为青砖灰瓦的小尺度传统民居所环绕，与历史街区深厚的传统文化、传统景观形成强烈的冲突。建筑师通过设计，将旧有厂房转变为一个富于吸引力的中国艺术美术馆，促使工业遗产与传统文化友好相处，并成为历史街区中最有活力的公共设施。

　　建筑设计建筑设计通过精心组织空间，将传统街巷延伸至老工业建筑内部，打通原先封闭的历史街区，形成一个迷人而开放的城市艺术广场，增进了传统街区地活力。将一个寻常的工业厂房，打造为一座精巧的立体花园，创造了一个不同于国际化的独特的艺术空间，将传统生活与中国艺术巧妙地结合在一起。与传统砖瓦肌理一致的金属打孔板的应用，在工业建筑与传统建筑之间植入一层半透明表皮，巧妙地调和了两类不同遗产的相互关系，修补了传统街区的历史肌理。通过新材料、新技术以及太阳能等新能源的应用，减少能源消耗，减少碳排放，成为与环境友好相映的一个绿色艺术博物馆。

2015.5 "金陵美术馆"项目荣获中国建筑学会中国建筑设计奖（建筑创作）。

2015.3 "金陵美术馆"荣获 2014 年中国建筑学会建筑创作金奖（建筑保护与再利用类）。

2014 "金陵美术馆"荣获 2014 年 WA 城市贡献奖。

2013.10 "金陵美术馆"荣获国际现代建筑遗产保护理事会现代建筑遗产保护大奖。

撰稿人：吴　超　审稿人：肖　莉

获 奖 证 书

城建集团杯 · 第八届中国威海国际建筑设计大奖赛

URBAN DEVELOPMENT GROUP CUP·THE EIGHTH CHINA WEIHAI INTERNATIONAL ARCHITECTURAL DESIGN COMPETITION

刘克成 肖莉 裴钊 吴超 同庆楠

在城建集团杯 · 第八届中国威海国际建筑设计大奖赛中，

您的 金陵美术馆 项目被评为 优秀 奖，

特颁此证。

二〇一五年九月

"金陵美术馆"项目：

荣获2014中国建筑学会建筑创作奖金奖（建筑保护与再利用类）。

设计人：刘克成、肖莉、裴钊、吴超、同庆楠

中国建筑学会建筑师分会理事长

贾平凹文学艺术馆

　　贾平凹先生是有广泛世界影响的中国当代著名作家和艺术家。为了展示作家的成长过程和创作经历，展示作家的文学成就和创作生活，并为文学爱好者提供一个学习文学、交流经验的场所，西安建筑科技大学决定在校园内为著名作家贾平凹先生建立"贾平凹文学艺术馆"。

　　贾平凹文学艺术馆选择 20 世纪 70 年代建设的一栋旧楼进行改造。原建筑为砖混结构，上下两层，局部 3 层，整体平淡无奇，但地处校园历史地段，为学校的历史建筑之一。

　　我们认为此馆应当继承 1970 年代学校的遗产，并一直延续下去；它应当保持 1970 年代的真实性，拒绝粉饰；它应当将老建筑合法化，并结合新的功能，予以全面提升，赋予它新的生命力。因此，我们确定这样一个原则——在改造完成以后，这栋建筑还应当保持 1970 年代的面貌和特征。在这里，历史和现实应当是一种对话关系，而不是服从关系。

　　设计的最初启示来源于阳光。经过多次现场体验，设计者发现：对这个平淡、朴实无华的建筑，光影的流盼是其最具魅力的特征。从 6：00 到 19：00，每隔一小时拍一张照片，然后进行连续播放，可以看到由阴影构成的体量发生着一个有趣的变化。光影是隐藏在这个建筑的灵魂。于是建筑师选择光影作为设计的灵魂，在原建筑东南面增加了一个曲折的光廊。光廊造型来源于一天建筑光影的叠加，也象征贾平凹故乡起伏的山川和乡村。随时光流转，光廊形成的长长的影子，划过旧建筑的墙面，抚摩镌刻在墙上的作家诗句，爬上书架——光与影，新窗与老墙，微风与绿树，城市与乡村，文学与艺术，时间与空间，拼织出一幅丰富的图像，一种文学的诗性油然而生。

　　艺术馆保留老建筑清水砖墙、外刷深色涂料的基底，选择玻璃、钢架和混凝土三种原建筑没有的词汇作为新因子介入。老建筑基本维持不变，新构件以对话的方式与老建筑并置。

　　钢架、玻璃与混凝土依据光影变化，统一到同一形式逻辑，打破原建筑的平庸和呆板。钢架分主框架、次框架和装饰性框架三层，以不同角度和密度，形成新老元素的和谐对话。

　　钢筋混凝土墙采用俯首可得的建筑废料——竹条作为模板浇筑，形成粗糙而又富于肌理的表面，在密度上与清水砖墙和谐，在文化上造成一种与陕西农村普遍使用的"干打垒"墙体类似的效果。

　　正如一位文学评论家所说：贾平凹文学艺术馆就像作家本身外表朴实、内心空灵的性格，它为爱好文学艺术的人们，提供了一个触摸贾平凹灵魂的场所，在貌似平淡的空间中，感受到了作家丰实的内心与外部世界的和谐统一。

撰稿人：刘克成　　审稿人：肖　莉

乾县气象监测预警中心

　　乾县气象监测预警中心作为县级基层气象局（站），位于陕西省咸阳市乾县福银高速公路青龙引线北侧。本项目是陕西省气象局根据 2012 年初颁布的中国气象局一号文件《中国中公中古气象局党组关于推进气象文化发展的意见》，第一批贯彻落实该意见、全面推进气象文化发展的重点建设项目，并成为咸阳市首个实施建成的县级气象局（站），对本地区乃至全省气象监测预报事业起到了极强的示范引领作用。

　　项目围绕乾县经济社会发展要求和防灾减灾实际，注重气象台站、气象文化、地域文化的充分融合。功能主要分为业务办公用房、气象防灾减灾监测预警中心、气象科普宣传教育基地三部分，另有图书馆阅览室、职工餐厅、值班公寓等配套齐全的附属服务设施。作为咸阳市"十三五"重点打造的气象信息惠民工程，乾县气象局（站）将为地方不断加强防灾减灾体系的建设、提升人工影响天气的能力、提升服务"三农"能力等方面作出巨大的贡献。

1. 理念——"此景"与"此地"

"此景"，当代景观学的发展令建筑师不断扩大视野，在大地景观的逻辑中，建筑与城市本身就是大地的凸起。是以一种独特的地景形式而存在。

将建筑视为建筑景观并统一到地景中，能从景观建筑学的理念和方法审视并启发建筑自身的创造。"此地"，指建筑具有地点性和当代性，包括具体地段所体现的建筑与环境的特定关系和场所精神。

乾县，地处陕西关中平原一马平川的咸阳区段之上，乾县在古时称好畤，为祭天之所，是陕西省历史文化名城。乾县境内，较大型的古墓葬有两百多座，其中最为著名的当属唐高宗李治与中国历史上唯一的女皇帝武则天的合葬墓——乾陵。横亘在旷野星罗棋布、大小不一的古代陵墓群，首先构成了此地此景的空间图像；而气象文化本身又使人联想到古观象台简洁完整的高台建筑空间形式，与承载玛雅文明——天文、气象、宗教等未解之谜的玛雅金字塔。此处，建筑空间与形式应产生金字塔式的精神力量，具有中心化、向度性、明晰边界与强悍的视觉冲击力。

2. 理念二——场所精神的实践

弗兰姆普敦（Kenneth Frampton）认为，建筑不只是满足生产施工和功能消费的合理化需求，也是在创造一种"场所感"，建筑必须与当地的地域文化相融，通过强调某些与场地相关的特殊因素，对抗支配的、模式化的普遍建筑模式；史蒂芬·霍尔眼中的建筑是与他所存在的特定场所中的经验交织在一起的，通过与场所的融合，通过汇聚该特定情境的各种意义，建筑得以超越物质和功能的需要。

3. 理念三——整体观

任何繁复的图形，支离破碎的空间在这样的环境下都会显得苍白无力，相反，简单的形体，统一的体量更为重要。整体统一可产生和谐感，均衡可产生稳定感，统一与均衡是形式美最基本的法则。此外，结合倾斜的外墙，窗户采用外镀膜双层中空玻璃，以加强窗户的密闭性和保暖性，并以上悬方式开启，室内结合向内倾斜的连续墙面，成为气象文化科普宣传的极佳场所。建筑极力呈现了"一站一景一文化"的陕西基层气象台站形象，充分体现了气象文化、地域文化和历史文化，并将气象部门的科技性、服务性与台站建设的景观性融为一体，形成全新的台站风貌。

该项目荣获 2017 全国优秀工程勘察设计行业奖之"华筑奖"工程项目类三等奖。

撰稿人：高　博　　审稿人：陈　静

"4.20 芦山强烈地震"灾后重建龙门古镇核心区

　　龙门古镇曾是茶马古道上的重要驿站，系汉藏交界处的历史乡镇，至今仍保存有国家文物保护单位"元代青龙寺大殿"。2013 年 4 月 20 日，四川省雅安市发生里氏 7.0 级地震，震中位于雅安市芦山县龙门镇。地震造成 120 人死亡，4000 余人受伤，震中龙门乡农宅损毁严重，80% 以上需重建。本次灾后重建广泛征求受灾居民意见，采用钢筋混凝土框架结构，按照七度抗震设防，造价不超过 2500 元 /m²。

　　灾后重建规划设计结合了川西乡镇街巷和乡村林盘的特点，以小组团、街巷式、田园化手法形成布局，规划强调保持传统空间肌理、把握亲切的空间尺度、比例，营造了连续的街巷空间。充分尊重场地中国家文保建筑"元代青龙寺大殿"的核心地位，严格控制新建建筑高度及体量，达到空间协调，实现环境融入与统一。

　　建筑设计充分考虑村民的灾后生产、生活的现实需求。一层设计为大空间商铺或敞轩，方便经营；二层设计 3~5 间居室，配有卫生间，既可自住也可作为民宿经营；三层设计 1~2 间居室，供居民自住；屋顶设阁楼作为储藏。吸取川西民居的"小天井"做法，解决了大进深农宅的通风采光问题。采用联排组合（3~5 户）的形式顺应地形、进退有致，形成高低错落的丰富街巷景观。

　　设计挖掘川西传统民居的地域特征，强调绿色可持续理念，融合现代技术方法于当地的材料和做法。古镇核心区设计严格遵循灾后重建要求控制造价，采用了大量当地的材料如竹胶板、卵石、青瓦等以降低材料价格。汲取当地建设经验基础上进行创新，巧妙运用了当地常见的竹胶板作为外围护装饰，防水、耐久、不易脱落且造价低廉；采用外墙保温、天井、架空、顶部阁楼等被动式做法，加强通风、隔热；针对当地多雨的特点，将雨水明沟结合景观水体设计，一举两得；尽量保留场地内原有树木，实现生态延续；通过精细设计用低造价为广大灾民提供了高品质的乡村民居。

撰稿人：李岳岩　　审稿人：陈　静

4.2.2 城乡规划类

华山风景名胜区总体规划

1982年国务院颁布44个国家重点风景名胜区，华山位列其中。

1985年西安建筑科技大学（原西安冶金建筑学院）首次制定了华山风景名胜区总体规划（1985—2000年），1991年经国务院批准颁布执行。

2003年3月，受华山管委会委托，西安建筑科技大学开始进行华山风景名胜区总体规划修编工作。为更好地完成规划，西安建筑科技大学邀请西北大学、西北农林科技大学的地质、地貌、生态和植物等相关学科的专家协同工作。2003年10月与2005年7月先后通过《华山风景名胜区总体规划修编纲要》与《华山风景名胜区总体规划修编（2007—2025年）》评审，之后在索道主峰交通问题方面经过多轮磋商，才得以上报，于2011年10月17日住房和城乡建设部下发了批复函。此次规划获2011年度全国优秀城乡规划设计奖——风景名胜区类三等奖。

规划历程

华山在1982年成为国家重点风景名胜区以前，未制定任何总体规划。

1983年，在当时渭南地区政府主持下，渭南建设局曾制定《华山风景区规划大纲》稿，风景名胜区范围约138km²。

1985年华山风景名胜区与华阴县城市总体规划作为一个整体，由华阴县政府委托我校（西安冶金建筑学院）协助编制，规划设计内容包括①华山风景名胜区总体规划；②华阴县城总体规划；③部分景区、景点、旅游镇和中心城区的详细规划设计方案三个部分。

规划研究工作历时一年多的时间，规划小组走遍了华山的山山水水，足迹遍及山岳、山麓和平原各个景区和景点，无数次的踏勘和讨论，对华山的雄、险、奇、秀的景观特点有了新的认识，明确了华山风景名胜区是以华山主峰为主体，以山岳峰体、峭壁巨石、山泉流瀑、树木、云雾等自然风景与具有悠久而丰富历史文化内涵的人文景观和地理、地质奇观为特征的国家级重点风景名胜区。确定了南至秦岭分水岭、北到华阴县城北新建公路南、东至杜峪西沿的分水岭向南至干秀湾的东分水岭、西以瓮峪西沿分水岭向南至赛华山为界的含山岳、山麓、平原在内的面积 148.4km² 的风景区范围。整个华山风景名胜区划分为八个景区：Ⅰ景区——华麓景区：主要包括玉泉院及附近诸景点以及黄甫峪口和仙峪口等；Ⅱ景区——华峪景区：包括峪道、幢上（含主峰）和大上方三个风景区；Ⅲ景区——黄甫峪景区；Ⅳ景区——仙峪景区；Ⅴ景区——瓮峪景区；Ⅵ景区——白沟、椿树沟及赛华山分景区等；Ⅶ景区——太关岔、小柏岔和西岔分景区等；Ⅷ景区——马头坎、烧门沟、台子上和龙滩沟等分景区。总规中对自然生态环境、风景名胜、历史文化等资源方面做了保护规划，与此同时也进行了植被绿化、道路交通、公共设施等专项规划。

1985—1987 年编制的华山风景名胜区总体规划（1985—2000 年）是华山历史上第一个全面的综合性规划，规划首次把华山和周围的区域作为一个统一的大系统，在全面调查和分析华山风景资源特色的基础上，坚持保护为主、合理利用的指导思想和设计方向，并在当时历史条件和认识水平下，为解决华山风景资源保护和利用问题，提出了疏解主峰压力，扩大风景区范围，开发新景区，开辟新的游览线路，改善游览设施，协调城、山矛盾等一系列措施。规划为华山风景名胜区的保护、建设与管理提供了一个较全面的科学框架。1987 年经国务院批准、实施，华山终结了无序发展的状态，进入一个以规划为指导的发展新阶段。

2003 年 3 月，由于华山风景名胜区总体规划（1985—2000 年）已经到期，并鉴于前次总规工作的良好效果，和多年来西安建筑科技大学诸多教授、专家对华山的研究及各类规划的参与，华山风景名胜区管理委员会仍委托西安建大城市规划设计研究院和西安建筑科技大学建筑学院共同承担华山风景名胜区总体规划的修编工作。提出了本次规划修编工作的主要任务：①再评价华山风景名胜区自然资源和文化遗产的价值；②重新认识华山风景名胜区的规划性质；③调整和界定华山风景名胜区的范围；④完善总体结构和布局；⑤制定华山风景名胜区资源保护规划；⑥制定华山风景名胜区游赏规划；⑦制定基础设施建设规划；⑧提出近期建设规划建设项目与规划实施建议。

针对以上任务，本次规划组织了地质地貌、森林植被、生态环境、历史文化、风景园林、遗产保护、城市规划、社会经济、工程规划、旅游管理等多学科专家联合工作，采用了 CIS 技术，重新审视华山风景名胜资源，对风景区的资源进行了再评价，重新定义风景区的性质、调整了景区规划范围和规划空间结构、依照生态的原则制定了游人容量和开放条件等，同时还依照《风景名胜区规划规范》GB 50298—1999 制定保护培育规划、风景游赏规划、典型景观规划、游览设施规划、基础工程规划、居民社会调控规划、经济发展引导规划、土地利用协调规划及分期发展规划。

规划以最集中体现华山自然景观特征及其历史文化内涵的主峰和由此向北延展的岭脊和周围峰林为主体，以最具景观代表意义的"自古华山一条路"所在的华峪与西岳庙相连的历史线路延展线为主轴，保护、恢复、发展、展示主体、主轴的景观空间序列和特色。并在此基础上建立自然风景区的相关规划体系，形成南接秦岭主脉、北达渭河干流，西岳山庙一体、太华山城统一，核心突出、一主二副的整体网络结构。

《华山风景名胜区总体规划》（2011—2015 年）规划工作人员构成：

法人代表：段志善

技术总负责人：李 觉

项目组组长：刘克成　周庆华　许长仁（华山风景名胜区管委会）

项目组副组长：惠 劼　任云英　张 沛　刘 晖

专家顾问组：李 觉　汤道烈　佟裕哲　李树涛　吕仁义　金同轨　金维兴

特邀专家：滕志宏（西北大学地质系）　李昭淑（西北大学资源系）　李继瓒（西北大学生命科学系）

　　　　　刘晓帆（西北农林科技大学林学院）　杨茂生（西北农林科技大学林学院）

　　　　　王明昌（西北农林科技大学林学院）

主要规划人员：

总体规划：李　觉　刘克成　周庆华　汤道烈　惠　劼　任云英　王　芳　岳邦瑞　李　莉

　　　　　黄明华　吴左宾　郑江涛　吴党社　郑西武　常生学　吕根文　舒　峰　申　强

　　　　　郭荣静（华山风景名胜区管委会）

社会经济：张　沛　胡永红　陈晓键

风景资源：刘　晖　Benoit Bianciotto　林　源

生态生物：李继瓒　杨茂生　王明昌　刘晓帆

地质地貌：滕志宏　李昭淑

景观游赏：董芦笛　刘　晖

道路交通：罗　西

给水排水：李祥平　金同轨　张建锋

电力电讯：王承东

供暖燃气：李祥平

环保环卫：高　飞

参与规划人员：邴启亮　白雪峰　董　霖　关　新　何　哲　黄嘉颖　贾梦蛟　金　昕　景亚杰　李　莉

　　　　　　李莉华　刘　超　刘　谨　刘讷讷　刘红杰　吕慧芬　马　辉　马　龙　马　鹏　牟　荻

　　　　　　倪用玺　牛瑞玲　宁文泽　钱紫华　史永强　宋虎强　谭文杰　王　丹　王　芳　王　健

　　　　　　王　帅　王　渊　王　杨　许引娣　闫常鑫　文仁树　应振祥　杨　明　杨建虎　余咪咪

　　　　　　于　超　张　皓　张　洁　张小金　张　辛　张　毅　张　勇　赵　毅　周　鹏　周瑾茹

　　　　　　周文竹　周　燕　朱海河　李　亮

撰稿人：惠　劼

准格尔旗城市总体规划（2004—2020）

准格尔旗位于内蒙古自治区鄂尔多斯市东部，地处内蒙古、山西、陕西的交界处，其中心城市为薛家湾。境内矿产资源丰富，是我国最重要的能源基地之一，同时也是内蒙古重点发展地带蒙中经济区和呼和浩特、包头、鄂尔多斯金三角的有机构成部分。随着东部煤炭资源的日趋枯竭和西部大开发战略的深入实施，准格尔旗正迎来前所未有的发展机遇。但由于地处干旱、半干旱地区，境内沟壑纵横，水土流失、土地沙漠化等环境问题十分突出。

根据准格尔旗自然环境状况并综合考虑后续社会经济发展将会对其所产生的影响，从生态环境保护的角度，规划将旗境划分为城市生态绿地、自然生态恢复、流域生态保护及沙漠生态治理四大系统。结合各系统的构成要素，明确相应的保护措施。同时，在经济区划的基础上，进一步进行了开发建设管制分区，并提出各区域的具体管制措施。

规划通过区域比较分析和工业化水平、旗域发展条件评价，提出了2010年以前，采取优势区位集中开发和多点特色产业发展相结合的模式，形成环薛家湾的工业布局圈层结构和经济发展梯度。2010年以后，形成双核结构的核心经济区。2020年以后，工业布局活动由主要进行外延扩大再生产向以内涵扩大再生产为主的工业布局转化。

本次规划对准格尔旗中心城市薛家湾及其周边地区进行了深化研究，重点对人口、居民点规划布局、产业发展思路和布局、基础设施、生态环境保护等问题进行了探讨。鉴于薛家湾自身用地条件的制约和已形成的城市结构雏形，根据人口向中心城区集中、工业向园区集中的发展思路及其对城市空间结构影响的分析，规划提出了近期构建以薛家湾现状及规划建成区为核心，周边工业园区和城镇与其协调发展的组团开发式城市结构框架；远期以薛家湾和大路新区形成的"一城双心"结构为核心，周边采矿点和工业园区与其协调发展的组团开放式城市布局。

规划确定近期2010年，人口规模12万人；远期2020年，人口规模20万人，可能规模15万人。近期城市建设用地规模为14.6km²；人均121.72m²；远期为23km²，人均115.02m²。

本项目获得2005年的全国优秀城乡规划设计奖三等奖。项目主要完成人：雷会霞、吴锋、陈晓键、李祥平、邓向明、罗西、王亚红、高飞、王忠、韩翠云。

西安建大城市规划设计研究院　供稿

山西省晋中市灵石县夏门镇夏门历史文化名村保护规划

山西省灵石县夏门村位于晋中市和太原盆地的最南端，距省会太原160km，距县城灵石10km。夏门村背靠吕梁山，面临汾河水，坐落在濒临汾河的一片青石崖上；南同蒲铁路和108国道穿境而过，县乡公路傍村而行。地理位置险要，交通网络便捷，使这里自古以来就是晋陕要卫。夏门村背依龙岗，文峰如屏，汾水如带，人杰地灵，梁氏一族在夏门村东，依山展开建成了规模宏大的建筑群，世称"夏门古堡"。2008年底，夏门村被住房和城乡建设部、国家文物局公布为第四批中国历史文化名村。

本次保护规划从人居环境科学的视角，揭示了夏门古村"坞堡＋桃花源"的人居模式及其空间营造智慧。其夏门古堡妙得山水，随势而建，以奇特的砖石拱券技术，构筑了"山 堡 河 楼"四位一体的山地聚落空间形态，形成立体多变的防御体系，并回应保留了文人士大夫审美特质等特色。

保护规划进一步分析提炼夏门古堡的价值特色，并从地境、轴线、骨架、群域、标志、边界、基底和景致等八个要素切入，探索古堡的整体空间艺术构架。针对夏门村的历史文化特色、遗存现状、遗产类型及其存在的问题，划定保护范围，提出了从山水环境、聚落结构到历史建筑等八个保护层次，及相应的保护要点和措施。与此同时，规划特别强调"古村落是历史的人居环境，又是现代人居环境的重要组成部分"的观点，结合夏门古堡的整体价值定位，从夏门村人居环境持续发展的角度，提出了古村发展规划方案，更好地协调了保护与发展之间的关系。

本项目获2007年度全国优秀城乡规划设计奖三等奖。项目主要完成人：王树声、高必争、汤道烈、李祥平、肖波、李慧敏、李欣鹏、王波峰、赵怀栋、吴晶晶。

西安建大城市规划设计研究院　供稿

5·12地震灾后略阳县城及新区恢复重建规划

西安建大城市规划设计研究院

5.12地震灾后略阳县城及新区恢复重建规划

获2009年度全国优秀城乡规划设计表扬奖

主要编制人员：杨洪福、宋平、冯红霞、刘宁、朱建军、李祥平、王安平、高宁、刘昊、王亚红

2008年5月12日，四川汶川发生里氏8.0级特大地震，地震波及陕西略阳，给全县人民生命安全和社会经济发展造成重大伤亡和巨大损失，略阳是"5·12"地震中陕西省受灾最为严重的县之一。为适应略阳灾后恢复重建工作的需要，尽快恢复灾区正常经济社会秩序，根据国务院《汶川地震灾后恢复重建条例》的要求，略阳县政府组织编制了此次5·12地震灾后略阳恢复重建规划。

本次规划以略阳县中心城区及接官亭新区为规划范围。2008年中心城区有常住人口8.12万人，已建成区面积338.5hm²，接官亭新区区内有两个居民村约4000余人，总用地面积2.0km²。

此次恢复重建规划是在总体规划的指导下完成的，结合灾后城区的现状和发展要求，对城区空间格局、功能结构、交通体系进行必要调整，重新定位接官亭新区和中心城区的关系。并按照恢复城市功能、提高防灾能力、突出城市特色、促进和谐发展四点原则进行规划设计。中心城区表现为"三心、三水、五园、七片"的规划结构。

重建目标为恢复期（2008—2010年），基本解决受灾群众安全居住问题，基本完成交通、电力、通信、供水、教育、卫生等设施的灾后恢复和重建任务，疏解过密的城市中心区，开辟公共空间和避难场所，启动接官亭新区建设；远期（2011—2020年）以提高中心城区抗灾防灾能力为重点，以建设生态型城镇为目标，把略阳县城建成安全宜居、设施完善、环境优美、特色鲜明、文化浓郁的新型城镇。

本项目获2009年度全国优秀城乡规划设计奖表扬奖。项目主要完成人：周庆华、李岳岩、陈静、姚继涛、张沛、胡永红、李祥平、吴左宾、张杨武、庞小梅、宋平、詹凯、白钰、薛华、范娜。

西安建大城市规划设计研究院　供稿

榆林古城区城市设计

　　榆林古城又称驼城,占地面积约 2.14km²,是国家级历史文化名城。伴随城市社会经济的快速发展,古城"南塔北台、六楼骑街"的历史风貌格局备受冲击,新区建设又使古城区位边缘化和功能衰退的问题日益凸显。

　　围绕使榆林古城独特风貌得以保护和传承发展这一核心设计目标,规划首先就榆林古城风貌构成要素及古城综合价值加以全面深入的分析研究。

　　在保护榆林古城独特的城池格局、传统的南北轴线、密质的空间肌理等景观形象核心要素的基础上,进一步研究古城功能的疏解转化、空间资源的优化利用、人口规模的发展引导、各类交通的组织梳理等,以构筑保障古城风貌的支撑平台。本次城市设计工作不囿于环境风貌的保护与营造,而是将影响古城可持续发展的社会问题、经济问题与传统风貌保护等问题加以综合研究,形成保障古城社会与空间协调共进全面发展的内容框架。针对古城特性,从保护与发展的双重视角入手,应用城市设计的工作方法,同时,融入城市策划的思想方法,实现传承古城风貌、改善人居环境、营造和谐社会发展氛围的规划目标。不仅对榆林古城可持续发展具有现实指导意义,也对我国其他历史古城保护与发展具有一定的借鉴意义。

　　本项目获得 2011 年度全国优秀城市规划项目三等奖。项目主要完成人:雷会霞、周庆华、谢莉莉、冯红霞、杨洪福、李祥平、王建东、刘全平、申孝海、苗立群、刘静、王琳、刘涛、刘丽娟、古春军。

西安建大城市规划设计研究院　供稿

西安市纺织城地区振兴发展规划研究

西安纺织城地区建于 20 世纪 50 年代，是我国"一五"期间重要的纺织品生产基地之一，由苏联专家帮助建设。纺织城地区地处西安市东郊浐、灞河之间，白鹿塬北麓，总面积 36.83km²，核心区面积约 5.3km²；拥有六家纺织企业和少量其他企业，常住人口 10 万人，其中纺织企业职工人数约 5 万人。由于企业均面临政策性破产局面，纺织城这一曾经拥有辉煌历史的地区已成为目前西安市贫困人口相对集中、发展较为滞后的区域。2007 年 10 月西安市正式提出全面振兴纺织城地区的战略性任务，经过方案征集等前期工作，我院承接了西安市纺织城地区振兴发展规划专项研究的编制工作。

依据上位规划及新一轮西安市总体规划修编的构想，结合规划区现状，确定以科学发展观为指导，以产业经济发展为抓手，以和谐社会建构为目标，注重经济、社会、空间、环境效益的统筹发展，实现纺织城地区全面振兴；挖掘纺织城特色文化，将工业遗产保护与改造相结合，通过新旧结合有机更新优化用地布局，完善城市交通、商贸服务等职能，加强生态环境建设，营造高品质的空间环境；为保障规划的可操作性，进一步强化在企业脱困、群众脱贫目标导向下的分期实施建设方法与途径。力求产业与社会的和谐发展、空间环境新旧和谐优化、分期实施的和谐建设。

本次振兴发展规划以调整产业结构，引入活跃经济元素，形成新的经济增长点为突破口，形成由纺织、商贸物流、文化创意、房地产及旅游五大产业共同支撑的产业与社会和谐发展思路；以国际商贸中心为核心区，以浐、灞河水域生态环境为纽带，以旧工业厂房改建和纺织文化延续为主线，体现产业、社会、文化等要素相互推进的空间环境新旧和谐优化思路；为保证规划的可操作性和更新改造工作的有序开展，提出政府引导、市场运作、一厂一策、分步实施，综合平衡各种利益关系的分期实施和谐建设思路。

规划编制完成后于 2008 年 3 月 13 日通过西安市委常委专题论证会审查，并确定实施，随着实施工作的逐步开展，纺织城地区振兴发展工作成效显著。新的纺织产业园已具雏形；部分旧工业区改造初显端倪；道路交通联系大为改观；城市空间形象进一步提升。

本项目获 2011 年度全国优秀城乡规划设计奖三等奖。项目主要完成人：周庆华、雷会霞、陈晓键、吴左宾、陈道麟、席保军、兰峰、任云英、王翠萍、吕向华、史晓峰、倪用玺、杨彦龙、谢莉莉、白钰。

西安建大城市规划设计研究院　供稿

安康市城市总体规划（2010—2020）

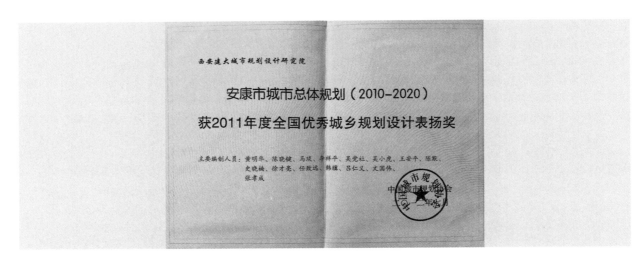

安康市位于陕西省东南部，北依秦岭，南靠巴山，汉水横贯东西，河谷盆地（安康盆地）居中，被誉为"西安后花园"。

本次总体规划以保护生态环境、严格控制环境容量为基本出发点，按照剩余可建设用地开发量及2020年资源环境承载力预测规划期末安康各区、县总人口规模。到2015年、2020年安康市域城镇化水平为46%、56%，中心城区人口规模分别为45万和60万人。

城镇体系规划注重生态环境特点，构建以中心城区为核心，月河川道城镇带为主体，旬阳、平利为两翼，"一体两翼"、五个层级的城镇体系。安康市城市性质确定为：连接关天、成渝、江汉三大经济区的重要交通枢纽；西北重要的清洁能源、新型材料、富硒食品、安康丝绸、生物医药基地；旅游休闲、生态宜居的山水园林城市。

产业发展规划以生态、绿色为核心，以绿色循环经济理念为指导，以集约布局的城镇和园区为承载，以"一体两翼"为重点区域，加快推进城镇化、新型工业化、农业现代化，重点发展并壮大安康生态旅游和现代物流为龙头的特色服务业。

从自然生态保护和城区发展建设两个方面构建安康城区生态适宜性评价框架，选取防洪安全格局、坡度、坡向、交通便捷度等8个生态评价因子，综合评定安康未来可建设用地条件，在节约土地资源的同时满足安康经济、社会的发展需求。规划形成"一江两岸、一心多区"的空间结构。

同时规划注重发展建设时序、体现"低碳"理念的"分期规划"，将安康由现状到远景分为五个发展阶段，确保城市以现状为基础到远期直至远景紧凑发展。其中后一阶段在前一阶段的基础上持续滚动、循序渐进，保持结构完整合理，布局低碳、可持续地生长。

本项目获2011年度全国优秀城乡规划设计表扬奖、陕西省优秀城乡规划设计一等奖。

本项目获得全国优秀城乡规划设计奖表扬奖。项目主要完成人：黄明华、陈晓键、马琰、李祥平、吴党社、吴小虎、王安平、陈默、史晓楠、徐才亮、任志远、韩骥、吕仁义、文国伟、张孝成。

西安建大城市规划设计研究院　供稿

咸阳市旬邑县太村镇总体规划（2009—2020）

太村镇位于旬邑县域中部塬区，距县城仅 7km。2008 年镇域人口 35498 人，用地面积 74.20km²。太村镇区位条件优越，地处关中城镇建设三级城镇带和渭北大环线上，211 国道和 306 省道在此交汇。近年来，随着关中城镇群和彬—长—旬陕西第二能源化工基地的建设，加之合凤高速、咸旬高速和彬旬引线道路的建设，以及县城主城区和太村工业园区的快速发展，太村镇迎来了前所未有的发展机遇。

本次规划在对太村镇区位、政策、经济、社会、生态、文化等方面系统分析的基础上，强化与工业园区和旬邑县城主城区的整体融合发展，以总体战略发展为前提，重点对镇村体系规划、镇域统筹城乡发展、镇区用地布局、道路交通组织、城镇空间架构等方面进行深化完善，以指导太村镇未来的建设发展。

本次规划在对政策环境、区位研究、上位规划探讨、现状分析的基础上，从发展定位和规模、镇村体系规划、镇域统筹城乡规划、镇区建设规划四个方面重点研究太村镇的发展。

本次总体规划探讨了面向区域竞合态势的城镇整体发展思路。通过对旬邑县域内城镇进行竞合态势分析，明确太村镇在区域中的职能、定位和功能，从而提出太村镇整体发展思路。

构建了以因子评价为科学依据的镇村体系格局。选取人口规模、交通条件、公共服务设施、产业情况以及土地资源五个方面作为评价因子，通过等级评判来确定各村庄的现状综合发展条件，形成镇村体系结构。

提出了以集约为目标的公共服务设施资源配置。以"优化资源配置、镇域内集约服务"为原则，实现教育、医疗等镇域公共服务设施的均衡集约协调发展。

确立了以空间模型为导向的镇区空间建设布局。通过空间模型反复演示推敲，协调镇区与周边地域，中心区与镇区关系，合理规划镇区空间布局和用地，提出"总体融入，凸显中心"的空间构想。

本项目获 2011 年度全国优秀城乡规划设计奖村镇规划类三等奖。项目主要完成人：吴左宾、吴党社、王杨、万晓剑、陈晓键、李祥平、张会民、朱建军、王安平、刘昊。

西安建大城市规划设计研究院　供稿

石嘴山城市总体规划（2010—2025）

石嘴山市位于宁夏银川平原的北部，距首府银川 80 公里，是宁夏第二大城市，市域土地总面积约 5310km²，现辖大武口区、惠农区、平罗县三个县区，现状总人口 74.52 万。

石嘴山作为国家第一批资源枯竭型经济转型城市、国家循环经济试点城市和宁夏统筹城乡发展试点城市，伴随经济社会的快速发展和城市化进程的不断深入，石嘴山城市的发展迎来了新的机遇和挑战。在呼包银经济区和沿黄经济区大背景下，石嘴山周边区域条件发生较大改变，同时城市建设有了较大发展。

城市总体规划确定的城市性质为：呼包银经济区和宁夏沿黄经济区的重要节点，宁蒙接壤区的中心城市，以装备制造、新材料、陆港物流、能源化工为主的西北地区重要工业基地，宜业宜居的山水园林新型工业城市。

石嘴山现状市域总人口为 74.52 万人，规划到 2015 年 85.0 万，2020 年 88 万，2025 年 100 万。规划期内市域城镇化水平确定为：2015 年 74%，2020 年 79%，2025 年 81%；规划期内市域城镇人口为：2015 年 62.9 万，2020 年 70.0 万，2025 年 81.0 万。城市建设总用地远期控制在 18.00km² 以内。

石嘴山市域城镇体系规划构建以"双核三点、一轴两带、四大园区"为主体的整体框架，其他城镇有机结合的空间大格局。"双核三点"：大武口＋平罗中心核、惠农＋陆港经济区工业核；"一轴两带"：沿 109 国道、包兰铁路、京藏高速城镇发展主轴、沿贺兰山产业发展带、沿黄旅游发展带；"四大园区"：石嘴山经济技术开发区、石嘴山经济开发区、石嘴山生态经济区和宁夏精细化工基地。

石嘴山作为国家首批资源枯竭型经济转型城市和国家循环经济试点城市，规划从城市周边比较分析、产业发展、规模预测、区域空间结构及城市环境特色强化等多方面，探索以提升城市竞争力为核心的规划研究思路和方法，实现经济社会发展方式的根本转型。

本项目获 2014 年度全国优秀城乡规划设计奖表扬奖。项目主要完成人：黄明华、吴左宾、胡永红、吴党社、朱建军、李勇、刘昊、王安平、徐才亮、葛卓、余阳、寇聪慧、冯斌、侯玉翠、哈建军。

西安建大城市规划设计研究院   供稿

西安总体城市设计

西安是世界四大文明古都之一，中华文明溯源地，丝绸之路起点。唐长安城是东方古典城市设计的典范代表，在世界城市建设史上独树一帜并产生着重大影响。自唐以后，西安的城市地位下降，城市建设也不如以往。中华人民共和国成立以后，西安经历了四轮城市总体规划，积累了丰富的城市建设经验。但在新时期快速城市化的过程中，西安也遇到了历史保护与城市发展的困境和诸多现实问题。

近年来，在国家大力弘扬传统文化建设的背景下，西安作为彰显中华文明和东方文化价值观的重要表征区，理应当承担起增强民族文化自信，实现中华民族伟大复兴的重要责任。

城市设计是展现文化内涵、塑造城市特色最直接有效的手段。在国家新型城镇化建设思想指导下，由西安市规划局组织，西安建大城市规划设计研究院与西安市城市规划设计研究院的专家和骨干组成西安总体城市设计工作小组，于2015年承接了西安总体城市设计项目工作。

该项目作为西安城市设计体系中最高层次的城市设计，对西安的宏观城市格局和城市重点问题进行深入研究，形成了以文化价值为导向的城市设计研究特色，探索出一套特大城市总体城市设计编制与管控体系，指导各行政区和重点地段城市设计工作，并为第五轮城市总体规划作铺垫。

本项目获得2016年度全国优秀城乡规划设计奖二等奖。项目主要完成人：周庆华、李琪、龙小凤、雷会霞、任云英、郝钊、杨彦龙、白娟、李晨、孙衍龙、舒美荣、薛妍、周文林、薛晓妮、王杨、张江曼、倪萌、李薇、杨晓丹、王晓兰。

西安建大城市规划设计研究院　供稿

陕西省西咸新区现代田园城市建设标准

2014 年，国务院批准西咸新区为国家级新区。西咸新区是构建欧亚新丝绸之路经济带的重要支点，是推进西咸一体化、共建西安国际化大都市的重要板块，是创新城市发展方式，探索新型城镇化途径的重要范例地区。

在对西咸新区现代田园城市的概念内涵与主要特征进行简要诠释的基础上，提出了城乡融合的功能构成、疏密有致的空间格局、低碳便捷的交通体系、田园特色的风貌景观、和谐发展的社会生态、循环绿色的产业经济、传承创新的城市文化、高效完善的公共设施、节能环保的生态技术、高效现代的智慧新区十大特征。

对应现代田园城市总体建设要求与框架，分别对田园城区、优美小镇、田园生态区三大功能板块进行差异性的分类控制，并进行指标量化与内容细化。田园城区强调城市形态、交通体系、公共设施等建设区特征；优美小镇强调功能、形象、配套设施等主题小镇的特色营建；田园生态区则侧重绿化格局、生态安全、农田保护等生态景观要求。

在上述工作基础上，根据西咸新区现代田园城市特征，参照相关案例与资料，初步提出相关建设指标提炼与汇总，形成指标体系。建设指标体系涵盖 9 大类、28 小类、101 项指标。

本建设标准重点针对西咸新区现代田园城市物质建设的纲领性要求而制定，实际工作中，必须依据实际情况制定不同层次、不同门类的实施细则，进一步落实本标准，从而指导和规范西咸新区现代田园城市规划设计、建设、管理、运营等各方面工作。

本项目获得 2016 年度全国优秀城乡规划设计奖表扬奖。项目主要完成人：周庆华、杨彦龙、田达睿、梁东、雷会霞、樊婧怡、陈晓键、李祥平、冯红霞、罗旖旎、俞波睿。

西安建大城市规划设计研究院　供稿

秦巴山脉绿色城乡空间建设战略研究

秦巴山脉区域涉及国土面积约 30.86 万 km²，分属五省一市所辖，区域总人口 6164 万，常住人口城镇化水平 32.75%，远远落后于我国城镇化平均水平。区域社会经济和城乡发展均较为落后，但因其承担着我国南水北调核心水源涵养的重要功能，是生物多样性生态功能区的重要承载地，也是众多城市的生态涵养区和生存依赖区，生态保护与经济发展、资源保护与城乡建设的矛盾十分显著。

在一带一路和脱贫攻坚战略的背景下，强化秦巴山脉生态保护，推进绿色循环发展，构建绿色城乡人居环境，对于全面建成小康社会、实现中华民族伟大复兴的中国梦具有重大意义。基于此，中国工程院 2014 年启动了重大咨询研究项目"秦巴山脉绿色循环发展战略研究"，我院负责完成"秦巴山脉绿色城乡空间建设战略研究"子课题，最终形成了课题报告及多项重要对策建议等一系列成果，为我国秦巴山区乃至广大山区的绿色城乡发展提供了借鉴思路。

本研究针对秦巴山区发展现状问题，从城乡空间发展的趋势研判以及国际经验的借鉴研究入手，确定了秦巴山脉区域城乡空间绿色循环发展的总体目标和区域协同、绿色人居、空间引导、特色风貌四大战略：以绿色、协调发展为指导，协调秦巴山脉区域关系，构建秦巴山脉区域空间协同发展机制；协调生态保护保育与人口分布，引导建设秦巴绿色人居体系；以秦巴城乡产业布局为基础，优化区内城乡空间，构建城乡绿色基础设施体系；划分特色风貌区划，彰显秦巴自然与人文底蕴。

本课题研究系统认知秦巴山脉价值，揭示秦巴地区绿色崛起的国家战略意义；丰富绿色循环发展理论，探索山地特色城镇化模式；构建秦巴国家公园体系，推进生态本底保护和文化精神传承；依托环秦巴城市地区，构建秦巴绿心模式；构建山地全域绿色循环人居模式，形成四大绿色城乡建设路径。课题在研究报告的基础上，形成了 3 份全国人大代表建议，1 份省政府建议，发表二十余篇学术论文，出版《秦巴山脉绿色循环发展战略研究报告》丛书城乡规划卷。推动了大熊猫国家公园的实施建设，指导了商洛、汉中等秦巴腹地城市的绿道建设、城市设计。与其他课题组共同举办秦巴论坛，促进了六省市协同发展机制的建立，形成了具有影响力的《秦巴宣言》。

本项目获得 2018 年度全国优秀城乡规划设计一等奖。项目主要完成人：周庆华、吴左宾、吴唯佳、雷会霞、武廷海、和红星、吴晨、敬博、牛俊蜻、郭乾、徐滢、王丁冉、吴锋、胡永红、孙英良、李炬、魏书威、杨彦龙、吴良镛、徐德龙。

西安建大城市规划设计研究院　供稿

商洛市北宽坪美丽乡村建设规划

　　商洛市北宽坪镇位于秦岭支脉——蟒岭的腹地，北依洛河，南连丹江，地处商洛"一体两翼"城市发展战略的重要通道之上。该片区自然环境优美，红色文化资源丰富，野生药材蕴藏丰富，村庄田园风光秀丽，是秦岭山区小流域乡村群落的典型代表。本次规划以北宽坪村为主，包括杨塬、何家塬、张河、小宽坪在内共五个村，规划范围南北绵延 22km，总人口 7218 人。

　　规划依托区域良好的生态环境和资源禀赋，以"看得见山、望得见水、记得住乡愁"为指导思想，建立"三位一体"的目标定位，并提出"三生融合"的发展模式、"三核集成"的空间布局、"三化协同"的风貌引导和"三方联动"的实施路径。

　　围绕精准扶贫、民生工程和产业发展三条主线，规划通过建设市政设施和改善人居环境等民生工程，奠定精准脱贫的坚实基础，通过特色产业增收和乡村旅游开发等扶贫行动，强化精准扶贫的产业支撑，将北宽坪美丽乡村打造成为秦岭山区流域乡村群和新型城镇化建设示范区。

　　以生态为先导，以绿色村庄建设为基础，推动旅游业与当地农业深度融合，实现田园生态、生产和生活的有机统一。以蟒岭绿道建设为契机，营造集农业观光、运动休闲和红色旅游等于一体的郊野田园风光。生活方面通过村庄环境整治、院落美化、基础设施提升，切实改善村庄人居环境。

　　通过蟒岭绿道串联红色小镇北宽坪、水色竹韵何家塬、乡村门户会峪村三大特色村庄，构建锦绣山川、湿地漫步、牧童遥指、多彩花海和红色小镇五大乡村片区，形成串珠式布局的秦岭山区小流域美丽乡村群落。

　　避免大拆大建，以微创式的建设理念，因地制宜制定改造提升措施，采取简单易行的景观形式，适宜的建筑体量和规模，乡土化的景观风貌和材料，突出陕南地域特色和原野风光。规划强调村民参与，鼓励村民自发改造院落环境。规划以项目库和任务分工表来建立分工清晰明确的工作体系，提高工作效率，保障规划实施。

　　自 2015 年 7 月 1 日开工以来，已脱贫 389 户计 1552 人；与陕西森弗高科实业有限公司合作，流转农村土地 3000 亩种植野生药材和经济作物；拓宽改造会峪口至洛南界 33 公里的公路，建成了 22km 长的自行车绿道；美丽乡村建设有序推进，村庄基础设施改造全面完成。

　　本项目获得 2018 年度全国优秀城乡规划设计奖村镇规划二等奖。项目主要完成人：吴左宾、李炬、高雅、王金萍、王军、严洪伟、刘翔、范娜、高宁、张文、李莹、沈诗、高小雄、程功、兰天泽。

西安建大城市规划设计研究院　供稿

云南会泽历史地段保护规划与建筑整治研究

云南省会泽县古时铜的开采、冶炼、铸币、运输等方面曾盛况空前，被冠以"万里京运第一城"的美名，会泽县城至今仍遗留有会馆、寺庙100余座，形成了别具一格的铜商文化和会馆文化。会泽县城于2013年被列为国家历史文化名城，建筑形式与街区环境具有典型的中国西南地域特色，但是目前会泽历史文化街区的土木建筑大多年久失修，市政设施缺损，当地政府与居民迫切希望对老城整体环境进行保护与改善。2013年党中央、国务院交办中国工程院对云南省会泽县进行定点扶贫，2014年初，我院作为中国工程院委托单位开展了会泽县历史文化名城的保护规划工作。

本次规划将会泽置于区域发展格局中进行资源比较和定位研究，强调与滇西的错位发展，突出作为"天南铜都"的文化优势，提出了西有"茶马古道"，东有"铜运古道"的发展思路，在此基础上策划了重点旅游项目和组织了新的旅游线路。以古城保护为基础，将古城、古村保护与产业发展相结合，从而实现科技扶贫与促进地方发展的总体目标。采取多学科融合、多工种推进的工作模式，整合各种优势资源，成立了区域经济、建筑结构鉴定、保护规划、建筑设计、建筑材料等工作组。从古城保护规划、建筑设计和建筑材料等方面入手，建构具有系统性、可操作性的项目推进体系，通过建筑保护研究和生态材料的应用研究，努力在历史文化名城土木结构传统建筑保护方面取得技术突破。

规划于2015年4月通过了评审，傅熹年、徐德龙、江欢成等院士专家给予了高度评价，一致认为该规划融合规划、建筑和材料等多个学科，工作方法值得推广，工作集宏观、中观、微观三位一体，有很强的可操作性，规划成果"非常接地气并具有可实施性"。

规划编制完成以后，会泽县人民政府组织相关部门对东内街和西内街沿街立面进行了改造，对三道巷部分危旧民居进行了整修，对古城内主要街巷的电力、给排水等设施进行了提升，东关街两侧、堂琅直街东面、堂琅横街路口等示范户也根据规划成果进行了建设。

本项目获得2018年度全国优秀城乡规划设计三等奖。项目主要完成人：周庆华、杨洪福、谢莉莉、高磊、程芳欣、刘翔、徐才亮、夏悦、刘娇琳、崔恩泽、苏海滨、周铁钢、刘文欢、朱绘美、徐德龙。

西安建大城市规划设计研究院　供稿

介休历史文化名城保护规划

介休地处晋中盆地南端，汾河中游，历来是晋中地区的交通咽喉。已有 2500 余年的建城史，2009 年被列为山西省历史文化名城，古城保护范围为 2.37km²。

规划从"中华民族共有精神家园"的高度出发，充分认识介休历史文化名城特色、价值与地位，注重优化保护规划与城市总体规划、协调保护与发展的关系，确保城市整体协调发展，同时坚持"积极保护，整体创造"的思想，整合介休现存碎片式分布的历史遗存，保护和重构介休古城文化秩序，重振古城文化精神，促进古城文化复兴；从以往的被动、静止、孤立的遗产保护，走向全方位城市文化环境的整体创造；坚持以人为本，改善旧城生活环境，提高市民生活水平。同时坚持整体性与真实性相统一的原则，根据不同的保护对象制定不同的保护策略，实施分层次的保护方针。规划以介休古城现状为基础，因地制宜，实事求是，建立符合介休古城实际，便于操作的保护规划体系。

本次保护规划将介休古城定位为"琉璃之城、寒食之乡、三贤故里、文化名邦"，从市域层面提出介休整体"一山一水一轴线，一城三村六四点。两区四廊十二泉，三塔一峰一环连"的遗产保护框架。划定历史文化名城的保护范围，提出"抢救、保护、创造、复兴"的总体思路。确定介休市域山水艺术空间架构、介休旧城历史空间格局、介休城内的历史文化遗产、历史街巷及其名称、古树名木和非物质文化遗产的保护抢救内容，并进一步确定介休古城修复的原则及相关内容，为介休古城历史风貌的整体保护做出了具体的计划与安排。保护规划从古城中心的建立及城市轴线的确立、最能彰显城市特色的关键地段的选择、修旧交融关键点的选择、新要素的性质定位及其位置选择、文化网络与步行体系的建立、现代生活方式的注入、原有历史精神的复兴及特色品牌的形成等八个方面探索介休古城的文化再创造与整体复兴。最终划定历史文化街区的范围，确定古城内建筑的整治更新方式，进一步对古城非物质文化遗产的保护与传承、古城的展示与利用提出具体的措施，并分期分区进行科学管理，使保护规划更具备指导意义与可操作性。

本项目获得 2018 年度全国优秀城乡规划设计奖三等奖。项目完成人：王树声；李欣鹏；严少飞；陈旭；朱玲；王凯；赵怀栋；李小龙；徐玉倩；崔陇鹏；崔凯；刘鹏；郭玉京；张虹；来嘉隆。

西安建大城市规划设计研究院　供稿

4.3 工程实践大事记年表

1956

◆ 1956 年我系教师彭埜教授主持兴庆公司规划设计方案。

1958

◆ 建筑系师生积极研究人民公社的建筑设计工作。完成了西安市郊区东风人民公社和为难县双王乡红旗人民公社的总体规划和社本部建筑设计方案，包括宿舍、食堂、托儿所和饲养室等。

◆ 1958 年按照"教育为无产阶级政治服务，教育与生产劳动相结合"的教育方针，建筑系成立了"土建设计室"（建筑设计研究院的前身）。下半年扩编为设计院。系主任林治华兼任院长，副院长梁绍俭，主持日常工作，张剑霄任总工。

1959

◆ 建筑系教师沈元凯主持设计的西安电报大楼，总建筑面积 1.9 万 m^2，1959 年动工兴建，1963 年竣工使用。该建筑设计因其简洁的外立面，欧式建筑风格的塔楼，局部精致的雕刻成为西安的标志性建筑。2007 年，作为中华人民共和国成立后兴建的代表性建筑，被列入西安市第三批市级文物保护单位。2014 年 6 月 13 日，陕西省人民政府正式公布为第六批陕西省文物保护单位。

1960

◆ 李觉老师带领的农村人民公社规划研究组作为全国先进集体，在北京中国建筑学会全国会议上介绍经验，受到国家建工部表扬。

1961

◆ 建筑系完成了学校行政办公楼的设计任务。

◆ 因国家经济困难，设计院撤销。

◆ 建筑系工业建筑设计教研室部分教师和建筑 5、6 年级 16 名同学，组成有色冶金建筑科研小组，从 2 月底深入到南京、上海、常州、铜官山等地的有色冶金厂矿企业，与厂矿企业协作，完成了 1 万多 m^2 的车间设计任务，同时还完成了 18 项科学研究项目。

1965

◆ 建筑系完成了学院图书馆的设计任务。

1974

◆ 为了适应学工的要求，学院抽调各专业教师，成立了设计室，归建筑系领导。主任陈来安。

1980

◆ 1980 年中国建筑学会建筑设计学术委员会与文化部艺术局联合举办了"全国中、小型剧场设计方案竞赛"。这次竞赛是中华人民共和国以来参加人数最多的民用建筑设计竞赛之一。西安冶金建筑学院建筑系教师刘静文、刘世忠的作品，刘宝仲、吴廼珍、周若祁的作品获得佳作奖；葛悦先的作品获鼓励奖。

1981

◆ 冶金部首次为设计室颁发了冶设证第 28 号设计证书，准予承担中小型民用建筑工程及配套工程建筑设计任务。

1983

◆ 由学校呈报冶金部批准，设计室改为建筑设计研究所，处级建制，脱离建筑系，归学校领导。后改名建筑设计研究院，院长梁绍俭，总工沈元凯。

1985

◆ "唐山地震纪念碑"获全国竞赛三等奖，设计人：刘克成，李京生。

1989

◆ 建筑系获延安火车站设计竞赛二等奖 。

1990

◆ 建筑系李觉等 6 位教师在国际梅尔沃基"未来工业城市设计竞赛"中获国际城市设计竞赛优秀奖。

◆ 建筑系承接了整修黄帝陵规划设计任务。6 月 8 日、9 日，党和国家领导人李瑞环、王震、习仲勋以及有关专家戴念慈、郑孝燮等先后三次在人民大会堂陕西厅听取了整修黄帝陵规划设计方案的汇报，对第一阶段所做的工作给予充分肯定。

1991

◆ "西安工贸中心服务楼"获陕西省建设厅第五次优秀工程勘察设计评选 三等奖。主要完成人：秋志远、周若祁、刘宏斌、付桂秀、蒋友琴、薛遵义、林守琰。

◆ 建筑系和设计院得到了黄帝陵建设工程的设计权。

1994

◆ 1994 年 4 月 4~6 日，黄帝陵基金会分别在黄陵和西安举行了"海峡两岸建筑学人'黄帝与黄帝陵整修'学术探讨会"。全国政协主席李瑞环接见了与会代表，并就整修黄帝陵工作发表了重要讲话。

1998

◆ "整修黄帝陵一期工程庙前区设计"荣获陕西省建设厅第九次优秀工程勘察设计评选 一等奖。

◆ "襄樊市沿江大道修建性详细规划"荣获陕西省优秀城乡规划设计奖 一等奖。

◆ "丹凤县城市总体规划"荣获陕西省优秀城乡规划设计奖 三等奖。

◆ 省政府召开整修黄帝陵一期工程总结表彰会。学校被评为先进单位，赵立瀛、周若祁被评为先进个人。

1999

◆ 99'昆明世界园艺博览会陕西室外展团"唐园"设计荣获李岚清副总理签发的金奖 2 项、银奖 1 项。完成人员：程平、吴昊。

2000

◆ "宝鸡市城市总体规划—城市设计"荣获陕西省优秀城乡规划设计奖 一等奖。

◆ "广东省博罗县城总体规划"荣获陕西省优秀城乡规划设计奖 二等奖。

2001

◆ "固原城市总体规划"荣获陕西省优秀城乡规划设计奖 一等奖。

◆ "咸阳市人民路（西兰路）环境景观设计"荣获陕西省优秀城乡规划设计奖 一等奖。

◆ "安康市城市总体设计"荣获陕西省优秀城乡规划设计奖 二等奖。

◆ "青海省互助县城总体规划"荣获陕西省优秀城乡规划设计奖 三等奖。

2003

◆ "西安建大新建阶梯教室"荣获陕西省建设厅第十二次优秀工程勘察设计评选 三等奖。

◆ "肇庆市鼎湖城区总体规划"荣获陕西省优秀城乡规划设计奖 一等奖。

◆ "西安经济技术开发区二期用地控制性详细规划"荣获陕西省优秀城乡规划设计奖 一等奖。

◆ "黄河兰州市区段及两岸地区规划设计"荣获陕西省优秀城乡规划设计奖 一等奖。

◆ "汾阳城市广场地段修建性详细规划"荣获陕西省优秀城乡规划设计奖 三等奖。

◆ "榆林市榆溪公园修建性详细规划"荣获陕西省优秀城乡规划设计奖 三等奖。

2005

◆ 博士导师王小东院士获罗伯特·马修奖 。

◆ "准格尔旗城市总体规划"荣获全国优秀城乡规划设计奖三等奖。

◆ "准格尔旗城市总体规划"荣获陕西省优秀城乡规划设计奖 一等奖。

◆ "南太白山（周至）生态保护与旅游发展总体规划"荣获陕西省优秀城乡规划设计奖 一等奖。

◆ "呼图壁县城局部地段控制性详细规划"荣获陕西省优秀城乡规划设计奖二等奖。

◆ "陕西户县东韩村农民画庄修建性详细规划"荣获陕西省优秀城乡规划设计奖 三等奖。

◆ "肇庆市局部地段城市设计"荣获陕西省优秀城乡规划设计奖 表扬奖。

◆ 3月，由刘加平主持申报的"黄土高原新型窑居建筑"获建设部全国绿色建筑创新奖（工程类）三等奖。

2006

◆ 刘加平教授主持的"黄土高原绿色窑洞民居建筑研究"被评为联合国人居署2006"世界人居奖"优秀项目。

◆ 由刘克成主持设计，被专家誉为"文物保护和利用上的一个成功典范"的我国第一座现代化全地下遗址博物馆——"汉阳陵帝陵外藏坑保护展示厅"面向游客正式开放。

2007

◆ 博士导师王小东院士荣获第四届梁思成建筑奖。

◆ "汉阳陵帝陵外藏坑（A段）保护展示厅"荣获陕西省建设厅第十四次优秀工程勘察设计评选 一等奖。

◆ 刘克成教授主持设计的"汉阳陵帝陵外藏坑保护展示厅基本陈列"获第七届全国博物馆十大陈列展览精品奖。

◆ "西安建筑科技大学建筑综合实验大楼"荣获陕西省建设厅第十四次优秀工程勘察设计评选 三等奖。

◆ "山西省晋中市灵石县夏门镇夏门历史文化名村保护规划"荣获全国优秀城乡规划设计奖三等奖。

2008

◆ 由我院教师段德罡、万杰、赵西平、井敏飞老师组成第一批专家团，周庆华、李岳岩、李祥平、胡永红、吴党社、宋平等组成第二批专家团赴绵竹灾区抗震救灾。

◆ "汉阳陵帝陵外藏坑（A段）保护展示厅"荣获国家城乡建设部优秀设计二等奖。

◆ "西安高新区一、二期用地改造与更新规划"荣获陕西省优秀城乡规划设计奖 一等奖。

◆ "洛川城市总体规划"荣获陕西省优秀城乡规划设计奖 二等奖。

◆ "西安曲江新区空间形态高度控制研究"荣获陕西省优秀城乡规划设计奖二等奖。

◆ "内蒙古萨拉乌苏旅游区巴图湾服务中心"荣获陕西省优秀城乡规划设计奖 三等奖。

◆ "渭南高新产业实验区中西部控规"荣获陕西省优秀城乡规划设计奖 三等奖。

◆ 学校与香港"无止桥"慈善基金会、四川广元市剑阁县下寺村村委会的代表，签署了灾后重建 XWX 联合行动项目意向协议。

2009

◆ 段德罡老师当选"2009 中国设计业十大杰出青年"。

◆ "西安万达商业广场"荣获陕西省建设厅第十五次优秀工程勘察设计评选 一等奖。

◆ "西安浐河米家崖景区综合治理工程景观设计"荣获陕西省建设厅第十五次优秀工程勘察设计评选 三等奖。

◆ "5.12 地震灾后略阳县城及新区恢复重建规划"荣获全国优秀城乡规划设计奖表扬奖。

◆ "三原柏社古村落保护与发展规划"荣获陕西省优秀城乡规划设计奖 一等奖。

◆ "洛川城区控制性详细规划"荣获陕西省优秀城乡规划设计奖 二等奖。

◆ "5.12 地震灾后略阳县城及新区恢复重建规划"荣获陕西省优秀城乡规划设计奖 二等奖。

◆ "榆林市中心商务区修建性详细规划"荣获陕西省优秀城乡规划设计奖 三等奖。

2010

◆ 刘克成教授主持设计的大唐西部博物馆入围第二届中国建筑传媒奖最佳建筑奖。

2011

◆ "陕西省交通建设集团公司办公基地办公大楼"荣获陕西省建设厅第十六次优秀工程勘察设计评选 三等奖。

◆ "华清学府城"荣获中国建筑学会 2011 年度全国人居经典建筑规划设计方案竞赛综合大奖。

◆ "西安民乐园万达广场商业综合体"荣获陕西省建设厅第十六次优秀工程勘察设计评选 一等奖。

◆ "榆林古城区城市设计"荣获全国优秀城乡规划设计奖三等奖。

◆ "西安市纺织城地区振兴发展规划专项研究"荣获全国优秀城乡规划设计奖三等奖。

◆ "安康市城市总体规划（2010—2020）"荣获全国优秀城乡规划设计奖表扬奖。

◆ "咸阳市旬邑县太村镇总体规划（2009—2020）（村镇类）"荣获全国优秀城乡规划设计奖三等奖。

◆ "华山风景名胜区总体规划（风景名胜区类）"荣获全国优秀城乡规划设计奖国务院批复。

◆ "安康市城市总体规划"荣获陕西省优秀城乡规划设计奖 一等奖。

◆ "榆林古城区城市设计"荣获陕西省优秀城乡规划设计奖 一等奖。

◆ "西安市纺织城地区振兴发展规划研究"荣获陕西省优秀城乡规划设计奖 二等奖。

◆ "咸阳旬邑县太村镇总体规划"荣获陕西省优秀城乡规划设计奖 二等奖。

2013

◆ "西安大唐西市博物馆"荣获陕西省建设厅第十七次优秀工程勘察设计评选 一等奖。

◆ "西安碑林博物馆新石刻艺术馆"荣获陕西省建设厅第十七次优秀工程勘察设计评选 一等奖。

◆ "西部机场集团公司航空地面服务中心办公楼"荣获陕西省建设厅第十七次优秀工程勘察设计评选 二等奖。

◆ "西安民乐园万达广场二期希尔顿酒店项目"荣获陕西省建设厅第十七次优秀工程勘察设计评选 一等奖。

◆ "西安城市理想一期工程"荣获陕西省建设厅第十七次优秀工程勘察设计评选 二等奖。

◆ "宝鸡石鼓阁"荣获陕西省建设厅第十七次优秀工程勘察设计评选 二等奖。

◆ "宝鸡代家湾小区 1 号商务楼"荣获陕西省建设厅第十七次优秀工程勘察设计评选 三等奖。

◆ "2011 西安世界园艺博览会安康园景观规划设计"荣获陕西省建设厅第十七次优秀工程勘察设计评选园林景观专项 一等奖。

◆ "2011 西安世界园艺博览会铜川园景观规划设计"荣获陕西省建设厅第十七次优秀工程勘察设计评选园林景

观专项 二等奖。

◆ "西安大唐西市博物馆"荣获全国优秀工程勘察设计行业奖 二等奖。

◆ 刘克成教授主持的"南京金陵美术馆"荣获由国际现代建筑遗产保护理事会颁发的"现代建筑遗产保护大奖"、中国建筑学会"建筑创作奖建筑保护与再利用类金奖"。

◆ "西安碑林博物馆新石刻艺术馆"荣获全国优秀工程勘察设计行业奖三等奖。

◆ "石嘴山市城市总体规划（2010—2025）"荣获全国优秀城乡规划设计奖 表扬奖。

◆ "石嘴山市环星海湖控规"荣获陕西省优秀城乡规划设计奖 一等奖。

◆ "西安建筑科技大学草堂校区城市设计"荣获陕西省优秀城乡规划设计奖 一等奖。

◆ "石嘴山市城市总体规划（2010—2025）"荣获陕西省优秀城乡规划设计奖 二等奖。

◆ "榆溪河两岸综合发展规划"荣获陕西省优秀城乡规划设计奖 二等奖。

◆ "宁强县城总体规划"荣获陕西省优秀城乡规划设计奖 三等奖。

2014

◆ "石嘴山市城市总体规划（2010—2025）"荣获全国优秀城乡规划设计奖表扬奖。

2015

◆ 李岳岩教授主持的雅安"4·20"大地震灾后重建——龙门古镇核心区、飞仙关南场镇荣获中国建筑学会"2015年人居经典规划设计"双金奖。

◆ 赵立瀛、刘永德、张勃教授荣获陕西省土木建筑学会"陕西杰出建筑师奖"。

◆ "西安大明宫万达广场商业综合体"荣获陕西省建设厅第十八次优秀工程勘察设计评选 一等奖。

◆ 刘克成教授主持设计的"金陵美术馆"荣获中国建筑学会"中国建筑设计奖（建筑创作）"。

◆ "西安总体城市设计"荣获全国优秀城乡规划设计奖 二等奖。

◆ "陕西省西咸新区现代田园城市建设标准；城市规划管理技术规定"荣获全国优秀城乡规划设计奖 表扬奖。

◆ "西安总体城市设计"荣获陕西省优秀城乡规划设计奖 一等奖。

◆ "西安白鹿原城市公园规划设计"荣获陕西省优秀城乡规划设计奖 一等奖。

◆ "石嘴山市城市规划区域城市空间梳理规划"荣获陕西省优秀城乡规划设计奖 二等奖。

◆ "陕西省西咸新区现代田园城市建设标准；城市规划管理技术规定"荣获陕西省优秀城乡规划设计奖 二等奖。

◆ "中国西凤酒城总体规划（2014—2025）"荣获陕西省优秀城乡规划设计奖 三等奖。

◆ "云南大理海东新城中心片区控制性详细规划"荣获陕西省优秀城乡规划设计奖 三等奖。

◆ "榆林户外广告体系专项规划"荣获陕西省优秀城乡规划设计奖 三等奖。

◆ "西安曲江楼观古镇城市设计（村镇）"荣获陕西省优秀城乡规划设计奖 三等奖。

2016

◆ 与福建省东山县政府签订了"西安建筑科技大学建筑学院－福建省东山县人民政府全面合作框架协议"，与陕西省杨凌区区政府签订了"西安建筑科技大学－杨凌区区校友好合作战略协议"，与西咸新区沣西新城管委会签订了"西安建筑科技大学－沣西新城管委会战略合作框架协议"。

◆ 刘克成、周庆华教授荣获"陕西省工程勘察设计大师"称号。

◆ "华清学府城二期三阶段－小学及其地下车库"荣获陕西省中小学校优秀建筑设计专项奖 一等奖。

◆ "西安建筑科技大学附属中小学改扩建项目"荣获陕西省中小学校优秀建筑设计专项奖 二等奖。

◆ "秦汉新城清华大学附属中学初中部设计"荣获陕西省中小学校优秀建筑设计专项奖 三等奖。

◆ "彬县中医院"荣获陕西省医院优秀建筑设计专项奖 三等奖。

◆ "印象灵泉方案"荣获陕西省农村特色民居优秀建筑设计专项奖 一等奖。

◆ "院景农村民居方案"荣获陕西省农村特色民居优秀建筑设计专项奖 二等奖。

◆ "商洛地区农村民居方案"荣获陕西省农村特色民居优秀建筑设计专项奖 二等奖。

◆ "洛南农村民居方案"荣获陕西省农村特色民居优秀建筑设计专项奖 二等奖。

◆ "陕北地区农村民居方案"荣获陕西省农村特色民居优秀建筑设计专项奖 二等奖。

◆ "关中民居方案"荣获陕西省农村特色民居优秀建筑设计专项奖 二等奖。

◆ "西安总体城市设计"荣获全国优秀城乡规划设计奖 二等奖。

◆ "陕西省西咸新区现代田园城市建设标准；城市规划管理技术规定"荣获全国优秀城乡规划设计奖表扬奖。

◆ 雷振东教授主持完成的"青海瞿昙镇总体规划暨详细规划"获全国优秀城乡规划设计奖（村镇规划类）
二等奖。

2017

◆ 12月7日，刘加平院士代表学校与柞水县政府签署院士工作站共建协议。

◆ 暑期，动员和组织 130 多名师生组成 50 支"村域规划"服务团，赴洛南县开展为期一周的专题社会实
践活动，完成 136 个贫困村域规划编制工作。先后与洛南县政府共同筹建"秦巴山区美丽乡村示范基地"。

◆ "大都汇一期商业"荣获陕西省第十九次优秀工程设计（建筑类）一等奖。

◆ "宝鸡游泳跳水馆"荣获陕西省第十九次优秀工程设计（建筑类）一等奖。

◆ "太白县文化广电艺术中心"荣获陕西省第十九次优秀工程设计（建筑类）二等奖。

◆ "高新 9 号项目"荣获陕西省第十九次优秀工程设计（建筑类）二等奖。

◆ "兰州理工大学体育馆"荣获陕西省第十九次优秀工程设计（建筑类）二等奖。

◆ "龙湖紫都城Ⅱ期（曲江龙湖星悦荟）"荣获陕西省第十九次优秀工程设计（建筑类）二等奖。

◆ "宝鸡游泳跳水馆"荣获国家优质工程奖。

◆ "南京科举博物馆"荣获第十五届全国博物馆十大陈列展览精品奖。

◆ "秦巴山脉绿色城乡空间建设战略研究"荣获全国优秀城乡规划设计奖 一等奖。

◆ "商洛市北宽坪镇美丽乡村建设规划（村镇规划）"荣获全国优秀城乡规划设计奖 二等奖。

◆ "云南会泽历史地段保护规划与建筑整治研究"荣获全国优秀城乡规划设计奖 三等奖。

◆ "介休市历史文化名城保护规划"荣获全国优秀城乡规划设计奖 三等奖。

◆ "秦巴山脉绿色城乡空间建设战略研究"荣获陕西省优秀城乡规划设计奖 一等奖。

◆ "从遗产保护走向城市文化环境的整体创造——介休历史文化名城保护规划与实践"荣获陕西省优秀城乡规
划设计奖 一等奖。

◆ "商洛市北宽坪美丽乡村建设规划（村镇）"荣获陕西省优秀城乡规划设计奖 一等奖。

◆ "云南会泽历史地段保护规划与建筑整治研究"荣获陕西省优秀城乡规划设计奖 一等奖。

◆ "华阴市城市总体规划（2013—2030）"荣获陕西省优秀城乡规划设计奖 二等奖。

◆ "西咸新区泾河新城海绵城市重点区详细规划"荣获陕西省优秀城乡规划设计奖 三等奖。

◆ "汉中城市特色规划"荣获陕西省优秀城乡规划设计奖 三等奖。

◆ "西安市阎良区总体城市设计"荣获陕西省优秀城乡规划设计奖 三等奖。

2018

◆ "乾县气象监测预警中心"荣获 2017 全国优秀工程勘察设计行业奖之"华筑奖"工程项目奖 三等奖。

◆ 无止桥马岔夯土工作营社会实践团队获得联合国教科文组织设计大奖。

◆ 刘克成教授主持的"南京中国科举博物馆"荣获 2017—2018 年度建筑设计奖建筑创作公共建筑类 银奖。

◆ 李岳岩教授主持的"4·20 芦山强烈地震灾后重建龙门古镇核心区"荣获居住建筑类 银奖。

◆ "云南会泽历史地段保护规划与建筑整治研究"荣获中国城市规划协会 2017 年度全国优秀城乡规划设计奖（城市规划）三等奖。

◆ 王树声教授主持的"从遗产保护走向城市文化环境的整体创造——介休历史文化名城保护规划与实践"荣获 三等奖。

◆ 雷振东教授主持的"都市乡村'共荣'发展模式试验——西安大石头村规划设计"荣获全国优秀城乡规划设计奖（村镇规划）二等奖。

◆ 吴左宾教授主持的"商洛市北宽坪美丽乡村建设规划"荣获全国优秀城乡规划设计奖（村镇规划）二等奖。

◆ 段德罡教授主持的"共同缔造理念下的陕西省乡村规划建设方法与技术"荣获陕西省产学研合作创新与促进奖 一等奖。

5.1 国际交流记事

5.2 国际会议

5.3 国际交流与合作大事记年表

第 5 章

国际交流与合作

5.1 国际交流记事

1986年3月14日于香港大学建筑系召开建筑教育研究会，内地有四所大学建筑系参加：同济大学、清华大学、华南工学院及西安冶金建筑学院。

5.1.1 与香港大学学术交流记事

20世纪70年代末，中国教育、科技、文化等各项事业迎来了改革开放的春天，1977年恢复了高考。1982年，香港建筑师代表团访问西安，香港建筑师学会会长潘祖尧先生（亚洲建协主席）以及多位香港建筑界名流带来了建筑界同行间的问候和学术大礼。1982年9月3日香港《明报》登载了"香港与内地加强建筑交流"的文章。

刘宝仲教授于1983年2月28日至3月10日访问香港大学，做了四个专题的讲学：①唐·长安城；②中国建筑视觉艺术；③西安地区唐塔；④中国建筑特征。并与港大建筑系的同仁、香港建筑界名流，进行互访、交流。回校后，写了《香港大学建筑教学概况》一文，发表于《世界建筑》1984年第1期。

此次交流开启了我院改革开放后与香港大学学术交流的先河。

为了建立香港与内地双方在建筑教育与培训建筑师方面理论与实践持续不断的交流，1986年3月14日与香港大学建筑系联合召开建筑教育研究会，来港参加研究会的内地四校的学者有：华南工学院的金振声及张锡麟教授，同济大学的戴复东教授，西安冶金建筑学院的刘宝仲及广士奎两位教授，以及清华大学的李道增教授及孙风岐先生。

1986 年刘宝仲教授受邀前往港大讲座，题目为《陕西古代建筑装饰的启迪》。

1989 年受港大"阿佛列"纪念性访问讲座基金资助，刘宝仲教授于 11 月 23 日至 12 月 2 日对港大进行了为期 10 天的学术交流，作了题为："古都西安的建设与风貌"的学术讲座。本次讲座前，港大毕业班有 10 名学生在廖大文高级讲师带领下来西安进行毕业论文选题。该组学生回港后以西安城市建设为主题，在香港艺术中心举办展览，展示古都西安的风采。此间有十余家香港媒体作了报导，给予很高的评价。

1990 年召开由香港大学建筑系、香港建筑师学会和英国皇家建筑师学会共同主办"中国建筑教育研讨会"。会期为 10 月 1 日至 8 日，内容主要讨论内地老八所建筑系有关今后评估事宜。参加人员包括：

参加人员：

一、英国皇家建筑师学会（RIBA）

Pro. John ntarn	vice-chairman	Education and Professional Development　Committee，RIBA
Mr. Peter gibbs-kennet	Director	Education and Professional Development，RIBA
Mr. Alan willis	Chairman of the Professional Studies and Training sub-committee，RIBA	
Mr. Oriver willmore	Chairman of the CPD Committee，RIBA	
Mr. Mike hatchett	Leader of the Open Learning project，RIBA	
Mr. Richard temple cox	Vice President，Education，RIBA	

二、内地院校建筑系

夏义民教授	重庆建筑工程学院	梅季魁教授	哈尔滨建筑工程学院
金振声教授	华南工学院	鲍家声教授	南京工学院
荆其敏教授	天津大学	郑时龄副教授	同济大学
李道增教授	清华大学	刘宝仲教授	西安冶金建筑学院
张钦楠先生	中国建筑学会	秦兰仪教授	建设部人才资源发展司

三、香港方面

黎锦超教授	Mr. Barry will	谭尚渭教授	翁心桥先生
李灿辉教授	Mr. Christopher haffner	沈埃迪先生	

自从 1983 年与港大建立学术交流以来，双方不断加强互动；同时密切与香港建筑界建立的良好关系，交流方向获得潘祖尧先生的基金资助，作为清华大学及西安冶金建筑学院用于访问人员的专项费用，另外王欧阳（香港）有限公司等也提供了建筑设计客座讲师席基金。

西安方面曾有广士奎、佟裕哲、乔征、曹文刚等多位学者赴港访问，并作有关讲座；香港方面曾有黎锦超、刘秀成、黄赐巨、龙炳颐、廖大文、黄韵戈等多位学者来西安访问。此外，香港建筑界钟华楠、张肇康、潘祖尧等先生均多次来我院访问并进行学术交流。

1984 年潘祖尧先生访问西安，6 月 6 日到达，次日即作"浅谈世界第三代的建筑师及后现代派与中国建筑设计发展的问题"的讲座。6 月 9 日去韩城，6 月 11 日去长安县及市区参观。此间曾有意向在韩城利用民居作旅游宾馆事宜，后因交通不便暂时搁置。

1988 年黎锦超教授赴西安访问，除讲题为"Louis Kahn 及 Some Roots in Modern Architecture"的讲座外，还举办了港大学生作业展。1988 年 5 月 9 日签订了香港大学与西安冶金建筑学院两校建筑系的《科研、教学交流合作意向书》。于 5 月 11 日至 12 日去陕西韩城及党家村参观访问。

本文根据：刘宝仲 著《建筑思索》中国建筑工业出版社，2003，《赴香港大学建筑系进行学术交流》一文改编。

5.1.2 中日联合党家村民居调查记事

中日联合党家村民居调查团
1987年10月第一次全体成员在我校行政楼前合影

　　1984年10月10日—12月4日，日本九州大学青木正夫教授来我院集中讲授了"建筑计画学"。为了进一步加强学术交流，于1987年中日两国学者联合组成了中国民居考察团，针对西安市传统街区的更新、高密度居住区现状与对策、城市传统居住区的保存与更新、城郊接合部发展趋势及农村传统聚落五个方面的内容开展联合调研。韩城党家村被列为重点考察对象，遂有了中日两国学者与韩城的一段长达八年的不解之缘，双方也在传统村落研究方面取得了丰硕的成果。

　　1987年10月与1989年5月，中日联合考察团组织了两次大规模的调查，参加人数多达50余人。调查分为村落总体、村落构成、公共设施、住宅、居住方式、意匠、家具及新农宅七个组进行。调研取得丰硕的成果，在青木正夫教授主持下，完成了日文专著《党家村——中国北方传统的农村集落》一书。该书在外办主任张光老师的鼎力运筹下，得以顺利于1992年4月由世界图书出版公司出版。我院刘宝仲教授受托主编了"韩城党家村保护规划"方案。此外，中日学者还在日本建筑学会、国际民居学术研讨会（北京）、亚洲民居学术研讨会（日本福冈）、国际建筑文化学术会议（美国）等国际会议上发表了多篇有价值的论文。

　　1989年5月5日，西日本工业大学教授本田昭四先生在第二次联合调查即将结束之时，不幸客逝韩城。1992年5月5日，在韩城党家村举行了《党家村——中国北方传统的农村集落》一书的首发式，及党家村民居调查纪念碑揭幕式。碑刻铭文"为纪念党家村六百余年历史遗存之村落与民居及其文化价值由调查团成员及本田教授生前好友捐资建碑永誌纪念"，该纪念碑由当时西安冶金建筑学院建筑系刘克成与肖莉老师设计。

　　1993年8月、10月与1994年的10月，中日两国再次组织了"中国陕西省韩城地区村落和住宅研究"联合调查组，对韩城的典型村寨进行了三次调查，足迹遍及韩城富足的川塬区，以及西部的深山幽谷。1995年，青木正夫先生在日本《住宅研究》上发表了"中国陕西省韩城地区的村和寨子"两篇调研文章。1999年，由周若祁、张光主编的《韩城村寨与党家村民居》一书，由陕西省科技出版社正式出版，并获1998、1999年西南、西北地区优秀科技图书一等奖。

2001 年 6 月 25 日，党家村被国务院公布为第五批全国重点文物保护单位，此后又第一批被列为中国十大历史文化名村之一和全国第 35 个入选世界文化遗产预备名单的村落。

2003 年 10 月 10 日通过了我院张沛教授主持的"韩城党家村旅游发展总体规划（2003—2020）"

2009 年 10 月 28 日，"纪念青木正夫先生暨中日联合民居调查 20 周年"座谈会在我校举行。

资料整理：陈 静　审核：张 光

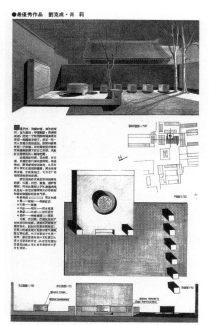

最優秀賞	○劉 克 成	西安冶金建築学院建築系
	肖 莉	"
優 秀 賞	○田良島 昭	第一工業大学工学部建築学教室
	○松井宏方	鹿児島大学工学部建築学科
	友清貴和	"
	宇都博徳	"
	奥原健吾	鹿児島大学工学部建築学科修士課程 1 年
	羽月喜通	鹿児島大学工学部建築学科 4 年
	楢崎照城	"
	小川高行	"
	上大迫真一	"
	堤 直也	"
	西森真一	"
	肥後潮一郎	"
	肥田 浩	"
	山下 剛	"
3 等	○上原芳春	ふくぎ設計工房
	○宇杉和夫	日本大学理工学部建築学科
	佐藤智和	"
	小林研二	"
	○鈴木義弘	NTT建築部建築工事事務所計画設計部門
	時政康司	NTT企業通信システム本部 iB&CC
	田中秀昭	NTT建築部建築企画室
	○任 泰寧	陝西省建築設計院 3 室建築組
	汪文嘉	"
	○羅 鋭	西安冶金建築学院建築系89級研究生
	万 晩峰	
佳 作	○滴岡誠治	三井建設㈱開発本部開発企画部
	○井原 徹	西日本工業大学建築学科
	○俵 雅人	歌一洋建築研究所
	○王 曉峰	西安冶金建築学院建築学函授8802班
	王 徳勝	"
	○劉 綺	西安市建築設計院 2 室
	宋照青	西安冶金建築学院建築系建築学8802班

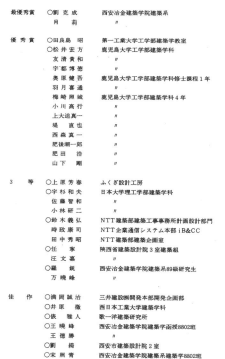

1924 年	诞生
1948 年	东京大学第一工学部建筑学科毕业
1953 年	东京大学特别研究生前后期满期退学　东北大学助手
1954 年	东北大学讲师
1956 年	九州大学助教授
1961 年	东京大学工学博士
1966 年	日本建筑学会奖（论文）《中小学建筑计划的研究》
1970 年	九州大学教授
1987 年	西安建筑科技大学客座教授
1988 年	九州大学教授退休 名誉教授　九州产业大学教授
1999 年	九州产业大学教授退休
2000 年	日本建筑学会名誉会员
2002 年	勋三等旭日中级奖
2007 年	日本建筑学会大奖《建筑计划学理论体系》　去世

　　青木正夫先生是日本建筑学界的著名学者，日本建筑学会名誉会员。1984 年 10 月 21 日至 12 月 4 日，青木正夫先生在建筑系系统讲授了《建筑计画学》，1987 年 11 月受聘为我校的兼职教授。直到现在"建筑计画学"仍是我院建筑学专业的一门选修课程。青木正夫先生是 20 世纪 80 年代第一位到西安冶金建筑学院讲学交流的日本学者。由他开启了两校及中日建筑学界交流的先河。建立了日本九州大学工学部与我校校际交流的桥梁。倡导和推动了中日两国联合民居调查工作，在民居与村落研究领域取得了丰硕成果。

　　[注] 本田昭四：西日本工业大学教授，工学博士。青木正夫教授之高足。曾任日本建筑学会农村计划委员会委员。在日本煤矿业工人住宅、日本农村聚落研究方面颇多建树，是中日联合调查团重要的骨干成员。1989 年 5 月 5 日，在完成调查之夜，不幸去世，时年 44 岁。

1987 年 10 月第一次日中联合民居调查团团员名单

日本方面				
团　　长	青木正夫	九州大学　名誉教授，九州产业大学　教授，西安冶金建筑学院　客座教授		
副团长	佐藤正彦	九州产业大学　教授	林泰义	计画技术研究所　所长
秘书长	中园真人	山口大学　助教授	益田信也	九州大学　助手
团　　员	片冈正喜	大分大学　教授	松井宏方	鹿儿岛大学　教授
	河野泰治	久留米工业大学　教授	本田昭四	西日本工业大学　教授
	友清贵和	鹿儿岛大学　助教授	车　政弘	九州产业大学　助教授
	田中清章	东京家政学院大学　助教授	上和田茂	九州产业大学　助教授
	东　正则	工学院大学　讲师	石丸　进	冈山职业训练短期大学　讲师
	船越正启	九州产业大学　助手	林　方亮	鹿儿岛大学　大学院生
	志贺　勉	九州大学　大学院生	岩野次雄	メイ建筑研究所　副所长
	小笹幸彦	小笹建筑设计事务所　所长	矶贝道义	I.S.A设计工房　所长
	岩切　平	岩切平建筑研究室　室长	城户光二	城户建筑设计事务所　所长
	挂江一也	西冈弘建筑工房	桥本征亲	建筑写ハツモト真事务所　所长

中国方面				
团　长	刘宝仲	中国建筑学会　理事，陕西省建筑学会　常务理事，西安冶金建筑学院　教授，建筑系系主任		
副团长	顾宝和	陕西省建筑学会　副理事长，陕西省建筑设计院　总建筑师		
秘书长	周若祁	西安冶金建筑学院　副教授		
秘书组	薛仁魁	陕西省建筑学会办公室　干部	成　勇	西安冶金建筑学院外办　翻译
	朱建敏	西安市园林局　翻译	黄　琦	西安冶金建筑学院外办　翻译
特聘翻译	张鸿启	西安冶金建筑学院　副教授	杨　杰	西安市园林局　工程师
团　员	张西元	西安市城市建设委员会城建处副处长、工程师	李汝质	西安市房地产局　工程师
	刘建荣	渭南地区建设局　局长	张文声	西安市房地产局　高级工程师
	侯升福	渭南地区建设局　工程师	陈思增	西安市房地产局　副局长、工程师
	李志武	渭南地区建筑设计院　院长　工程师	刘克孝	韩城市建设局　局长、工程师
	李树涛	西安冶金建筑学院　副教授	焦流栓	韩城市建设局　科长　工程师
	佟裕哲	西安冶金建筑学院　教授	吴茂德	韩城市建设局　建筑师
	刘炳炎	西安冶金建筑学院　副教授（兼翻译）	刘振亚	西安冶金建筑学院　教授
	张璧田	西安冶金建筑学院　副教授	邵晓光	西安冶金建筑学院　讲师
	周增贵	西安冶金建筑学院　副教授	吴　昊	西安冶金建筑学院　讲师
	李志民	西安冶金建筑学院　讲师（兼翻译）	王　竹	西安冶金建筑学院　讲师
	西安冶金建筑学院　硕士研究生：孙晓光，娄东旭，何　健，卢天寿，李　斌			

1993—1994 年《中国陕西省韩城地区村落和住宅研究》1~3 次调查人员名单

日本方面	青木正夫	九州产业大学工学部教授	上和田茂	九州产业大学工学部教授
	船越正启	九州产业大学工学部助手	铃木义弘	大分大学工学部助手
	上田博文	日本兵库县立人与自然博物馆研究员	周　南 女	九州大学大学院修士课程
中国方面	张　光	西安建筑科技大学外办主任	周若祁	西安建筑科技大学建筑系教授
	邵晓光	西安建筑科技大学建筑系副教授	陈维敬	韩城市人民政府建设局
	刘卫东	中国建筑技术发展研究中心村镇计划设计研究所设计室主任	刘燕辉	中国建筑技术发研究中心居住工程境研究所副所长
	王平易 女	西安建筑科技大学建筑系副教授	张树平	西安建筑科技大学建筑系讲师
	王　兵 女	西安建筑科技大学建筑系研究生		

5.1.3 关于接待日本窑洞考察团和接收留学生

日本留学生八代克彦

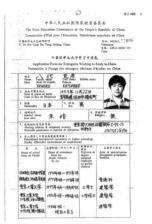

由日本东京工业大学为首组成"中国黄河流域窑洞民居集落考察团",在团长青木志郎教授、日本建筑学会副会长的带领下,一行10余名专家、学者和研究生自1981年始至1991年止,先后10次来华、来陕调研考察。因中国建筑学会生土建筑分会设在我系,加上陕西是窑洞类型最多的区域之一,有幸成为他们重点调查的对象,故和我系联系沟通、合作交流也最为密切。1983年8月上旬,在结束了第3次窑洞考察后,他们留下了东京工业大学建筑学科的硕士生八代克彦,继续在我系学习并赴延安南郊柳林大队和乾县张家堡、韩家堡对下沉式、半下沉式窑洞进行实地测量温湿度并用风筝拍摄照片,历时69天。当时乾县还属没有开放的区、县,市内没有可以接待外宾食、宿的宾馆。经我校外办和乾陵博物馆沟通后,把八代克彦安排在北门新建的传达室里住宿,在可供参观外宾中午用餐的饭厅吃饭,解决了该日本学生在乾县工作期间的食、宿问题。

1984年,考察团结束了第4次窑洞调研后,又把东工大的另一位硕士生井上知幸留在我院,继续完成收集资料、测绘窑洞实景等后期工作,历时一月有余。

对于我们的配合与协助,青木志郎团长非常感激,为了加强双方师生的学术交流,事后以东京工业大学建筑学科的名义,根据校外办张光老师提出的书名,专门从日本寄来了建筑类日文版的原著80余册(套、本),充实了建筑系资料室的藏书。

1986年8月,东京工业大学茶谷正洋研究室的八代克彦申请到中国来留学,继续深入完成博士论文的研究,题目为《中国黄河流域窑洞住居的研究》,国家教委批准了他的请求并拨付了两年留学生的经费约8万元。

1988年,青木志郎教授等发表了《民家集落的建筑类型的考察——中国黄河流域的窑洞式民家考察》专著。和日本各个大学的中国建筑研究学者一样,八代克彦在我校留学期间,积极投身于黄土窑洞的研究,参与和规划设计了洛阳邙山乡冢头窑洞文化村(宾馆)的建设。在各地、县调查时,他为了拍摄下沉式窑洞的鸟瞰照片,用六角风筝吊起照相机拍摄了大量彩色照片,这个插曲一时成了中、日朋友的话题。经过近10年的努力,1990年他向东京工业大学提交了博士论文《关于中国黄土高原的下沉式窑洞住居内庭空间的配置构成的研究》。

撰稿:张 光

5.1.4 与日本大学的交流记事

1997 年 2 月，刘加平教授作为西安建筑科技大学和日本大学协议交流教授赴日访问，期间刘加平教授就此项目研究的背景、意义、构想等做了特别演讲并提议，为了提高黄土高原地区人居环境水平，保护自然生态环境，防止地球温暖效应，促进窑居建筑的现代化，邀请日方开展绿色窑居建筑的国际合作研究。经反复协商，日本大学资深建筑环境工学专家吉田燦教授和刘加平教授代表双方所在大学签署了合作研究协议书。

1997 年 9 月，日本大学吉田燦教授应刘加平教授邀请访问西安建筑科技大学，期间实地考察了延安枣园示范基地；回国后，组织了日本大学的"绿色窑洞建筑"研究小组，其中包括吉野泰子教授、关口克明教授、川西利昌教授等 12 名学者。合作研究于 1998 年进入实施阶段，日本大学方面经多方努力，先后在校内外获得了共计 2000 万日元的研究资助。2000 年，日本大学方面以《窑洞の持续的发展可能な近代化によろ中国黄土地域の农村と都市の环境保全》为题，申请并获得日本国文部省学术振兴基金会为期两年的资助（2000—2001），资助额度 2000 万日元 / 年。至此，本合作研究正式成为中日两国之间的国际合作研究项目。

1998 年 4 月，中日联合课题组完成的枣园绿色窑居示范规划设计方案和新型窑居建筑方案通过延安市建委组织的评审。

1998 年 8 月，日本大学理工学部关口克明教授、吉野泰子副教授同岛宗纯一郎硕士生、浅见幸子四人组成调查团第一次访问中国，与中方组成合作调查组，对传统窑居的夏季环境性能进行了现场测定和主观问卷调查，测定项目包括：窑居室内空气三维温度场、空气湿度、围护结构内表面温度、二氧化碳（CO_2）浓度、浮尘量、通风换气性能、太阳辐射、紫外辐射、室内照度、混响时间等。

1998 年 10 月，西安建筑科技大学刘加平教授在国家基金委国际合作局支持（资助）下，作为交流教授访问日本大学，并就新型绿色窑居建筑与环境设计做了特别讲演，对双方后期合作研究工作做了安排。

1999 年 1 月，日本大学理工学部建筑学科川西利昌教授、吉野泰子教授及岛宗纯一郎、浅见幸子、加藤未佳研究生一行 5 人组成调查团第二次访问中国，就传统窑居的冬季环境性能，与西安建筑科技大学研究组一起，进行了现场测试和主观调查，测试项目在夏季测试项目的基础上，增加了二氧化碳（CO_2）浓度、采光系数、背景噪声及土壤温度分布等。

1999 年 2~3 月，浅见幸子、加藤未佳 2 人作为交流学生，继续在西安建筑科技大学建筑学院学习并参与了新型窑居建筑的设计创作。1999 年 5 月，日本大学吉田灿教授出席了在日本国富士山市召开的"Global Warming 10th"国际会议，发表了双方测试研究的初步成果。

1999 年 9 月，日本大学吉田灿教授、关口克明教授和吉野泰子副教授出席了在西安建筑科技大学召开的第八次国际地下空间会议，发表合作研究论文三篇。1999 年 11 月，西安建筑科技大学建筑学院博士研究生闫增峰、董卢笛在吉田教授支持下，出席了在北海道召开的人居环境国际会议，与吉野泰子副教授等一起发表了本项目研究报告两篇。

2000 年 1 月，日本大学理工学部研究生浅见幸子、加藤未佳访问中国，与西安建筑科技大学组成第三次合作调查组，对传统窑居冬季的性能进行了补充测试，并完成了庭院式窑居环境的现场实测。

2000 年 6 月，经过几年艰苦努力，在延安市、宝塔区政府协调下，第一批新型窑居建筑示范工程竣工。

2000 年 7 月，日本大学理工学部关口克明教授、吉野泰子副教授等六人访问中国，与西安建筑科技大学组成第四次合作调查组，对课题组设计、施工完成的第一批新型窑居进行夏季环境特性的现场测试；测试项目追加了放射性污染浓度、居民视力状况抽检、太阳能电池效率等。

2000 年 8 月，西安建筑科技大学刘加平教授应日本国东北大学吉野博教授邀请，出席了在仙台召开的居住建筑环境国际会议并与吉野泰子副教授一起做了特别讲演，介绍了双方合作研究的成果，赢得好评。国家基金委国际合作局给予了资助。

2000 年 12 月，日本大学吉野泰子副教授作为交流学者访问中国，出席了中国建筑学会 2000 年学术年会，在"地下空间"分会场做了讲演。

2000 年 12 月，日本大学理工学部关口克明教授、吉野泰子副教授等七人访问中国，与西安建筑科技大学组成第五次合作调查组，对课题组设计、施工完成的新型窑居进行冬季环境特性的现场测试和现场调查；测试项目包括了前述所有的测试内容。

2001 年 4 月，日本大学理工学部吉田灿教授、关口克明教授和吉野泰子副教授访问西安，专程出席国家自然科学基金委《"九五"人居环境系列重点项目学术交流会》，汇报合作研究成果，并就下一步合作研究做出安排。

2001 年 7 月，日本大学理工学部关口克明教授、吉野泰子副教授等六人访问中国，与西安建筑科技大学组成第六次合作调查组，对课题组设计、施工完成的新型窑居夏季环境特性进行了全面的现场测试鉴定。

2003 年 3 月，刘加平教授应麻省理工学院邀请，在东京召开的全球可持续联盟 2003 年度会议上做介绍窑居建筑的专题演讲。

文：成　辉　　审核：杨　柳

5.2　国际会议

5.2.1　记1999国际建协第二十届世界建筑师大会

UIA 国际建协第 20 届大会国际建筑专业学生设计竞赛评选工作

1999 年 6 月，UIA 国际建筑师协会第 20 届大会在北京召开，这是 UIA 国际建协成立半个世纪以来，首次在亚洲举行的大会。按照国际建协惯例，为吸引和激励青年建筑师关注人类聚居环境问题，积极投身于建筑事业，UIA 国际建协和联合国教科文组织配合大会举办第 17 届国际建筑专业学生设计竞赛，竞赛的题目是《21 世纪的城市住区》。受 UIA 国际建协第 20 届大会筹委会委托，西安建筑科技大学承办了此次设计竞赛。

至 1999 年 1 月 31 日竞赛截止，竞赛组委会共收到全世界五大洲 56 个国家和地区共 701 组报名，实际收到 446 个方案。1999 年 3 月 24 日，来自 UIA 国际建协五个分区的五位国际评委经过 6 轮反复认真研究，并考虑各地区的差异，从中评选出 20 个获奖方案，其中 1 个最优奖，5 个地区奖，14 个优秀奖。在竞赛评选的同时，五名国际评委在西安建筑科技大学作了五场精彩的学术报告。吴良镛教授："起草《北京宣言》的若干思考"、彼德·罗尔教授："公共空间和意大利锡耶那（Siena）的围合广场"、萨拉赫·扎基·赛义德教授："当代地区建筑学：老开罗城的传统住宅"、罗德·哈克尼教授："社区建筑学"、克日什托夫·查理博格教授："全球化与建设环境的人类尺度"。

UIA 国际建协第 20 届大会国际建筑专业学生设计竞赛评选工作于 1999 年 3 月 26 日胜利结束，西安建筑科技大学在陕西省和西安市政府的大力支持下，高水平承办了此次国际赛事，得到了评委会高度的评价。

文：陈　静

5.2.2 DOCOMOMO CHINA 成立暨首届委员会会议

国际现代建筑遗产保护理事会 Ana Tostoes 主席与国际现代建筑遗产保护理事会中国委员会首届委员合影

DOCOMOMO 是 "international committee for documentation and conservation of building, sites and neighborhoods of the modern movement" 的英文缩写，其中文翻译为：国际现代建筑遗产保护理事会，DOCOMOMO CHINA 是国际现代建筑遗产理事会中国委员会。2012 年 8 月的申报程序，当年 8 月，西安建筑科技大学刘克成教授团队在国家文化部等相关机构的大力支持下，代表中国在芬兰埃斯波（Espoo，Finland）举行的 DOCOMOMO 国际第 12 届大会上，成功申报加入了 DOCOMOMO INTENANTIONAL，成为 DOCOMOMO 全球大家庭的一员。

DOCOMOMO CHINA 于 2013 年 10 月在西安建筑科技大学举行的 2013 西安建筑遗产保护国际会议上正式宣告成立。中国委员会目前由来自全国各地建筑和规划领域的 14 名专家学者构成，首届委员会主席由西安建筑科技大学建筑学院刘克成教授担任。

DOCOMOMO–CHINA主席：

刘克成	西安建筑科技大学教授

DOCOMOMO–CHINA委员：

侯卫东	中国文化遗产研究院副院长、总工程师	吕　舟	清华大学教授
卢永毅	同济大学教授	徐苏斌	天津大学教授
李　华	东南大学教授	刘大平	哈尔滨工业大学副教授
杨宇振	重庆大学教授	周剑云	华南理工大学教授
杨豪中	西安建筑科技大学教授	张　兵	中国城市规划研究院副总规划师
宋　峰	北京大学教授	唐克扬	中国人民大学教授
陈　琦	西安市规划局副局长	王树声	西安建筑科技大学教授

5.2.3 2013 西安建筑遗产保护国际会议

2013 西安建筑遗产保护国际会议

　　2013 年，10 月 9~10 日，由西安建筑科技大学建筑学院承办的"2013 西安建筑遗产保护国际会议"在我校隆重召开。来自国内外建筑遗产保护领域的 120 余名专家学者参加了为期两天的学术讨论。

　　本次会议于 2013 年 10 月 9 日在我校建筑学院四楼报告厅正式开幕。我校校长苏三庆教授出席了会议开幕式，并致辞表示对大会的祝贺。出席本次会议并致辞的国内外嘉宾还有 UIA 主席奥尔伯特·杜博勒先生，DOCOMOMO 主席安娜·托斯托艾斯女士，ICOMOS 主席代表、ICOMOS 20 世纪科委会主席谢里丹·博克女士，中国建筑文化研究会秘书长刘凌宏先生等。

　　本次会议主题为"不同进程、共同遗产"，会议取得了丰硕的学术成果。会议召开前，大会筹委会组织印刷出版了《现代建筑遗产保护历程与经验（1988—2012）》和《2013 西安建筑遗产保护国际会议论文集》两书。在为期两天的会议里，不仅进行了 5 场主题报告活动，还组织了 4 场分主题学术论坛，来自国内外的 34 位学者进行了广泛而深入的学术交流。本次会议最重要的学术成果是经与会代表广泛讨论并达成的共识——关于不同语境下现代建筑遗产保护的《西安宣言》。宣言指出"基于不同的文化语境，人们对现代主义有着不同的理解和阐释方式，形成了现代主义在不同语境下的多元图景。无论是中国的现代建筑，还是世界其他地区和其他文化语境下的现代建筑，都是国际现代遗产不可或缺的重要组成部分。"这是我国遗产保护领域关于现代建筑遗产保护的一份纲领性文件，也是一份国际现代建筑遗产保护领域重要的具有国际意义的文件。

　　会议继 2010 年 UIA 建筑遗产保护大奖之后，组织了建筑遗产保护优秀案例展览和评选。展评活动收到来自国内外 36 个建筑遗产保护优秀案例，10 月 8 日下午，由 DOCOMOMO 主席安娜·托斯托艾斯女士担任主席的评委会对参展作品进行了评审，中国、日本、英国等国建筑师的四个优秀案例获得了本次大奖。

　　在 10 月 10 日举行的会议闭幕式上，西安建筑科技大学校长苏三庆教授致辞祝贺大会圆满成功，并与 DOCOMOMO 主席一起为"DOCOMOMO 国际现代建筑教育与交流中国中心"揭幕。DOCOMOMO 主席安娜女士为本次展评活动获奖者颁发了奖杯。

　　本次会议是我校继 2010 年成功召开 UIA 亚澳地区建筑遗产保护国际会议以来，举办的又一次国际建筑遗产保护学术盛会，会议取得了丰硕的学术成果，被视为一次高水平的国际学术会议。西安建筑科技大学建筑学院日趋活跃在国际建筑的舞台上。

5.3 国际交流与合作大事记年表

1959
◆ 10.15 捷克斯洛伐克建筑师代表团访问我系

1980
◆ 4月 日本私立早稻田大学建筑学科尾岛俊雄教授访问我系

1981
◆ 10月 联邦德国多特蒙德大学茨伦尼斯基教授应邀来我系讲学

1982
◆ 4.15 香港建筑师代表团来系访问

◆ 9.15—10.12 澳大利亚新南威尔士理工学院格林兰博士来系交流访问

◆ 9.20—10.21 英国剑桥大学豪斯曼来系交流学习

◆ 张缙学老师赴日本早稻田大学交流，讲学

1983
◆ 1.7 日本青木志郎教授领衔的窑洞建筑考察团来系交流访问

◆ 1.24—26 香港大学建筑学院郭彦弘教授来系交流访问

◆ 5.3 美国建筑代表团约翰.穆尼埃来系交流访问

◆ 8.12—10 日本东京工业大学研究生八代克彦来我系交流学习

◆ 10.14 瑞典节能协会代表团来系交流访问

◆ 4月 王景云老师赴日本大学访问交流

◆ 2.28—3.10 刘宝仲老师赴香港大学建筑学院讲学

1984
◆ 5.7 日本第三次窑洞建筑考察团来校访问

◆ 5.12—28 日本东京工业大学研究生井上智幸来我系交流学习

◆ 5.16—20 美国建筑材料专家代表团来系交流访问

◆ 6.6—20 香港建筑师协会主席潘祖尧夫妇来系交流访问

◆ 6.14—18 日本建筑师协会芦原义信教授来系交流访问

◆ 6.18 日本建筑师代表团来系交流访问

◆ 6.20—9.23 美国宾夕法尼亚州立大学吉.戈兰尼教授来系合作研究生土建筑

◆ 9.1—25 日本九州大学工学部浦野良美教授来我系交流访问

◆ 10.21—12.4 日本九州大学青木正夫夫妇来校访问，青木正夫夫被授予我校兼职教授

◆ 12—1985.1.16 美国宾夕法尼亚州立大学吉.戈兰尼教授来系讲学，被授予我校名誉教授

◆ 11月 张似赞，张缙学老师赴西德多特蒙德大学城市规划系讲学

1985
◆ 1.29 日本窑洞建筑考察团宫野秋彦教授来系交流访问

◆ 4.8—14　香港大学建筑学院黎锦超教授来系讲学，被授予我校名誉教授

◆ 5.25—28　美国伊利诺伊大学哥 . 史密斯教授来系交流访问

◆ 6.18—21　澳大利亚新南威尔士理工学院格林兰博士来系交流访问

◆ 6.20—23　美国宾夕法尼亚州立大学吉·戈兰尼教授来系交流访问

◆ 9.13—11.1　日本九州大学土田充义助理教授来系交流访问

◆ 10.17—20　香港潘祖尧教授夫妇来系交流访问

◆ 10.24　香港建筑师代表团廖本怀来系交流访问

◆ 11.7—10　美国宾夕法尼亚州立大学代表团来系交流访问

◆ 11.15　美国城市住房访华团黄匡原建筑师来系访问

◆ 11.22—24　西德多特蒙德大学兹伦尼茨基教授

◆ 12.13　日本芝浦工业大学相田武文教授来系访问

◆ 12.22　美国亚利桑那大地研究所罗杰尔夫妇来系访问

◆ 11 月　吕仁义，雷明老师赴美国铁路运输协会访问

◆ 3—5 月　侯继尧老师赴美国宾夕法尼亚州立大学讲学

◆ 9 月　王景云老师赴日本九州大学工学部访问交流

◆ 1 月　广士奎，刘振亚，周庆华老师赴埃及开罗参加 UIA15 届大会，领 12 届竞赛奖

◆ 1 月　侯继尧老师参见美国生土建筑学会会议

◆ 9 月　王景云老师参见日本空气调节、卫生学昭和 60 年度学术会议

1986

◆ 4.25　意大利建筑代表团姜格列科应邀来我系讲学

◆ 5.16—24　瑞典隆德大学汉斯 . 阿斯泼隆来系交流访问

◆ 6.8—11　日本熊本工业大学建筑系竹田仁一主任来系交流访问

◆ 6.12—19　瑞典斯德哥尔摩大学学生埃特尔斯来系交流

◆ 6.14—17　美国宾夕法尼亚州立大学风景建筑系米勒教授来系交流访问

◆ 7.14—18　日本建筑学会代表团市川清志来系交流访问

◆ 9.26　加南大卡尔顿大学博士生维琴娜来系交流

◆ 9.27　联邦德国多特蒙德大学城规共青团瓦尔兹来系交流

◆ 10.31—11.5　美国黄匡原建筑师来系交流访问

◆ 3.1—3.15　刘宝仲老师赴香港大学建筑学院交流访问

◆ 6 月　李觉老师参加美国沿途建筑国际会议并宣读论文

◆ 9.4—18　李觉老师参加日本建筑学会创立 100 周年纪念大会，亚洲地区建筑学术交流会

1987

◆ 5 月　日本九州大学青木正夫教授来系交流访问

◆ 10—12 月　刘克成，程帆，赵菁老师赴西德多特蒙德大学讲学

◆ 7 月　王建毅参加英国 UIA 第 16 届会议

1988

◆ 5 月　香港大学建筑学院院长黎锦超教授来系交流访问

◆ 5 月　日本共立株式会社所寅雄，冲盐庄一郎先生来系交流访问

◆ 6—7月　李树涛，张似赞，夏云老师赴法国波尔多建筑学院参观签约

◆ 11月　佟裕哲，乔征老师赴香港大学建筑学院讲学

◆ 2.5—3.6　刘宝仲老师参加斯里兰卡建筑学会国际会议

◆ 2.5—3.6　李树涛老师参加泰国曼谷海峡两岸建筑交流会

◆ 4月　刘宝仲老师参见美国传统民居与村落国际会议

1989

◆ 3月　香港大学建筑学院廖大文来系交流访问

◆ 4.27—5.9　日本九州产业大学青木正夫教授来系交流访问

◆ 4.28—30　美国宾夕法尼亚州立大学吉·戈兰尼教授来系交流访问

◆ 5.11—14　美国研究生安伟博来系交流访问

◆ 9月　法国波尔多建筑学院让·鲁伯·率萨克等教授来系交流访问

◆ 9月　日本大学理工学部片桐正夫教授来系交流访问

◆ 11月　刘宝仲，曹文刚老师赴香港大学建筑学院讲学

◆ 11月　杨豪中老师赴法国，意大利进行建筑考察与调研

◆ 9月　夏云老师参见日本神户世界太阳能国际会议并宣读论文

◆ 11月　李树涛老师赴泰国参加中、泰第二次建筑学术会议

1990

◆ 6.28—7.1　瑞士苏黎世联邦理工大学建筑系学生来系交流访问

◆ 8.18—24　联邦德国卡塞尔大学建筑师团来系交流访问

◆ 8.29—9.14　法国波尔多建筑学院讲学团来系交流访问

◆ 9.10　日本中日建筑交流协会友好访中团吉武泰水教授来系交流访问

◆ 9.15—30　瑞士苏黎世联邦理工大学富勒夫妇来系交流访问

◆ 10.24—25　美国自然能源专家团来系交流访问

◆ 9—11月　张宗尧老师赴日本大学理工学部讲学

◆ 侯继尧老师赴日本东京工业大学茶谷正研究室讲学

◆ 侯继尧赴美国得克萨斯大学讲学

◆ 10月　侯继尧老师参加美国第6届生土建筑保护国际会议

◆ 10月　曹文刚老师参加香港大学建筑学院建筑教育研究会

◆ 10月　夏云老师参加南斯拉夫采暖制冷空调国际会议并宣读论文

1991

◆ 5.4—6　法国马赛建筑学院师生交流团来系交流访问

◆ 7.11—13　日本工业大学建筑学科伊藤庸一助理教授来系交流访问

◆ 7.28—30　日本第七次窑洞及民居考察团青木志郎教授来系交流访问

◆ 9.1—10.20　法国波尔多建筑学院莫兰纳教授来系交流访问

◆ 9.4—10.10　日本大学理工学部宇杉和夫助手来系交流访问

◆ 10.5—13　日本大学理工学部木村翔教授来系交流访问

◆ 11.23—26　日本九州产业大学青木正夫教授来系交流访问

◆ 2—3月　李觉老师赴法国波尔多建筑学院讲学

◆ 4—5 月　张似赞老师赴瑞士苏黎世高等理工学院，挪威科技大学讲学

◆ 6 月夏云老师参加南斯拉夫第 11 届国际采暖制冷空调会议

◆ 12.3—12.7　王景云老师参加日本人和环境国际学术会议

1992

◆ 4.1—3　日本早稻田大学木村建一教授来系交流访问

◆ 4.22—30　美国物流协会理查德·缪塞夫夫妇来系交流访问

◆ 4.22—5.1　法国波尔多建筑学院代表团来系交流访问

◆ 4.28　法国马赛建筑学院师生代表团来系交流访问

◆ 5.1—7　日本九州产业大学青木正夫教授等一行 20 人来系交流访问

◆ 5.5—9　日本九州大学工学部松井千秋教授来系交流访问

◆ 9.9—29　法国波尔多建筑学院范·吕萨教授来系交流访问

◆ 10.7—10　日本九州产业大学建筑学科弘永直廉来系交流访问

◆ 12.22—24　日本福冈市役所住宅计画足立英人来系交流访问

◆ 10 月　刘永德老师赴日本大学理工学部讲学

◆ 杨豪中赴瑞士 BHB 建筑设计公司讲学，交流

◆ 7 月　刘宝仲老师参加日本大分县建筑学年会

1993

◆ 3.13—31　日本大学理工学部川西利昌来系交流访问

◆ 5.4—10　香港大学建筑系许焯权来系交流访问

◆ 5.4—10　日本九州大学工学部田村容子来系交流访问

◆ 8.20—28　日本九州产业大学青木正夫教授来系交流访问

◆ 9.18—22　台湾中原大学张光正来系交流访问

◆ 10.5—15　法国波尔多建筑学院让·鲁伯教授来系交流访问

◆ 10.11—30　日本大学理工学部井上胜夫助理教授来系交流访问

◆ 10.26—11.4　日本九州产业大学青木正夫教授来系交流访问

◆ 12.2　英国沙哈姆·罗伯特来系交流访问

◆ 11 月　刘振亚，施淑文老师赴日本大学理工学部讲学

◆ 张似赞老师赴瑞士苏黎世联邦理工学院，挪威 TRONDHEIM 大学讲学

◆ 8 月　夏云老师赴俄罗斯学术考察

◆ 1993—1995 年刘永德老师与日本筑波大学，日本大学合作编书

◆ 7.18　李树涛老师参加台湾 1993 海峡两岸建筑学术会议

◆ 8 月　夏云老师参加匈牙利 1993 年国际太阳能协会世界大会并宣读论文

1994

◆ 4.2—6　台湾中原大学赴黄帝陵致敬团来系交流访问

◆ 6.14—20　意大利罗马大学路·格佐拉教授来系交流访问

◆ 8.16—9.22　法国波尔多建筑学院莫兰纳教授来系交流访问

◆ 8.19　日本共立建设大川治卫、尾形本文来系交流访问

◆ 10.3　澳大利亚悉尼科技大学卡本教授来系交流访问

◆ 10—11 月　日本九州产业大学青木正夫教授来系交流访问

◆ 10 月　法国波尔多建筑学院米切尔教授来系交流访问

◆ 3 月　夏云老师赴波尔多建筑与景观学院讲学

1995

◆ 3.19—22　日本大学理工学部川西利昌教授来系交流访问

◆ 4.28—5.1　美国宾夕法尼亚州立大学吉·戈兰尼教授来系交流访问

◆ 9.5—10.9　意大利罗马大学路·格佐拉教授来系交流访问

◆ 9 月　日本九州产业大学青木正夫教授来系交流访问

◆ 9 月　日本农村建筑研究会青木志郎来系交流访问

◆ 10.12—20　挪威代表团来系交流访问

◆ 5 月　周若祁老师赴德国科特布斯工业大学，法国波尔多建筑景观学院签约

◆ 3 月　张似赞，赵立瀛老师赴意大利罗马大学讲学

◆ 9 月　张宗尧赴日本考察城市中小学建筑

1996

◆ 4.12—15　比利时鲁汶大学德路教授来系交流访问

◆ 4 月　意大利罗马大学路·格佐拉教授等 3 人来系交流访问

◆ 5 月　周若祁老师赴比利时考察医院建筑

◆ 6 月　张宗尧老师赴日本为《特殊教育学校建筑设计规范》一书调研

◆ 3 月　李树涛老师出访澳大利亚悉尼科技大学

1997

◆ 日本大学理工学部吉田灿、关口克明教授等人参加延安枣园有关太阳房、居住热环境的研究

◆ 11.20—12.20　刘临安，王军老师赴意大利罗马大对外交流

◆ 9 月　侯继尧，王建毅老师参加加拿大第 7 届地下空间国际会议

1998

◆ 3.14—4.5　张似赞老师赴法国波尔多建筑与景观学院讲学

◆ 6 月　周若祁老师赴美国考察建筑学专业教育及其评估

　　10.01—10.30　刘加平，王竹老师赴日本大学理工学部访问交流

◆ 9 月　学生魏秦参加日本 UIFA 国际女性建筑师协会第 12 届大会

◆ 10 月　刘加平，王竹参加加拿大温哥华绿色建筑的挑战 1998 大会

1999

◆ 11.10—11.22　刘克成，吴昊老师赴挪威科技大学 Telemark 学院交流访问

进入 21 世纪，出国进修教师进一步增多，交流活动频繁，故常态化交流活动不再一一列出。

附录 1

表

1.1　教学

1.1.1　建筑学院年度大学生竞赛获奖统计

建筑学院 1985—2000 年大学生创新创业竞赛获奖

序号	竞赛名称	获奖等级	获奖学生姓名	指导老师
1	1999年第十七届UIA国际大学生设计竞赛	优秀作品奖	常海青　尤　涛　朱城琪　陈景衡 白　宁　徐　森　陈　琦　史晓川 里　锁　单延蓉　武　岗　俞　锋 谭琛琛　刘　芹　武浩杰　郑冬铸 赵海东　刘　航　钮　冰　付小飞	肖　莉　张似赞
2	1998年全国大学生建筑设计竞赛获奖方案	三等奖	崔　东	董芦笛
3	1996年全国大学生建筑设计竞赛获奖方案	一等奖	潘　智	王　竹　张　或　陈　静
		二等奖	朱城琪	滕小平　赵　宇　井敏飞
		三等奖	傅小飞	滕小平　井　敏　飞赵宇
		三等奖	武浩杰	王　竹　陈　静　张　或
4	1995年全国大学生建筑设计竞赛获奖方案	三等奖	季海英	王　竹　周国权
5	1994年全国大学生建筑设计竞赛获奖方案	二等奖	刘　蓉	
6	1994建筑优秀人才奖 台湾财团法人洪文教基金会	三等奖	建筑90级	
7	1993年第十五届UIA国际大学生设计竞赛	美国建筑师协会奖	艾洪波　陈　健　戴　军　邓向明 金晓曼　刘向东　马　健　钱　浩 桑红梅　叶　蕾　张　群　张　或 张潮辉　赵　琳	王　竹　李　觉
8	1992建筑优秀人才奖 台湾财团法人洪文教基金会	三等奖	宋照青	周若祁

序号	竞赛名称	获奖等级	获奖学生姓名	指导老师
9	陕西省教育委员会农村中小学设计竞赛	二等奖6，三等奖11	建筑90级	
10	全国幼儿园建筑设计竞赛国家教委	二等奖1，三等奖1，鼓励奖2	建筑91级	
11	1992年第五届国际寒冷城市学术会议的竞赛	国际构思竞赛奖	王 进	
12	1990年第十四届UIA国际大学生设计竞赛	联合国教科文组织奖（最高奖）	岑兆缨 邓 康 葛晓林 姜立军 田 军 王 文 袁东书 杨 彤 杨 晔	李 觉 刘辉亮
13	1987年第十三届UIA国际大学生设计竞赛	国际建协北欧分会奖	李 建 何 健 程 帆 石 晶	
14	1988年第十三届UIA国际大学生设计竞赛	国际建协澳大利亚分会奖	芦天寿 陈 君 韩 冬	
15	1989年第十三届UIA国际大学生设计竞赛	国际建协匈牙利分会奖	康建清 胡文荟 朱亦民 王 懿	张缙学 张似赞
16	1984年第十二届UIA国际大学生设计竞赛	叙利亚建筑界奖	陈 勇 陈忠实 高 青 李唐兴 聂 刚 孙西京 唐 和 王 瑶 王 琦 吴天佑 徐力达 张欣悦 周庆华	佟裕哲 张缙学 侯继尧 汤道烈 张似赞 李 觉
17	全国中小学建筑设计竞赛	优秀奖	西安冶金建筑学院8个方案7个获奖	

建筑学院 2001 年度大学生创新创业竞赛获奖

序号	竞赛名称	获奖等级	获奖学生姓名	指导老师
1	亚澳地区国际大学生建筑创作设计竞赛		刘俊伟 高 巍 薛 军	刘克成
2	"国际大学生21世纪城市公厕"方案设计竞赛		强 红 杨俊锋	王 军
3	2001年"迅达杯"全国大学生建筑设计竞赛		李慧芬 王景欣	滕小平 王 军

建筑学院 2002 年度大学生创新创业竞赛获奖

序号	竞赛名称	获奖等级	获奖学生姓名	指导老师
1	第一届"晶艺杯"大学生建筑设计优秀作业	优秀作业	秦 雨	朱城琪
		优秀作业	郝婧丽	陈 静 马纯立 陈景衡
2	首届中国绿色生态住宅设计大赛	获奖方案	田 韧 雷洪强	
		获奖方案	杨俊锋 强 虹	

建筑学院 2003 年度大学生创新创业竞赛获奖

序号	竞赛名称	获奖等级	获奖学生姓名	指导老师
1	2003年全国大学生"城市院落住宅"设计竞赛		孔 锐 张 维	刘克成
2	2003年城规专业居住区规划设计作业	优秀作业	史文正 陶 涛	王翠萍 段德罡 于 洋
3	第二届"晶艺杯"大学生建筑设计优秀作业	优秀作业	刘宗刚	李岳岩 李 昊
		优秀作业	郝婧丽	陈 静 马纯立 陈景衡

建筑学院 2004 年度大学生创新创业竞赛获奖

序号	竞赛名称	获奖等级	获奖学生姓名	指导老师
1	2004天作建筑设计竞赛		柳 巍	
2	第一届全国大学生结构设计竞赛		马宏超	
3	第三届全国高等学校建筑学专业大学生建筑设计作业观摩与评选	优秀作业	吴 扬	马纯立 陈景衡
		优秀作业	阮 云	周文霞 张 群
		优秀作业	王 瑞	王 芳 张 倩 张 峰
		优秀作业	王 佳	
4	2004年度全国高等学校城市规划专业本科生综合社会实践调研报告作业评比	优秀调研报告	马 琰 卢 嘉 吴昱涵	李 昊
		优秀调研报告	李 孜 张晓磊 韩 斌	
		优秀调研报告	窦 术 闫景颖 杜 鑫	

建筑学院 2005 年度大学生创新创业竞赛获奖

序号	竞赛名称	获奖等级	获奖学生姓名	指导老师
1	UIA大学生建筑设计竞赛	日本建筑师学会奖	张 磊 胡 毅 徐 洋 陈 敬 王 军 袁志涛	李军环 王健麟
2	中国太阳能建筑设计竞赛	优秀奖	李 鹰 张 彦	
3	第四届全国高等学校建筑学专业大学生建筑设计作业观摩与评选	优秀作业	王 阳	陈 静 王 侠
		优秀作业	乔 磊	张 倩 吴 锋 温建群
		优秀作业	刘 婕	李立敏 陈 超
		优秀作业	李小龙	李岳岩 杨 超
4	全国高等院校城市规划专业本科生课程作业	优秀作业	王 怀	雷振东 李 昊 温建群
		优秀作业	阎 照	郑江涛 邓向明 于 洋
		优秀作业	杨 翔 潘 昆	雷振东 李 昊 温建群
		优秀作业	刘 伟 周玲娟	郑江涛 邓向明 于 洋
		优秀作业	孟江平 樊 珦	郑江涛 邓向明 于 洋
		优秀作业	阎 照 魏小晓 尹维娜 刘妍研	李 昊

序号	竞赛名称	获奖等级	获奖学生姓名	指导老师
5	首届全国高校园林景观毕业设计作品展	优秀毕业设计	李 冰	刘 晖
		优秀毕业设计	徐文玉	
		优秀毕业设计	段 坤	
		优秀毕业设计	王若宇	

建筑学院 2006 年度大学生创新创业竞赛获奖

序号	竞赛名称	获奖等级	获奖学生姓名	指导老师
1	全国建筑院系大学生设计竞赛	二等奖	何凌华 王 宁	李 昊 温建群
		二等奖	陈诗莺 李 静	李 昊 温建群
		三等奖	王若为 冯雪霏 陈义璱 余虹颉	李 昊
		三等奖	蒋洪彪 刘 婕 赵亚栋 韩凤伟	白 宁
		三等奖	于 佳 蔡征辉	李 昊
		优秀奖	车 通 王 力 段 婷（研）	
		优秀奖	黄旭升 王 娟 汪 璟	
		优秀奖	苏 嶂 刘艳丽（研）	
2	哈工大建院天作建筑设计竞赛十年设计展示空间	一等奖	车 通 陈 敬	
3	第五届全国建筑学专业大学生建筑设计作业观摩与评选	优秀作业	王毛真	张 倩 常海青
		优秀作业	朱凤超	马纯立
4	2006年全国城市规划专业本科学生课程作业评选（城市设计）	优秀作业	史杰楠 李妍超	邓向明 于 洋 任云英 张 峰
		优秀作业	于 佳 蔡征辉	李 昊 温建群
		优秀作业	刘 坤 李小龙	
		优秀作业	吕 强 徐慧君	
5	2006年全国城市规划专业本科学生城市规划社会调查	调研报告	王 宁 陈诗莺 何凌华 蔡征辉	李 昊（调研报告）
6	2006第二届全国高校景观设计毕业作品展	优秀作业	杨 翔 王 枫	张 勃 李 昊
		优秀作业	安 磊 孙超锋 杨 静 赵玲玲	刘 晖 董芦笛
7	第六届现代亚洲建筑网络、学生竞赛（日本东京大学召开）	第二名	张 维 王 乐 车 通 孔 锐 李 婷 段 婷（研究生）	

序号	竞赛名称	获奖等级	获奖学生姓名	指导老师
8	"2006 Revit"杯大学生建筑设计竞赛	一等奖	肖波 陈敬 李慧敏	刘临安 李岳岩
		三等奖	吴扬 冯雪霏 任文玲	万杰
			陈晓虹 孟广超 潘姗姗	张群
			阎照 苏静 刘伟	尤涛 戴天兴
		优胜奖	梁林 王超 张可男	李帆
		三等奖	陈聪 靳树春 潘吉	王健麟 闫增峰
			沈力源 李维 王伟	刘克成 肖莉
			杜乐 张蕊	张倩 杨柳
		优胜奖	王凯 李小龙 陈诗莺	金云 赵雪亮

建筑学院 2007 年度大学生创新创业竞赛获奖

序号	竞赛名称	获奖等级	获奖学生姓名	指导老师
1	第三届全国高校景观设计毕业作品展		冯洁	宋功明 韩晓莉
			张毅	董芦笛 刘晖 李莉华
			宋夏晖	刘晖 佟裕哲 董芦笛
			耿磊	刘晖 佟裕哲 董芦笛
2	2007 "Revit"杯大学生建筑设计作业观摩与评选活动	优秀奖	梁小亮 杨哲明	尤涛 王芳
3	2007年全国高等院校城市规划专业本科生课程作业评选活动	社会调查报告	刘婕 赵亚栋	张峰 邓向明 于洋
		设计类	王更 官璇	张峰 邓向明 于洋
		设计类	焦践 刘莹	温建群 雷振东
4	2007年全国高等院校城市规划专业本科生课程作业评选活动	设计类	步茵 程芳欣	温建群 雷振东
		社会调查报告	刘碧滢 陈默 马宁 王秋月	任云英 邓向明
		设计类	史晓楠 梁武	张峰 邓向明 于洋
		社会调查报告	刘婕 赵亚栋 官璇 李大智	任云英 邓向明

建筑学院 2008 年度大学生创新创业竞赛获奖

序号	竞赛名称	获奖等级	获奖学生姓名	指导老师
1	第二十届国际建协（UIA）大学生建筑设计竞赛		李娟 邹苏婷 陈潜 职朴 孟广超 张婷婷	李军环 靳亦冰
		优秀奖	王汉奇 梁小亮 闫冰 汤洋 戴靓华 徐心	李岳岩 陈静 孙自然

序号	竞赛名称	获奖等级	获奖学生姓名	指导老师
2	"DOMUS IN SPACE"设计竞赛	优秀奖	王 卓 吴冠宇 朱玮	陈 静 李岳岩
3	2008年全国高等院校城市规划专业本科生课程作业评选	优秀作业	牟 毫 薛晓妮	李 昊 温建群 孙 婕
4	2008年"Revit"杯大学生建筑设计作业观摩与评选获奖	优秀作业	栗 鹏	王 芳 王代赟
		优秀作业	侯丛思 潘正超	安 黎 李 帆 苏 静
5	2007AutodeskRevit杯全国大学生设计竞赛	一等奖	龙 艺 侯玉贤 高瑞	李岳岩 孙自然
6	2007UA创作奖概念设计国际竞赛	一等奖	吴 瑞（研） 王毛真（研）	刘克成
		三等奖	陈义瑭（研） 车 通（研）冯雪霏（研）	刘克成 肖 莉 吕东军
7	2008年第四届全国高校景观设计毕业作品展获奖	优秀作业	马文卿 王 更	岳邦瑞 刘 晖
		优秀作业	李 晶	杨建辉 刘 晖
		优秀作业	黄宏军	刘 晖 杨建辉
		优秀作业	徐鼎黄	杨建辉 刘 晖

建筑学院 2009 年度大学生创新创业竞赛获奖

序号	竞赛名称	获奖等级	获奖学生姓名	指导老师
1	2009年大学生建筑设计作业观摩和评选活动	优秀作业	闫 晶	王 军（博）
		优秀作业	武舒韵	王 芳 王 宇 惠 劼 张 倩 杨 柳 王代赟 刘宗刚
		优秀作业	李祥柱	惠 劼 刘宗刚 杨 柳
		优秀作业	袁 方	王 芳 王 宇
		优秀作业	王俊博	井敏飞 董芦笛 张 颖 刘宗刚
		优秀作业	路瑞兴	王芙蓉 郭 华 成 辉
		优秀作业	屠炳华	李立敏 何 梅 师晓静
2	2008年Revit杯全国大学生建筑设计竞赛	优秀奖	岳岩敏 许 多 张伟哲 田 涛 唐玉娟	王 军 高 博
3	2009年全国高等学校城市规划专业学生城市规划设计评优	优秀作业	杨郑鑫 雷 祺	邓向明 张 峰 杨 辉
		优秀作业	李小锋 张洁璐	李 昊 温建群 邸 玮
		优秀作业	李少翀 郭聚乐	李 昊 温建群 邸 玮
		优秀作业	邓若地 王文娟	邓向明 张 峰 杨 辉

序号	竞赛名称	获奖等级	获奖学生姓名				指导老师		
4	2009年全国高等学校城市规划专业学生社会调查报告优秀评优（3项）	优秀调研报告	王文娟	刘福星	闫 晶	蔡 超	李 昊	段德罡	
		优秀调研报告	叶静婕	张逸凡	巩 岳	张译丹	李 昊	闫增峰	
		优秀调研报告	屈 雯	杨郑鑫	李云翔	李少翀	李 昊	黄明华	
5	2009年第九届学生设计竞赛（国际）	一等奖	武舒韵	罗智星	翟亮亮		王 芳	王 宇	惠 劼 张 倩 杨 柳
6	第五届全国高校景观设计毕业作品展		朱海鹏				刘 晖 李莉华 樊亚妮		
			柴全彦						

建筑学院 2010 年度大学生创新创业竞赛获奖

序号	竞赛名称	获奖等级	获奖学生姓名				指导老师		
1	2010年全国高等学校城市机动性服务创新竞赛学生作业评优	优秀作业	亢莉丽	王辰琛	李俊杰	崔 翔	罗 西 陈 磊 庞传涛		
		优秀作业	余 莹	张英英	杨静雅	吕怡琦			
		优秀作业	李佳丽	傅 野	原 帅				
		优秀作业	李 慧	胡春梅	张 烨	刑樱子			
2	2010年全国高等学校城市规划专业学生规划设计作业评优	优秀作业	朱 玲	杨 妮			李 昊 温建群 周志菲 邓向明 张 峰		
		优秀作业	王 伟	邢西玲					
		优秀作业	王 星	王辰琛			邓向明 张 峰 李 昊 温建群 周志菲		
3	2010年全国高等学校城市规划专业学生社会调查报告评优	优秀调研报告	朱 玲	杨 妮	彭 尧	赵鹏智	李 昊 张晓荣 雷振东		
		优秀调研报告	闫 韬	王 星	李 盼	崔小平	李 昊 张晓荣 黄明华		
		优秀调研报告	张 青	邢西玲	李佳丽	张英英	李 昊 张晓荣 尤 涛		
4	2010年Autodesk全国大学生建筑设计作业评选与观摩活动	优秀作业	张 浩				王 芳 王 璐 杨 柳 何 泉		
		优秀作业	初子圆				王芙蓉 郭 敏 郭 华		
		优秀作业	陈铮能	宋萌潇			安 黎 李 帆		
5	第六届全国高校景观设计毕业作品展	优秀毕业设计	刘 硕				刘 晖 董芦笛 樊亚妮 李榜晏		
		优秀毕业设计	沈 婕						
		优秀毕业设计	郭 剑						
		优秀毕业设计	李少翀				李 昊 周志菲		

建筑学院 2011 年度大学生创新创业竞赛获奖

序号	竞赛名称	获奖等级	获奖学生姓名		指导老师
1	2010年UA创作奖·概念设计国际竞赛		吉 策	王梦祎	

序号	竞赛名称	获奖等级	获奖学生姓名	指导老师
2	Autodesk杯2011年全国高等学校建筑设计教案和教学成果评选活动	优秀作业	吉 策	邸 伟 张 倩
		优秀作业	朱怡平	王 芳 王代赟 刘大龙 何 泉
		优秀作业	初子圆	刘克成 刘宗刚 段 婷
		优秀作业	张 斌	刘克成 刘宗刚 段 婷
		优秀作业	陆星辰	刘克成 刘宗刚 段 婷
		优秀作业	朱嗣君	陈 静 许晓东 李建红
		优秀作业	周 正	陈 静 李建红 许晓东
3	2011年全国高等学校城市规划专业社会综合实践调研报告课程作业评优	优秀作业	高 元 李梦文 姜 彬 李 科	李 昊 张晓荣
		优秀作业	李 慧 胡春梅 张 涛 张 琳	李 昊 张晓荣 任云英
		优秀作业	韩 旭 张 雯 胡竟成 张 倩	李 昊 张晓荣
		优秀作业	周燕妮 徐晓海 周 青 张 言	李 昊 张晓荣 黄明华
		优秀作业	高 元 郭膡昕 谢留莎 李思漫	李 昊 张晓荣
4	2011年全国高等学校城市规划专业城市设计课程作业评优	优秀作业	李汉威 陈 全	李 昊 温建群 裴 钊
		优秀作业	郭膡昕 谢留莎	李 昊 温建群 裴 钊
		优秀作业	周燕妮 高 元	李 昊 温建群 裴 钊
5	2011年全国高等学校城市规划专业城市交通出行创新实践竞赛	三等奖	金 帅 席芳美 唐伟博 李蕴清	姜学方 罗 西
				罗 西 陈 磊 姜学方 庞传涛
6	2011中国风景园林学会"北林苑"杯大学生设计竞赛	三等奖	贺小桠 李 伟 张 霄	樊亚妮 董芦笛
7	第二届法国动态城市基金会机动性竞赛	优秀奖	王 渊 牛 月 陶 骞 兰 鹏	罗 西 陈 磊 姜学方 庞传涛
8	全国大学生绿色建筑创意设计大赛	一等奖	刘 硕 王子昂 黄博强 陶 骞 谢 彬	李小龙 穆 均
		三等奖	张士骁 张博源 洪蔓棋 赵月铭	高 博
		三等奖	赵忠诚 李 阳 魏 鹏 杨 萌	李小龙
9	2011年日本建筑新人赛	玄武奖（四等奖）	周 正	陈 静 李建红 孙自然
10	第十一届全国高等院校建筑与环境艺术设计专业美术学生作品评选	优秀作业	郭 龙	阙阿静
		优秀作业	刘 玲	阙阿静
		优秀作业	黄子亮	阙阿静

建筑学院 2012 年度大学生创新创业竞赛获奖

序号	竞赛名称	获奖等级	获奖学生姓名				指导老师		
1	Blue Award 可持续发展建筑学生设计国际竞赛	一等奖	鲁 驰	谢 彬	王子昂	刘 硕	穆 钧		
2	全国高等学校城市规划专业社会实践调研报告课程作业评优	优秀作业	杨 骏	杨晓丹	苏子航	秦 昆	李 昊	周志菲	张晓荣
		优秀作业	权博威	陈晓黎	谢 彬	舒 轩			
3	全国高等学校城市规划专业城市设计课程作业评优	优秀作业	秦 昆	赵忠诚			裴 钊	李 昊 温建群	
4	第三届法国动态城市基金会机动性竞赛	优秀奖	夏 莹	王 良	张 磊	刘 念	罗 西 陈 磊 姜学方 刘 倩		
5	2012全国高等学校建筑设计教案和教学成果评选活动	优秀作业	屈小军				王 琰 赵红斌 王 青		
		优秀作业	高元丰				刘克成 段 婷 吴 瑞		
		优秀作业	周 正				董芦笛 黄 磊 侯冰洋		
6	2012日本建筑新人战	青龙奖	周 正				董芦笛		
7	2012年亚洲建筑新人战首尔总决赛	优秀奖	周 正						
8	第三届"中联杯"全国大学生建筑设计竞赛获奖	一等奖	廖 翕	周 正	卢肇松	高 元	李 昊		
		优秀奖	周 飓	张景楠	王倩楠	李南慧	李小龙 王建麟		
			刘 鹏	魏友漫			王 军 姚 慧		
			赵忠诚	兰 鹏	刘重威	郭龙	李小龙		
			初子圆	曹 磊	张 俊	鞠曦	武 毅		
9	第一届"亚洲建筑新人战"中国赛区	最优胜奖	周 正				董芦笛		
		中国赛区第五名	王文凯				段 婷		
10	中国北京北控开放建筑国际竞赛	优秀奖	张 斌	杨序然			张 倩 王 璐		
11	2012 International VELUX Award	提名奖	韩青松	彭何冬	韩沛书		李 昊		

建筑学院 2013 年度大学生创新创业竞赛获奖

序号	竞赛名称	获奖等级	获奖学生姓名				指导老师	
1	霍普杯2013国际大学生建筑设计竞赛	优秀奖	曲 涛	吴明奇	吴舒曼	张学毓	陈 静	
2	2013中国建筑新人战	国内三等奖	王 博				刘宗刚	
3	第2届亚洲建筑新人战	优秀奖	王 博	任中龙	吕 晶	尹诗雯	刘宗刚	苏 静

序号	竞赛名称	获奖等级	获奖学生姓名	指导老师
4	2013全国高等院校城乡规划专业城市设计课程作业评优	三等奖	王恬　郑梦寒	李小龙　张锋　陈超
5	2013年全国高等院校城乡规划专业城乡社会综合实践调研报告	二等奖	陈哲怡　杨赛赛　刘华康　张磊	李昊　张晓荣
6	2013年全国高等院校城乡规划专业城市交通出行创新实践竞赛	二等奖	马克迪　雷佳颖　申媛　唐亮	罗西　姜学方　王瑾　陈磊
		三等奖	马骏	罗西　陈磊　姜学方
7	2013全国高等学校建筑设计教案和教学成果评选	优秀作业	蔡瑞　岳野	陈静　成辉　李建红　王芙蓉　王涛
		优秀作业	陆婧瑶　高欣妍	李立敏　许晓东
8	2013"西部之光"大学生暑期规划设计竞赛	三等奖	刘辰　万一郎　张杨帆　张雅兰	王侠
		创意专项奖	刘治胜　郑笑眉　黄博强　李大洋	陈超
9	第三届全国绿色建筑设计竞赛	二等奖	刘硕	王瑾
		优秀奖	王锐超　胡哲辉　陈盼	李焜
9	第三届全国绿色建筑设计竞赛	优秀奖	袁力夫　刘祥　李维臻　武文博	何泉
		优秀奖	杨侗　聂睿　万琦　袁玉华	何泉
		优秀奖	胡小琲	何泉　万杰
		优秀奖	杨喆　何薇　仪若瑜	何泉　高博
		优秀奖	刘舒晗　闫科羽	何泉　李岳岩
10	第九届全国高校景观设计毕业作品展	景观分析与规划奖	吴碧晨　郑科　吕安	董芦迪　樊亚妮
		优秀奖	刘腾潇　王春晓　张敬	杨建辉　李昊　宋功明　陈超　杨光焰　鲁旭
11	第3届国际园林景观规划设计大赛	金奖	刘腾潇　张敬　王春晓	杨建辉　宋功明　杨光焰

建筑学院 2014 年度大学生创新创业竞赛获奖

序号	竞赛名称	获奖等级	获奖学生姓名	指导老师
1	第二十五届国际建协（UIA）大学生建筑设计竞赛	第一名	吴明奇　牛童　冯贞珍　崔哲伦　罗典	裴钊
		第二名	周正　卢肇松　张士骁　高元　古悦　鞠曦	李昊
		第三等级奖	杜怡　宋梓仪　李乐　李长春　刘彦京　李乔珊	李岳岩
		第四等级奖	兰青　刘伟　李小同　刘俊　张佳茜　钱雅坤	李岳岩

序号	竞赛名称	获奖等级	获奖学生姓名	指导老师
2	2014亚洲建筑新人站	第二名	杨子依	刘克成
3	2014ICCC国际学生设计竞赛	一等奖	白纪涛　王　阳　王　静　王思睿	张　倩
4	中国建筑院校境外交流学生优秀作业展	优秀奖	张智文　赵　戈	肖　莉
		优秀奖	高元丰　惠雅雯　杜轶凡	肖　莉
		优秀奖	张昭希　丁　瑶　刘舒晗	肖　莉
5	第三届奥雅设计之星大学生竞赛	三等奖	柯熙泰　吴珊珊　刘　鹏	李　昊
6	2013"园冶杯"风景园林国际竞赛	三等奖	刘滕潇　王春晓	宋功明
7	第四届全国大学生绿色建筑设计竞赛	优秀奖	孙　源　陈煜君　李湛彰　王新蕊	何　泉
		三等奖	杨学双　刘　俊　李小同　李长春	何　泉
		三等奖	王倩倩　齐　锋　王锐超	杨　柳
		三等奖	卢肇松　廖　翕	闫增峰
8	霍普杯2014国际大学生建筑设计竞赛	优秀奖	蔡天然　杨　斌　高　建　王之怡	雷振东
		优秀奖	陆星辰　杨　骏　岳　圆	李　昊
9	2014全国高等学校建筑设计教案和教学成果评选活动	优秀作业	于东兴	张　倩　李　焜
		优秀作业	陈　茜	
10	2014全国高校城市规划专业城市设计课程作业评优	二等奖	王　闯　张　程	李　昊
		三等奖	崔哲伦　刘康伦	李小龙　张　峰　陈　超
11	2014全国高校城乡规划专业城乡社会综合实践调研报告	二等奖	景琪琪　赵　栓　王　闯　王嘉溪	李　昊　张晓荣
		三等奖	黄　祯　韦玏莉　强　瑞　姚文鹏	
12	第6届中国大学生现代摄影大赛	三等奖	李　克（个人）	尚　涛
13	2014年西部之光暑期大学生规划设计竞赛	一等奖	刘　辰　黄博强　张淑慎　孙佳伟　仇　静	陈　超
		二等奖	李大洋　黄　祯　马　骏　王睿坤　韩会东	王　侠
		理念创意专项奖	郑笑眉　李晨黎　张思齐　杨　蒙　苌　笑	段德罡
		理念创意专项奖	吴晓晨　祁玉洁　李嘉伟　杨敏迪　周　琦	任云英　付　凯
		设计表达专项奖	解芳芳　雷佳颖　姚文鹏　韩向阳　于　涛	裴　钊　尤　涛
		调查分析专项奖	石思炜　张碧文　蓝素雯　马克迪　田锦园	李　昊　王　瑾　尤　涛
14	富思特杯第三届中国梦绿色建筑创意设计竞赛	三等奖	王　博　吴舒曼	李　帆　陈景衡

序号	竞赛名称	获奖等级	获奖学生姓名	指导老师
15	2014年TEAM20海峡两岸建筑新人赛	二等奖	周　正（个人）	
16	第二届中国城乡规划研究生论文竞赛		杨晓丹（个人）	周庆华
17	陕西省首届研究生创新成果展	二等奖	王　帅　陆磊磊　王梦祎	穆　钧
18	2013SUNRISE杯大学生建筑设计方案竞赛	优秀奖	李少翀　徐诗伟	刘克成　李昊
19	第二届全国高等院校建筑与环境设计专业学生美术作品大赛	二等奖	周寒晓（个人）	阙阿静　蒋蔚
		二等奖	万少帅　杨　娟	任　华　张永刚
		三等奖	柏思宇　王轶凡	阙阿静　薛星慧　蒋　蔚
		优秀奖	梁仕秋　王轶凡	任　华　张永刚
		优秀奖	封　叶	阙阿静　蒋　蔚　任　华　张永刚

建筑学院 2015 年度大学生创新创业竞赛获奖

序号	竞赛名称	获奖项目名称	获奖学生姓名	指导老师姓名
1	第四届亚洲建筑新人赛	第一名	林雨岚	何彦刚
2	2015东南·中国建筑新人赛暨第4届"亚洲建筑新人赛"	BEST3 名次第一	林雨岚	
		BEST16 三年级新人奖	王轶凡	张　倩　朱　伶
		BEST16 二年级新人奖	高　健	蒋　蔚
		BEST16	耿蓝天	杨思然
3	2015年"西部之光"全国大学生暑期规划设计竞赛	一等奖	白　阳　蔡智巍　赵　渊　周嘉豪　崔泽浩	段德罡　沈　婕
4	2015年全国人居奖经典方案竞赛	建筑　规划双金奖	李长春　刘彦京　刘伟	李岳岩　毛　刚
5	2015全国高校建筑设计教案/作业观摩和评选活动	优秀作业	刘　妮	陈　聪　王健麟
		优秀作业	张　斌	李　昊　叶静婕　鲁　旭　徐诗伟　周志菲　裴　钊　温建群
		优秀作业	陈嘉琦　黄　轲　于之磊	
		优秀作业	陈炳光　张文佳　周　檬	
6	2015年全国高等学校风景园林专业毕业设计作业评优	优秀奖	汶武娟	林　源　岳岩敏　喻梦哲

序号	竞赛名称	获奖项目名称	获奖学生姓名	指导老师姓名
7	2015全国高校城市规划专业城市设计课程作业评优	三等奖	韩会东　朱乐	陈超　林晓丹
		一等奖	寇德馨　张嘉辰	尤涛　周志菲
8	中国建筑院校境外交流学生优秀作业展	本科优秀作业特别奖	蒋一汉	刘克成　丸山欣也吴瑞王毛真　蒋蔚　俞泉
		研究生—优秀作业特别奖	刘思源　方昇辰　邹宜彤　张娜Jared Lambright　Quang NguyenMingJin Hong	肖莉　常海青　苏静Albertus Wang　鲁旭任中琦
		优秀作业	杨子依	刘克成　丸山欣也吴瑞王毛真　蒋蔚　俞泉
		优秀作业	吴明奇　牛童　冯贞珍　崔哲伦罗典	裴钊
		优秀作业	周正　卢肇松　张士骁　高元古悦　鞠曦	李昊　周志菲
		优秀作业	白纪涛　王阳　王静　王思睿	张倩　王芳
		优秀作业	宋梓怡　杜怡　李乐　李长春刘彦京　李乔姗	李岳岩　陈静
		优秀作业	兰青　刘伟　李小同　刘俊张佳茜　钱雅坤	
		优秀作业	陆星辰　杨骏　岳圆　周曦曦Michelle Hook　Asher DurhamMatthew Livingston	肖莉　常海青　苏静Albertus Wang　鲁旭任中琦
9	2015"TEAM20两岸建筑与规划新人奖"竞赛	建筑设计组前八名　第五名	鞠曦　吴舒曼	李昊
10	2015"济源奥雅杯·美丽乡村国际设计大赛"	最佳创意奖	张欣欣　冷金凤　陈劭楠　刘潘星刘刚	雷振东
11	第五届全国绿色建筑设计竞赛	二等奖	李文博　陈嘉琦　秦宇洁　张簌	惠劼
		三等奖	刘珈言　白杨　张淑慎	何泉
		三等奖	毕文蓓	闫增峰
		优秀奖	杨学双　刘俊	闫增峰
		三等奖	王伟荣	何磊磊
12	2015《中国建筑教育》"清润奖"大学生论文竞赛	二等奖	李强	石媛　李岳岩
		优秀奖	刘慧敏	段德罡
13	华阳国际2015年第八届双城四院方案竞赛	优胜奖	李强	石媛
14	2015深圳创意设计新锐奖（学生组）	二等奖	李强　郑嘉禧　周璐瑶　张星旖	石媛
15	威海杯·2015全国大学生建筑设计方案竞赛	优秀奖	严峻　孙晓丹	王健麟
		优秀奖	焦明杨　王芳　王蒙　和武力	王健麟

序号	竞赛名称	获奖项目名称	获奖学生姓名				指导老师姓名
16	UIA霍普杯2015国际大学生建筑设计竞赛	优秀奖	贺博伟	贾晨曦			苏静
17	《建筑师》杂志·2015"天作奖"大学生建筑设计竞赛	三等奖	张兴龙	封叶	袁姝亭		吴瑞　王毛真
18	2015台达杯国际太阳能建筑设计竞赛	三等奖	许泽寰	王雪菲	薛小刚	林蓓蓓	雷振东
		优秀奖	刘冲　倪翰聪	姜羽平　杨晶晶	胡春霞　毕文蓓	梁一航　张习龙	李钰　王军
		优秀奖	张嫩江　韩凯	宋祥　陈诗	黄杰	吴鑫澜	王军
19	2015年第三届全国高等院校建筑与环境设计专业学生美术作品大奖赛	一等奖	崔思宇　吴宇轩　杨梦娇	耿志利　杨旻睿	黄康　贺治达	欧哲宏　续文琪	薛星慧　阙阿静　任华　陈巍　张永刚
20	2015年第三届全国高等院校建筑与环境设计专业学生美术作品大奖赛	三等奖	祝暨望　王凯　吴艺婷　李巧巧　高健	常明　崔思宇　樊夏　刘一凡	李文龙　何琪　冯倩　张昊	陈书尧　蒋文婷　胡乃榕　张鹏	薛星慧　阙阿静　任华　陈巍　张永刚
		优秀奖	季巧巧　杨旻睿　贺治达　刘一凡　杨琨	李晨阳　白鹭　胡乃榕　苗依欣　杨梦娇	孙承休　边磊　胡炀丽　吴昊天	徐子琪　高健　贾晨茜　邢志远	
		优秀奖	田尧　崔思宇　杨旻睿　贾晨茜　朱瑜瑶	段嫣然　耿志利　麻景红　秦欢	张书羽　郭思妍　边磊　续文琪	周昊　孙良玉　胡炀丽　杨梦姣	
		优秀奖	张书羽　高强强　位琪	黄康　贺治达　邢志远	欧哲宏　季巧巧　续文琪	杨旻睿　李茸茸　杨琨	
		二等奖	陈宇　卢亭羽　高金华	张豪　金鲁红　吴纯纯	刘瑞华　车璐　杨源鑫	孙苑　刚鑫　张熹佳	张永刚　周文倩
		三等奖	东璐　杨源鑫	黄琰麟　薛家明	卢亭羽	吴纯纯	
21	关中新民居建筑设计竞赛	一等奖	高汉清	柯熙泰	王晗	姜川	李军环
		二等奖	杨毅　徐新新	李宁　刘亚栋	黄刚	王宇倩	
		二等奖	王蒙达　蔺曦	李潇楠　王之怡	魏璇	张容	李军环　李立敏
		三等奖	马文	余琦	何建涛		杨豪中　刘启波

序号	竞赛名称	获奖项目名称	获奖学生姓名	指导老师姓名
21	关中新民居建筑设计竞赛	三等奖	张嫩江　胡春霞　万　琦　巩河杉　宋　祥　岳　欢	王　军　李　钰　靳亦冰
		三等奖	刘腾潇　郑　恬　秦　昆　李　文　张梦辰　贺小帅	雷会霞　岳邦瑞　刘　倩
		三等奖	李冰倩　赵雯迪　李玉洁	王　军
		三等奖	马　骏　黄　祯　张雅兰　万少帅　张扬帆　强　瑞	王　军　李立敏　田达睿
		三等奖	赵亚星　慕　晔　申田野　张韫珍	段德罡　赵元超
22	第十三届亚洲设计学年奖	城市设计金奖	刘碧含　曹　通	常海清　李小龙　李欣鹏
23	2015全国高校城市规划专业城市设计课程作业评优	三等奖	张　琳　刘　星	李小龙
24	第20届陕西高校土建专业优秀毕业设计评审	特别奖	周　正	李　昊　周志菲
		一等奖	刘　佳	李小龙　严少飞　王树声
		一等奖	胡文舟	裴　钊　孙彦青
		二等奖	陈　宇	李　昊　周志菲
25	2015全国高等学校风景园林作业毕业设计作业评优	优秀奖	付梦晗	董芦笛　樊亚妮

建筑学院2016年度大学生创新创业竞赛获奖

序号	竞赛名称	获奖项目名称	获奖学生姓名	指导教师姓名
1	第四届"中联杯"大学生建筑设计国际竞赛	优秀奖	孙晓丹　严　骏　胡哲辉	王建麟
		优秀奖	高　建　李春晓　高瑞雪　高子月	雷振东
2	2016年中国建筑院校境外交流学生优秀作业展	二等奖	Giulia Mazzuchelli　Costanza Mondani　Miriam Pozolli　赵　晋　赵彬彬　侯　帅	李　昊　常海青　鲁　旭　李　焜　laura Anna Pezzetti　Carlo Palazzolo
		三等奖	卢肇松　王龙飞　李露昕　Claudia Grossi　Giulia Guida　Fillipo De Rosa	
		三等奖	Michele Marini　Claudio livetti　Daniale Delgrosso　廖枢丹　孙雅雯　邢泽坤	
		三等奖	尹锐莹　Alberto Malabarba　Francesco Busnelli　路冠丞　张雅楠　张婧琪	
		二等奖	王嘉琪　范　岩　O·Faiyiga　A·Urbistondo	苏　静　常海青　同庆楠　吴涵儒　鲁　旭　Albertus Wang　Martin Gold
		三等奖	高元丰　刘　佳　罗　婧　Mitch clarke　Jesse Jones　Jessica Philips	
3	2016同济大学国际建造节暨2016"风语筑"PP中空板建筑设计与建造竞赛	二等奖	郭格理　陈锘然　汪瑞洁　张奇正　韩思呈　孙　鸽　高梓榆　窦心镫	付胜刚　吴　超　李少翀　罗　婧

序号	竞赛名称	获奖项目名称	获奖学生姓名	指导教师姓名
4	2016"TEAM20两岸建筑与规划新人奖"竞赛	城乡规划组优选	韩会东　朱乐　任瑞瑶	任云英　李小龙　李欣鹏
		建筑设计组优选	韦拉	李涛　李立敏
5	2016东南·中国建筑新人赛暨第5届亚洲建筑新人赛中国区选拔	BEST2	杨梦娇	何彦刚
		三年级新人奖	杨琨	刘宗刚
		一年级新人奖	孙雯军	王以琼
6	2016全国高校城乡规划专业城乡社会综合实践调研报告	二等奖	宋圆圆　白阳　高鹏　周嘉豪	李昊　张晓荣
		三等奖	武凡　杨怡　袁悦　何君	
		三等奖	谢铮　邹泽敬　刘思阳　燕林	
7	2016全国高校城市规划专业城市设计课程作业评优	一等奖	范晓琦　赵粉艳　林瀚　郭怡清	任云英　白宁
		三等奖	雷悦　柳思瑶	温建群　叶静婕
8	2016全国高校城市规划学科城市交通出行创新实践评优	二等奖	吕梦菡　蒋莹　鲍迪迈瑞	罗西　姜学方
		三等奖	方闵婕　李竹青　廖锦辉　宋心怡	
9	2016全国高校建筑设计教案/作业观摩和评选活动	优秀作业	崔思宇	张群　李涛
		优秀作业	黄锶逸	李立敏　李涛
		优秀作业	韦拉	
		优秀作业	孙旖旎　梁仕秋	李少翀　吴瑞
		优秀作业	欧哲宏	张群　李涛
9	2016全国高校建筑设计教案/作业观摩和评选活动	优秀作业	屈碧珂　李昂	吴瑞　王毛真
		优秀作业	吴越　张簇	王毛真　李少翀
		优秀作业	张书羽	周琨　师晓静
10	2016《中国建筑教育》"清润奖"大学生论文竞赛	三等奖	韦拉	李涛　李立敏
		优秀奖	谢斯斯　詹林鑫	穆钧　黄梅
11	2016"天作奖"大学生建筑设计竞赛	二等奖	张豪　黄昭威	李昊　韩青松
12	2015—2016概念广场国际建筑设计竞赛	学生组二等奖	沈逸君　胡已宏　吴慕飞　刘悦怡	孔黎明
		学生组优秀奖	聂迪　郑耀华　张大鹏	李昊
13	艾景奖·第六届国际园林景观规划设计大赛	银奖	李聪聪　黄婷茹　党宏亚	惠劼
		优秀奖	唐恬　刘思洋	宋功明
14	第一届"交通·未来"大学生创意作品大赛组委会	三等奖	田丰　黄婧	王军（博）
15	NIHON SEKKEI奖/未来·交流·环境2015中国大学生设计竞赛	二等奖	钟艺灵　欧哲宏	张倩
16	"废墟·重生"东井峪乡村改造国际景观设计竞赛CBC	优秀奖	郭辰阳　王宁　冯胤云　李雪	李榜晏

序号	竞赛名称	获奖项目名称	获奖学生姓名	指导教师姓名
17	2015年第一届"海绵城市景观"全国大学生联合设计工作营	技术理念奖	周恩志　郭思雨　李云韵　蒋璐　梁叶锦	李莉华　董芦笛
18	2016年全国高等学校风景园林专业毕业设计作业评优	优秀奖	兰帆	樊亚妮　董芦笛
		优秀奖	李伊婷	林源　岳岩敏
		优秀奖	张琳琳	杨建辉　吕琳

建筑学院 2017 年度大学生创新创业竞赛获奖

序号	竞赛名称	获奖等级	获奖学生姓名	指导老师
1	第26届UIA世界大学生建筑设计竞赛	二等奖	李雪晗　李芸　李江铃	李岳岩　陈静
		三等奖	杨琨　贾晨茜　高健	王璐　苏静
		三等奖	凌益　王江宁　迟增磊　朱可成	李昊　王墨泽　吴珊珊
		荣誉提名奖	张书羽　周昊　阳程帆	李昊　王墨泽　吴珊珊
		荣誉提名奖	樊先祺　郝姗　胡坤	陈静　李建红
		荣誉提名奖	赵欣冉　姚雨墨　蔡青菲	周志菲　叶静婕　徐诗伟
		荣誉提名奖	李政初　陶秋烨　韦森	周志菲　叶静婕　徐诗伟
2	2017年UIA-PHG国际学生青年建筑师竞赛	第三名	余晓辉　高森河　钟哲	石媛
3	UIA-霍普杯2017国际大学生建筑设计竞赛	优秀奖	王子恒　岐麟　汪阳海　卢倩怡	李昊　王墨泽
4	2017年中国建筑院校境外交流学生优秀作业展	一等奖	王一凯　曹通　马骏　Filppo De Rosa　Claudia Grossi	裴钊　常海青　孙彦青
		三等奖	晁一博　石佳怡　万少帅　王经纬　马俊蓉　Giulia	温建群　鲁旭　任中琦　王墨泽
		一等奖	张书羽　周昊	惠劼　徐诗伟
		二等奖	赵欣冉	张倩
		二等奖	钟艺灵	李焜　崔小平
		三等奖	崔思宇	王代赟　张洁璐
5	2017中国风景园林学会大学生设计竞赛	一等奖	郭信一　丁蔚　石昕英　王中元　罗紫娟	李莉华
		三等奖	郭怡清　林瀚	李小龙
6	2017全国高校建筑设计教案/作业观摩和评选活动	优秀作业	杨琨	刘宗刚　杨思然
		优秀作业	杨梦娇	何彦刚　同庆楠
7	2017全国高校城市规划专业城市设计课程作业评优	三等奖	袁泼泼　赵家祺	周志菲　叶静婕　徐诗伟
		三等奖	王宇轩　李竹青	陈超　林晓丹
		三等奖	高晗　杨柳	任云英　白宁
8	2017第三届中国人居环境设计学年奖	城市设计银奖	林瀚	李小龙
		城市设计铜奖	李建智	陈超　林晓丹

序号	竞赛名称	获奖等级	获奖学生姓名	指导老师
9	2017全国高校城市规划学科城市交通出行创新实践竞赛	三等奖	窦 寅　李笑含　关 星　张瑞芩	姜学方
10	2017东南·中国建筑新人赛暨第5届亚洲建筑新人赛中国区选拔	top 2	张宇昂	何彦刚
		top 16	王金梁	庞 佳　王 璐　杨 乐　吴冠宇
11	2017台达杯国际太阳能建筑设计竞赛	三等奖	杨 娇　陈其龙　刘 颖　衣志浩	张 群　赵西平
		优秀奖	黄 华　郑智中　李 真　赵 旭　徐洪光　薛芳慧　刘增军　刘 冲	李 钰　罗智星
12	2016年"园冶杯"大学生国际竞赛	二等奖	邵佳慧	刘恺希
		二等奖	黄 莹	刘恺希
13	2017年"园冶杯"大学生国际竞赛	三等奖	李怡萱	赵红斌　岳邦瑞　包瑞清
14	第七届艾景奖国际景观规划设计大赛	银奖	林 瀚　郭怡清	李小龙
		银奖	仇 静　张淑慎　孙佳伟	陈 超
15	第六届"绿色建筑创意全国邀请赛"	优秀作品奖	邵馨阅　石钰琪　贾 薇　马婷婷　王 曼	李 涛
16	2017全国大学生建筑设计方案竞赛	优秀奖	米佳锐　杨乐怡　何 琪	周志菲　叶静婕　徐诗伟
		优秀奖	祝暨望	李曙婷
17	2017全国大学生规划设计方案竞赛	三等奖	乔壮壮　熊泽嵩　李捷扬　沈 蕊	段德罡　蔡忠原　王 瑾
		三等奖	王成伟　吴昕恬　李佳澎　许惠坤　廖 颖	吴 锋　蔡忠原
		一等奖	赵海清　林 伟　陈淑婷　夏梦丹　尤智玉	段德罡　黄 梅
		二等奖	王 茜　李紫旋　陈 晨　陈思菡　赖 敏　熊井浩	段德罡　蔡忠原
		优胜奖	杨 雪　黄彬彬　吴 倩　杨新越　王怡宁	吴 锋　田达睿
18	第二届全国高校木结构设计邀请赛	三等奖	李 强　童 帆　马安宁	梁 斌　谢启芳
19	中国城市规划学会第六届青年规划师演讲比赛	最佳表现奖	李 稷	张 沛
20	2016年"Garden"花园杯植物设计竞赛	一等奖	孙浩鑫　陈思菡	杨光炻　李莉华
		三等奖	吴昕恬　袁子茗　翟鹤健	杨光炻　李莉华
21	第二届国际高校建造节大赛	二等奖	邢 闯　吕育慧　孔锦权　赵浩然　唐夏旭　孙 鸽　李鑫漪　李瑾睿　何少博　陈泊桥	崔陇鹏　吴 瑞
22	第六届全国大学生设计作品征集活动	优秀奖	欧哲宏　钟艺灵	李 昊

资料整理：赵南森　　审核：位 娜

1.1.2 建筑学院历届优秀毕业生名单

序号	年份	学生姓名	获奖等级	奖项名称
1	1990	程 帆	二等奖	宝钢教育基金奖（首届）
2	1991	王 进　宋照清　马纯立	二等奖	宝钢教育基金奖
3	1992	杜 松	二等奖	宝钢教育基金奖
		姚峥荣		济源教育奖优秀学生奖
4	1993	牛 犇	一等奖	宝钢教育基金奖
		赵 宇	二等奖	
5	1994	周 伟　杜 松	二等奖	宝钢教育基金奖
6	1995	魏 秦　刘 蓉	二等奖	宝钢教育基金奖
7	1996	孙燕平	优秀学生奖	宝钢教育基金奖
		吴京城	一等奖	济源教育奖优秀学生奖
8	1997	朱城琪　吴京城	优秀学生奖	宝钢教育基金奖
9	1998	王树声	干部标兵	全国优秀学生干部标兵
		崔 东　马 龙	优秀学生奖	宝钢教育基金奖
		蔡 欣	一等奖	济源教育奖优秀学生奖
10	1999	唐登红　蔡 欣　常海青	优秀学生奖	宝钢教育基金奖
		洪亘伟	二等奖	济源教育奖优秀学生奖
		蔡 蕾	一等奖	奎屯教育奖励基金优秀学生奖
		胡 洋	二等奖	奎屯教育奖励基金优秀学生奖
11	2005	刘宗刚　王 瑞		省级优秀毕业生
		张小金　马 琰		省级优秀学生干部
12	2006	李慧敏　阎 照		省级优秀毕业生
		黄旭升　白 冰		省级优秀学生干部
13	2007	李小龙　杨 辉		省级优秀毕业生
		吴舒琳		省级优秀学生干部
14	2008	刘宗刚　王 阳		省级优秀毕业生
15	2009	朱海鹏　黄有曦		省级优秀毕业生
16	2010	屈 雯　吴 瑞　徐才亮		省级优秀毕业生
17	2011	蔡明成	优秀学生奖	省级优秀毕业生
		路瑞星		宝钢教育基金奖
18	2012	付胜刚　薛 华	优秀学生奖	省级优秀学生干部
		牛 月		宝钢教育基金奖
19	2013	周 正	优秀学生奖	宝钢教育基金奖
20	2014	吴明齐　陈斯亮	优秀学生奖	宝钢教育基金奖
21	2015	韦 拉	优秀学生奖	宝钢教育基金奖

资料整理：赵南森　　审核：位　娜

1.1.3 建筑学院历年出版教材一览表

著作名称	作者	类别	出版社	出版时间
《居住房屋的隔音》	王建瑚	教材（译）	建筑工程出版社	1957
《装配式钢筋混凝土与结构在工业建筑中的应用》	王建瑚	教材（译）	建筑工程出版社	1958
《装配式空心陶块楼板》	王建瑚	教材（译）	科技卫生出版社	1958
《建筑热工原理》	王建瑚等 参编	教材（译）	高等教育出版社	1959
《建筑物理》	王景云　王建瑚等	教材	中国工业出版社	1961
《房屋建筑学》（第五册）	吴洒珍	教材	中国工业出版社	1961
《建筑热工设计》	王景云　王建瑚　陈梅　段杏林	教材	中国建筑工业出版社	1977
《单层厂房建筑设计》	参编：广士奎　施淑文　周增贵　刘永德	教材	中国建筑工业出版社	1978
《建筑物理》第一版	王景云（王建瑚　林其标　杨　光　车世光）	教材	中国建筑工业出版社	1980
《房屋建筑学》第一版	同济大学　西安冶金建筑学院　广士奎主编（夏　云　武克基　刘玉书　刘炳炎）	教材	中国建筑工业出版社	1980
《测量学》冶金部优秀教材二等奖	杨　俊	教材	冶金工业出版社	1985
《房屋建筑学》获1990年首届科技图书奖，建设部优秀成果二等奖	武克基　广士奎	教材	宁夏人民出版社	1986
《建筑物理》	王景云	教材	中国建筑工业出版社	1986
《建筑物理》第二版	王景云	教材	中国建筑工业出版社	1987
《中小学建筑设计》建设部优秀教材二等奖	张宗尧　闵玉林	教材	中国建筑工业出版社	1987
《建筑构造幻灯教材》	夏　云	幻灯教材	清华大学声像出版社	1988
《节能节地建筑幻灯教材》	夏　云	幻灯教材	清华大学声像出版社	1988
《房屋建筑学》第二版	同济大学　东南大学　西安冶金建筑学院　重庆建筑工程学院　广士奎主编	教材	中国建筑工业出版社	1988
《房屋建筑学》第三版	同济大学　东南大学　西安建筑科技大学　重庆建筑大学　广士奎主编	教材	中国建筑工业出版社	1990
《剧场建筑设计原理》	刘振亚　王　竹	教材	冶金工业出版社	1989
《装饰色彩的表现世界》	吴　昊	教学录像	中国音像教材出版社	1990
《水粉》	吴　昊	教材	陕西人民美术出版社	1991
《节能节地建筑幻灯219幅》	夏　云	教材	清华大学声像教材出版社	1992

著作名称	作者	类别	出版社	出版时间
《旅馆建筑设计》	刘振亚　林　川　滕小平	教材	西安建筑科技大学出版社	1994
《中国传统景园建筑设计理论》	佟裕哲	教材	陕西省科学技术出版社	1994
《居住环境》	王平易　邵晓光	教材	陕西省科学技术出版社	1994
《多层厂房建筑设计》	姜佐盛　施淑文	教材	陕西省科学技术出版社	1994
《建筑防火设计》	张树平	教材	陕西省科学技术出版社	1994
《欧洲当代建筑概述》	杨豪中	教材	陕西省科学技术出版社	1994
《现代主义的建筑与文化》	杨豪中	教材	陕西省科学技术出版社	1994
《节能节地建筑基础》（中文）	夏　云	教材	陕西省科学技术出版社	1994
《公共汽车客运站建筑设计》	刘舜芳	教材	西安建筑科技大学出版社	1994
《建筑法规》	王丽娜	教材	西安建筑科技大学出版社	1994
《城市规划与设计资料汇编》	惠　劼	教材	西安建筑科技大学出版社	1994
《高层建筑设计》	姜佐盛	教材	西安建筑科技大学出版社	1994
《节能节地建筑》（英文）	夏　云	教材	西安建筑科技大学出版社	1994
《节能节地建筑基础》	夏　云　夏　葵	教材	陕西科技出版社	1994
《建筑结构基本原理》 建设部优秀教材二等奖	宋占海	教材	中国建筑工业出版社	1994
《建筑结构设计原理》	宋占海	教材	中国建筑工业出版社	1994
《厂矿铁路运输组织》	贾忠孝	教材	冶金工业出版社	1994
《机械化运输及装卸设计》	刘　觉	教材	冶金工业出版社	1994
《建筑外环境设计》	刘永德	教材	中国建筑工业出版社	1995
《建筑模型》	吴　昊	教材	陕西人民美术出版社	1995
《建筑室内外效果图技法》	吴　昊	教材	陕西人民美术出版社	1995
《建筑结构设计》	宋占海	教材	中国建筑工业出版社	1995
《素描风景画技法》	蔡南生	教材	中国建筑工业出版社	1996
《水粉》	吴　昊	教材	陕西人民美术出版社	1996
《房屋建筑学》	武六元（参编）	教材	中国建筑工业出版社	1996
《景园设计》	佟裕哲	教材	陕西省科技出版社	1996
《建筑科学基础》	夏　云　夏　葵	教材	中国科技出版社	1996
《工业企业总平面设计》	雷　明	教材	陕西科技出版社	1998
《城市环境保护》	戴天兴	教材	西安建筑科技大学出版社	1998
《现代高层建筑防火设计与施工》	张树平	教材	中国科技出版社	1998
《综合医院建筑设计》	赵秀兰　赵　宇	教材	西安建筑科技大学出版社	1999
《实用建筑装饰施工手册》	张树平	教材	中国建筑工业出版社	1999
《托幼、中小学建筑设计手册》	张宗尧　赵秀兰	教材	中国建筑工业出版社	1999
《高等学校课程设计丛书—中小学建筑》	张宗尧　李志民	教材	中国建筑工业出版社	2000
《文化娱乐建筑设计》	陈述平　张宗尧	教材	中国建筑工业出版社	2000
《建筑物理》第三版	刘加平	教材	中国建筑工业出版社	2000

著作名称	作者	类别	出版社	出版时间
《现代剧场设计》	刘振亚	教材	中国建筑工业出版社	2000
《建筑防火设计》	张树平	教材	中国建筑工业出版社	2001
《房屋建筑学》第一版	武六元　杜高潮	教材	中国建筑工业出版社	2001
《城市环境生态学》	戴天兴	教材	中国建材工业出版社	2002
《建筑工程概论》	万　杰　郭华参编	教材	中国建材工业出版社	2002
《计算机辅助设计绘图教程》	杜　瑾	教材	陕西人民出版社	2002
《建筑施工组织设计》	王　军	教材	西安地图出版社	2002
《房屋建筑构造学》	万　杰	教材	中国建材工业出版社	2003
《古建筑测绘学》	林　源	教材	中国建筑工业出版社	2003
《土木工程测量》	杨　俊　赵西安	教材	科学出版社	2004
《建筑与城市气候》	刘加平	教材	中国建筑工业出版社	2005
《地理信息系统构建与应用》	许五弟	教材	中国建材工业出版社	2005
《房屋建筑学》第四版	同济大学　西安建筑科技大学 东南大学　重庆建筑大学 张树平主编	教材	中国建筑工业出版社	2005
《室内热环境设计》	刘加平　杨　柳	教材	机械工业出版社	2005
《建筑物理实验》	刘加平　戴天兴	教材	中国建筑工业出版社	2006
《房屋建筑学》第一版	西安建筑科技大学七校合编	教材	中国建筑工业出版社	2006
《建筑设备》	李祥平　闫增峰	教材	中国建筑工业出版社	2006
《工程图与表现图投影基础》（上）	高　燕	教材	中国建筑工业出版社	2006
《工程图与表现图投影基础》（下）	高　燕	教材	中国建筑工业出版社	2006
《城市规划原理》	惠　劼　李祥平　迟志武 罗　西	教材	中国建筑工业出版社	2006
《建筑学专业业务实践》	段德罡	教材	华中科技大学出版社	2008
《建筑空间环境与行为》	李志民　王　琰	教材	华中科技大学出版社	2009
《中小学建筑设计》（第二版）（建筑设计指导丛书）	张宗尧　李志民	教材	中国建筑工业出版社	2009
《建筑物理》第四版	刘加平	教材	中国建筑工业出版社	2009
《建筑防火设计》第二版	张树平	教材	中国建筑工业出版社	2009
《建筑设计基础——独院式住宅》（电子教材）	陈　静　何　梅	教材	中国建筑工业出版社	2009
《全国注册城市规划师执业资格考试辅导教材（第五版）第1分册 城市规划原理》	惠　劼	教材	中国建筑工业出版社	2010
《全国注册城市规划师执业资格考试辅导教材（第五版）第2分册城市规划相关知识》	王翠萍　王宇新	教材	中国建筑工业出版社	2010

著作名称	作者	类别	出版社	出版时间
《绿色建筑概论》	刘加平	教材	中国建筑工业出版社	2010
《建筑气候学》	杨柳	教材	中国建筑工业出版社	2010
《城市环境物理》	刘加平	教材	西安交通大学出版社	2010
《工程测量》	撒利伟	教材	西安交通大学出版社	2010
《城市规划快题考试手册》	李昊　周志菲	教材	华中科技大学出版社	2011
《高等学校建筑类专业英语规划教材——建筑学与城市规划专业》	陈晓键　黄磊　吕琳	教材	中国建筑工业出版社	2011
《Autodesk Revit Architecture 建筑设计教程》（附光盘）	吕东军　孔黎明	教材	中国建材工业出版社	2011
《建筑英语》	刘扬敏　黄磊	教材	西安交通大学出版社	2011
《全国注册城市规划师执业资格考试辅导教材（第六版）第1分册城市规划原理》	惠劼	教材	中国建筑工业出版社	2011
《全国注册规划师辅导教材（第六版）第2分册城市规划相关知识》	王翠萍　潘育耕	教材	中国建筑工业出版社	2011
《全国注册城市规划师执业考试模拟测试（第四版）第1分册　城市规划原理 城市规划相关知识》	惠劼　李祥平　王翠萍	教材	中国建筑工业出版社	2011
《一级注册建筑师考试场地设计（作图）应试指南》	赵晓光　陈磊	教材	中国建筑工业出版社	2011
《无障碍建筑环境设计》	李志民　宋岭	教材	华中科技大学出版社	2011
《土木工程专业课程设计指南》	何梅参编	教材	科学出版社	2012
《建筑设备》	李祥平　闫增峰　吴小虎	教材	中国建筑工业出版社	2013
《景观设计》	刘晖　杨建辉　岳邦瑞　宋功明	教材	中国建筑工业出版社	2013
《建筑初步》	张涵　何文芳　周琪	教材	中国青年出版社	2013
《托幼建筑设计》	王芙蓉　王涛	教材	清华大学出版社	2013
《工程测量》第二版	撒利伟	教材	西安交通大学出版社	2013
《建筑物理》	杨柳　朱新荣　刘大龙　张毅	教材	中国建材工业出版社	2013
《房屋建筑学》第2版	武六元　杜高潮	教材	中国建筑工业出版社	2013
《建筑节能综合设计》	杨柳	教材	中国建材工业出版社	2014
《地理信息系统》	许五弟	教材	中国建材工业出版社	2015
《城市规划快速设计图解》	李昊	教材	华中科技大学出版社	2016
《城乡市政基础设施规划》	吴小虎　李祥平	教材	中国建筑工业出版社	2016

资料整理：袁龙飞　　审核：郑红雁

1.2 学术研究

1.2.1 建筑学院出版规范、标准一览表

著作名称	作者	类别	出版时间
《民用建筑热工设计规范》GB 50176-93	王建瑚　王景云	参编	1993
《盲学校建筑设计卫生标准》GB/T 18741-2002	张宗尧　李志民	主编	2003
《特殊教育学校建筑设计规范》JGJ 76-2003 J282-2003	张宗尧　李志民	主编	2004
《民用建筑能耗数据采集标准》JGJ/T 154-2007	闫增峰	参编	2007
《西藏自治区居住建筑节能设计标准》DB 54-0016-2007	刘加平　杨　柳　胡冗冗等	参编	2008
《严寒和寒冷地区居住建筑节能设计标准》JGJ 26-2010	闫增峰	参编	2010
西安市《公共建筑节能设计标准》DBJ/T 61-60-2011	闫增峰	主编	2011
陕西省《居住建筑节能设计标准》DBJ/T 61-65-2011	闫增峰	主编	2012
西安市《既有居住建筑节能改造技术规范》DBJ/T 71-2012	闫增峰	参编	2012
《既有居住建筑节能改造技术规程》JGJ/T 129-2012	闫增峰	参编	2013
陕西省《居住建筑绿色建筑设计标准》DBJ61/T 81-2014	闫增峰	主编	2014
陕西省《公共建筑绿色建筑设计标准》DBJ61/T 80-2014	闫增峰	参编	2014
陕西省《绿色生态居住小区建设评价标准》DBJ61/T 83-2014	闫增峰	参编	2014
西安市《地区农村居住建筑节能技术规范》DBJ61/T 91-2014	闫增峰	参编	2014
《建筑节能气象参数标准参数标准》JGJ/T 346-2014	杨　柳　刘大龙　刘加平等	参编	2015
《建筑节能基本术语标准》GB/T 51140-2015	刘加平等	参编	2015
国家建筑标准设计图集《老年人居住建筑》（15J 923，替代04J 923-1）	肖　莉　张　倩　王　芳	主编	2016
《陕西省美丽宜居示范村创建评价标准试行》	段德罡	主编	
《民用建筑绿色性能计算标准》JGJ/T 449-2018	杨　柳　罗智星	主编	2018
《陕南夏热冬冷地区居住建筑水源热泵供暖工程技术规范》DBJ61T 144-2018	闫增峰　何　梅	主编	2018
《陕南夏热冬冷地区居住建筑供暖设计图集》（水源热泵系统）陕2018TJ 031	闫增峰	主编	2018

资料整理：郑红雁　　审核：周　勇

1.2.2　建筑学院主要出版物一览表

著作名称	作者	类别	出版社	出版时间
《中国大百科全书》建筑托、幼条目 城规条目　室内热环境	刘宝仲　汤道烈 王景云（参编）	专著	中国建筑工业出版社	1988
《学校电教用房设计》	张宗尧	专著	高等教育出版社	1988
《陕西窑洞》	侯继尧	专著	陕西科技出版社	1988
《外国名建筑》	刘宝仲（参编）	编著	中国建筑工业出版社	1988
《世界建筑绘画选集》	秦毓宗　吴昊	编著	陕西人民出版社	1988
《文化馆建筑设计》	张宗尧	编著	中国建筑工业出版社	1988
《现代建筑表现艺术》	李靖　王军 王健麟	编著	天地出版社 陕西省人民美术出版社	1989
《现代工厂建筑空间与环境设计》	刘永德	编著	中国建筑工业出版社	1989
《窑洞民居》 建设部第二届全国优秀建筑二等奖	侯继尧	专著	中国建筑工业出版社	1989
《住宅室内设计与装修》	李树涛　王福川	专著	中国建筑工业出版社	1989
《国外建筑绘画方法与步骤》	吴昊　赵恩达	编著	西北大学出版社	1989
《水彩风景画技法》	蔡南生	专著	陕西人民美术出版社	1989
《托儿所，幼儿园建筑设计》	刘宝仲	编著	中国建筑工业出版社	1989
《水粉画技法》	吴昊	专著	陕西人民美术出版社	1990
《画法几何及建筑制图》	李树涛　第二主编	编著	中国环境科学出版社	1990
《建筑素描》	吴昊	编著	陕西人民美术出版社	1990
《建筑百科全书》建筑制图条目	郑士奇	编著	中国建筑工业出版社	1991
《建筑设计资料集》（新版第二集普通教室）	赵秀兰	编著	中国建筑工业出版社	1991
《建筑模型》	吴昊	编译	陕西人民美术出版社	1991
《建筑环境色彩设计》	施淑文	编著	中国建筑工业出版社	1991
《中国北方传统的农村集落党家村》	周若祁	编著	世界图书出版社（北京）（日文）	1992
《陕西民居》	张壁田　刘振亚 刘舜芳　郑士奇	专著	中国建筑工业出版社	1992
《美术辞林·建筑艺术卷》	李树涛　施淑文	编著	陕西人民美术出版社	1992
《三秦历史文化大辞典》	刘临安	参编	陕西省人民教育出版社	1992
《中国宫殿》	赵立瀛	专著	中国建筑工业出版社	1992
《陕西古建筑》	赵立瀛　刘临安	专著	陕西人民出版社	1992
《建筑外环境设计》	刘永德	编著	中国建筑工业出版社	1993
《中国传统民居》（窄院民居部分）	刘舜芳	编著	山东科技出版社	1993
《城市环境境物理》	刘加平	编著	西安交大出版社	1993
《建筑画理论与技法》（二章）	王军	参编	中国建筑工业出版社	1993
《中小学校建筑设计实例集》	张宗尧	编著	中国建筑工业出版社	1994

著作名称	作者	类别	出版社	出版时间
《托幼、中小学校建筑设计手册》	张宗尧	编著	中国建筑工业出版社	1994
《建筑装饰艺术》	刘永德	编著	陕西科技出版社	1994
《建筑模型艺术》	王 军	专著	中国建筑工业出版社	1994
《陕西省农村中小学校设计图集》	张宗尧	编著	陕西人民教育出版社	1994
《建筑画理论与技法》	侯继尧	专著	中国建筑工业出版社	1994
《建筑空间论——如何品评建筑》	张似赞	译著	台湾博远出版有限公司	1994
《中国市场经济实践探索》	温小郑 张 沛	编著	湖北人民出版社	1994
《中国古代宫殿》	赵立瀛	专著	中国建筑工业出版社	1995
《建筑空间论》	张似赞	编著	台湾博远出版有限公司	1995
《建筑设计资料集》第二版中小学校	张宗尧 赵秀兰	撰稿人	中国建筑工业出版社	1995
《建筑设计资料集》第二版 文化馆	张宗尧	撰稿人	中国建筑工业出版社	1995
《建筑外环境设计》	刘永德	专著	中国建筑工业出版社	1996
《建筑科学基础》	夏 云 夏 葵	译著	中国科技出版社	1996
《工业铁路线路》	赵晓光	编著	陕西科技出版社	1996
《建筑院校美术教师优秀作品集》	蒋一功 蔺宝钢 俞进军 姚延怀	编著	中国建筑工业出版社	1996
《城市发展的空间经济分析》	张 沛	专著	陕西师范大学出版社	1997
《高层建筑设计》	张似赞	译著	中国建筑工业出版社	1997
《侯继尧画选》	侯继尧	专著	中国建筑工业出版社	1997
《测量放线工》	杨 俊 刘明星	编著	陕西科学技术出版社	1997
《测量放线》	撒利伟 杨 鑫	编著	陕西科技出版社	1997
《建筑中的后现代主义》	杨豪中	专著	陕西科技出版社	1998
《陕西古代景园建筑》	佟裕哲 刘 晖	专著	陕西科技出版社	1998
《新疆自然景观与苑园》	佟裕哲	专著	陕西科技出版社	1998
《建筑空间的形态·结构·涵义·组合》	刘永德	专著	天津科技出版社	1998
《现代高层建筑防火设计与施工》	张树平等	专著	中国科技出版社	1998
《建筑装饰环境艺术图典》	吴 昊 陈莉萍	编著	陕西人民美术出版社	1998
《中国西部建筑素描》	蔺宝钢 俞进军 姚延怀	编著	山东科技出版社	1998
《跨世纪的中国广州现代化国际大都市主架》	张 沛	编著	中国社会科学出版社	1998
《中国建筑艺术全集——古代陵墓建筑艺术卷》	赵立瀛 刘临安	专著	中国建筑工业出版社	1999
《中小学校空余教室活用》	李志民	专著	西安地图出版社	1999
《绿色建筑》	周若祁等	专著	中国计划出版社	1999
《韩城村寨与党家村民居》	周若祁 张 光	专著	陕西科技出版社	1999
《中国地景建筑史纲图说》	佟裕哲	专著	中国建筑工业出版社	1999
《当代观演建筑》	刘振亚等	编著	中国建筑工业出版社	1999
《中国窑洞》	侯继尧 王 军	编著	河南科技出版社	1999

著作名称	作者	类别	出版社	出版时间
《托幼、中小学校建筑设计手册》	张宗尧　赵秀兰	编著	中国建筑工业出版社	1999
《世界室内设计精华》（上、下册）	吴　昊	编著	陕西人民美术出版社	1999
《建筑工程材料》	赵西平	编著	中央广播电视大学出版社	1999
《建筑工程造价与计价实务全书》	赵西平	编著	中国建材工业出版社	1999
《20世纪中国建筑》	刘永德	参编	天津科技出版社	1999
《建筑物改造后维修加固新技术》	刘永德	编著	中国建材工业出版社	1999
《中国土木建筑百科辞典》（建筑卷）	刘宝仲　侯继尧　郑士奇　张宗尧　刘临安　刘加平　杜高潮等	词条撰稿	中国建筑工业出版社	1999
《中小学校建筑实录集萃》	张宗尧	编著	中国建筑工业出版社	2000
《文化娱乐建筑设计》	张宗尧　陈述平	编著	中国建筑工业出版社	2000
《现代剧场设计》	刘振亚		中国建筑工业出版社	2000
《中国传统景园建筑设计理论》	佟裕哲		陕西科学技术出版社	2001
《生态与可持续建筑》	夏　云		中国建筑工业出版社	2001
《中国景园建筑图解》	佟裕哲	著作	中国建筑工业出版社	2001
《城市经济理论前沿课题研究》	张　沛	著作	东北财经大学出版社	2001
《绿色城市与规划实践》	黄明华　迟志武	编著	西安地图出版社	2001
《快速建筑设计图集》	李志民	编著	中国建材工业出版社	2002
《北京奥运商机》	张　沛	著作	华艺出版社	2002
《袖珍系列工程师手册》	张树平	著作	中国建筑工业出版社	2002
《注册城市规划考试指导与习题解答》	王翠萍　陈晓键	著作	中国建材工业出版社	2002
《城市环境生态学》	戴天兴	著作	中国建材工业出版社	2002
《意大利当代百名建筑师作品选》（中英双语版）	刘临安	译著	中国建筑工业出版社	2002
《钢笔建筑速写技法与应用》	马纯立	著作	中国建材工业出版社	2002
《生态与可持续建筑》	夏　云		中国建筑工业出版社	
《建筑工程概论》	岳　鹏　万杰等		中国建筑工业出版社	2002
《〈悲金悼玉〉——上海大观园建筑园林艺术》	张似赞	译著	中国建筑工业出版社	2003
《全国注册城市规划师执业资格考试辅导教材》	李祥平	著作	中国建筑工业出版社	2003
《古建筑测绘学》	林　源	著作	中国建筑工业出版社	2003
《中国建筑艺术全集——古代城镇》	汤道烈　任云英	著作	中国建筑工业出版社	2003
《全国注册城市规划师执业资格考试，城市规划相关知识》	王翠萍	著作	中国建筑工业出版社	2003
《全国一级注册建筑师执业资格考试应试指导》	武六元　李祥平　闫增峰　王　军	编著	中国建筑工业出版社	2003

著作名称	作者	类别	出版社	出版时间
《全国一级注册建筑师执业资格考试复习题集》	武六元　闫增峰 王　军	著作	中国建筑工业出版社	2003
《中国当代小城镇规划精品集》	黄明华	著作	中国建筑工业出版社	2003
《房屋建筑构造学》	万　杰		中国建材工业出版社	2003
《土木工程测量》	杨　俊		科学出版社	2003
《古都建设与自然的变迁》	王　军	著作	西安地图出版社	2003
《袖珍建筑师手册》	张树平　董芦笛	编著	中国建筑工业出版社	2003
《城市普通中小学校校舍建设标准》	张宗尧	著作	高等教育出版社	2003
《城市规划与环境保护法规资料集锦》	惠　劼　张　倩	编著	西建大校内发行	2003
《高迪作品集》	林　源	译著	中国建筑工业出版社	2003
《凤凰之家——中国建筑文化的城市与住宅》	刘临安	译著	中国建筑工业出版社	2003
注册城市规划师执业资格考试参考用书《城市规划原理》	惠　劼	著作	中国建筑工业出版社	2003
《全国注册城市规划师执业资格考试复习题集》	王翠萍　陈晓键	著作	中国建筑工业出版社	2003
《高等级公路建筑设计图》	武六元	编著	中国建筑工业出版社	2003
《旅游策划与旅游规划实证研究》	张　沛	著作	西安地图出版社	2003
《中国地景建筑理论》	佟裕哲　刘　晖	著作	《中国园林》杂志社	2003
《国外著名建筑师丛书第三集——路易斯·巴拉干》	杨豪中	著作	中国建筑工业出版社	2003
《古都西安·西安的历史变迁与发展》	任云英	参编	西安出版社	2003
《大学生建筑设计优秀作品集》	李志民	编著	中国建材工业出版社	2004
《陕西省县级文化馆、图书馆建筑设计方案集》	李志民	编著	西安地图出版社	2004
全国注册城市规划师执业资格考试辅导教材——《城市规划原理》	惠　劼	著作	中国建筑工业出版社	2004
《中国古建筑文化之旅——陕西》	刘临安	著作	知识产权出版社	2004
《建筑设计笔记》	林　源	译著	中国建筑工业出版社	2004
《民用建筑场地设计》	赵晓光　邓向明	著作	中国建筑工业出版社	2004
《陕西关中地区人居环境研究》	陈晓键	著作	陕西人民出版社	2004
《建筑设计作业评析（独院住宅、幼儿园）》	马纯立	编著	中国建材工业出版社	2004
《2004年全国一级注册建筑师执业资格考试应试指导》	武六元	编著	中国建材工业出版社	2004
《2004年全国一级注册建筑师执业资格考试复习题集》	武六元	编著	中国建材工业出版社	2004
《特殊教育学校建筑设计规范》	张宗尧　李志民	著作	中国建筑工业出版社	2004

著作名称	作者	类别	出版社	出版时间
《建筑设备与环境控制》	李祥平　闫增峰　戴天兴	著作	中国建筑工业出版社	2004
《关中"一线两带"城镇群发展规划研究》	张沛	著作	西安地图出版社	2004
《全国一、二级注册建筑师考试模拟题解1（知识）》	王军	编著	中国建筑工业出版社	2005
全国一级注册建筑师考试培训辅导用书·《建筑设计》	王军	编著	中国建筑工业出版社	2005
《建筑室内热环境设计》	刘加平　杨柳	编著	机械工业出版社	2005
《建筑与城市气候设计》	刘加平	译著	中国建筑工业出版社	2005
《中国古代地图集城市地图》	任云英	参编	西安地图出版社	2005
全国一级注册建筑师考试培训辅导用书·《建筑设计》	武六元　王军	编著	中国建筑工业出版社	2005
《室内热环境设计》	刘加平　杨柳	编著	机械工业出版社	2005
《一级注册建筑师考试场地设计（作图）应试指南》	赵晓光		中国建筑工业出版社	2005
《建筑节能设计手册——气候与建筑》	刘加平　张继良　谭良斌	译著	中国建筑工业出版社	2005
《全国高校城市规划专业学生优秀作业选》（五年级）	惠劼	编著	中国建筑工业出版社	2005
《地理信息系统构建与应用》	许五弟	编著	中国建材工业出版社	2005
《建筑科学基础》（汉英双语）	夏云	编著	中国建材工业出版社	2005
《地理信息系统构建与应用》	许五弟	编著	中国建材工业出版社	2005
《建筑结构基本原理》	宋占海	著作	中国建筑工业出版社	2006
《城市住区规划设计概论》	惠劼	著作	化学工业出版社	2006
《城市规划原理》	惠劼	编著	中国建筑工业出版社	2006
《工程图与表现图投影基础》	高燕	编著	中国建筑工业出版社	2006
《快速建筑设计与表现》	梁锐　张群　马纯立　李岳岩　周文霞	编著	中国建材工业出版社	2006
《瑞典与挪威的地域性建筑》	杨豪中	编著	中国建筑工业出版社	2006
《西安建大城市规划设计研究院作品集》	周庆华　段德罡	编著	中国建筑工业出版社	2006
《现代世界中的古老城市：西安–城市形态的演进1949—2000》	Bruno Fayolle Lussac　刘晖　肖莉　任云英	编著	Florennce Petry	2007
《全国注册城市规划师执业自个考试模拟测试、城市规划原理》	惠劼	编著	中国建筑工业出版社	2007
《园林景观规划与设计》	刘福智　刘晖　李兵营	编著	机械工业出版社	2007

著作名称	作者	类别	出版社	出版时间
《城市特色研究与城市风貌规划》	吴伟 刘晖	编著	同济大学出版社	2007
《建筑技术新论》	赵西平 杜高潮 郭华 杨柳 万杰	编著	中国建筑工业出版社	2008
《城市设计——美国的经验》	王翠萍	编著	中国建筑工业出版社	2008
《建筑西部——西部城市与建筑的当代图景》（理论篇）	刘克成	编著	中国电力出版社	2008
《建筑西部——西部城市与建筑的当代图景》（实践篇）	刘克成	编著	中国电力出版社	2008
《基于生活行为与空间对应的理性建筑学》	李志民 李帆 李峰	编著	内部发行	2008
《生长型规划布局——西北地区中小城市总体规划方法研究》	黄明华	专著	中国建筑工业出版社	2008
《世博会——国际经验与运作》	杨豪中	专著	中国建筑工业出版社	2008
吴良镛院士主编《人居环境科学丛书》——《黄土高原·河谷中的聚落：陕北地区人居环境空间形态模式研究》	周庆华	专著	中国建筑工业出版社	2009
《20世纪瑞士建筑》 （译著）	杨豪中	译著	中国建筑工业出版社	2009
《瑞士20世纪建筑指南》	杨豪中	专著	中国建筑工业出版社	2009
《建筑创作中的节能设计》	刘加平 谭良斌 何泉	专著	中国建筑工业出版社	2009
《整合与重构——关中乡村聚落转型研究》	雷振东	专著	东南大学出版社	2009
《黄河晋陕沿岸历史城市人居环境营造研究》	王树声	专著	中国建筑工业出版社	2009
《烟火人间》	胡武功	专著	南方日报出版社	2009
《抗震夯土农宅建造图册》	穆钧	专著	中国建筑工业出版社	2009
《美术鉴赏》	杨豪中	专著	陕西师范大学出版社	2009
《西北民居》	王军	专著	中国建筑工业出版社	2009
《一级注册建筑师考试场地设计（作图）应试指导》（第五版）	赵晓光	专著	中国建筑工业出版社	2009
《见证——中国纪实摄影20人》	胡武功	专著	中国文联出版社	2010
《告别老西安》	胡武功	专著	中国摄影出版社	2010
《居住建筑节能设计标准应用技术导则——严寒和寒冷、夏热冬冷地区》	林海燕 郎四维 闫增峰	专著	中国建筑工业出版社	2010
《如果-那么》	林源	专著	中国建筑工业出版社	2010
《2010一级注册建筑师考试场地作图题汇评》	教锦章 陈景衡	专著	中国建筑工业出版社	2010

著作名称	作者	类别	出版社	出版时间
《绿色建筑的人文理念》	赵安启　周若祈　王　军　张　颖	专著	中国建筑工业出版社	2010
《建筑围护结构节能设计与实践》	班广生　闫增峰	专著	中国建筑工业出版社	2010
《高密度住宅建筑》	林　源　宋　辉　裴林娟	专著	中国建筑工业出版社	2011
《场地规划设计成本优化：房地产开发商必读》	赵晓光	专著	中国建筑工业出版社	2011
《剧场建筑设计》	刘振亚　李军环　刘　敏　刘　绮　钟　珂　王芙蓉	编著	中国建筑工业出版社	2011
《绿洲建筑论——地域资源约束下的新疆绿洲聚落营造模式》	岳邦瑞	专著	同济大学出版社	2011
《绿色乡村社区设计及住宅建造技术》	雷玉雪　靳亦冰	专著	台海出版社	2012
《生长规划论——西北地区中小城市总体规划模式探索》	黄明华	专著	中国建筑工业出版社	2012
《中国建筑遗产保护基础理论》	林　源	专著	中国建筑工业出版社	2012
《老榆林》	胡武功	专著	中国摄影出版社	2012
《影像的力量》	胡武功	专著	中国文化艺术出版社	2012
《遗落古都心脏的民族文化瑰宝——西安鼓楼回族聚居区结构形态变迁研究》	黄嘉颖	专著	中国建筑工业出版社	2015
《中国古建筑丛书——宁夏古建筑》	王　军　燕宁娜　刘　伟	编著	中国建筑工业出版社	2015
《中国古建筑丛书——陕西古建筑》	王　军　李　钰　靳亦冰	编著	中国建筑工业出版社	2015
"十二五"国家重点图书：《绿色建筑——西部践行》	刘加平	专著	中国建筑工业出版社	2015
《汉长安城》	王新文	编著	西安出版社	2016
《建筑微言》	王小东	专著	中国建筑工业出版社	2016
《西北荒漠化地区生态建筑模式》	张　群	专著	中国建筑工业出版社	2016
《中国城市人居环境历史图典》（18卷）	王树声等	编著	科学出版社	2016
《中国古建筑测绘大系——陕西祠庙建筑卷》	林　源　喻梦哲	编著	中国建筑工业出版社	2016
《凌苍莽·瞰紫微——陕西古塔实录（隋唐时期）》	林　源　岳岩敏　喻梦哲	编著	中国建筑工业出版社	2016
《凌苍莽·瞰紫微——陕西古塔实录（宋金元时期）》	林　源　岳岩敏　喻梦哲	编著	中国建筑工业出版社	2016
《凌苍莽·瞰紫微——陕西古塔实录（明清时期）》	林　源　岳岩敏　喻梦哲	编著	中国建筑工业出版社	2016
《黄土沟壑村庄的绿色消解》	于　洋	编著	中国建筑工业出版社	2016

著作名称	作者	类别	出版社	出版时间
《西安城市高层综合体发展研究》	陈景衡	编著	中国建筑工业出版社	2016
《苏州艺圃》	林 源　张文波	编著	中国建筑工业出版社	2017
《晋东南五代、宋、金建筑与〈营造法式〉》	喻梦哲	专著	中国建筑工业出版社	2017
《西藏乡土民居建筑文化研究》	何 泉	专著	中国建筑工业出版社	2017
《怒江流域多民族混居区民居更新模式研究》	王 芳	专著	中国建筑工业出版社	2017
《海口骑楼建筑地域适应性模式研究》	陈 敬	专著	中国建筑工业出版社	2017
《人体热舒适的气候适应基础》	杨 柳　闫海燕茅 艳　杨 茜	专著	科学出版社	2017
《建筑师解读 布迪厄》	林 溪　林 源	译著	中国建筑工业出版社	2017
《中国传统建筑解析与传承》	刘 晖（住房城乡建设部编）	参编	中国建筑工业出版社	2017
《现代建筑科学基础》	夏 云　陈 洋陈晓育	专著	中国建筑工业出版社	2017
《理性规划》	段德罡（中国城市规划学会学术工作委员会）	编著	中国建筑工业出版社	2017
《村民参与下的乡村规划设计——2017城乡规划、建筑学与风景园林专业四校乡村联合毕业设计》	段德罡　王润生任绍斌　杨 毅	编著	中国建筑工业出版社	2017
《图解景观生态规划设计原理》	岳邦瑞	专著	中国建筑工业出版社	2017
《寒地建筑应变设计》	梁 斌　梅洪元	专著	中国建筑工业出版社	2017
《建筑设计资料集（第三版）第7分册 交通、物流、工业、市政》	北京市建筑设计研究院有限公司西安建筑科技大学建筑学院	分册联合主编单位：牵头人：刘克成，李岳岩	中国建筑工业出版社	2017
《建筑设计资料集（第三版）第7分册 建筑总论》	清华大学建筑学院同济大学建筑与城市规划学院重庆大学建筑城规学院西安建筑科技大学建筑学院	分册联合主编单位：牵头人：刘克成，李岳岩	中国建筑工业出版社	2017
《"4.20芦山强烈地震"灾后民居重建技术探索》	毛 刚　李岳岩	专著	中国建筑工业出版社	2017
《城·镇·空·间的分形测度与优化》	田达睿	专著	中国建筑工业出版社	2018
《欧洲现代主义建筑解读》	高 博	专著	中国建筑工业出版社	2018

著作名称	作者	类别	出版社	出版时间
《超大规模高中建筑空间环境设计研究》	罗 琳（博士） 李志民 陈雅兰	专著	中国建筑工业出版社	2018
《黄土沟壑区县城公园绿地布局方法》	杨 辉 黄明华	专著	中国建筑工业出版社	2018
《陕西古建筑测绘图辑—泾阳·三原》	林 源 岳岩敏	专著	中国建筑工业出版社	2018
《品质规划》	段德罡	编著	中国建筑工业出版社	2018
《适应教育发展的中小学建筑设计研究》	周 崐 李曙婷	专著	科学出版社	2018
《地点理论研究》	张中华	专著	社会科学文献出版社	2018

资料整理：郑红雁　审核：周 勇

1.2.3　建筑学院主要科研课题一览表

项目名称	负责人	立项日期
国家基金委—国家自然科学基金创新研究群体项目		
西部建筑环境与能耗控制理论研究	刘加平	2010
西部建筑环境与能耗控制理论研究（延续资助）	刘加平	2013
国家基金委—国家自然科学基金国际（地区）合作与交流项目		
基于能源绩效的历史城市低碳转换机理与规划方法研究	刘加平 雷振东	2015
中英低碳城市双边（NSFC–RCUK_EPSRC）研讨会	任云英	2015
中英建筑节能技术展望	杨 柳	2017
国家基金委—国家自然科学基金国际合作计划项目		
建筑节能设计的基础科学问题研究	刘加平	2004
国家基金委—国家自然科学基金国家杰出青年科学基金项目		
传统民居建筑中生态建筑经验的科学化与技术化研究	刘加平	2002
建筑热环境（杰青团队）	杨 柳	2014
国家级—国家基金委—国家自然科学基金海外或港、澳青年学者合作研究基金		
中国北方乡村建筑节能与空气品质改善技术研究	刘加平	2008
国家基金委—国家自然科学基金合作单位项目		
下沉式窑洞改善天然采光与太阳能利用的一体化研究	王 军	2006
西部生态民居	刘加平	2006
城市宜居环境风景园林小气候适应性设计理论和方法研究	刘 晖	2014
快速城镇化典型衍生灾害防治的规划设计原理与方法	雷振东	2015
国家基金委—国家自然科学基金面上项目		
节能节地建筑研究	夏 云	1987

项目名称	负责人	立项日期
乡村小城镇形态结构理论	李 觉	1987
中国西部园林建筑（陕、甘、宁）	佟裕哲	1991
残疾儿童学校学习环境的研究	张宗尧	1993
被动式太阳房节能优化研究	刘加平	1993
动态设计系统研究	刘克成	1993
社区可持续发展设计与理论	赵 菁	1995
中国西部园林建筑（新疆、青海）	佟裕哲	1995
中国传统建筑设计理论——传统的自然观和建筑观	赵立瀛	1995
被动式与主动式太阳房组合优化研究	刘加平	1996
乡村人聚环境可持续发展的适应性模式研究	刘克成	1996
绿色建筑体系与黄土高原基本聚居模式研究	周若祁	1996
黄土高原人居环境景观生态安全模式规划理论与方法研究	刘 晖	2001
适应素质教育的中小学建筑空间及环境模式研究	李志民	2006
乡村人聚环境可持续发展的适宜性模式研究	刘克成	2006
北方夜间通风降温设计参数及应用	杨 柳	2007
西北地区中小城市"生长型"规划方法研究	黄明华	2007
生态安全视野下的西北绿洲聚落营造体系研究	王 军	2008
西北地区县域中心城市公共设施适宜性规划模式研究	黄明华	2009
中国特色的西北地区农村新型中小学校建筑设计研究	李志民	2009
基于北方地域气候适应的被动式降温设计基础研究	杨 柳	2010
黄土高原历史城市人居智慧及其当代应用研究	王树声	2012
基于空间绩效评价的西北地区中小城市空间扩展及结构优化研究	陈晓键	2012
西北典型城镇区（带）城乡一体化的空间模式及规划方法研究	张 沛	2012
西北乡村新民居生态建筑模式研究	张 群	2012
川西北嘉绒藏族传统聚落与民居建筑研究	李军环	2013
黄土沟壑区乡村聚落集约化转型模式研究	雷振东	2013
绩效视角下的西北地区大中城市新区开发强度"值域化"控制方法研究	黄明华	2013
耦合于分形地貌的陕北能源富集区城镇空间形态适宜模式研究	周庆华	2013
西北大中城市绿地—生境营造模式及适应性设计方法研究	刘 晖	2013
现代乡村地域建筑设计模式研究	张 群	2013
多场耦合条件下的莫高窟洞窟热湿环境调控理论与技术研究	闫增峰	2014
徽派民居建筑空间模式更新及节能设计理论研究	胡冗冗	2014
基于生态评价的黄土丘陵区雨水景观系统及其适应性设计方法研究	李榜晏	2014
人地和谐视角下的陕北黄土高原地区小城镇空间形态节地模式研究	吴左宾	2014
生态安全战略下的青藏高原聚落重构与绿色社区营建研究	王 军	2014
西北中小城市空间增长边界设定与动态调整方法	陈晓键	2014
西部超大规模高中建筑空间环境计划研究	李志民	2014

项目名称	负责人	立项日期
新型城镇化下西北地区基层村绿色消解模式与对策研究	于 洋	2014
基于生态高效修复的黄土沟壑区建筑绿色营建及系统设计方法研究	韩晓莉	2015
适应现代农业生产方式的黄土高原新型镇村体系空间模式研究	雷振东	2015
主体协同视域下的西北地区历史文化村镇空间布局调适模式研究	黄嘉颖	2015
城市室内外耦合热环境中的建筑热工设计	刘大龙	2016
大城市建成区保障性住房平衡布局模式与空间匹配方法研究	于 洋	2016
秦岭北麓环境敏感区生态风险评价及空间管控方法研究	岳邦瑞	2016
丝路经济带"长安—天山"段历史城镇文脉演化机理与传承策略	任云英	2016
极端气候区绿色建筑动态设计模式和方法	张 群	2017
源流·形制·技术——关中地区隋唐佛塔研究	林 源	2017
8~11世纪中国都市水系统营造史及滨水规划政策演化研究	王劲韬	2017
基于"走班制"教学组织形式的高中建筑空间模式及建筑设计研究	周 崐	2017
基于低技术模式的西北地区低碳乡镇规划设计方法	段德罡	2017
西北地区东部河谷型城市生长的适宜性形态研究	黄明华	2017
基于自组织理论适应行为节能的建筑热工设计	刘大龙	2018
太阳能富集区大型公共建筑表皮光热性能优化设计方法	孔黎明	2018
西北城市绿地生境多样性营造多解模式设计方法研究	刘 晖	2018
国家基金委–国家自然科学基金青年科学基金项目		
县域乡村建设体系的研究	李京生	1989
建筑气候设计方法及其应用基础研究	杨 柳	2005
节能居住建筑室内湿环境调节控制技术研究	闫增峰	2005
基于聚落遗址考古资料统计分析的汉代乡村聚落形态与建筑研究	林 源	2012
地域生态导向下的康巴藏区民居建筑适应性模式研究	何 泉	2013
农业转型期西北旱作区乡村聚落形态演进机制及营建模式研究	靳亦冰	2013
西北地区城市传统回族聚居区适宜性人居环境营建模式研究	黄嘉颖	2013
新疆维吾尔族高台民居的原型、演变及其现代适应性模式研究	宋 辉	2013
历史文化名城地铁建设项目之文物影响评估方法与理论研究	常海青	2014
轻型围护结构表面对流换热系数的影响机理与确定方法	朱新荣	2014
信息融合下的建筑遗址阐释与展示理论及应用	孔黎明	2014
中国考古遗址公园中建筑遗址的展示理论与方法研究	王 璐	2014
多民族混居区民居建筑空间演变机制及再生设计方法——以怒江流域为例	王 芳	2015
黄土高原"植物—民居"生态共生原理与协同营造方法研究	菅文娜	2015
基于分形理论的陕北黄土高原城镇空间形态及其规划方法研究	田达睿	2015
集约发展下的西北高职院校建筑指标及空间适应性设计研究	王 琰	2015
青海农林牧式新型农村社区区划原理与规模测算方法研究	马 琰	2015
陕北黄土沟壑区县城空间适宜性生长方法研究	郑晓伟	2015

项目名称	负责人	立项日期
陕西元代木构建筑区系特征及技术源流研究	喻梦哲	2015
西部乡村建筑的演变机制与更新模式研究	成　辉	2015
新疆农村建筑热环境设计方法及其应用研究	何文芳	2015
预接轨道交通的城市综合体公共空间双适应性设计方法研究	陈景衡	2015
关中地区县城空间生长的历史文化基因传承研究	李小龙	2016
关中平原小城镇内涝生态自平衡模式与空间匹配方法研究	徐　岚	2016
华南地区商业步行街室外空间生态设计模式研究	陈　敬	2016
基于时空行为视角的城市小学服务圈规划模式研究	王　侠	2016
内外使用者并重的城中村社区建筑空间构成模式研究	沈　莹	2016
匹配退耕还林的陕北乡村新型聚居模式与规划方法研究	张晓荣	2016
"龙门"地景的模式、营造与保护	张　涛	2017
北方城市风道体系构建模式及生态空间协同规划方法研究——以西安为例	薛立尧	2017
关中地区大中城市居住用地适宜性分类研究	王　阳	2017
黄土高原地区绿地景观格局时空变异特征及其对碳汇响应的机制研究	李凤霞	2017
基于平赛结合的中小型冰上运动体育馆可变设计模式及技术方法研究	梁　斌	2017
卫藏地区民居建筑的气候与辐射适应性机理及应用	李　恩	2017
西安城市空间与"遗址—绿地"的耦合度评价及其优化策略研究	沈葆菊	2017
西北小城镇既有街区绿色水基础设施规划设计方法及应用研究	王　瑾	2017
中日比较视野下的传统戏场原型与范式研究	崔陇鹏	2017
博物馆声景与线结构展品的视听交互作用研究	薛星慧	2017
新疆传统伊斯兰建筑自然通风的科学机理及设计应用研究	李　涛	2017
黄土高原传统村落绿色水基础设施规划关键技术方法研究	黄　梅	2018
气候变化下的关中地区城市灌丛地被群落固碳效益提升策略研究	王晶懋	2018
西北大田农业区新型镇村体系模式与人口测算方法研究	屈　雯	2018
西北地区相变蓄热通风复合降温技术的热工设计方法	刘　衍	2018
国家基金委—国家自然科学基金应急管理项目		
建筑、环境工程"十三五"学科发展战略研究	刘加平	2014
中欧零排放与绿色建筑国际研讨会	于　洋	2015
陕西典型乡土聚落景观营造经验研究	张　涛	2016
国家基金委—国家自然科学基金优秀青年科学基金项目		
黄土高原地区城市规划历史经验的科学化研究	王树声	2014
极端热湿气候区超低能耗建筑研究	刘加平	2016
国家基金委—国家自然科学基金重大项目		
极端热湿气候区超低能耗建筑模式及科学基础	刘加平	2016
国家基金委—国家自然基金重点项目		
西藏高原节能居住建筑体系研究	刘加平	2007

项目名称	负责人	立项日期
中国建筑气候分区理论、方法与区划	杨 柳	2018
国家基金委—国家自然科学基金主任基金		
"绿色"的建筑（专项项目）	刘加平	2013
城市空间耦合辐射场的形成机理及对建筑能耗的影响	刘大龙	2014
科技部—973课题		
西部生态建筑设计基础理论研究	岳邦瑞 田东平	2012
科技部—国家863计划		
太阳能富集地区超低采暖能耗居住建筑设计研究	刘加平	2007
科技部—国家科技支撑计划—国家科技支撑计划课题		
西北旱作农业区新农村建设关键技术集成与示范	王 军	2008
夏热冬冷地区供暖模式与相关设备的研发及示范	闫增峰	2011
高原生态社区规划与绿色建筑技术集成示范	王 军	2013
可再生能源建筑应用与建筑节能设计基础数据库研发	杨 柳	2014
科技部—国家科技支撑计划—国家科技支撑课题合作单位项目		
西藏行政事业单位职工周转房项目	刘加平	2007
围护结构非平衡保温设计理论和方法研究	刘加平	2006
西北地区传统民居生态建筑技术的继承与综合应用	张 群	2008
陕南灾后绿色乡村社区建设技术集成与示范	王 军	2008
西北地区历史文化村镇保护规划技术研究	刘克成	2008
陕西新农村绿色社区建设技术集成与试点示范（国家星火计划项目）	王 军	2011
遗址博物馆环境监测调控关键技术研究	刘克成	2012
西北地区历史文化村镇社区的提升技术集成研究	王树声	2013
高原气候适应性节能建筑设计优化与标准研究	刘大龙	2013
传统村落保护规划与技术传承关键技术研究	穆 钧	2014
乡村生态景观服务功能提升技术和环境管护制度研究	雷振东	2015
建筑绿色性能模拟分析技术流程和策略	李岳岩	2016
西部城镇居住建筑太阳能利用绿色 建筑设计技术集成与示范	姚 慧	2016
西部太阳能富集区城镇居住建筑太阳能利用的绿色性能模拟与设计方法研究	刘大龙	2016
环渤海城市传承地域建筑文化的绿色建筑设计方法	李 昊	2017
基于文化传承的西北荒漠去绿色建筑技术体系研究	陈 敬	2017
既有居住建筑室内环境品质提升技术研究	张 倩	2017
现代绿色建筑营建技术的西北荒漠区本土化模式及其设计应用研究	高 博	2017
"文绿一体"的西部地域绿色建筑评价体系与工具	叶 飞	2017
既有城市工业区功能提升与改造策划方法研究	李 昊	2018
自然通风及建筑遮阳设计室外计算参数	刘 衍	2018
海洋气候条件建筑节能设计计算参数	刘大龙	2018
西南地域传统建筑营建技术与建筑文化特征数据库研究	王 芳	2018

项目名称	负责人	立项日期
青藏高原地域绿色建筑适宜技术体系	成　辉	2018
科技部—国家重点研发计划—国家重点研发计划课题		
地域气候适应型绿色公共建筑设计技术体系	范征宇	2017
西北荒漠区绿色建筑模式与技术体系	雷振东	2017
建筑节能设计基础参数应用模式与共享平台	杨　柳	2018
建筑节能设计基础参数研究	杨　柳	2018
城市新区低碳模式与规划设计优化技术	于　洋	2018
西部太阳能富集区城镇居住建筑绿色设计新方法与技术协同优化（重点研发计划课题）	陈景衡	2016
科技部—科技部中青年科技创新领军人才		
科技部中青年科技创新领军人才	杨　柳	2016
全国哲学规划办—国家社会科学基金		
《周易》本经思想解释方法研究	吴国源	2013
地点理论研究	张中华	2016
国家考古公园视域下统万城址价值与规划策略研究	王新文	2017
全国哲学规划办—国家社科基金后期资助项目		
微区位原理研究	张中华	2018

资料整理：郑红雁　　审核：周　勇

1.2.4　建筑学院教职工在各种重要学术团体、单位或组织兼职一览表

姓名	性别	社会兼职
刘加平	男	中国工程院院士
		教育部2011计划咨询委员
		第七届国务院学科评议组成员
		中国建筑学会副理事长
		中国建筑学会建筑物理分会副理事长
		建筑热工与节能专业委员会主任委员
		绿色建筑专业委员会副主任委员
		住房和城乡建设部建筑节能专家组成员
		国家自然科学基金委工程与材料学部第四
		第五届咨询委员会委员
		国际人居环境工程与设计学会执委会委员
		陕西省土建学会常务理事
		北工大建工学院双聘院士
		西安市专家决策咨询委副主任

姓名	性别	社会兼职
刘克成	男	世界建筑师协会亚澳区建筑遗产工作组主任
		国际现代建筑遗产理事会（DOCOMOMO）中国理事会主席
		国际古迹遗址理事会（ICOMOS）遗产阐释与展示科学委员会委员
		第七届国务院学科评议组成员
		中国建筑学会建筑师分会第六届理事会理事
		中国城市规划学会第四届理事会理事
		高等学校土建学科建筑学专业指导委员会委员
李志民	男	中国建筑学会生土分会理事
		中国建筑学会资深会员
		日本建筑学会正会员（海外）
周庆华	男	中国城市规划学会城市设计分委员会委员
		陕西省城市规划协会副会长
		陕西省城市规划学会委员
		西安市规划委员会委员
		西安市政府参事
		西安市决策咨询委员会委员
		城市建设管理专家组副组长
刘 晖	女	教育部高等学校风景园林学科专业指导分委员会委员
		中国风景园林学会 理事
		中国风景园林学会教育工作委员会副主任委员
		中国风景园林学会理论与历史专业委员会委员
		中国风景园林学会规划设计专业委员会委员
		《中国园林》《风景园林》《景观设计学》杂志编委
		中国风景园林学会风景园林师分会副秘书长
		西安唐风园林艺术研究会副理事长兼秘书长
		陕西省风景园林协会理事
杨 柳	女	中国建筑学会建筑物理分会理事
		全国建筑学专业指导委员会建筑技术科学教学组副主任委员
		中国绿色建筑与节能专业委员会绿色校园学组委员
		国家自然科学基金项目通讯评审专家
		国际室内空气品质与气候学会委员
王 军	男	住建部传统村落保护专家委员会副主任委员
		中国建筑学会生土建筑分会副理事长
		中国城市规划学会城市生态规划建设学术委员会委员
		中国城市科学委员会绿色建筑与节能专业委员会委员
王树声	男	中国建筑学会建筑史学分会副理事长、秘书长
		中国城市规划学会山地人居委员会委员
		陕西省土木建筑学会理事、副秘书长

姓名	性别	社会兼职
李　昊	男	住房和城乡建设部城市设计专家委员会委员
		全国高等学校建筑学专业教育评估委员会委员
		中国建筑学会城市设计分会常务理事
		中国建筑学会建筑教育评估分会副理事长
		中国城市规划学会城市设计学术委员会委员
		中国城市规划学会城市更新委员会委员
		西安土木建筑学会常务理事
李岳岩	男	中国建筑学会资深会员
		中国建筑学会乡村建筑分委会副主任
		中国建筑学会地域建筑分委会委员
		《中国建筑教育》杂志编委
林　源	女	国家文物局第三次文物普查专家库专家
		陕西省文物局专家组专家
		陕西省古建筑学会理事
胡武功	男	世界华人摄影联盟副主席
		陕西省文联副主席
		陕西省摄影家协会主席
杨豪中	男	全国设计学类专业教学指导委员会委员
		全国风景园林硕士专业学位教育指导委员会委员
		全国艺术专业学位研究生教育指导委员会美术与设计分委会委员
		中国科学技术协会决策咨询专家
		陕西省非物质文化遗产保护工作专家组专家
		国际现代建筑遗产保护理事会中国委员会（DOCOMOMO-CHINA）委员
		中国流行色协会理事、专家委员会专家
		陕西省学位委员会第三届学科评议组成员
		陕西省建筑装饰协会常务理事、顾问专家
张　群	男	中国工程建设标准化协会建筑环境与节能专业委员会委员
王　军（博）	男	中国建筑学会建筑师分会乡村建筑委员会首届委员
李军环	男	国家科技专家库专家
		中国建筑学会资深会员
		国家自然科学基金项目通讯评审专家
		国务院学位中心论文抽查评审专家
穆　钧	男	住房和城乡建设部传统民居保护专家委员会副主任委员
马　健	女	中国建筑学会建筑师分会建筑策划专业委员会副主任委员
尤　涛	男	陕西省文物考古工程协会专家理事
		陕西省文化旅游名镇专家库专家
孔黎明	男	教育部高等院校建筑学学科专业分委员会建筑数字技术教学工作委员会委员
王　凯	男	中国建筑学会建筑史学分会秘书

姓名	性别	社会兼职
陈晓键	女	全国高等学校城市规划专业评估委员会委员
		中国城市规划学会国外城市规划学术委员会委员
		西安市政府决策咨询委员会委员
		蓝田县政府决策咨询委员会委员
		城市建设管理专家组专家委员
任云英	女	中国古都学会常务理事
		中国古都学会城市遗产保护专业委员会主任
		中国城科会历史文化名城委员会名城交通学部委员
		国际形态学研究学会中国分会理事
		中国城市规划学会城市规划历史与理论委员会学术委员
		中国建筑学会工业遗产学术委员会学术委员
		中国城科会历史文化名城委员会丝绸之路文化研究中心学术委员（副秘书长）
		西安文理学院长安历史文化研究中心，特邀研究员
		西安古都学会理事
		西安历史文化名城研究会常务理事
		中国唐风园林研究会理事
		中国城市规划学会会员
		中国建筑学会会员
		《西安建筑科技大学学报（社科版）》编委
		西安市政府决策咨询委员会委员
张　沛	男	中国区域经济学会理事
		国家科技专家库专家
		中国城市经济学会学科建设委员会委员
		中国地理与资源科学权威专家库专家
		陕西省决策咨询委员会委员
		陕西省城乡规划技术评审专家
		陕西省旅游资源开发管理评价委员会副主任
		西安市规划委员会委员
		宝鸡市、咸阳市规划委员会专家组成员，渭南市城乡规划委员会委员兼专家组组长
惠　劼	女	全国居住委员会委员
王　芳	女	中国城市规划协会女规划师专业委员会委员
张　倩	女	中国建筑学会适老性建筑学术委员会第一届委员会委员
段德罡	男	中国城市规划学会学术工作委员会委员
		青年工作委员会委员
		总体规划学术委员会委员
		乡村规划与建设学术委员会委员
		住房和城乡建设部传统村落专家组专家
		宝鸡、商洛城市规划委员会专家

姓名	性别	社会兼职
闫增峰	男	中国建筑学会建筑物理学会理事
		中国城市科学研究会生态城市青年委员会副主任
		住房和城乡建设部绿色建筑标识评价委员会委员
赵西平	男	全国建筑技术专业委员会副主任委员
万 杰	男	中国建筑学会工业建筑分会理事
		中国消防学会灭火救援技术专业委员会委员
		中国建筑学会建筑防火综合技术分会性能化防火设计委员会副主任委员（兼秘书长）
		中国建筑学会建筑防火综合技术分会建筑设计防火委员会委员
刘大龙	男	中国建筑学会建筑物理分会建筑热工与节能委员会秘书
		陕西省土木建筑学会建筑节能与绿色建筑专业委员会秘书
董俊刚	男	中国颗粒学会会员
		美国空气与废弃物管理协会（AWMA）会员
		国际室内空气质量学会（ISIAQ）会员
		西安市土木建筑协会会员

资料整理：李 敏 审核：郑红雁

1.2.5 建筑学院教师境内、外访学进修经历一览表

姓名	国家/地区	访问学校/机构	时间
曹文刚	英国	伦敦大学Bartllet建筑与规划学院	1985.9—1986.10
周若祁	日本	九州大学	1985—1986
杨豪中	瑞士	苏黎世高等理工大学	1988—1989
周若祁	日本	九州产业大学	1990—1991
王 竹	法国	波尔多建筑与景观学院	1991.3—1991.10
李志民	日本	九州大学攻读博士学位	1991.9—1996.6
杨豪中	瑞士	苏黎世高等理工大学	1992—1993
刘临安	意大利	罗马大学	1992.11—1994.1
程 帆	法国	波尔多建筑与景观学院	1992.12—1994.7
张 倩	法国	波尔多建筑与景观学院	1998.10—1998.12
叶 飞	德国	勃兰登堡工业大学	1998.8—1999.2
刘加平	澳大利亚	新南威尔士大学	1999.3.1—4.15
马 健	芬兰	赫尔辛基工业大学	1997.9—1998.11
闫增峰 董芦迪	日本	日本大学理工学部	1999.7.18—7.24
刘 晖	法国	波尔多建筑与景观学院	2000.6—2001.9
杨 柳	香港	城市大学	2001.3.1—8.31

姓名	国家/地区	访问学校/机构	时间
闫增峰	澳大利亚	科廷理工大学	2001.3—2001.8
赵 群	日本	日本大学理工学部	2001.7.2—7.25
杨 柳	美国	华盛顿州立大学	2001.4.4—4.14
刘加平	美国	华盛顿州立大学	2001.4.4—4.14
杨 柳 闫增峰	香港	城市大学	2002.9.2—12.2
张树平	香港	城市大学 火灾逃生反应	2002.7.2—9.2
梁长青	香港	香港大学建筑学院攻读博士学位	2002.9—2005.9
尤 涛	法国	波尔多建筑与景观学院	2002.11—2003.1
李军环	法国	波尔多建筑与景观学院	2002.11—2003.1
陈晓键	日本	日本JICA项目培训	2003.5—2003.6
李岳岩	日本	日本竹中工务店	2004.6—2004.12
杨 柳	香港	城市大学	2005.7—2005.8
李 帆	日本	九州大学	2005.4—2006.6
于 洋	德国	汉诺威大学	2006.9—2007.6
陈景衡	德国	汉诺威大学	2006.9—2007.6
王树声	德国	汉诺威大学	2006.9—2007.6
王 军（博）	波兰	华沙大学	2006.10—2007.10
常海青	挪威	挪威科技大学	2006.10—2006.12
李 昊	意大利	罗马大学	2007.1—2007.12
高 博	德国	汉诺威大学建筑与景观学院	2007.9—2008.3
何 泉	德国	汉诺威大学建筑与景观学院	2007.9—2008.3
陈 静	法国	波尔多建筑与景观学院	2008.10—2009.1
吕 琳	法国	波尔多建筑与景观学院	2008.10—2009.1
李立敏	日本	九州大学	2010.3—2010.9
林 源	意大利	罗马大学	2010.10—2011.11
胡冗冗	美国	俄亥俄州立大学	2011.1—2012.1
李榜晏	美国	俄亥俄州立大学	2012.2—2013.2
吴 锋	美国	俄亥俄州立大学	2012.2—2013.2
刘宗刚	美国	俄亥俄州立大学	2012.2—2013.2
董俊刚	美国	俄亥俄州立大学	2012.2—2013.2
吕东军	美国	俄亥俄州立大学	2012.7.29—8.18
吴 瑞	法国	格勒诺布尔建筑学院	2012.9—2013.6
任云英	英国	伯明翰大学	2012.12—2013.12
孔黎明	英国	谢菲尔德大学	2013.4—2014.4
王 琰	美国	俄亥俄州立大学	2013.7—2014.7
马 龙	波兰	华沙理工大学	2013.10—2014.12
田铂菁	美国	中佛罗里达大学	2013.10—2014.10
白 宁	美国	得克萨斯大学阿灵顿分校	2013.12—2015.1
蔡忠原	波兰	华沙理工大学	2013

姓名	国家/地区	访问学校/机构	时间
陈仪唐	英国	纽卡斯尔大学	2013.12—2018.12
许晓东	美国	得克萨斯大学阿灵顿分校	2014.9—2015.9
杨 成	英国	剑桥大学 攻读博士学位	2014.10—2018.10
沈 莹	英国	诺丁汉大学	2015.1—2016.1
裴 钊	阿根廷	迪特拉大学	2015.3—2016.3
阙阿静	英国	南安普顿大学	2015.9—2016.9
陈晓键	美国	加利福尼亚大学洛杉矶分校	2015.10—2016.10
周 崑	美国	加利福尼亚大学伯克利分校	2015.11—2016.11
李曙婷	美国	加利福尼亚大学伯克利分校	2015.11—2016.11
杨 柳	美国	加利福尼亚大学伯克利分校	2016.3—9
鲁 旭	意大利	米兰理工 攻读博士学位	2015.11—
王瑞鑫	德国	柏林艺术大学 攻读博士学位	2019.9—
吴 瑞	香港	香港中文大学	2016.7—2017.7
张天琪	美国	威斯康星大学	2016.8—2017.3
韩晓丽	英国	雷丁大学	2016.9—2017.9
薛星慧	英国	谢菲尔德大学	2016.10—2017.10
李 焜	意大利	米兰理工 攻读博士学位	2016.11—
王 阳	德国	魏玛包豪斯大学	2016.12—2018.12
宋 冰	挪威	挪威科技大学	2017.12—2018.12
朱 玮	新加坡	新加坡国立大学 攻读博士学位	2018.1—
陈 静	瑞士	苏黎世联邦理工	2018.3—2019.3
宋 辉	美国	东北大学	2018.8—
崔陇鹏	意大利	邓南遮大学	2019.3—
段德罡	中国	同济大学	2006.9—2007.7
王健麟	中国	南京大学	2008.9—2009.7
岳邦瑞	中国	同济大学	2008.9—2009.7
李岳岩	中国	东南大学	2009.9—2010.7
陈景衡	中国	华南理工大学	2009.9—2010.7
阙阿静	中国	首都师范大学	2010.9—2011.7
王 侠	中国	北京大学	2011.9—2012.7
常海青	中国	复旦大学	2011.9—2012.7
吴国源	中国	天津大学	2013.9—2014.7
郑晓伟	中国	同济大学	2015.9—2016.7
王 瑾	中国	浙江大学	2015.9—2016.7
高 博	中国	清华大学	2015.9—2016.7
张永刚	中国	北京大学	2016.9—2017.7
张中华	中国	北京大学	2018.9—2019.7

资料整理：李 敏　审核：郑红雁

1.3 教职工与学生名单

1.3.1 建筑学院历任教职工名单

1956—1957 年

刘鸿典	1956～1989退休	张似赞	1956～1993退休	吴迺珍	1956～1991退休	熊 振	1956～调离
侯继尧	1956～1994退休	王景云	1956～1994退休	李 觉	1956～1993退休	王建瑚	1956～1987调离
李树涛	1956～1996退休	刘永德	1956～1997退休	任勤俭	1956～1996退休	王慎言	1956～调离
佟裕哲	1956～1994退休	赵立瀛	1956～2007退休	汤道烈	1956～1998退休	刘静文	1956～1982调离
沈元凯	1956～1988退休	广士奎	1956～1993退休	刘振亚	1956～1996退休	蒋孟厚	1956～调离
张秀兰	1956～1973退休	张缙学	1956～1993退休	张宗尧	1956～1993退休	蒋建初	1956～1983
刘宝仲	1956～1995退休	葛悦先	1956～1988退休	黄民生	1956～1985退休	刘致逵	1956～1990退休
殷绥玉	1956～1960调离	林曙梅	1956～1990退休	杨维钧	1956～1988退休	刘 风	1956～
王 聪	1956～调离	张文贤	1956～1984调离	姜佐盛	1956～1992离休	梁作范	1956～1990退休
杨卜安	1956～调离	秦毓宗	1956～1991退休	林 宣	1956～1987退休	程克铭	1956～
胡粹中	1956～1975调离	张仲伟	1956～调离	宋柏树	1956～调离	潘燕林	1956～1980转系
鄂奉兰	1956～1979调离	王 耀	1956～调离	朱葆初	1956～调离	刘作中	1956～1977退休
安 宇	1956～调离	陈汝为	1956～调离	赵克东	1956～调离	王正华	1956～1989退休
乐民成	1956～调离	周 行	1956～调离	范传吉	1956～调离	程 麟	1956～调离
张壁田	1956～1989调离	张靖宇	1956～调离	南舜熏	1956～1981调离	梁绍俭	1956～1989退休
罗文博	1956～调离	黎方夏	1956～1958调离	雷茅宇	1956～1983调离	陈汝琪	1956～1987退休
郭湖生	1956～调离	白世荣	1956～1987退休	马绍武	1956～调离	闫建锋	1956～1982退休
胡毓秀	1956～1981调离	孔令文	1956～调离	张芷岷	1956～1982调离	朱苾贞	1956～调离
武克基	1956～1994退休	万国安	1956～1979调离	谌亚逵	1956～1963退休	汤强民	1956～调离
刘炳炎	1956～1991退休	周辅齐	1956～1981退休	钟一鹤	1956～1984	周增贵	1956～1991退休
刘世忠	1956～1982调离	高庆琳	1956～调离	吉 康	1956～	丁肇辙	1956～1988退休
徐 明	1956～	郭水村	1956～	陈生林	1956～	张铁彦测量	1956～1988退休
郭毓麟	1956～1982退休	钮庭利	1956～	郑世瀛	1956～	夏国梁测量	1956～1964调离
彭 垫	1956～	彭长生	1956～	姚元海	1956～	杨永祥测量	1956～1969调离
许贯三	1956～1959	徐永全	1956～	吴玉君	1956～	吕仁义总图	1956～2006退休
王雪勤	1956～	宋鼎三	1956～	高洪英	1956～	董世华测量	1956～1980调离
沈新铭	1956～	陈长林	1956～调离	戴钰英	1956～	施 鑫测量	1956～1958调离
肖贺昌	1956～	韩志英	1956～	顾洪珍	1956～	田茂勋总图	1956～1983离休
张广益	1956～1989退休	刘安扈	1956～	刘永福	1956～	房伟龄测量	1956～1976退休
皇甫蘋	1956～	高德祥	1956～	严金龙	1956～	王万有测量	1956～1958调离
李秀芳	1956～1986退休	李维安	1956～	贾林祥	1956～	徐汇俊总图	1956～1982退休
李赤波	1956～	伍世富	1956～	周昌农	1956～调离	姜言华测量	1956～1989退休
徐光旭	1956～	张素枝	1956～	余土璜总图	1956～1978	刘克智总图	1956～1980
王林春	1956～1979调离	吕之琴	1956～	蔡南生	1956～1990退休	夏 云	1956～1993退休

宿敬昌　1957~1992调离　　林治华　1957~1960调离　　吕振江测量　1957~1959调离　　陈善铨测量　1957~1959调离

王树模总图　1957~1993退休　　施淑文　1957~1994退休

1958—1965 年

成根甫　1958~1961调离　　李元标总图　1958~1974调离　　陆希舆测量　1958~1965调离

郑士奇　1959~2003退休　　刘舜芳　1959~1995退休　　荆翠英测量　1959~1962调离　　巫金华测量　1959~1962调离

王建国总图　1959~1977调离　　丁淼钧　1959~1963调离　　谷立贵测量　1959~1962调离　　董国良测量　1959~1962调离

段杏林　1960~1982退休　　杜宏保总图　1960~1972调离　　吴天稷总图　1960~1972调离　　周嘉佑测量　1960~1995退休

白凤藻总图　1960~1970调离　　洪德新总图　1960~1962调离　　赵学信总图　1960~1963调离　　董金波　1960~1961,1974~1998退休

张淑婷总图　1960~1962调离　　竺志忠测量　1960~1974调离　　楼关吐总图　1960~1962调离

甘一飞　1961~　　鹿德麟　1961~　　李兆源　1961~　　倪翼鹏测量　1961~1964调离

张剑霄　1961~　　王国珍　1961~　　查全华总图　1961~1975调离　　林毓光总图　1961~1971调离

张余成　1961~　　钱君怀总图　1961~1976调离　　杨俊测量　1961~2003退休　　杨世昌　1961~1966

孙雅乐　1962~调离　　李敬颜　1962~　　谢蕴声测量　1962~调离　　杨兴华测量　1962~1971调离

刘存亮总图　1963~1995退休

高树德　1964~　　赵复元　1964~　　满东旺　1964~1984调离　　肖选文　1964~1970调离

段耀先　1964~　　武宝帜　1964~　　陈梅　1964~　　李超诗总图　1964~1998退休

庄东白总图　1964~1984调离

赵秀兰　1965~2003退休　　高晓鸡　1965~　　叶森苗设计院1965~　　邓继来　1965~1975调离

刘瑛设计院　1965~调离　　雷天定设计院　1965~　　白述杰总图　1965~1975调离　　王振法总图　1965~1982调离

林振杰总图　1965~1972调离　　王海平总图　1965~1972调离　　张正葭测量　1965~1983退休

1966—1976 年

于定一　1966~1970调离

樊振玺设计院　1967~　　张保印设计院　1967~

吴仕琴设计院　1968~　　王振家设计院　1968~　　陈建华设计院1968~　　蒋友琴设计院1968~

邵秋芬测量　1968~1975退休　　张素林测量　1968~

杨凤兰设计院　1969~　　杜秀云设计院　1969~　　李家瑞测量　1969~1994退休　　于承渚测量　1969~调离

余明舫测量　1969~调离

张莉设计院　1970~

景牧设计院　1971~　　赵恩达　1971~1974,1980~1989退休

彭惠兰设计院　1972~　　刘鸿斌设计院　1972~　　薛遵义设计院1972~　　雷明总图　1972~1999调离

燕苏民设计院　1973~　　李广英总图　1973~1994退休　　张琳测量　1973~调离

李惠君　1974~1988退休　　石力　1974~1993调离　　石金虎　1974~1985调离　　刘觉总图　1974~1990退休

董淑敏总图　1974~1993退休　　陆少芬总图　1974~1980调离　　水忍绸　1974~1984调离　　贾忠孝总图　1974~1999调离

周若祁　1975~2003调离　　赵逆　1975~1996调离　　林守琰设计院　1975~　　井生瑞总图　1975~1998退休

李慧若　1975~1996退休　　曹建华　1975~　　程显尧　1975~　　岳斌佑设计院　1975~

楚爱仙设计院　1975~

李永祥　1976~2010退休　　杜瑾总图　1976~2011退休　　默国庆测量　1976~1982调离　　惠志中总图　1976~1980调离

1977—1999 年

姓名	年限	姓名	年限	姓名	年限	姓名	年限
王军	1977~2016退休	张光荣总图	1977~1980调离	袁顺禄	1977~1985调离	李斌总图	1977~1987调离
王祯	1977~2001调离	许兆宽总图	1977~1992调离	殷景峰总图	1977~1982调离	胡安宸测量	1977~1995退休
王桢	1978~1993调离	张闻文	1978~调离	秦淑玲	1978~1981调离	吴谦	1978~1984调离
罗守禧总图	1978~1989退休	袁凯捷	1978~1986调离				
杨冬花	1979~1984调离	周嘉铭	1979~1996	秋志远	1979~1987调离	刘健	1979~1984调离
钱宜菊	1979~1985调离	成勇	1979~1980调离				
庄碧聪建材	1980~1984调离	高兰云建材	1980~1984离休	黄世昌	1980~1984调离	刘静建材	1980~1993调离
王淑梅建材	1980~1985离休	张转运建材	1980~1988退休	袁国良建材	1980~1982退休	王国柱建材	1980~1984退休
蒋秀芳建材	1980~1997退休	胡正治建材	1980~1992病休	王封鲁建材	1980~1981退休	秦建中建材	1980~1988退休
单维昇建材	1980~1983	李维陆建材	1980~1982离休	王福川建材	1980~1993调离	李敬仪	1980~1981退休
吴倩建材	1980~1990退休	马俊芳建材	1980~1993退休	李国柱建材	1980~1983调离	李桂花	1980~1992退休
耿维恕建材	1980~1990退休	金福乡建材	1980~1992退休	娄加祥建材	1980~1993调离	浦家智	1980~1982
张令茂建材	1980~1993调离	官来贵建材	1980~1993调离	雷怡生建材	1980~1991调离	方咸君建材	1980~1986
石秉忠建材	1980~1985退休						
法屯良	1981~1986调离	罗升建	1981~在职	杨君庆	1981~1993调离	徐秀华总图	1981~1987调离
徐筑	1981~调离	韩建军	1981~调离	韩茂蔚	1981~调离	张林绪建材	1981~1993调离
严双志	1981~1988调离	郭永贤	1981~1984调离				
刘加平	1982~在职	李志民	1982~在职	滕小平	1982~2017退休	杨华志总图	1982~1985
杨豪中	1982~在职	王竹	1982~2009调离	庞丽娟	1982~2002调离	杨明瑞总图	1982~1993调离
张守仁	1982~1999退休	李祥平	1982~2014退休	苏博民	1982~调离	林宇总图	1982~1993调离
林川	1982~1992调离	王建毅	1982~2001调离	惠西鲁	1982~1993调离	戈刚总图	1982~1997调离
渠凤祥	1982~1994离休	惠静河	1982~2000调离	乔征	1982~1993调离	尚建丽建材	1982~1993调离
王丽娜	1982~1995调离	曹文刚	1982~2000调离	杜高潮	1982~2017退休	王晓伦测量	1982~1995
陈良	1982~1993调离	王瑞莲设计室	1982~	李稳亮总图	1982~1984调离	易又庆测量	1982~1993调离
殷小鹃	1983~1991退休	于静伟	1983~1986退休	王新径	1983~1991退休	路芸设计院	1983~
史抗平	1983~1991调离	颜忠林	1983~	杜留棣	1983~1985调离	陈泽冰总图	1983~1989调离
曹旭	1983~调离	高青	1983~	成炎	1983~2000调离	王锐华建材	1983~1992调离
吴亚贤总图	1983~1988退休						
张意如	1984~1989退休	王培全	1984~1995调离	薛梅	1984~2013退休	李侃桢总图	1984~1990调离
刘克成	1984~在职	吴昊	1984~2002调离	刘临安	1984~2008调离	李振峰	1984~2002退休
李靖	1984~2008调离	彭桂玲	1984~1996调离	赵西平	1984~在职	马长青总图	1984~1991
王筠	1984~1989退休	高建平	1984~1994调离	赵菁	1984~1998调离	王立人	1984~1992调离
夏泽政总图	1984~1996退休	张振宇	1984~1986调离	赵增祺	1984~1995退休	陈文和	1984~1986
赵西安	1984~2005调离						
孙玉英	1985~1990退休	惠劼	1985~在职	王健麟	1985~在职	房志勇建材	1985~1992调离
武六元	1985~2013调离	李京生	1985~1998调离	康庄	1985~1991调离	焦海洲总图	1985~1998退休
邵京	1985~1986	李亦峰	1985~1992出国	费珣	1985~1993调离	刘明星测量	1985~在职
蔺宝钢	1985~2002调离	高大峰	1985~1999调离	刘晓烨测量	1985~1988调离		
邵晓光	1986~1998调离	赵晓波	1986~调离	刘乔廷	1986~1992调离	朱军	1986~1989调离
郭洁	1986~调离	刘昌江测量	1986~1991调离	刘燕娟	1986~2000退休	陈庆亭建材	1980~1993调离
冯晓宏	1986~2005调离						

姓名	时间	姓名	时间	姓名	时间	姓名	时间
程帆	1987~2000调离	王莹	1987~1993调离	施燕	1987~1992调离	王树平	1987~1989调离
万杰	1987~在职	张永飞	1987~2002	肖莉	1987~在职	撒利伟测量	1987~在职
赵晓光	1988~2017退休	王瑶	1988~1989调离	朱一敏	1988~2008调离	王秋萍总图	1988~1999调离
高中原	1988~1992调离	陆向旭	1988~1992调离	董玉香	1988~1997调离	罗西	1988~2018退休
肖志勇	1988~1991调离	蒋钦	1988~1995调离	王平易	1988~1998调离	罗玉金总图	1988~1998
宋占海	1988~1996退休						
汪文展	1989~1995调离	陆东晓	1989~1995调离	刘辉亮	1989~1990调离	高兵	1989~1992调离
陈莉萍	1989~2010退休	陈健	1989~1996调离				
芦天寿	1990~1993调离	王翠萍	1990~在职	南峰建材	1990~1993调离	曹旭升	1990~2001调离
刘晖	1991~在职	雷振东	1991~在职	张峰	1991~在职	乔宏伟总图	1991~1993调离
俞进军	1991~2002调离	姚延怀	1991~2002调离	蒋一功	1991~2002调离	杨鑫测量	1991~在职
聂仲秋总图	1991~1995调离	王代明总图	1991~1997调离	居培成	1991~1994调离	徐光辉	1991~1993调离
苟友和	1991~调离						
陈晓健	1992~在职	闫增峰	1992~在职	马纯立	1992~在职	孙峰总图	1992~1997调离
郑江涛	1992~在职	霍光	1992~1993调离	张勃	1992~2014退休	闫勃总图	1992~1995调离
李升辅导员	1992~1997调离	肖红颜	1992~1994调离	罗锐	1992~1993调离	王红雁建材	1992~1993调离
宋波总图	1992~1996调离	安铁毅总图	1992~2001调离	刘宇光	1992~1994调离	杨晓东建材	1992~1993调离
侯周劳	1992~2014退休						
张沛	1993~在职	周文霞	1993~在职	任云英	1993~在职	高嵋	1993~2001调离
段德罡	1993~在职	吕东军	1993~2016调离	叶飞	1993~在职	杨秋侠	1993~1999调离
井敏飞	1993~在职	林源	1993~在职	张倩	1993~在职	周铁钢	1993~1999调离
邓向明	1993~在职	马健	1993~在职	迟志武	1993~在职	夏葵	1993~2001调离
张彧	1993~1996调离	田勇	1993~2002调离	王新跃	1993~1996调离	吴党社规划院	1993~在职
李莉规划院	1993~在职	郑红雁	1993~在职	库向阳测量	1993~2006调离	王葆华	1993~2002调离
姬一仕	1993~2001调离	蔡洁	1993~2001调离	陈坦	1993~2000调离	钟珂	1993~2003调离
丁军	1993~2001退休	郑林	1993~2013	张朝晖	1993~1994调离		
何梅	1994~在职	张树平	1994~2016退休	宋凌燕规划院	1994~2002调离	徐茂栋规划院	1994~1997调离
郭华	1994~在职	陈静	1994~在职	赵宇	1994~在职	张继刚	1994~1996调离
岳鹏	1994~2016调离	于洋	1994~在职	尤涛	1994~在职	姜小缠规划院	1994~2002调离
傅岩	1994~2005调离	郭明业	1994~2009退休	高卫	1994~2011离职	高燕	1994~2016退休
高芳	1994~2007退休	曹建农	1994~2001调离	郭立德	1994~2001调离	侯文生	1994~1995调离
户拥军	1994~2002调离	张越	1994~1996调离	王文铮	1994~1997调离	周庆华	1994~在职
徐华	1994~1996调离	韩明清	1994~1997调离	蔡龙江	1994~2001调离	李明海规划院	1994~2002调离
尚庆元	1994~2002调离	熊家晴规划院	1994~1999调离	钱浩	1994~1997调离	张敬春总图	1994~1995调离
宋功明	1995~在职	董芦笛	1995~在职	王芙蓉	1995~在职	芦彦波	1995~1997调离
王芳	1995~在职	韩晓莉	1995~在职	岳邦瑞	1995~在职	黄明华	1995~在职
冯郁	1995~2002调离	黄缨	1995~2002调离	邵宁	1995~2000调离	刘茵	1995~2002调离
田丰	1995~1998调离	邓军	1995~2000调离	刘晓军	1995~2002调离		
李岳岩	1996~在职	安黎	1996~在职	李昊	1996~在职	米晓林规划院	1996~
唐冬梅	1996~2015调离	刘宁规划院	1996~在职	胡永红规划院	1996~在职	钟威规划院	1996~1997调离
朱建军规划院	1996~在职	王亚红规划院	1996~在职	吴庆瑜	1996~2011调离	刘晓航规划院	1996~在职
赵会朋	1996~2005调离	张俏	1996~2012调离	王兵	1996~1998调离	杨洪福规划院	1996~在职

附录一　表

宫浩原	1996~2011调离	戴天兴	1996~2008退休	贾会敏	1996~2002调离	王维东	1996~1998调离
汤英雁规划院	1996~1998	刘桂菊规划院	1996~在职	鱼建东规划院	1996~1998离职	沈红立规划院	1996~1998离职
王　军规划院	1996~2001调离	丁　威总图	1996~1998调离				
李军环	1997~在职	金云	1997~在职	刘　敏	1997~2006调离	方巧红测量	1997~2011调离
于　千	1997~2000调离	丁为东	1997~2005调离	顾　磊	1997~2002调离	史玉泉	1997~2002调离
岳士俊	1997~2002调离	杨　帆	1997~2000调离				
李立敏	1998~在职	张　煜	1998~2011调离	朱城琪	1998~2005调离	武　真	1998~2002调离
付小飞	1998~2001调离	贺　勇	1998~2000调离				
杨　柳	1999~在职	徐　宁	1999~2014调离	张　波	1999~2002调离	张　华	1999~2002调离
卢　渊	1999~2002调离						

2000—2018 年

王　军	2000~在职	白　宁	2000~在职	常海青	2000~在职	高　飞规划院	2000~在职
徐红蕾	2000~2002调离	苗顺太规划院	2000~在职	曲　甫	2000~2003调离	刘智海	2000~2002调离
陈　辉	2000~2002调离	刘冠峰	2000~2002调离	汤雅莉	2000~2002调离	张燕菊	2000~2002调离
许五弟	2001~2017退休	张　群	2001~在职	王树声	2001~在职	江　林	2001~2002调离
陈景衡	2001~在职	雷会霞规划院	2001~在职	崔　安	2001~2007调离	张　健	2001~2003调离
李荫兵	2001~2010调离	程　平	2001~2002调离	韩　敏	2001~2002调离	吴继勇测量	2001~在职
樊海燕	2001~2002调离	姜　涛	2001~2002调离				
陈　超	2002~在职	吴　锋	2002~在职	李　帆	2002~在职	崔晓强规划院	2002~在职
裴菁菁	2002~2008调离	吴左宾规划院	2002~在职	陈　嫒	2002~在职	李长萍	2002~2012退休
何　泉	2003~在职	靳亦冰	2003~在职	穆　钧	2003~2015调离	周红波	2003~2015
王　涛	2003~在职	李　钰	2003~在职	黄嘉颖	2003~在职	蒋　正	2003~2014调离
高　博	2004~在职	王　侠	2004~在职	杨建辉	2004~在职	温建群	2004~在职
谭良斌	2004~2008调离	冯　璐	2004~在职	崔永兵	2004~在职	文　涛	2004~2014调离
杨　超	2004~2006调离						
阙阿静	2005~在职	胡冗冗	2005~在职	薛星慧	2005~在职	卢　燕	2005~在职
党　瑞	2005~在职	宇文娜	2005~在职	武　毅	2005~在职	位　娜	2005~在职
温　宇	2005~在职	焦林喜	2005~在职	王相东	2005~在职	朱玉梅	2005~在职
于文波	2005~2011调离						
史智平	2006~在职	刘大龙	2006~在职	王代赟	2006~在职	罗屹立	2006~2011调离
王晓静	2006~在职	李莉华	2006~在职	杨　蕊	2006~在职	陈　曦	2006~2011调离
菅文娜	2006~在职	宋　霖	2006~在职	冯晓刚	2006~在职	陈　磊	2006~在职
姜学方	2006~在职	王　琛	2006~在职	谢　晖	2006~在职	赵雪亮	2006~在职
孔黎明	2006~在职	王　荣	2006~2017调离				
马　龙	2007~在职	张永刚	2007~在职	王兆宗	2007~2016调离	樊亚妮	2007~在职
吴小虎	2007~在职	许晓东	2007~在职	王　宇	2007~在职	孙　婕	2007~2014调离
吕　琳	2007~在职	田铂菁	2007~在职	杨　辉	2007~在职	袁龙飞	2007~在职
陈　聪	2007~在职	宋　辉	2007~在职	段　婷	2007~在职	郭雅琳	2007~2010调离
师晓静	2007~在职	孙自然	2007~在职	徐　岚	2007~在职	陈　晓	2007~2014调离
黄　磊	2007~在职	蔡忠原	2007~在职	张晓荣	2007~在职	庞传涛	2007~2014调离
王　璐	2007~在职	邸　玮	2007~在职	李　敏	2007~在职		
王　琰	2008~在职	张　颖	2008~在职	杨光焰	2008~在职	张晓辉	2008~2009调离

侯冰洋	2008～在职	成　辉	2008～在职	刘宗刚	2008～在职	胡武功	2008～2014退休
李凤霞	2008～在职	王　青	2008～在职	马　琰	2008～在职	董俊刚	2008～在职
郭　敏	2008～2017调离	朱新荣	2008～在职	刘　倩	2008～在职		
吴国源	2009～在职	李榜晏	2009～在职	王　锦	2009～在职	白　桦	2009～2012调离
李曙婷	2009～在职	周志菲	2009～在职	苏　静	2009～在职	杨　晴	2009～2012调离
郑晓伟	2009～在职	王　东	2009～在职	刘彩红	2009～在职	车　乐	2009～2010调离
赵红斌	2010～在职	裴　钊	2010～在职	周　崐	2010～在职	周文倩	2010～在职
刘　超	2010～在职	李建红	2010～在职	刘恺希	2010～在职	马冀汀	2010～在职
吴　迪	2010～在职	王　瑾	2010～在职	周在辉	2010～在职	何磊磊	2010～在职
王毛真	2010～在职	李小龙	2010～在职				
樊淳飞	2011～	沈　莹	2011～在职	任　华	2011～在职	颜　培	2011～在职
蒋　蔚	2011～2016调离	张中华	2011～在职	袁　园	2011～2016调离	王　凯	2011～在职
石　英	2011～在职	陈义瑭	2011～在职	田达睿	2011～在职	严少飞	2011～在职
付胜刚	2011～在职	沈葆菊	2011～在职	徐鼎黄	2011～2016调离	吴　瑞	2011～在职
薛立尧	2011～在职	张　弛	2011～在职				
俞　泉	2012～在职	鲁　旭	2012～在职	陈　敬	2012～在职	于　鹏	2012～2018调离
王芳（博）	2012～在职	何彦刚	2012～在职	徐玉倩	2012～在职	尚　涛	2012～2015调离
何文芳	2012～在职	林晓丹	2012～在职	张　凡	2012～在职	武彦文	2012～在职
李　焜	2012～在职	杨　琳	2012～在职	付　凯	2012～在职	杨　成	2012～2016调离
杨　乐	2012～在职	高　雅	2012～在职	王　雪	2012～在职	陈思莹	2012～2017调离
闫　晶	2012～2017调离	伍雯璨	2012～在职				
石　媛	2013～在职	李　涛	2013～在职	同庆楠	2013～在职	张天琪	2013～在职
沈　婕	2013～在职	崔陇鹏	2013～在职	岳岩敏	2013～在职	李　萌	2013～在职
吴　超	2013～在职	陈雅兰	2013～在职	张洁璐	2013～在职	孙天正	2013～在职
叶静婕	2013～在职	李　恩	2013～在职	屈　雯	2013～在职	王庆军	2013～2017调离
王新文	2013～在职	王丁冉	2013～在职	喻梦哲	2013～在职	王瑞鑫	2013～在职
时　阳	2013～在职						
王　阳	2014～在职	朱　玮	2014～在职	黄　梅	2014～在职	王劲韬	2014～在职
张　涛	2014～在职	徐诗伟	2014～在职	庞　佳	2014～在职	卢佳萌	2014～2016调离
杨思然	2014～在职	王怡琼	2014～在职	李欣鹏	2014～在职	姜明波	2014～在职
朱　玲	2014～在职	崔小平	2014～在职	包瑞清	2014～在职	李路阳	2014～2015调离
吴冠宇	2014～在职	吴涵儒	2014～在职				
宋　冰	2015～在职	梁　斌	2015～在职	王墨泽	2015～在职	翟永超	2015～在职
徐冰洁	2015～在职	谢留莎	2015～在职	项　阳	2015～在职	周　勇	2015～在职
武文博	2015～在职	孙　婷	2015～在职	陈熊婉君	2015～在职		
张琳捷	2016～在职	吴珊珊	2016～在职	王文韬	2016～在职	范征宇	2016～在职
罗智星	2016～在职	李少翀	2016～在职	李家辉	2016～在职	安　怡	2016～在职
邓新梅	2017～在职	赵南森	2017～在职	吴　曜规划院	2017～在职		
高必征	2018～在职	陈　姣	2018～在职	王晶懋	2018～在职	刘嘉伟	2018～在职
刘　衍	2018～在职						

审核：李　敏

1.3.2 建筑学院历届本科毕业生名单

1956年，西安建筑工程学院成立之初，建筑系2、3、4年级的学生由东北工学院1953级（1957届）、1954级（1959届）、1955级（1961届）共183名学生转入，同年招收第一届1956级学生，故建筑学专业学生名单始自东北工学院1953级，西安建筑工程学院1957届。

东北工学院1953级（1957届）建筑学专业学生名单

郑月芳 女	刘云鹤	苑金禄	王铮	王觉	王加荣	王志远
王德谦	巴世杰	白凤喜	田卿儒 女	李作圣	李进光 女	尚久铎
芮连成	施淑文 女	胡秀花 女	范世琦	马成庆	高松亭	栗天如
郭翔	郭家树	陈永梅 女	陈芝亭	陈素兰 女	张世政	张恭新
彭明鑫	赵金山	赵书琪 女	滕育民	罗宗班 女	高淑贞 女	屠执中
郑兴久	康明芳 女	贾凤阳	刘昕	刘永翔	韩佩财	罗培
罗秀文 女	夏捷	陈宝恕	赵慧中	李庆荣	杜元甲	邢福曙
苗国卿 女	苗丰亭	信秉珩	徐恩堂	孙琦	孙海权	高明良
于龙江	才进一 女	王克竞 女	王祖浩	白左民	田海鹏	朱凤兰 女
艾鸿镇 女	李克忠	李明焕				

东北工学院1954级（1959届）建筑学专业学生名单

王鸿福	王宝林	吕羲新	余格 女	孟月华 女	金晚善	段振峰
郭长文	郭素清 女	张翊青	程那明	杨福成	齐永河	齐广大
赵洪 女	赵素芳 女	赵广禄	盖景双	刘德善	韩福财	魏运蓁
关雅坤 女	于相文	王清	王亭一	王洪涛	王福林	皮约钰
何光珠 女	尚世信	金光泽	段宏德	夏淑清 女	徐淑常	马明莹 女
梁庆谭	梁学孔	黄浩	单宽生 女	郑士奇	苗而秀	刘英霞 女
刘纯翰	刘舜芳 女	刘毓璞	霍维国	赵立君 女	刘毅	秦淑娟 女
陈元喜	阳世缪	邓松龄	张伦常	韩建沣	欧阳锦	马守云
佟绵功						

东北工学院1955级（1961届）建筑学专业学生名单

滕都义	彭丰年	李焜森	宋秉让	绿恒麟	何乃标	宗汗彬
沈怡源 女	杨云珠 女	靳度才	徐春锦	彭沽保	蒋公强	林政腾
李长安	张士助 女	孙雨雁 女	陈福林	唐俊华 女	安志峰	滕臣
杨国杰	何学章	欧阳振瑞	李美荣 女	赵移山	眭丽娟 女	徐景芬 女
芦志洁 女	盛春诚 女	曹萱明 女	陈艳芬 女	马瑞海	许增元	戎子文
吴懋德	张玠清 女	张伯麟	朴东琪	刘恩纪	王桂珍 女	张嘉俊
刘淑珍 女	苏宗庆	王良道	文石渠	杨新民	金凤英 女	陈慧敏 女
范培富	张伯	孙雅乐	刘郁馥			

西安建筑工程学院 1956 级（1962 届）建筑学专业学生名单

王少义	王克范	王继显	王铎	吴传德	申庆元	朱少怀
朱传铭	朱孝勤	牟傅璋	李志强	李河清	李万荣	吴连辉
余銮经	周尽章	林仪	邱征辉	范振钢	徐晓芬 女	高少青
高国栋	高照光	高霁云 女	高永生	涂启新	陈友曾	陈凤山
张子明	张乃堂	张绍国	张恒平	张晓澄 女	张乙亥	张葆荣
张跃斌	张小线 女	张义家	张镇亚	张庆星	郑梓劲	邹良驹
梁惠成	覃士杰	梅融兰 女	黄厚泊	黄渤海	黄瑞霖	傅立本
曾胜中	惠光永	杨彰佳	杨淑绅	赵凤祥	郑润英 女	蒋孔浩
蒋静媛 女	金荣浩	刘甘棠	刘初安	刘勤世	刘榕生	严明伟
谭永铮	谭伟伦	尹荣政	孟祥莲 女	单自强	孙亚乐 女	张厚清
马惠义						

西安建筑工程学院 1956 级（1961 届）工业运输专业学生名单

朱永活	高兆和	马宣民	宋曾善	严沛锴	梁万瑞	钱君怀
丁汉权	王元松	张治洪	周素娣 女	王发明	范世玮	沈天仁
张云升	马骏顺	陈俊	李纬	王心安	王建华	马怀信
冯寿娟 女	吴永椿	李惠池	郭占卿	严琳章	朱赔芹 女	唐淑兰 女
林毓光 女	刘家秀 女	欧阳居 女	陈静玉 女	周润苍	白秀贵 女	陈翠蓉 女
杨桂秋 女	姚启虹 女	陈翠华 女	刘龙海	潘兴华	孙宣	刘友征
廖日勇	李凤梧	蔡名辉	樊汝翔	林星众	赵德林	韩清民
李应明	孙同明	徐林浦	查全华	梁光和	李林森	王皖英
贾博文	梁义秋	潘和	张淑婷	洪德新	楼关吐	赵马仪

西安建筑工程学院 1957 级（1963 届）建筑学专业学生名单

顾福成	高永生	韦德明 女	曹东林	吕冰晶 女	张耀斌	陈景元
张荫宁	张献臣	许常凯	黄思远	黄傅实	解学义	靳云搏
管恩琦	鲁琪昌	滕光荣	卢思孝	魏鑫 女	巫恩祥	周西显
周贞贤 女	武景山	林云	段成全	姜崇德	袁琭	孙天煜
马乐生	高凤熙	韦文吉	韦沛龄 女	王小东	王秀兰 女	王祖鑫
王曾睿	王庆元	王中汉	毛振华 女	毛裕彬	尤啟文	田发科
吴浅平	汪忠智	杜长泰	段杏林	赵以敏	马虎	周志华

西安建筑工程学院 1958 级（1964 届）建筑学专业学生名单

满东旺	韩俊贵	关小正	权得中	吕妹宜 女	查美秋 女	孙定秩
张季成	张荣庆	杨从理	杨连级	杨慕仪 女	路锦禧	贾盛吉
万代礼	蒋金森	刘成林	刘智龙	刘瑞昌	高尚钦	陈祖森
陈为善	张国栋	梁廷栋	雀克让	黄耀初	曾炎	杨四明
杨志全	邢国隆	胡连华 女	胡彬茂	孙万文	秦秀仙 女	徐川康
徐保坤	孙守羲	马家骏	唐修身	王樸	王生财	王民权

| 王学波 | 王纲杰 | 石金虎 | 李东汉 | 李有来 | 李述兰 | 李泽绵 |
| 薛志成 | 苏继战 | 曾彦荣 | 赵自俭 | 赵复元 | | |

西安建筑工程学院 1958 级（1963 届）工业运输专业学生名单

郭相中	巫金华 女	马玉良	秦相琴 女	陈北方	崔玉兰 女	姬传清
程耀华 女	杨爱茹 女	邓丽霞 女	刘 森	刘佩兰	刘善发	刘云海
庞掌平	王林祥	王守伦	王荣成	王广锡	井生瑞	孔令文
尹俊元	李文亮	李来羲	李国章	李德祥	来明谦	孟庆林
杨世昌	李生发	黄德明				

西安冶金学院 1959 级（1965 届）建筑学专业学生名单

丁文娟 女	丁志良	王 建	高晓基	李 珂	翟宗范	叶铁力
王兆晞 女	王青莲 女	王柏荣	王伟元	王锡来	何玉田	李加禄
李任潮	吴海荣	吴勤生	季纲富	周和璜	者建国	俞宗祥
俞焕文	马玉龙	马炳寅	马瑞祥	马德才	徐萍秋 女	孙湧森
袁启和	高瑞清	张大定	张道润	张翠梅 女	张寿生	梁 焱
梁越明 女	常光兰 女	梅婉贞 女	冯锦彰	程耀卿	曾繁杰	游作湘
杨秀卿	邹洪辉	葛福金	赵秀兰 女	赵风儒 女	赵增和	穆怀艺
卢鹤孙	谢延明	蓝士焜	吴今潮	何祥迎	郭成理	鄞万慈
周廷华	姜善华	袁广勋	唐永亮	王光育		

西安冶金学院 1959 级（1964 届）工业运输专业学生名单

史志瑞	共相成	朱崇华	王志成	王金锡	王毅民	王学孟
李国强	余惠飞 女	吴静华 女	朱连登	李吉申	李芷娟 女	李超诗
胡清平	候占祥	洪承铎	沈惠英 女	周永春	林玉华 女	邱棣华
陈万安	张忠全	张东霞 女	段庆江	段光伦	高天保	特槁踩
黄 莉 女	黄祖瑗 女	裘庭蒌	鹿守春	鹿英贤 女	涡惠娟 女	程绪武
董淑敏 女	苣正敏	刘茂龄 女	赵文山	赵治宇	赵季陶	董正藩
马庆其	董国亮	潘友纲	戴君羲	韩楚山	关立身	顾祖庚
薛敬真						

西安冶金学院 1960 级（1966 届）建筑学专业学生名单

赵建民	薛 莘	徐光前	张德臣	赵金铭	黄鼎球	莊中兴
刘瑞学	苟友和	刘 炜	张朝祖	王建军	丁 军	陈富立
杨庆云	张惠铭	陈亦军	罗建业	王维活	程广安	徐国治
孔令运	万人选	邹 贤	李泰祺	张 弓	姜延静	兰林义
马文炜	白居浪	黄世优	第 珂	贾 凡	梁 力	张月娥 女
池兆铸	赖以爱 女	蔡 华	王 琨	李乐喜	余德良	朱世杰
李云武	张 勃	李旭华	郭临武	王 怡 女	刘 健 女	陈登权
宋锡山	尹 韧	马灿伟	赵 逆	陈 梅		

西安冶金学院 1960 级（1965 届）工业运输专业学生名单

王育圣	王振法	王海平	毛锡祥	田建德	李三稳	李广英 女
吴佩生	杜隆震	周杰明	林之彬	林振杰	宗守志	段清林
侯西征	徐大勋	徐中林	徐汉君 女	马国稷	高守民	桂逢坤
郭莲青	张文寨	陈玉珍 女	张如铭	张容文	梁仲修	黄庚绍
黄贤芝	黄达贤	程修治	赵克铭	雷 明	叶观中	臧龙法
刘金菊 女	刘建民	郑永瑞	蔡大生	龙青云	檀 猛	萧正书
白述杰	荆翠英 女	金玉书 女	方贵岐	王德学	王 甡	王玉平
丁宝华	王新法					

西安冶金学院 1961 级（1967 届）建筑学专业学生名单

杨永福	刘福信	尚勤学	关裕宏	唐伦治	党佑民	任建华
张国铨	李树庭	王功兴	张立石	仝肇祥	王玉蓉 女	陈筱荻 女
刘尚义	波 湧	陈天顺	鱼永节	牛星德	党东潮	郑国栋
孙龙江	杨 琦 女	赵镇明	马富生	张金普	王长明	

西安冶金学院 1961 级（1966 届）工业运输专业学生名单

曾 红 女	余培英 女	张勤光	彭忠伟	陈元富	王 涛	张朝熙
刘淑敬	李新民	石新福	张麟生	杜民彦	景 浩	梁友昆
和 韬	朱月茹 女	文 倩 女	沈文奎	邵汉升	黄思志	刘绍斌
王绍煜	张中占	刘世忠	李 明	张宝成	薄应西	刘明先
习元升	王素青 女	李振江	田春茂	高志华	田鸿斌	柴世森
李文富	余善朗	夏 欣				

西安冶金学院 1962 级（1968 届）建筑学专业学生名单

甘秉义	朱望鲁 女	李若良	杜宗孝	胡德明	查丕栋	秋志远
高仲孝	张玉慧 女	张全禄	贺应龙	贾 瑛 女	刘园莉 女	薛伊林
谢维理	魏高信	苏仰曾	邵起乾	陈荣华	焦冀曾	赵启贵
薛光熙	韩礼成	苏超辉	袁家新 女	祝瑞三		

62 级总图专业学生名单（缺）

西安冶金建筑学院 1963 级（1969 届）建筑学专业学生名单

郭 智 女	蔡效君	刘学纯	黄惠芹 女	杨庆安	辜振益	郝国楠
李群英 女	张建平	余正维	成大惠 女	毛桂英 女	龚 鑫	高志华
马龙驹	颜继勋	聂建国	冉光国	阎芸芳 女	丁玉坤	李福元
南继明	李治民	张治民	付益笃	师胜世	杨 凯	周若祁
陈中行	周传俊	刘文赋	侯安民	王维金	颜士义	石 力
苏丕林	翟志和	程文礼	李宗振	李国恩	韩常仁	张 毅
薛进堂	张 平	吴崇义	柴永乐 女	姚时章	杨建民	王述炳
魏恭宽	彭宝成	李鸿禧	顾培源	王 征	吕玉珍 女	王具福
史聚琛	叶学慧 女	王云松	郭福元	王崇哲	程启海	

西安冶金建筑学院 1963 级（1968 届）工业运输专业学生名单

王大为	王晓东	王荷英 女	王国庆	王树本	田淑侠 女	许盛林
许建国	孙继书	李美依 女	李一凡	吴玉英 女	刘心文	张善成
张友民	杨启钦	陈显安	尚之普	查有丽 女	陈志羲	陈振亚
陈立新	肖良才	庞虹	胡绍蒸	郑金龙	韩风林	舒朝玉 女
雷九斌	李洪臣	马引凤 女	卫仲华	王虎	王九祥	王宏华
王德勤 女	田玉刚	邓民铨	戴占忠	朱绍莹	孙育民	刘永福
刘永湘	李翠贤 女	张世民	张羲秋	吴秉先	周金泉	尚应祥
赵高明	贺庆荣 女	符根喜	段平羲	奕克林	贾忠孝	郜时中
梁崇厚	黄明德	韩慧琴 女	董文齐	董立业		

西安冶金建筑学院 1964 级（1970 届）建筑学专业学生名单

高德顺	唐顺芬 女	陈克平	张寇华	张国旭	张纪平 女	詹全喜
赵鸿有	叶富英 女	菅海喜	刘开	王喜宾	王维平	王兰平
石东仙 女	安俊玲 女	李永魁	李桂芳 女	吴素霞 女	宋宝国	孟天泉
袁宝林	刘小亮	刘皓波	蒋锁根	魏四耀	苏丛柏	郑盛瑶 女
顾满荣	张义民					

西安冶金建筑学院 1964 级（1969 届）工业运输专业学生名单

高广权	高进才	陈光权	陈宗凡	张鸿生	张相臣	张兰芳 女
孙保谦	夏炎山	褚毓民	郭民佔	郭惠菊 女	杨弟英 女	杨世玉
鲍絮茹 女	熊永哲	蒙亚芹 女	薛全举	寇福仁	程建立	顾永年
杨天方	杨根泉	杨德正	潘国清	韩庆华	宋天成	陈芝仙 女
吴家勳	张才宪	张玉娥 女	张光明	张香瑞 女	张承秋	张镇正
负克让	高贵普	于兴环 女	王婉芬 女	王天林	王远广	田书臣
冯明超	李驰原	李景远	李春芳 女	李学恩	李瑞清	上官德
王秀琴	王高成	付秀芳	石德午	李永刚	沈庭仕	冯光银
苗房成	郑金荣	段德成				

西安冶金建筑学院 1965 级（1970 届）建筑学专业学生名单

王中州	朱恩信	刘整	刘延保	闫耀威	闫琢庭	李广田
李汉仁	李信安	陈永昌	孙树华	杜秋叶 女	周桂华 女	戴纪良
张强	张代鼎	张武林	张峻飞	曹富斗	龚一平	贺锦镛
杨太章	景凌雯 女	葛造珍 女	万宝珍 女	赵同心	隋其芳	王桂连 女
金少蓉						

西安冶金建筑学院 1965 级（1970 届）工业运输专业学生名单

王纪林	王淑贞 女	刘建民	李佩兰 女	李润英 女	余德门	沈洪儒
姜国梁	范俊琦	高大汉	高大银	袁隆成	张元修	张国权
张耀石	孙建中	崔光理	杨再高	杨恩昌	潘淑琴 女	樊贵孝
朱世杰	牛德顺	赵汝朴	谢运志	杨道隆	王兆伦	王品一
王淑英 女	刘家桢	权宽绪	李秦 女	李惠琴 女	李改连 女	李有廷
李应存	李柱国	余炳群	吴利民	胡煜	胡大祥	马春
马乃明	张文宝	张成河	张德文	谈报超	霍明达	韩远泽
任学忠	易素华 女	吴木林				

66-73 级建筑专业学生名单（缺）

66-71 级总图专业学生名单（缺）

西安冶金建筑学院 1972 级（1975 届）总图运输设计专业学生名单

刘建斌	庞峰	陈玉祥	陈尖军	陈广洲	张超	张健
张余堂	张相如	张根忠	张新强	张宝程	曾耀	程省金
贾春林	赵振起	赵晓洪 女	熊世平	潘守鸿	王恒	王昌才
王修月 女	王茂珍 女	王振宪	王著模	王景润	李永达	李建臣
安祝久	吴明泽	孙桂荣 女	孙风瑞	孙省成	夏文斌	荆双喜
陈刚						

西安冶金建筑学院 1973 级（1976 届）总图运输设计专业学生名单

王庆文	王永鹏	王志华 女	王洪德	王耀先 女	王建国	王桂荣
白京海	叶嘉珍 女	冯春明	许秀芳	宋晓先	李应林	李晋蜀
李鸿森	狄摩华 女	杜瑾	薛清华	肖正全	常国勋	蒋祥辉
任鸣风 女	肖成	肖平 女	周宝兰 女	周尚品	周惠芳 女	武震
林伟玲	施绍才	赵人璞 女	杨代胜	杨昌礼	袁迪新	贾保忠
梁生钢	付汝杰	姬新云	惠志忠	翟大闽		

西安冶金建筑学院 1974 级（1977 届）建筑学专业学生名单

王军	王俊杰	马世平	尹志德	汪淮治 女	李显荣	李素梅 女
李颖 女	李俊生	宋凤莲 女	高涓 女	达栓奇	马汉臣	苟志鹏
杨希林	陈正超	沈真	沈喜荣 女	苌改荣 女	陈保家	郭好山
徐万喜	张海燕 女	张开明	袁顺錄	贾煌	项海凤 女	刘方 女
徐大同	陆渝芬 女					

西安冶金建筑学院 1974 级（1977 届）总图运输设计专业学生名单

高秀忠	侯静岩	刘凌霄	邓文杰	殷景峰	宋建国	鲁全良
李登喜	朱之明	郭雪姣	王丹 女	姚齐进	余延彬	肖平
张光荣	曲以江	赵忠红 女	李德贵	周发成	冉启惠 女	李太兰 女
饶正全	吴克荣	曹惠民	田永明	谈维梅 女	王月英 女	芦正宏
严建群 女	张定保					

西安冶金建筑学院 1975 级（1978 届）建筑学专业学生名单

穆亚萍 女	姚安平	秦淑玲 女	夏凤琴 女	谢积绪	曹长江	薛勤娅 女
和红星	白素娟 女	王利 女	达世兰 女	户玉坤	田德昌	李泽芹
乔亚昆	陆晓琴 女	郭学思	郭秀玲 女	袁正华	党雪梅 女	杜丽军 女
李卫香 女	李新宁	张闻文	张科祥	张来运	吴谦	刘廷福
龚如顺	冯斌					

西安冶金建筑学院 1975 级（1978 届）总图运输设计专业学生名单

王飞	王开平	王甫起	王桂兰 女	王艳雪 女	万以敏 女	曲辅成
巩宪忠	刘光全	李斌	李永庆	沈秀华 女	全基松	高维汉
李光	张仲	张吉贵	张苏莲 女	陈汉荣	梁文琴 女	许兆宽
郭庆	毕恩凤 女	董玲云 女	杨满仓	杨爱兰 女	赵子英 女	赵衍华

瞿照菲	韩建国	何建洲 女	朱年芳	宋延生	刘连城	孙志贵
杨新发	封双科	张彩霞 女	张 鸽	张生华	闫祥瑞	郭崔虎
耿金灵	程伟献	霍玉东	陶金岗	魏建元	蔡孟伟	黄安兴
闫国良	赵志刚	赵金珍 女	张悦开	敖中造	王明道	王育杰
白爱荣 女	白文杰	刘志刚				

西安冶金建筑学院 1976 级（1979 届）建筑学专业学生名单

王宗权	王晓海	王凤翱	李田怀	李吉祥	李福昌	李武庆
马耀川	何欣荣 女	张 新	张秀兰 女	宋道宁	周海霞 女	朱炳彦
刘忠禄	吴怡红	孙成建 女	卢民瑛 女	陈 良	苏洧成	言 平 女
雷鸣远	袁廷芳	陈立宁	段建军	潭德清	夏红兵	孔祥德
刘茂年	李传义					

西安冶金建筑学院 1976 级（1979 届）总图运输设计专业学生名单

王金美	王亚莉 女	王丽英 女	傅希英 女	宁国良	孙建勋	许春萍 女
刘永军	刘梦斌	朱志远	朱旺君	李西安	李 军	陈同兴
寿益亮	钟寿魁	赵宇红 女	黄志坚	秦巧英 女	薛允芳 女	蒋玉茹 女
梁晓凡 女	毕芬妹 女	王玉顺 女	李危平	李长茂	梁启庸	粘孝鍚
许星明						

西安冶金建筑学院 1977 级（1981 届）建筑学专业学生名单

王丽娜 女	王寿江	王继跃	王建毅	付一凡	朱成龙	白丽峰
孙 波	宁崇瑞	乔 征	刘临安	赵军选	张也虹 女	陈而加
林 川 女	柳拾强	高文斌	高永革	车维淼 女	邸 芃 女	侯卫东
曹文刚	侯 燕 女	韩桂萍 女	杨智军	李 原	汪文嘉	滕小平
耿晋川	姜 军					

西安冶金建筑学院 1977 级（1981 届）总图运输设计专业学生名单

王 渭	王春雷 女	王欣荣	王怀德	王 萍	戈 刚	田 锋
韦晓林 女	向岳岫 女	李 鸣	李稳亮	安晓峰	刘 宁 女	刘友好
刘科高	尚卫民	陈炼狱	陈 凡	陈 清	闫 泉	罗玉金
罗允勤 女	周 伟	周启国	杨 良	杨明瑞	赵送机	解 勇
路小梅	唐雄俊	焦绪国	姚雪珍 女	韩家乐	惠静河	蔡高义
蒋 毅	臧启民	朱 玉 女	冯跃生			

西安冶金建筑学院 1978 级（1982 届）建筑学专业学生名单

王化宁	王延明	王平易 女	白 石	李京生	李德明	刘小平
朱安育 女	孙锡伦	陈可石	陈 伟	唐 欣 女	华 耘 女	许 健
常 青	邵晓光	张南宁	张正康	郭家文	赵 月 女	杨豪中
陆 兰 女	晏 欢	董少宇	秦国栋	余 加 女	黄建军	谢中吾
陈力军	刘 谓	董 卫	孟 刚			

西安冶金建筑学院 1978 级（1982 届）总图运输设计专业学生名单

| 丁 喆 | 王 力 | 王安庆 | 王宏前 | 王辛武 | 王 跃 | 马 跃 |
| 刘汝平 女 | 刘开华 | 刘景梅 女 | 刘 琪 | 朱先智 | 孙海春 | 李军利 |

李 利	车启龙	宋继先	林 宇 女	林 桦 女	柏 梅 女	吴一平
吴存东	杨华志	杨欣蓓	杨晓鹏	孟繁胜	赵士华	赵东风
郝存魁	姚硕丰	张 勤 女	张 华	张荣京	韩秦春	梁炜敏
黄晓红 女	练海燕 女	葛玉舫	董 平 女	黎小鹰	薛复习	

西安冶金建筑学院 1979 级（1983 届）建筑学专业学生名单

王 瑶 女	王 琦	王 群	王 晶	史抗平	刘正强	庄 珂
孙西京	李唐兴	李三胜	朱 红 女	何永清	陈 漪 女	陈 勇
陈忠实	吴天佑	呼延玲 女	徐力达	何卫民	范家琪	张新悦 女
高 青	唐 和	韩丽燕 女	陶克齐	聂 刚	雷兆有	蒋 红 女
周庆华						

西安冶金建筑学院 1979 级（1983 届）总图运输设计专业学生名单

王 榕	毛 宁	田天培	白金国	计鸿谨	刘江奇	张海梅
来欣捧 女	孙 聘	李 慈	何小玲 女	何燕林 女	何岳生	吴 琼
吴建华	余继善	陈 勇	沈忠权	罗 敏 女	金 城	赵晓光
莫霞梅 女	韩子峰	秦随年	秦新才	栾 忠	惠旦娃 女	曾小平
高民民	伍思权	陈应华				

西安冶金建筑学院 1980 级（1984 届）建筑学专业学生名单

王明杰	田 策	朱大忠	朱其玮	刘 原	刘克成	刘序红 女
刘东卫	李 瑜	李 靖	李 明	何 川	宋 曦	屈国俐
肖 伟	肖 锋	肖 莉 女	陈 洋 女	陈文和	匡 涌	赵越林
高 泳 女	高省安	胡 炜	姚 慧	崔树公	史晓凯	

西安冶金建筑学院 1980 级（1984 届）总图运输设计专业学生名单

王志军	方 明	文承欧 女	尤志毅	邓 耘	史国松	刘 虹
刘 涛 女	刘茂华	关 蕾	李 慧 女	李朝辉	李侃桢	徐小平
肖炎斌	林 琳 女	林斯平	陈广社	赵 坚	赵建虎	高 巍
崔海江	倪玉山	徐忠辉	梁 南	黄 静 女	张桂桂 女	张淑玲 女
谌 超	韩兆斌					

西安冶金建筑学院 1981 级（1985 届）建筑学专业学生名单

万 敏	王 旭	马东辉	叶亦工	甘恕非	朱一敏 女	刘 斌
冯亚权	吴存华	吴亚冰	吴学俊	沈西平	邵 京 女	杜彦卫
苍惠杉	陈 惠 女	陈 梅 女	相巍巇 女	施 燕 女	费 珣	董笑岩 女
崔恩泽	潘 浩	潘 婕 女	詹秀琦	窦觉勇	李亦锋	杨 锋
陈 岗						

西安冶金建筑学院 1981 级（1985 届）总图设计和运输专业学生名单

王 琦	马 俊 女	马长青	毛月英 女	邓 勇 女	巨战社	安燕梅 女
任小莉 女	刘书平	刘晓军	闫益民	李育军	李遐斌	陈瑞正
陈宝辉	陈爱建	陈燕燕 女	肖红利	杨春立	钟为民	张景森
张政海	张小栓	梁 雪 女	周成平	赵宏林	罗蕉松	袁益恒
高珍贤 女	臧玉坤	鞠花亮				

西安冶金建筑学院1982级（1986届）建筑学专业学生名单

王志敏 女	王维克	王润生	王懿	马芬利 女	孙晓光	刘方伟
刘学军	刘雨杨	冯晓宏	关晓东	余克斌	杜丽民 女	杨枫
杨正鸿 女	邵瑛 女	张建华	林强	欧阳东	胡斌	赵晓波
陶冶 女	高洁 女	姚立军 女	姬红 女	娄东旭	龚宇琪 女	曾谦
雷洪	李婧 女	黄瑞	胡文荟	苏欣	陈超	

西安冶金建筑学院1982级（1986届）总图设计和运输专业学生名单

王莹	王少峰	邓一峰	兰新辉	卢双京 女	叶春	代铁犁
曲晓篁 女	孙志强	孙立功	刘建平 女	刘洁 女	刘银波	冯阳飞
余洁 女	杜建军	杨德生	沈海庆	补永明	范慰颉	张民
张波	郭喜 女	郭胜凯	蒋清 女	董瑗 女	燕林 女	魏有斌
吴克彪	鞠花亮					

西安冶金建筑学院1983级（1987届）建筑学专业学生名单

8301

卫兵	王腾	王仲伟	王治毅	马卓 女	由欣 女	白丽 女
田川	刘绮 女	朱文越 女	朱亦民	许春晓	余铭	杨重楠
李小明	汪红 女	何健	严立力	张琳 女	张超	林小朋
胡文荟	赵春艳 女	梁晓光	陶渊	徐鲁强	高晓东	袁翠苹 女
康建清	康慨	雷兆斌				

8302

王冲	王莹 女	王陕生	王恒珠	王玲 女	文亚嘉 女	卢天寿
石晶 女	刘伟俊	朱祥平	任文辉 女	杨凤臣	李健	何晓蕾 女
苏欣	张涛	张平 女	陈军	单庆东	周学杰	罗国有
赵建安	荆涛 女	侯伟	唐德华	袁柏华	黄小宏	程先明
程帆	谢兵	韩冬	郝昱 女	陈超		

8303

李政	牟岩	张锋	佟强	罗强	姚亚鹏	翟文轩
刘晓宇 女	刘海英 女	刘慧英 女	陆东红 女	邱学 女	郁芳菲 女	荆澈
刘华 女	唐巍 女	倪萍 女	詹葵 女	田雅兰 女	董若婕 女	姜枫

西安冶金建筑学院1983级（1987届）总图设计和运输专业学生名单

王汝湖	王志宏	马利欣	倪荣芳	代文炳	卢彦 女	石杰
付胜	付连科	孙晓燕 女	冯杰	齐庚 女	刘体国	吕克洪
朱立安	朱勤 女	朱晓辉	杨万龙	杨景松	肖昱 女	李坚
李林辉	范国荣 女	张颖 女	张诗富	张久林	张志文	苏根荣
季南芳 女	陈杰	胡曦	胡业峰	钟达理	赵宏	徐惠菊 女
唐文革	莫益初	袁世荣	蒋莉莉 女	贺钢	曹鸿	路青 女
贾丽黎 女	潘朝慧	潘风吾 女	颜林	王捷	胥强	

西安冶金建筑学院1984级（1988届）建筑学专业学生名单

8401

王昭全	王明坤	刘增根	刘功勋	刘晖 女	冯进辉	安立新

庞小健	李彦枫	李文君 女	张建飞	陈 炜	岳 岑	胡 柏 女
赵 霞 女	郑慧林	毛金旺	高文云 女	梁 宏	钱立群	董玉香 女
曾 红 女	傅 浩	曹志伟	葛晓林	焦慧鑫 女	彭 锴 女	贾卫东
穆雪晴 女	刘建佳	刘功勋				

8402

王 博	王红接	占国南	孙文锦 女	李砚敏 女	李 强	刘 宁
刘子瑛	吕志正	肖 伟 女	任春萌	宋红雨	乔奕峰	杨 凡
杨红英 女	杨宏睿 女	关虹桥	陈 琦	邱燕来	林 兵	林 兰 女
杭庆月 女	张 强	张 淳	姚 泳	程海豫	蔡昭昀 女	雷 昶
董芦笛	鲍月伟 女	马建初	王振兴			

8403

刘 英 女	马 青 女	周 峰	殷 琦 女	金晓峰	郭西刚	黄德健
杨安牧	王 鑫	渠 捷	永 宁	高丽辉 女	赵学军	胡维参

西安冶金建筑学院1984级（1988届）总图设计和运输专业学生名单

8401

王宏伟	王红征	王 江	卢志立	孙春梅 女	李学法	钱兆英
李 华	李 锋	朱继祥	朱鹏波	乔 军	汪向东	吴义平
吴学军	任文兴	冯先德	郑久梅	杜巧梅 女	余 艳 女	罗安慈 女
张北林	陆 燕 女	程冬亮	邹联赐	斯克钢	黄海才	赵清顺
鲍 泳 女	董爱国	董继军				

8402

王 力	王 健	王印玺	左东霞 女	刘国云	孙庆文 女	周晓玲 女
李 力	何 革	阮久刚	张永旺	张旭东	张海涛	陈 力
陈立新	赵伟东	郁 健	段国会	陶浩斌	徐宏辉	梁英才
凌 洁 女	殷积彪	袁志发	袁蜀敏 女	黄婉娟 女	崔振峰	蒋桂松
谭小兵 女	吴兆东					

西安冶金建筑学院1985级（1989届）建筑学专业学生名单

8501

王 伟	王 刚	毛庆鸿 女	左 鹏 女	卢 迪	石小练	付 艳 女
白云鹏	刘 民	冯 宁	冯 珊 女	冯 琰 女	安 东	李文东
李晓红 女	邰 斌	岑 建	苏 梅 女	吴 农	吴企罡	昌锋武
张红川 女	陈 非	赵万军	赵凯燕 女	姜海宏	姚卫萱	韩 鋬 女
崔明辉	温 群	左 鹏				

8502

王 珂	王东宁 女	王述琦 女	闫卫华 女	纪明泽	李 敏 女	李 东
李亦平	那日斯	邵 估 女	周广胜	陈劲松 女	陈 民	陆东晓 女
罗 锐	张天祥	顾 曦 女	侯延槽	郭 军	章文昀 女	章固南
孙雪萍	焦晓光	詹 超	鲍 冈	鲍 伟 女	潘永刚	刘 伟
张大勇	黄挥戈					

王 建	王维毅	马 武	左 涛	代 欣 女	叶 林	石天燕 女
孙 钢	刘 旭	刘亚如 女	冯 琴 女	朱建勇	苏 蔷 女	邱 戈
李 伟	李宗华 女	张 琦	张卫东	张 辉	张治节	吴 婕 女
周启锡	岳红文 女	皇甫江英	宫洁清	赵天兵	郭建军	梁福音
黄 瀛 女	彭江义	谭辽川	赵梦晖 女			

8504

高 英 女	夏 纯 女	张利涵	迟 辉	马 刚	董 海	周 虎
王相其	姜云峰	周晓东	孟险峰	赵保成	刘 全	希英荣

西安冶金建筑学院1985级（1989届）总图设计和运输专业学生名单

8501

干文龙	王菊莲 女	付云峰 女	孙会生	李 立 女	李 军	李素琴 女
李晓红 女	李粤黔	李兰昀 女	杨 栋	花春林	邹富江	苏文斯
吴粤宁 女	郑路平 女	郝勇兵	赵银科	赵 蓉 女	赵 虹	柴 立
夏 军	张 涛 女	张雅宁 女	张 杰	俞能富	席文彬	黄雅茹
彭志坚	薛宽利	魏清桥	窦建雄	程冬亮		

8502

王 帆 女	王 辉	王景晋	王振军	王宏敏 女	左 岭	白红卫
韦学群 女	叶锦春	刘 炜	刘延轩	刘景峰	李艳丽	李东旭
朱玉岷	任利民	汪文展	何建华	张吉长	张爱兰 女	吴 涛
吴 玮 女	吴祥民	陈瑞丰	郭钦生	高 宏	钱红南	靳 春
管彩莲 女	廖东生	赖秋成	瞿淑娟 女			

西安冶金建筑学院1986级（1990届）建筑学专业学生名单

8601

丁福德	王 进 女	王 兵 女	王 岩 女	王 飚	王鸣晓	左 文
吕木发	刘伟复	汤可彤	乔 斌	李晓梅 女	何 磊	何 锐 女
何丽梅 女	肖 宇	陆 江	张 磊	张 飚	陈 剑	范苍渝
周 济	胡 钢	赵 东	姚向军 女	涂 山	崔 力 女	潘 会

8602

王 文	王胤红 女	田 军	邓 康	朱慧文 女	刘 雁 女	孙振河
来利军	岑兆缨	杨 晔	杨 彤 女	李文晶 女	李家新	李红亚
沈晓琳 女	何 平 女	何青山 女	张禹衡	张玉虎	陈咸克	周钦青
范宏霞 女	金 涛 女	胡敬伟	赵春临	姜立军	袁东书	黄业伟
钱 洪 女	蔡 瑾 女	周静媛 女	吴韦君	周 非		

8603

彭英汉	李 益	赵 江	夏 晨	刘赛文	王 凡	马 龙
徐 彤	柳魁生	郑 林	黄建川	刘华伟	尚大伟	赵 兵
党 沫	田 中	梁晓卫	罗仲叔	陈洪滨 女	刘 鸣 女	高 扬
贺建红 女	吴 欣 女	高可攀	张 健 女	黄 瑛 女	李 静	朱晓玲 女
段向东 女	周 素 女	王 芳 女	王 易			

西安冶金建筑学院1986级（1990届）总图设计和运输专业学生名单

8601

王 澄	王立军	王志强	任宇翔	刘一锋	杨 静 女	杨标恩
武红娟 女	宋 彤	张永忠	张丽珍 女	张瑞红 女	陈 友	陈练平
胡宇光	赵卫东	郁庆浩	梁 军	夏 红 女	耿云慧 女	柴建伟
唐章奇	雷六一	蔡晓梅 女	滕 宁	曹海石	韩 颖 女	鲜学军
潘天莉 女	魏文娟 女	张文颖				

8602

于瑞君	王为明	王 忠	王广庆	王立新	安琳媛 女	朱 宏
孙 欣 女	孙哲辉 女	刘红健	刘剑宇	刘晓航	吕 彦 女	严士平
吴万红 女	吴浩宁 女	张 沛	张峡丰	陈 燕	赵 明	赵 英 女
徐 红 女	姜 玮	黄 钰 女	钱文凯	蒋卓晖 女	曹 宁	董泽健
潭 重	魏玉成	韩学友				

西安冶金建筑学院1986级（1990届）城市规划专业学生名单

王丹平	王翠萍 女	王东辉	王爽英 女	邓 伟	任云英 女	曲晓东
刘向红 女	许倩瑛 女	李晓新 女	李 斌	向荣辉	苏孝群	车 骏
张嘉懿	张 严 女	陈磊峰	罗鸿平	赵 葵 女	俞 胜	俞 进
高 辉 女	梁 羽	秦 川	曹春华	蔡云楠	蔡隆基	樊森飞
潘 瑜 女	魏毓洁 女	王 澜 女				

西安冶金建筑学院1987级（1991届）建筑学专业学生名单

8701

王 奕 女	王 晖	王 伟	马 薇 女	田晓岚 女	孙 勇	刘福智
成 阳 女	杨 萍 女	肖 琼 女	李岳岩	李永凯	沙 石	张 洁 女
张双晶 女	张超文 女	张真媛 女	张苏渝	张 玥	林 勇	林吉文 女
林 松	居培成	赵奕飞	黄 冰	黄亚莉 女	傅 岩 女	雷振东
孙 杰	司徒庆申					

8702

王 宣 女	王力红 女	孙 杰	孙 青	古文俊	冯雪昆	刘 炜 女
刘艳梅 女	刘为民	李继东	李莲萍 女	杨 波	何 燕	吴 白
郑 飏	张建奎	张天舒	赵东丽 女	曾小彤	段静芳	韩 伟
聂松魁	黄华峰	夏志刚	崔 芃	漆 宏 女	潘德权	

8703

白 明	刘 菲 女	冯晓舟	沈 文	李 莉 女	李 琦	李大胜
李文渊	杨晨路 女	周之新	张 怡 女	张幼丰 女	林永瑜	郁畏力
姜 波 女	高 雁 女	徐 立 女	徐雪冰	唐晓青	董 江	李 锐
郭忠华 女	黄昕宁 女					

西安冶金建筑学院1987级（1991届）总图设计和运输专业学生名单

8701

王代明	王亚萍 女	邓艳珊 女	石文锦	石 勇	闫 刚	刘 青 女

刘继平女	乔宏伟	陈光柱	杨　进	李小良	李福成	宋万胜
孟　宇	张　敏女	姚根平	徐光辉	战晓雷	高晓军	韩伯舜
韩丹波	袁晓莉女	聂仲秋	常　阳	黄　伟	谭洪军	陈　燕
谭　淳	廖衡云女					

8702

丁　成	王广辉	王亚林女	王　渭	马　斌	韦　飚	孙志龙
刘　庆	刘江涛	毕学成	陈　辉	杨　攀	沈　红女	李科文
余　淼	张　平	张　明	张军慧女	张德庆	林燕文女	郁龙清
项艳艳女	唐　琪女	徐存忠	钱德福	康宇龙	赖少华	魏　亮
邹剑英女	杨红宇					

8703

王丽英女	马　涛	马晓荣	卢新天女	史洪涛	朱　平	刘　郁
刘加祥	刘洁峰	刘海鹏	陈　平	陈　利女	陈娟玲女	李　光
李　明	李质皓	孟亚东	吴　虹	吴晓雄	余晓东	林　洋
周爱萍女	高　楠	凌　松	曾宪柱	曾顺禹	盛昭宁	胡咏梅女
张文颖	陈　京女	郭　泓				

西安冶金建筑学院1987级（1991届）城市规划专业学生名单

王　舒	王　健	王小坤女	孙　璐女	孙丹荣女	齐　放	刘新军女
刘春凯女	陈小惠女	陈　芳女	杨文俊	杨文斌	李可为	沈丽萍
吴爱国	邹江宁	张　辉	张　展女	张　峰	张　玎女	周　璟
胡　钢	洪耀同	钟平安	蒋树勇	彭大力	熊志刚	戴颂华女
金日光	吕道伟					

西安冶金建筑学院1988级（1992届）建筑学专业学生名单

8801

马纯立	马朝晖女	尹　晶女	付玉川	付　瑶女	孙　铮	安　黎
朱永新	刘　刚	刘　彬	刘　畅	邵　菱女	李智勇	张　宏
周　南女	周雪蓉	周　煜	金　涛	郑　平	苗克力	姚　丰
郝宗涵女	姜　伟	梅　力女	蒋甡琦女	温建群	雷　汇女	雷　洪
鞠小育	孙　斌女	赵东丽	王　翔	王　岩		

8802

毛　刚	王晓东	王　琪	马永伟	方　向	付开楠	刘　红
刘宇光	吕　勇女	何　云女	全建彪	宋照青	杜　钧	李　军
李建伟	李　锵	周　峰	周　翔女	杨　旭	金永斌	郑启皓
徐振琦女	梁利军	钱培林	夏　媛	曹伟辉	曾立女	潭静宇女
霍　薇女	黎仕权	黄铭铭女				

8803

丁学俊	于卫东	上存霞女	王旭红女	王　勇	王　喆	文今朝
马　红女	方海宁	卢　燕女	冯　青	刘建媛女	陈　慧女	陈博民
李　农	李　阳	李　彤	何　芳女	宁方方	吴　蔚女	张　晖

| 欧阳文 女 | 高 展 | 袁 歆 | 彭 建 | 雷耀丽 女 | 王 彦 | 国 伟 |
| 丘 伟 | 史 丹 | | | | | |

西安冶金建筑学院 1988 级（1992 届）总图设计和运输专业学生名单

8801

兰慧丽 女	孙 牧	孙 峰	孙醒宇	包文杰	闫茂春	闫 勃
闫常鑫	吕 赪	陈 晶	陈 叙 女	华更生	杨肖飞	杨 洪
李 岩	宋 波	许 东	周方晓	罗洪飙	郑 宇 女	赵 华 女
钟 蕾 女	饶添林	高海波	庄 浩	莫海峰	贾 斌	崔华芳 女
崔 宣 女	满 淼 女	徐 磊	陈 京 女			

8802

王力寰 女	王 晋	石永航 女	卢伟欣 女	卢瑞芳 女	刘远生	李 升
李 鹏	杜 秋 女	杨 戈	武 弢	张 平	张玉香	张 样
张 科	张 峰	陈 勇	林少漪	周漫江	郝常青	洪恩军
姜丽欣 女	袁 东	秦 雪 女	陆 锋	蒋明火	彭湘宁	温青杰
虞松祥	韩 松					

西安冶金建筑学院 1988 级（1992 届）城市规划专业学生名单

王立敏 女	王昊川	马 和	卢煜能	卢海滨	孙卫国	闫 焰
杨彦君 女	肖红颜 女	李东泉	张 杨	张娅定 女	周增财	郑江涛
赵 庆	赵晓铭 女	赵湘蓉 女	段卫星	俞晓钟	姜 慧 女	俎志峰
梁小平 女	黄 巍	蒋炳南	蒋 勇	蒋 伟	覃剑科	蒲 玙 女
楚 宁 女	魏 群 女					

西安冶金建筑学院 1989 级（1993 届）建筑学专业学生名单

8901

于文波	马 健 女	白志强	吕东军	毕英俊	陈 健	李维祥
吴可欢 女	吴 迪	吴起伟 女	张朝晖	张 彧 女	林 源 女	金晓曼 女
赵 琳 女	欧阳蕾	徐忆军 女	钱 浩	桑红梅 女	傅 缨	黄 珂 女
戴 军	唐学基	马 英	李志勇	李军环	林建军	赵 宇
尤 涛	杨永刚					

8902

于 千 女	井敏飞	叶 飞	叶 蕾 女	艾宏波	安维钢	辛小林
谷保文	陈 凯	杨 旻 女	李 伟	张 群	林 萍 女	邵 宁
徐广滨	姬一仕	徐宇甦	高广友	姜 宏	黄志坚	覃艳阳
戚积军	蔡 洁 女	王铸莹 女	杨靳龙	欧华星	樊则森	宋文波
王 鹏	赵 良	郭建青 女				

西安冶金建筑学院 1989 级（1993 届）总图设计和运输专业学生名单

8901

王 昕	王静涛	田护民	孙 宁 女	冯继奎	刘 涌	吕哲军
陈立定	陈金岗	陈 刚	杨 薇 女	李永进	吴海宽	吴起豫 女
张为公	张 韬 女	周爱军 女	易 隽	施袁斌	高 青 女	钟维轩

| 赵　旭 | 黄文利 女 | 曹　月 女 | 衣全然 | 陈永红 | 吴党社 | 林　巍 女 |
| 姚　华 | 温　蕾 女 | | | | | |

8902

王　静 女	王　艺 女	王化雨	王宇宁	齐红红 女	刘　颖	陈亚颖 女
陈汉华	苏中民	陆智刚	谷　峰	迟为民	林进祝	赵　军
徐旻昊	杨　艺	杨秋侠 女	章　良	袁　超	袁智敏	董丕灵 女
彭　宇	傅吉利 女	蒋维超	燕　方	姚峥嵘	李　岩 女	李敏慧
白　旭	李海彬					

西安冶金建筑学院 1989 级（1993 届）城市规划专业学生名单

于　洋 女	王宏钢	王新跃	白　艳 女	宁　波	刘广亭 女	刘向东
邓向明	毕凌岚 女	陈西敏	李小平	严　明	张书俊	段德罡
钟　毅	梁桂敏 女	高　鹏	徐韦凝	笪文宏	黄　昀	迟志武
王文铮	陈友荣	陈　静 女	张晓婷 女	段向军	秦竑轶	李冬梅 女
符　英 女	谭　更 女					

西安冶金建筑学院 1989 级（1994 届）建筑学专业学生名单（四年制转五年制）

尤　涛	杨永刚	李志勇	李军环	林建军	赵　宇	王　鹏
欧华星	赵　良	郭建青 女	樊则森	宋文波	王文铮	陈　静 女
李冬梅 女	段向军	秦竑轶	符　英 女	谭　更 女	张晓婷 女	陈友荣

西安冶金建筑学院 1990 级（1994 届）建筑学专业学生名单

9001

马　红 女	马　英	王少丽 女	王志华 女	王　峥	王　涛	王　磊 女
邓晓青 女	成　晟	刘燕湄 女	杜　松	杨　中	杨伟东	杨恒智
杨雪林	邹　奕 女	肖　泉	李立敏	李峥惠 女	宋功明	宋凌燕
吴南伟 女	易戈兵 女	钟鹏云	姜明强	徐　华 女	袁伟军	索　琳 女
程华为	常　青	吴　昌	郑春霞 女			

9002

王　强	牛　犇	孙科玲 女	关国兵	刘标志	吕　成	陈义忠
陈金广	祁　利 女	杨小刚	肖　婷 女	庞　嵚	李志伟	吴勇坚
季如沧 女	张旭迎 女	张鸿斌	单延辉	范　崧	高雪莉 女	黄　豪
曹永康	喻　敏 女	满春华 女	翟利群 女	潘　竞 女	魏　淼 女	褚　彬
张　瑜	王　蕾 女	马向阳	国　宁	苗克力		

西安冶金建筑学院 1990 级（1994 届）总图设计和运输专业学生名单

9001

王恩东	王艳红 女	田江涛	田永春	史本照	甘清明	刘　铮 女
刘信凌	陈中燕 女	陈俊武	杜学军	李　丹	李　芳 女	李永东
李家杰	吴林锋	吴燕青	连　荔 女	张　娟 女	张敬春	郑养俊
郝必传	鄗广敏	徐春萍 女	唐　晖	高建军	顾洪宇	董泽际
雷向阳	奚　艳 女					

9002

卫鹏晋 女	卫 蔚 女	王天辉	王存立	马 菁	毛 磊	卢 伟
卯向东	刘文明	刘焕然	刘 瑛 女	乔振广	杨 平 女	李洪生
李 峰	李 琦	张 炜	张 涛	张 越 女	周朝元	赵孝勇
赵 梅 女	郭宏亮	姜卫国	韩明清	钱 锡 女	常国祥	焦提芹 女
潘 辉 女						

9003

王国祥	马广霞 女	马佳丽 女	马 辉	孙小飞	区士颀	朱 弛
朱常慎 女	向国防	杨福玉	李务春	李 钢	李 联	汪 斌
阮华曦	孟庆华 女	吴 昆	庞浩凌	邵 峰	张 健	张 捷
周治婷 女	周敏华 女	赵同哲	姚 敏	聂 伟	鲁建民	鲁谨薇 女
韩永福						

西安冶金建筑学院 1990 级（1994 届）城市规划专业学生名单

王 烨 女	白惠亭	田 光	刘建平	陈贤友	权亚玲 女	杨洪福
李彦博	纳剑峰	张丽芬 女	张轶群	张 宽 女	周韫伟	钟致远
郭立德	徐茂栋	谢小强	薛 聪	蔡建红	王少伟	韩晓莉 女
贺 勇	朱元友	文航舰	李 芳 女	刘志鸿		

西安冶金建筑学院 1990 级（1995 届）建筑学专业学生名单（四年制转五年制）

王少丽 女	刘燕湄 女	杜 松	王 磊 女	李立敏 女	宋功明	姜明强
常 青	刘志鸿	蔡建红	王少伟	徐宝瑞 女	郑春霞 女	张 奕 女
牛 犇	吕 成	季如滟 女	范 菘	曹永康	喻 敏 女	魏 森 女
褚 彬 女	韩晓莉 女	贺 勇	朱元友	文航舰	邵 宁	成 晟
李 芳 女						

西安冶金建筑学院 1991 级（1996 届）建筑学专业学生名单

9101

丁 麾	王 栋	王世红 女	王志豪	王家倩 女	毛 锴	尤师明
石雅斌	卢端敏	孙海英 女	吕建和	陈 曦 女	庄能强	杜晓荣
李劲松 女	李初晓	李武宜	苏 堤 女	吴 镝	张 莉 女	郑广伟
胡文楠 女	赵健鹏	钟大鹏	洪 波	郭文慧 女	姜 征 女	唐 宇 女
黄海鹰	谢 立	管 鹏				

9102

丁守斌	王 毅	孙晓玲 女	齐海立	齐勇新	朱景清	刘 怡 女
刘 蓉 女	刘宏民	许延丰	庄 多	杨 芳 女	李 斌	李筌宏
吴西原	邹 迪 女	张 勇	张秀萍 女	胡勤勇	俞林霞 女	郝宏伟
秋 韬	徐 宁	徐 梅 女	徐江涓 女	秦 丽 女	倪学英 女	章迎庆
蒋 颖	雷 涛 女	樊淳飞	许东明			

西安冶金建筑学院 1991 级（1995 届）总图设计和运输专业学生名单

9101

王少峰	毛 灿	孙洪庆	安纯领	司利旋 女	阎鸿翔 女	朱力鹏

刘 勇	刘长清	陈乃枫	陈小华 女	沈长苏	吴保军	陆 勇
张 戈	张红叶 女	周 明	范世杰 女	宗立达 女	郭 海	侯兵田
徐文华	唐朝贤	高 鸿	梁中军	黄乐明	董 明	董 晖
程景云	颜艳芳 女	王宏东				

9102

王守伟	王志平	王建锋	邓 军	孙 越 女	孙先辉	安红旗
刘禹新	陈 波 女	陈东平	沈学强	李 娟 女	李 峰	李宝清
何仲珩	宋希灵	张 晋	张 莉 女	张国栋	罗 彬	牧 彤
胡功臣	段睿君 女	侯广丰	郎建文 女	骆升联	凌鹤鸣	葛建青
彭 兢 女	燕 芳 女	孟召陟				

西安冶金建筑学院 1991 级（1995 届）城市规划专业学生名单

门周生	王 芳 女	王 威 女	王 莹 女	王洪福	王雪峰	刘艳惠 女
陈 杲	陈并蓉 女	陈紫阳	余建林	李忠淑 女	李胜徽	何 宁 女
苏尔军	宋 颖 女	孟永平	张建云	张惠峰	周 晖	岳邦瑞
苟开刚	侯益民	唐俊平	高 岱 女	黄忠平	崔 哲 女	谭克修

西安冶金建筑学院 1992 级（1997 届）建筑学专业学生名单

9201

丁云征	王玉虎	王省达	王焱炜	王瑜娜 女	朱 健	刘 华
刘智彦 女	刘晓丹	刘 铿	刘清瑜 女	陈志军	陈雪荣	陈朝婕 女
程长宜 女	程 蕾 女	杨 杰	杨 韬	张文波	宁英杰	范文利
宫兴梅 女	姜宝杰 女	姜晓刚	赵智勇	顾逸娜 女	聂永志	谢文俊
熊世春	谭力骏	黎 宁	魏 秦 女			

9202

刁 黎	马 进	王 凌	王 健 女	邓少军	白 宁 女	刘 华
李海英 女	李 彪	何征字	金 云 女	张剑光	欧阳勇	赵友汇
赵 昕	侯 勇	姚大鹏	俞 虎	洪 菲 女	唐 皓	唐武胜
袁大勇	黄亚芳 女	崔志鹏	笪 巍	傅长宏	魏新奇	苟元哲
李 南 女						

西安冶金建筑学院 1992 级（1996 届）总图设计与交通运输专业学生名单

9201

弓建峰	王 峰	王 健	王林海	王秀峰	朱 奇	刘 目
陈 光 女	江 军	李 喆	李云铭	李 群 女	吴永红	杨春苗
杨必云	杨荣军	迟树林	周安建	张 睿	徐月英 女	徐小燕 女
侯新峰	姬 霖 女	郭剑辉 女	黄炜萍 女	贾红岩	贾党辉	曹春来
蒋 蓉 女	曾 怡 女	魏红梅 女	魏亚州	刘国强		

9202

丁 威	王 忠	仇东东	尹 梅 女	尹晓颖 女	付 君 女	吕 涛
李 景 女	李建军	刘朝阳	池龙伟	邸 飞 女	宋子明	张欣洋
张晓平 女	张 诚 女	周明国	周志华	周继伟	易 雄	胡 敏
胡蔓宁 女	郭智勇	杨迎旭	赵献卫	梁丽君	戚 斌	黄士永
黄海华	董 虎	谢祥根	林宇凡 女	马 涛	王 峰	

西安冶金建筑学院 1992 级（1996 届）城市规划专业学生名单

马爱明	王桂艳 女	王晓莉 女	王新荣	刘广亮	米晓琳	任小蒨 女
江溱 女	陈元稔	陈春火	孙鹏德	李文东	李昊	杨威 女
杨敏	张永杰 女	钟威 女	秋东明	胡德荣	徐新光	徐颖 女
黄艳杰 女	崔昆仑	常海青 女	谢琢	曾庆勇	靖斌	王峰
王雪涛						

西安冶金建筑学院 1993 级（1998 届）建筑学专业学生名单

9301

马颖 女	马义兰 女	王皓	王洪涛	石潘	史晓川	刘梅 女
刘宏韬	李东	李源	陈景衡 女	杨菁 女	杨学鲁	沈长虹
张珂	张菡 女	张舜	张秀君 女	张凯宇	郑冬铸	武浩杰
屈雪妍 女	徐秦碧	黄欢	雷旭超	虞勇斌	漆彦	潘智 女
李林						

9302

丁凡	王琪	王立楠	王自若	付小飞	朱达莎 女	朱城琪 女
刘芹 女	刘冰冰 女	刘航 女	刘雯 女	许磴铭	李文玉	李志兴
杨云航	宋淑明	张璐 女	张海建	张锐刚	陈起贤	里琰
周小吴	周云 女	赵海东	钮冰 女	姜义	姚肖东 女	倪斌
蔡昕 女	樊可	张华				

9303

于萍 女	王毅展	石瑞霖	刘斌	李亮 女	李晟	李奥励 女
陈琦	张赟	苟元立	单延蓉 女	尚荔 女	赵瑜	高燕 女
曹杰勇	黄方	黄威	程光	谭琛琛	雷刚	谭娟 女
范辉 女	高红 女	黄丽丽 女	雷金鹏	佟磊	李莹 女	王峰
吴静 女	张羿	王舟峰	范建博			

9304

王博	王澜	王凤仪 女	壬黎囡 女	刘昆 女	刘志宏 女	李莉 女
李晓荣 女	杨靖 女	杨磊	张华	张群	张婷 女	陈黎 女
武岗	范俊才	周勇	周康	周学雷	郑世伟	房静潇
荆红娟 女	俞锋	高勇	高凌湘 女	党宏伟	崔安 女	程志凯
雷加	雷斌	陈星瑜 女				

西安冶金建筑学院 1993 级（1997 届）总图设计与交通运输专业学生名单

9301

于海成	王亮 女	王智平	王慧智	叶文坚	史东瑞 女	朱三东
全星云	刘伟峰	刘芳	苏鸿翎 女	李林 女	李论	杨志宏
杨海东	吴昊	吴运娟 女	张金权	张哲敏	陈刚	陈剑军
陈新连	赵东	赵斌	姜军海	宫殿海	唐正	梅荣斌
谢明锋	薛兴凯					

9302

丁震 女	马强	王发田	王利娜 女	邓祖平	孔凡星	史震虎

付大勇	白晓军	吕启源	任　刚	刘建军	李　波	吴　冬
张立志	张华伟	陈　科	陈　莉女	陆　雪女	罗建阳	郑朝霞女
赵　杰	赵豫峰	胡跃升	贺顺荣	袁晓东	柴国荣	章志刚
舒拥军	翟中群女					

9303

王　健	王　琰女	王亚铃女	卢朝辉	田连生	关丽丽女	池秀静女
邢　倩女	孙燕平女	陈　准	余贻春	李　锐女	李军霞女	张俊杰
汪艳蓓女	林　强	郁　坚	胡　玮女	赵礼卫	秦晓霞女	韩昌岩
韩海峰	蔡怡晓	魏可欣女	王小丽女	田　磊	邵小东	李　宁
任　浩						

西安冶金建筑学院 1993 级（1998 届）城市规划专业学生名单

王　慧女	王　巍女	王树声	白瑞华女	朱国伟	刘育红女	孙洪涛女
吴左宾	吴豪光	何林泰	邹华钧	宋鸿哲	张　延	张　翔
张宏波女	张烨光	陈　星女	邵丽雯女	赵　阳女	赵文强	郭　炜
郭荣凯	崔　哲	葛　蕾女	彭　澎	韩　冰女	童忠孝	曾　靖
喜旭芳	揭　涌	廖　旭女	吕育红			

西安建筑科技大学 1994 级（1999 届）建筑学专业学生名单

9401

丁　帅	王登悦	王　昉	王小平	马　岗	元秋英女	孔　煜
史珂娟女	朱燕亚女	刘　伟	刘鼎纳女	许荣涛	陈海浪	杨鸿霞女
李　军	李　强	辛　华女	宋明奇	孟　缋	张　芳女	郑　茂
胡　斌	赵霁欣女	徐晓霞女	顾　薇女	黄杰勇	曹东伟	董晓龙
霍明凯	薄鹏鹏	陈　黎女	李　琳女	王　皓		

9402

万　宁女	王　敏女	王雪松	王　琰女	申　毅	朱　江	刘宇彤
巩　霞女	杨正光	李印卯	李　伟	李　琬女	李曙婷女	李　铭
何　峰	吴　蔚女	辛江莲女	张映涛	周红蕊女	周　昆	杭黎明
赵　健女	段颖恒	郭志宏	唐　嗥	党晓峰	萧　川	翟斌庆
张　华	房静萧女	刘鹍鹏	程　倩	李原俊		

西安建筑科技大学 1994 级（1998 届）总图设计与运输工程专业学生名单

9401

王有为	王英建	王砚彬	王　庄	王小莉女	王金英女	孙晓明
刘永辉	刘杨龙	陈美孙	陈少加	李为国	李志峰	肖爱民女
杨学春	杨卫兵	杨晓军	张秋花女	张蓓仙女	张文侠女	徐　涵
段秀丽女	贾宏宇	贾及鹏	商剑波	董贾云	游　斌	蔺勤生
潘运章	林　强	郁春玲女	李文杰	袁世让		

9402

于洪强	王仁宝	王　锋	牛丽英女	申丽霞女	冯　宁女	陈利华
宋卫鸿	杨焱磊	沈　础	肖　波	李　强	李筱曼女	李　蓓女
吴京城	时绍辉	张　勇	林学军	周双年	周云科	郑　凡女

| 陶 攀 | 梁 勇 | 覃国添 | 韩昌岩留 | 韩 英女 | 甄建超 | 裴铭涛 |
| 薛琼梅女 | 魏 哲 | | | | | |

西安建筑科技大学1994级（1999届）城市规划专业学生名单

丁大伟	王陆琰女	孙 立	孙守育	闫学东	权 莹女	刘海龙
许雪江	陈云凌女	杨 军	杨式琳女	李金龙	江新勇	吴天谋
吴 智	张荣宣	张 凌	张 迪女	张 琦	林 欣女	罗 毅
金东来	郑 涛	姜洪萍女	耿 弘	贾丽奇女	龚 磊	戚路辉
温建霞女	樊 倩女					

西安建筑科技大学1995级（2000届）建筑学专业学生名单

注：1995、1996、1997年建筑学专业与城市规划专业施行大类招生计划，故此名单中未显示城市规划专业学生名单

9501

王 涛	王叶雄	王 鑫	王代赟	王 非	宁文峰	白 磊
刘亚南女	李 华女	李 萱女	尹 超	张文进女	张 宇	陈黎明
陈 璐女	杨大龙	李 宸	杨晋凯	周 皓女	林俊强	罗 剑
胡庆荣	胡海涛	倪 弘	赵明利	赵 睿女	贾少锋	黄 刚
薛 艳女	魏 苑女	穆 钧	周学雷			

9502

万 雪女	王朝阳女	王 震女	王小凡女	史沛试	孔令东	孙 静女
刘志斌	刘 超	杨育杰	李长江	严 虹女	张 垚	张 炜
郑 飞	周林青女	周 琦	胡 婕女	赵雪亮	柴永昌	郭 勇
唐河福	唐登红	黄毓辉	崔 东	曾 静女	雷 刚	薛 军
魏恺翔	池顺姬女	吴 智				

9503

马旭丽女	马 延	王 蕾女	王金波	王月英女	白植雷	史 锋
朱小平	陈 军	陈 莉女	冯小学女	李育军	李 凡	宋国鸿
杜宝山	吴 峰	祁 洁女	张慕颖女	周 薇女	赵 宏	种小毛
郭宏光	姜兴兴	袁王科夫	高永欣	高 路女	蒋成钢	董晓霞女
傅兴锋	雷金鹏					

9504

王玉婷女	王 琳女	王 涛	王 敏女	冯轶文	向庆滨	乔雪松
刘 睿	刘 浩女	刘雪梅女	陈 茜女	仲利强	李 亮	杨 超
吴卫华	吴 斌	吴 凯	张 灯	郑 超	郑 进	郭 嘉
胡伟国	姜 宁	柯 宇	高俊峰	袁轶海	袁志宏	贾 超
夏 斌	夏 炜	韩小荣	熊 珍女	薛 琨女	申 毅	王彤亮
邱 竞	师 罡					

西安建筑科技大学1995级（1999届）总图设计与运输工程专业学生名单

9501

王金荣女	王 涛	王广震	王亚军	尹力军	田清浩	任 杰
刘 军	牟 劼女	杨冠华	李红涛	李 骊女	吴德成	佟 庆女
何金光	张 谦	张卫锋	罗 博	周生旺	赵 辉	赵 澍

| 程 婕 | 郝国华 | 姜敬莹 女 | 高 渊 | 曹云莉 女 | 曾友林 | 疏义胜 |
| 蒋永林 | 景 敏 | | | | | |

9502

王卫雷	王甜甜 女	王菊萍 女	皮凤梅 女	史永强	刘文麒	刘 巍
刘飞海	刘 磊	冯 凯	陈 霞 女	陈 平	闫鸿静 女	闫月艳 女
杨启哲	肖 勇	沈爱华 女	吴耀懿	李富兴	李治国	李 明
林国迁	张 勇	张孟瑜	张特纳 女	钟凌云	郭香妍 女	唐志辉
唐远刚	常 辉 女	付 鹏	郭 欣			

西安建筑科技大学 1996 级（2001 届）建筑学专业学生名单

9601

马 鹏	王 岚 女	王 慧 女	王学兰 女	刘 雷	刘人豪	刘海鉴
任延凯	李炎晨	巩 磊 女	张 茹 女	张 力	陈 惠 女	陈 静
杨 磊 女	杨 钊	杨 明	杨 铮 女	林 浩	林 海	郑郁郁
赵东隅	屈 伸	周文秀	党 瑞 女	徐 骥	郭 杰	龚 娅 女
蔡 欣	类廷辉 女	蔺晓瑞	魏 星			

9602

王 琦	王 可	王 超	王力岩	王丽娟 女	王宇非	尹宇波
刘宇乔	李 斌	李 茜 女	闫 妮 女	张 皓	张 博	张卫昱
陈泳全	陈 蕊 女	沈晓琳 女	沈菲力	杨 桦	杨照华	胡 珊
徐 铮	郭建琳 女	莫俊琦	寇志荣 女	黄 鑫 女	黄国磊	龚 进
钱 坤	高 博	聂 菲 女				

9603

于 丁	马欣涛	王 萌 女	王 欣 女	王 琛 女	白 冰	孙 丹 女
安 娴 女	李 杨	孟 强	吴忆凡 女	吴伟权	芒 涛	何继红
张 峰	张 强	张锦荣	杨海波	杨小东	林 杨	赵莹玉 女
洪亘伟	徐伟楠 女	顾 荃	贾天乐	董 栋	程华锋	曹 璐
蔡 蕾 女	薛浩波					

西安建筑科技大学 1996 级（2000 届）总图设计与运输工程专业学生名单

9601

王渊文	王玉春	王卫航	牛大庆	孙书周	齐海娟 女	刘 吉
刘红霞 女	李 旭	吕 娟 女	张 建	张 望	张瑞平	张小江
陈 洁 女	杨 峰	金 霞 女	周 光	范才响	钟大尊	赵 捷 女
高 治	夏继星	崔云兰 女	游强盛	黄嘉颖 女	黄毓民	梁 璟
董向锋	薛 锋					

9602

王 炜 女	王海涛	王元元	田文光	史瑞麟	刘立艳 女	刘家文
刘治宗	李 勇	李晓航	朱艳丽 女	陈靖宇	陈丽华 女	严意军
张 辉	张 鑫 女	张春山	林玉春 女	杨永锋	杨琰锋	赵 侠
徐胜兵	傀 韬	贾 冰	黄 睿	黄静姝 女	常毅敏 女	韩林刚
褚 敏 女	蔡 强	魏 伟				

西安建筑科技大学 1996 级（2000 届）环境艺术专业学生名单

王海涛	邓乃郁 女	李 青 女	刘 可	刘晨晨 女	苏华坚	邵 山
张 汀	张 翼	张艺凡 女	林 彬	吴 婷 女	吴宝娜 女	周 凯
封伟娟 女	黄姗姗 女	梁春苗 女	韩 越	曹晓宇	白 莹 女	

西安建筑科技大学 1997 级（2002 届）建筑学专业学生名单

9701

万 晔 女	尹铮一	王 玫 女	王 渊 女	艾迪航	午 宇	李 正
史秋实	李晓江 女	李大为	宋 皓	申东斌	狄 明	江 蓝 女
林青存	刘 磊	周长安	徐 旸	赵 政	赵 颖	赵 凯
张 峰	张小金	郭燕玲 女	曹宁毅	潘颖岩 女	顾中华 女	梁朝炜
浦 敏 女	鲁 骏	于 丁				

9702

于东治	王 颢	王 磊	王亚峰	牛瑞玲 女	王兆宗	石 亮
李 朝 女	李婧玲 女	李 锋	余 鹭	朱莉霞 女	张 舟	张 洁 女
沈俊超	陈伯康	郑 炜	郑俊峰	胡庆山	段玮娜 女	赵沁芳 女
高 峰	黄云涛	徐 滢 女	席 侃	殷 雷	薛 挺	谢 芳 女
魏 伟	赵一盟	肇羚翕 女				

9703

王量量	王晓宇 女	王玮琳 女	白 晨 女	李国涛	余 楠	余 哲
张 目	张翼鹏	张凌彦	刘 铭	刘嘉嘉	陈 轶	陈 凡
陈 超	冯新刚	岳 巍	邵金雁 女	武 毅	原 媛 女	郭捷捷 女
黄笃熙	姜 鹏	温海涛	侯锡燕 女	潘智伟	王 威	胡 洋

西安建筑科技大学 1997 级（2001 届）总图设计与运输工程专业学生名单

9701

弓占军	王 炜	王新辉	龙 杰	邝英武	安 宁	许 磊
李 霞 女	程 燕 女	肖 蓉 女	尚国普	吴泽聪	吴昌义	陈陆一
陈 蕾 女	陈钦水	徐 广	刘成亮	杨丽筠 女	周文竹 女	赵新锋
邹 华	黄昌平	高 娟 女	郭 非	顾 敏	顾连胜	郝 敏 女
楼子泉	窦楷利 女	弓红卫				

9702

王望齐 女	王海峰	王家顺	李 峰	李 华	李龙奇	李志荣
李辰峰	孙胜忠	杜慧英 女	杜立军	卢文增	吕秀娟 女	许礼宾
朱沛荣	何叶频 女	易世友	刘 备	刘春英 女	刘亚宇	陈 锐
邵守团	张 莹 女	郭海波	张敏霞 女	侯宝永	程习敖	蔡 飞
董 欣 女	韦思强					

西安建筑科技大学 1997 级（2001 届）环境艺术专业学生名单

王 凛	王晓真 女	李 涛	李 佳 女	李 黎 女	李建勇	汪 洋

刘晓光　　　　陈　曦 女　　　周　旭 女　　　张　翼　　　　邵风瑞　　　　赵思嘉　　　　赵红莉 女
景　哲　　　　海继平　　　　韩凝玉 女　　　樊　臻 女

西安建筑科技大学1998级（2003届）建筑学专业学生名单

9801

马　珂 女　　　王　炜　　　　王　蕾 女　　　王　芳 女　　　王景新　　　　王晓静　　　　李　睿
李　勤 女　　　李慧芬 女　　　刘　贺　　　　宋国君　　　　张　颜 女　　　张　萌 女　　　张　婧 女
张秋皇　　　　赵　博　　　　赵长青　　　　屈　鸿　　　　周　焕 女　　　崔　明 女　　　娄蒙莎 女
唐　博　　　　黄亚鸣 女　　　贺　静 女　　　贺文敏 女　　　翟志锋　　　　谢　晖 女　　　鲍　力
魏日虎　　　　樊玉茜 女　　　王　燕 女　　　郑子丰　　　　薛　挺

9802

马天翼　　　　王　欣　　　　王　凯　　　　王　钧　　　　王国栋　　　　李明山　　　　方永刚
白　岩 女　　　白颜滨　　　　刘　卓 女　　　吕　琳 女　　　张　欣　　　　张丽娜 女　　　杨　旸
赵　伟　　　　顾中华　　　　赵伟霞 女　　　林　红 女　　　林李莉 女　　　胡爱华 女　　　邵　晗
崔月婷 女　　　韩　晔 女　　　童　敏 女　　　唐晓华 女　　　姬云岭 女　　　梁　影 女　　　谢　凯
谢婉琳 女　　　滕　旭 女　　　李　博　　　　肖　征　　　　魏　伟　　　　赵　卿

西安建筑科技大学1998级（2003届）城市规划专业学生名单

丁少莉 女　　　王　琛 女　　　尹晓丽 女　　　卢　涛　　　　石若林　　　　孙　婷 女　　　李荣书
刘　翔　　　　刘　涛　　　　刘　俊　　　　刘　星　　　　刘　洋　　　　刘海明　　　　刘忠刚
朱　哲　　　　何　疆　　　　邱惠斌 女　　　陈尚总　　　　陈清鋆　　　　金庆庆　　　　卓　佳 女
邹亦凡 女　　　赵　毅　　　　周　鹏　　　　徐　龙　　　　徐中凡　　　　钱广祺　　　　谢水木
谢秉宏　　　　彭　浩　　　　王　博　　　　申东斌 女　　　姜　鹏

西安建筑科技大学1998级（2002届）环境艺术专业学生名单

吕　璐 女　　　牟方毅　　　　景　蛰　　　　白　骅　　　　翟玉兰 女　　　牟　琳 女　　　王　薇 女
陈晓育 女　　　翟剑敏 女　　　张　侃　　　　张　媛 女　　　金园园 女　　　殷春红　　　　陈军石
侯寅峰 女　　　李　燕 女　　　刘　褆 女　　　王紫微 女　　　赵　斑 女　　　李顺恩 女　　　吕　茵
茜　斐 女　　　延　文　　　　李　涛　　　　于　超　　　　马　林 女　　　李　斌　　　　王婷婷 女
闫　薇 女　　　王文卓 女　　　付　强　　　　刘智磊

西安建筑科技大学1999级（2004届）建筑学专业学生名单

9901

方　伟　　　　王　谦　　　　王　越　　　　王菲菲 女　　　尹　臻　　　　司　路 女　　　刘　晓
刘　涵 女　　　刘菁华 女　　　杜清华 女　　　杨　华　　　　杨朝睿　　　　张　华　　　　张　哲
张　燕 女　　　张汝冰 女　　　林方婵　　　　赵　英 女　　　倪　微 女　　　周思宇　　　　周鑫立 女
段　巍　　　　高　歌　　　　高　鹏　　　　高姗姗 女　　　程　勇　　　　梁　林　　　　蔡忠原
薛　融 女　　　薛　瑜 女　　　李　博　　　　宋利伟　　　　李　睿

9902

邓　蕾 女　　　王　琦 女　　　王美子 女　　　王波峰　　　　王桂恒　　　　史利剑　　　　白现才
李　峥　　　　李　川　　　　任腾飞　　　　邢　超　　　　刘　菲 女　　　刘宏玮　　　　吴　躁 女
金海鹰 女　　　陈俊良　　　　陈兴刚　　　　张　雷　　　　张旖旎 女　　　赵　璐 女　　　徐　睿
周　扬 女　　　范静瑾 女　　　袁　媛 女　　　韩育丹 女　　　曹　睿 女　　　惠　璐 女　　　路　媛 女
翟　翔　　　　戴　静 女　　　方永刚　　　　李士富　　　　王景欣

9903

王 璐 女	王 芳 女	边国强	石 媛 女	孙自然 女	孙大鹏	白玎玎 女
李 琦	刘 刚	毕岳菁 女	刘 莹 女	刘婷婷 女	陈 曦 女	陈 聪
陈 楠	张 杰 女	张金星	辛 潇 女	孟 艺	赵 明	徐 艳 女
周 源	段 薇 女	唐文婷 女	姜 黎 女	袁任忠	章 恺	韩丽冰 女
董 静 女	熊碧峰	李 强	王世礼			

西安建筑科技大学 1999 级（2004 届）城市规划专业学生名单

王 姗 女	王帮凤 女	皮 浩	史文正	孙 菲 女	孙雪茹 女	孙军华 女
田金林	李晓玫 女	朴 浩	刘 睿	刘 健	刘黄丁	宋 平
陈庚新	张晓荣 女	张琳琳 女	杨 辉	杨 超	邸 玮 女	赵 敏
郑海龙	易 俊	徐 岚 女	郭 鹏	高 岳	黄 欣 女	陶 涛
秦 雨	鲁长亮					

西安建筑科技大学 2000 级（2005 届）建筑学专业学生名单

0001

王 冲	王 源 女	王 剑	王成龙	刘晓雯 女	杨晶晶 女	苏 嶂
李向红	李苗苗 女	余 彬	张 维	张文博	武 琛 女	赵晶鑫
赵 辉	赵晨光	胡鼎宗	段亚丽 女	姜 元	秦金辉	徐 洋 女
闫 涛	黄 莹 女	程梦洁 女	雷 妍 女	鲍茂超	翟 彬	薄光剑
魏 葳 女	阎福辉	王 乐 女				

0002

马 剑	王 力	王 华	王 瑞 女	王 佳	王岚兮 女	车 通
田 申	田裴裴 女	刘小燕 女	刘姗姗 女	李国平	李海涛	李 姝
吴国营	吴智伟	何 晶 女	宋 明 女	宋雷鹏	张 磊	陈 敬
肖 波	林 洋	孟晶泉	胡 毅	柳 巍	贺海龙	梅 杨
董 睿 女	樊 荣 女	吴媛媛 女				

0003

马宏超	马建昆	于 梅 女	王 青 女	王 蕊 女	孔 锐	冯小飞
邢 琨	成 辉 女	朱 婧 女	刘宗刚	孙小平 女	孙永宏	李 婷 女
李 欣	杨 梅 女	汪晓慧 女	张叶冰 女	白 雪 女	陈 乐	安 娜 女
赵 磊	赵毅恒	施家鑫	高 磊	桑朝辉	崔东阳 女	覃夷简
樊 敏	王永利					

西安建筑科技大学 2000 级（2005 届）城市规划专业学生名单

马 琰 女	石 秦 女	石会娟 女	卢 嘉	权 平	闫景颖 女	陈 楠 女
杨佩燊	吴昱涵 女	李 冰	杜 鑫 女	张 虎	张 薇 女	张晓磊
苗 沛	周曙光	赵 艳 女	段 坤	徐文玉 女	高 岩	郭建梁
崔 哲	崔丽娜	戚子鑫	韩 斌	窦 术	王若宇	李 孜 女
李 鸣	刘伟奇	史文正	田金林			

西安建筑科技大学 2001 级（2006 届）建筑学专业学生名单

0101

白 卓	曹中玫 女	崔陇鹏	杜屹崑	黄有曦	江素娜 女	李 靓 女

李慧敏 女	李 冬	李 薇 女	梁 伟	林 磊	凌 冰 女	刘云辉
祁艳梅 女	宋 婕 女	王 义	吴 迪	曾英音 女	翟世林	张 昆
张丽欣 女	赵淑媛 女	赵 晔	郑 齐 女	朱印刚	祝 凯	王 磊
杨晓玫 女	王 楠 女	赵毅恒	李 欣	冯小飞	马成俊	殷俊峰

0102

安 磊	邓廷页	冯 青 女	高 婧 女	郭大伟	韩亚兰 女	胡宏伟
惠乐斌 女	刘 瑞 女	刘 彬	麻 旭	穆卫强	乔 磊	宋 戈
宋 巍	苏 静 女	苏 蓉 女	王玉洁 女	吴 淼	辛 欣 女	张 涛
周筱然 女	刘 嘉 女	郭丽杰 女	李璐璐 女	陈 琰	肖会子 女	蒲禹君
王 枫 女	于 铮 女	乔 琳 女	刘小燕	徐 昕	徐亚楠	

0103

白 鹿 女	丁 洁 女	丁一平 女	范 敏 女	高 恺	郭 凡	胡文佳
韩旭涛	郝婧丽 女	黄旭升	金 音 女	贾凤岭 女	焦 堃	靳 迪 女
靳树春	雷明拯 女	李笑非	李仲华	路轶轩 女	马 玥 女	潘 吉
谭 雯 女	汪 璟 女	阎 飞	杨 锋	张小芊 女	张 湛	周力坦
朱益民	杜 乐	燕 强	潘 婷 女	苏 亮	孟晶泉	

西安建筑科技大学 2001 级（2006 届）城市规划专业学生名单

0101

陈 飞	陈一波 女	董 静 女	樊 珦	高 峰	姬晓龙	冀婷婷 女
李风芹 女	刘 栋	刘 伟	孟江平	孙超锋	孙 晟	王 奎
魏小晓	阎 照 女	杨 静 女	姚 俊 女	张瑞荣	张 轩	朱闫丽
徐亚杰	刘妍妍 女	马智远	周玲娟 女	孟繁之	尹维娜 女	赵玲玲 女
赵 艳	权 平	徐亚楠				

0102

陈 晨	郝春艳	洪福照 女	胡 扬	江伊婷 女	李雪萍 女	李振华 女
潘 昆 女	潘 杰	沈雅美 女	王 怀	吴 昊	谢 静 女	杨 翔
杨一梅 女	姚 鹏 女	张 捷	张雯怡 女	郑晓伟	李 珈	樊雅江 女
周志菲 女	权 瑾 女	尹佳佳 女	时 峰	王 瑾 女	张智妮 女	姜 球
赵勇强						

西安建筑科技大学 2002 级（2007 届）建筑学专业学生名单

0201

尹旭东	王 刚	王 彪	王 莹 女	王晋华 女	刘 宁	刘 波 女
刘明辉	刘雨夏	阮 云 女	余虹颉 女	张 博	张 磊	张凌霄
李 娜 女	李 鹏	李 栋	邹志维	陈义瑭 女	周 琳 女	郑 屹
姚 璐 女	段卉冬 女	赵洁青 女	党 音 女	姬 涛	高佳卉 女	黄 冬
董一龙	翟晓莹 女	魏 毓 女	刘 欣			

0202

井亚蕾	孔繁锦	王 佳 女	王 莹 女	任文玲 女	刘 洁 女	刘国瑞
成 莹 女	余长霞	吴 瑞	吴界纬	吴舒琳 女	张 良	张 俊
张 婧 女	张婷婷 女	李 景	李照东	杜 菲 女	杨 琳	陈雅妮 女

周庆松	周海荣	庞 蕊 女	苟攀登	姚 渊 女	茹 珂	徐康军
常 春	谢 洋 女	彭 亮	曹 龙	杜 恺		

0203

王 东	王毛真 女	王如潮	王若为 女	冯 洁 女	冯雪霏 女	任育国
刘 越	刘奚青 女	朱霄竹 女	闫文秀 女	吴 扬	吴京燕 女	张 弛
张红红 女	张忠臣	李津民	杨 扬 女	苏 静 女	苏占广	陈 昊
罗 琳 女	郭媛媛 女	高建华	崔永权	黄 芳 女	龚少飞	温 凯
韩 冰 女	鲁 旭	胡 冰 女	潘卫淘			

西安建筑科技大学 2002 级（2007 届）城市规划专业学生名单

0201

于 佳 女	王 军	王 晶	韦桠峰	石聪慧 女	刘 坤	吕 强
吕春旭	孙若兰 女	孙美静 女	闫 雯 女	何凌华 女	宋夏晖	张 珊 女
张 倩 女	李 静 女	李小龙	陈诗莺 女	郑 植	荣光远 女	郝 伟
徐慧君 女	袁 浩	高 鑫 女	常伟峰	黄宏军	敬 博	温 湲 女
蔡征辉	王 宇	高文龙				

0202

王 迪 女	王英行	史杰楠	白 钰 女	刘丽娟 女	刘青松	刘继强
吕云英 女	孙英良	汤玉雯 女	张 毅	张净超	李丽伟 女	李妍超 女
李祎梅 女	杨一浏	杨子鹏	陈 静 女	陈健斌	和 苗 女	林 燕 女
郑 微 女	项 顿 女	耿 磊	钱贵宽	康晓旭	温亚沙 女	薛珺华
郭毅恒	向 宇	佟天扬	杨正道			

西安建筑科技大学 2003 级（2008 届）建筑学专业学生名单

0301

王铭谡	王 磊	白 杨 女	刘 智	孙 斌	齐 欣 女	张 怡
张 璐 女	李卫龙	李荫楠	李 娟 女	李 博	杜 捷	杨玉磊 女
邹苏婷 女	陈东毅	陈 潜	周永昊	周 昱 女	罗葆滢 女	侯 青
徐牧野	郭子凌 女	高 伟	崔 彦 女	龚 坚	粟舟舟	韩 岗
颜 培 女	戴靓华 女	程 明	张 豪 女	郭珊珊 女	史香丽 女	顾思思 女

0302

丁佳瑞 女	王 戎 女	王 音 女	邓如意	卢 敏 女	关 迪 女	刘 柯 女
宋 宁	张 宁 女	张 挺	李 仌	李龙彪	李伟光	李 博
陈景冲	陈 曦 女	林 瑞 女	徐 心	殷 军	涂雅明	郭沐周
郭 瑶 女	崔 健	曹 原	曹 峰	缪小威	裴琳娟 女	潘慧羽 女
霍续东	魏 婷 女	刘 坚	王 虹 女	杨 勇	周海荣	周庆松

0303

马进博	尹 乐	王汉奇	王诗惠 女	王 博	卢 昕	任 燕
汤 洋	许 瑛 女	闫 冰 女	闫海娟 女	张亦驰	张 扬 女	张 晶 女
张 雷	李 静 女	杨永宽	杨哲明	苏 夏 女	陈晓虹 女	孟广超
欧阳晶晶 女	姜 超	贾子夫	梁小亮	梁世辉	职 朴	董 荣 女
韩 晶 女	靳斌斌 女	潘姗姗 女	薛欣欣 女	冯有为	戴振宇	张车峰
涂晓阳 女						

西安建筑科技大学 2003 级（2008 届）城市规划专业学生名单

0301

马文卿	马 宁	王 更	王茂霖	王秋月女	王晓东	付胜刚
史晓楠	田 禾	刘 婕女	刘鹏伟	许 盈女	张小雨女	张 莉女
李大智	李文娟女	李 莹女	沈葆菊女	陈 默	官 璇女	赵亚栋
赵 刚	徐欢欢女	高 凡女	梁 武	惠珍珍女	蒋洪彪	蒋 盼
颜 霓女	刘碧滢女	石 硕	蔡立勤	许冬松		

0302

万俊岚女	乌 永	王 阳	王 昊	王玲玲女	王 哲	刘 巍女
吕 庆	张金珊女	李祥超	李 斌	李 晶女	步 茵女	陈 杰
郑自强	段方武	徐 婧女	徐鼎黄	袁永亮	高 洁女	高振宇
彭 方女	曾 琳女	焦 践女	程芳欣女	韩凤伟	樊 佳	薛 晶女
刘 莹女	刘丰源	戴 堃	王 贞女	黄宏军	朱灰焕	

西安建筑科技大学 2004 级（2009 届）建筑学专业学生名单

0401

马 婧女	门小牛	王 玮	王 卓	王新岚女	田 羽女	李文强
刘宇晓女	刘西明	朱 玮女	朱凤超女	刘金睿	宇文娟女	吴冠宇
张 蕊女	张 莹女	张睿君	张禾涵	邱 爽女	吴 磊	赵殿虎
周炳玥	罗也佳	钱 杨	寇俊瑞	黄 彶	梅 川	韩馨梅女
曾保强	葛霄蔓女	魏 青	张 晶女	薛 杲	朱灰焕	

0402

于汶卉女	邓伟涛	王 恒	王晓颖女	许瑞东	李 丹女	李英杰
刘文娟女	刘 洋女	曲 珩女	任 牧女	张大海	何有胜	孟 江
吴艳珊女	杨 光	杨万蕊女	法小春	周煜钊	郝 准	耿 昊
聂 睿女	秦 琛	崔 笛女	韩 熙女	曾文钊	谢徐董	魏海全
薛 婧女	安 坤	高翰文	王 楠女	李 静女		

0403

马 力	王海亮	王 超	王 宇	王 正	王 贺	邓文青女
许玉姣女	田 园女	张国莉女	刘临西	刘守东	李晓晨女	李 崐
李雪姣女	闫 珊女	薛 喆	杨柳青女	范小烨女	张 千	赵 萌女
赵泽宏	赵夏青女	杭 宇	胡小洁女	栗 鹏女	高 翔	蔡伟洁
王瑞鑫	张敏红女	闫 晶女	管 玥女	许 楠		

0404（本硕班）四年制

王盈盈女	王雯婷女	王 蕊女	孙传杰	刘淳熙女	李 蕾女	李伟伟女
吴 迪	张岳锋	张春洋	张 虎	杨 洋女	宋 君女	胡陈杰
郭高亮	郝维平	袁 方女	耿光辉	徐龙涛	詹 凯	李 超

西安建筑科技大学 2004 级（2009 届）城市规划专业学生名单

0401

王 晨	王菁儿女	王 瑞	刘 江	刘威巍女	高 雅女	朱海鹏
李小磊	李潇潇女	李建成	同小峰	成 方女	杨建辉	陈 杰

狄雅蓉 女	张 毅	张家咏	张华静 女	肖 凌 女	何镇文	何 杰
沈 斯	赵颖雯 女	武一锋	姜 岩	侯雅洁 女	曹丽园 女	梁园芳 女
惠晓斐 女	蔡英杰	韩一鸣 女				

0402

马明武	牛亚琳 女	王一帆 女	王 晴 女	孙其川	白东伟 女	李文倩 女
张 岩	刘 巍	刘 明	牟 毫	肖 扬	陈 诚	罗意芳 女
林晓丹 女	赵 璐 女	周卫玉	俞波睿	施 阳	陶永俊	黄亚辉 女
曹慧泉 女	韩光宇	程思远	葛 卓	薛晓妮 女	魏 莹 女	魏小伟
李昕垚 女	石静雅 女	柴全彦	马新龙			

西安建筑科技大学 2005 级（2010 届）建筑学专业学生名单

0501

牛星星	王玉婧 女	王 璐 女	冯文峰	冯 芒	石宇立	刘欢欢 女
刘潇衍 女	刘冀晨	许 洁 女	张 涛	张 彬	张 楠	张 璇
李佳欣 女	李俊超	李 艳	沈文祺	周 瑾 女	林文超	武舒韵
郑婷婷 女	金雪丽	赵紫薇 女	郝 欣 女	徐 飞	袁 方	高心怡
蒲 玮 女	何敏聪	李雅薇 女	钟 蕊 女			

0502

马亚平	王晓锋	贝 宁 女	韦 琳 女	石忞旻 女	任中琦	刘茵钰 女
金 满	孙文昊	孙阳阳	吴 超	李姝婷 女	李 鹏	陈 丹 女
陈俊刚	陈雅兰 女	苗 璇 女	祖浩源	唐 瑭	翁建南	郭天宇
郭 迪	郭 榕 女	商 婵 女	黄 钟	程奕博	程思思 女	窦 巍
颜威扬	韩 濛 女	罗厚安	李小艺 女	吴嘉蒙		

0503

于路路	文琳琪	牛腾飞	王丽阳 女	王杨扬 女	王 青 女	王 莹 女
王 薇 女	龙明星	孙凯库	吴 扬	张宁馨 女	李祥柱	李艳艳 女
李 瑞	李锦龙	杨 挺	杨 铭	邹真云	陈艺文 女	徐佳良
高健雄	黄雅慧 女	焦 燕 女	谢 涵 女	鲁晓凤 女	薛 斐 女	郭 彪
张恒岩	任丙玉 女					

0504（本硕班）四年制

王一乐	王岳锋	龙 艺 女	刘宇航	孙永锦	许国文	何泳泳
何彦刚	张立敏 女	张影鸣	李志荣	李 彬	李 斌	李 蕾
周 靖	侯玉贤 女	徐 畅 女	高 瑞 女	蒋 超	韩 跃	徐 婧 女

西安建筑科技大学 2005 级（2010 届）城市规划专业学生名单

0501

马婷婷 女	王天关	王文娟 女	王 崢	邓若地 女	邓根旺	冯珊珊 女
叶静婕 女	田 玥 女	白一清 女	刘 硕 女	孙 婷 女	汤 圆	吴钰韬
张立夫	张祎然 女	张逸凡	张韵洁 女	李少翀	李 凯	沈 婕 女
陈牡丹 女	屈 雯 女	侯逭闻	姜重霆	徐传俊 女	郭聚乐	高 莉 女
崔丹妮 女	刘福星	付 凯				

0502

亢 契 女	毛宇婕 女	王 迪 女	王绪绪 女	汉鹏辉	刘 斌	刘 慧 女

巩 岳　　　朱 鋈 女　　闫 晶 女　　何京洋　　吴春磊　　宋 薇 女　　张孝开

张译丹 女　　李小锋　　李云翔　　杨 君 女　　杨郑鑫 女　　杨俊瑜 女　　杨 珂 女

苏胜利　　邹涵臣　　武 洁 女　　唐 倩 女　　郭 剑　　雷 祺　　蔡 超

李 婷 女　　张洁璐 女

西安建筑科技大学2006级（2011届）建筑学专业学生名单

0601

马洁芳 女　　王茜婧 女　　邓新梅 女　　卢立桓　　田湘雯 女　　刘镕玮　　刘朦琪

张天琪　　张 珂 女　　张 浩　　张 婧 女　　李 阳　　李雯艳 女　　李路阳

杨 盾　　杨 茹 女　　陆 龙　　周玉龙　　庞 佳 女　　苗 起　　赵 辉

郝 恺　　唐晓光　　郭战新　　钱福兵　　常春阳　　曹丹青　　黄 燕 女

董 亮　　薛皓泽 女　　魏文浩　　杨思然　　雷 暘 女　　王小溪　　张 骁

徐 洋 女　　马 骋　　何木楠

0602

马云鹏　　尤伟阳　　王 丽 女　　王彦芳 女　　邓 宇　　兰 昆　　田彬功

刘卓昊 女　　刘冠男　　刘 晨　　刘 蕾　　刘 璐 女　　张兆翔　　张 希

张思宇　　张 盼　　张 健　　张博强　　张雁飞　　李倩杰　　杜秉汶

沙 海　　陈宇新　　陈斯亮　　林道果　　郑 捷 女　　徐诗伟　　贾一丹 女

黄 菁 女　　蔡眹宣 女　　章晋一 女　　贾少峰　　郭雨宁 女　　闫鹏武　　高 超 女

魏娉婷 女

0603

牛泽文　　王怡琼 女　　王俊博　　王笑南　　王 敏 女　　加亚楠　　白少甫

刘 芳 女　　孙广胜　　朱 波　　许春臣　　何高瀑　　吴 鹏　　张 正

张永九 女　　张岳文　　张耀龙　　李文明　　李 欣 女　　李 俊　　沈 涛

沙 颖 女　　陈文超　　陈鲁明　　呼雪娇 女　　南 楠 女　　韩 乐 女　　韩玮霄

蔡明成　　谭丹萍 女　　张天阳　　刘 胜　　钱科彧　　孙潇轶

0604（本硕班）四年制

王 将　　王 维 女　　叶 巍 女　　甘 超　　田银城　　祁 松　　纪鹏斐

张小玢 女　　张 凯　　张昱超　　张 震　　周 涛　　岳岩敏 女　　侯丛思 女

唐玉娟 女　　郭 娇 女　　康坤哲　　潘正超　　戴常富　　毕 莹 女　　李永智

苏小伟　　马华杰

西安建筑科技大学2006级（2011届）城市规划专业学生名单

0601

亢莉丽 女　　毛 磊　　王辰琛 女　　王 星　　王婧潇 女　　刘鹏飞　　孙宇航

庄洁琼 女　　朱敏维 女　　闫 琨 女　　余 莹　　寿劲松　　张建伟　　张英英

李伟健　　李俊杰　　杨静雅 女　　武思园 女　　罗正燕 女　　郑瑞婷 女　　赵鹏智

原 帅　　徐子慕　　崔小平　　崔 翔　　曹 鑫 女　　董 一　　李佳丽

傅 野　　黄文滔　　穆寒冰

0602

王 伟 女　　王 柳 女　　石竹云 女　　乔 阳　　吕怡琦 女　　孙伟翔　　朱 玲 女

邢西玲 女　　宋子若　　张军飞　　张 青　　李文波　　李圣楠 女　　李欣鹏

李　盼 女　李艳梅 女　李　翔　杜熠麟　杨　妮 女　姜　骁 女　赵先悦
徐斌栋　聂浩言　曹梦思 女　彭　尧　简友发　薛　妍 女　朱宇飞
阎　韬　沈思思 女　黄　岩　温南南

西安建筑科技大学 2007 级（2012 届）建筑学专业学生名单

0701

王　宁 女　史轩豪　左健勇　石康弘　全佳代 女　刘　阳 女　何　旭
吴　丹 女　宋　露 女　张宏葳　张栖楠 女　张雪蕾 女　李　兵　李德鲁
周　龙　罗　婧 女　虎　珍　祝艺苗 女　凌　晨　秦艳玲 女　贾　玥 女
高　岭　屠炳华　梁　倩 女　曾　辰　谢金枫　韩　迪　雷　婧 女
廖　翕 女　裴辰辰 女　严崇理　李泽锋　赵志勇　高　月 女　巨怡雯
李　寒 女

0702

马　欣 女　牛鹏飞　王　帅　王梦祎 女　王婷婷 女　冯胜达　刘文超
刘宇思　刘　念 女　刘　莹 女　吉　策　孙安琪 女　闫姝同 女　何晓晨
佟　冬 女　张小洛　张静容 女　李梦晨 女　李　腾　杜雨辰　邱家鑫
陈冠希 女　陈　蓓 女　陈潇霏　孟亭圳　武文博　金　野　郭祥龙
顾丽娟 女　曹　易 女　韩瑞茜　赛伊春　胡臻琳 女　孙晨龙　杨　洋
杨墨寒　薛添益　南　楠

0703

于兆雄　王志翔　王　卓 女　邓　伟　邓博昱　田　媛 女　任博见
任智豪　安冬函钰 女　朱怡平 女　严云霞 女　宋明菲 女　张雪媛 女　张静怡 女
李大华　李文杰　李　辰　李　易　李　琪　邱　田　陈楚开
唐　琦 女　贾　媛 女　崔杨波　黄　钺　黄　晨　蒋　苑 女　路瑞兴
张　晶　夏晨峰　田　晨　马晓鸣 女　杨　洋 女　龚　璞 女　钱福兵

0704（本硕班）

王军娜 女　王俊海　王　涛　王　捷　关俊卿　刘姝婷 女　邢俊哲
严迪超 女　吴风臣　吴崇山　张　琛 女　李　男　远成美 女　陈　蕾 女
苑　哲　施　琳 女　唐　歌　崔彦钊　董　婧 女　楼　洋　王　旭
王煜松　刘明佳 女　王雁舒 女

西安建筑科技大学 2007 级（2012 届）城市规划专业学生名单

0701

王　松　王昱江　刘新远　刘　影 女　邢樱子 女　闫　石　张　涛
张　烨 女　李子都　李汉威 女　李梦文 女　李　慧 女　杨　玲 女　陈　垒
陈　莉 女　周燕妮 女　罗　威　胡春梅 女　胡竟成　赵婷婷 女　徐晓海
聂保森　郭膑昕　高　元　童宇辰　蒋敏哲　谢留莎 女　稽　扬
张　倩 女　奥德慕

0702

王　珂 女　兰东儒 女　石哲宇　边　防　刘西慧 女　刘　洋　刘　盟 女
刘　璐 女　邢哲魁　阮佳香 女　何玥琪 女　宋政贤　张　芳 女　张　言
张　琳　张　雯 女　李　芳 女　李　炜　李思漫 女　李　科　周　青
岳　维　姜　杉　贺春愉 女　徐　鹏　袁　阳　顾　纲　梁启帆
焦　璐 女　韩　旭　李伟健　杜熠麟

西安建筑科技大学2008级（2013届）建筑学专业学生名单

0801

陈业昀 女	成 浩	董之鑫 女	樊楚君 女	樊秋梦 女	高天昊	高 扬
韩沛书 女	何志盛	惠佩瑶	孔令玥 女	梁海涛	梁晓菲 女	刘屹松
彭何冬	钱雅坤 女	施辰雨 女	史泽道	拓 畅	王 琨	王思龙
王亚茜 女	项 阳	胥传奇	杨 帆 女	杨 熙	杨序然	易筱曼 女
张嘉树	张晓曼 女	周语夏 女	张鑫唯 女	杨 骁	闫旭萌 女	张 炟
任 聪	李 恒					

0802

曹 阳	陈 曦 女	陈峥能	冀 旭 女	贾梦婷 女	李安迪	李沛崧
李玉荣 女	刘晓曦 女	楼 宇	卢桓万	鲁子良 女	苏可伦	孙长辉
汪思涵	王 昆	王 玮	魏一欣 女	温一同 女	向益璇	邢 赫
杨明永	张景楠	张琳捷	张 平	张昕欣 女	赵雯迪 女	周 飏
杨兰慕之 女	刘娇曼 女	赵书娴	宋萌潇 女	陈祥云	王 菁 女	邓仰萌
郭月云 女	尚 玮	孙安琦				

0803

程汉宁	程华伟	初子圆	郭 岚	韩锦炆 女	韩青松	雷仁婧 女
林 丹 女	刘重威	龙丹迪 女	陆星辰	彭开宇	任亚慧 女	沙 威
陶子韬	王春晓 女	王墨泽	王 磊	王 玮 女	王文瑞	魏锦煜
魏 莱 女	徐 微 女	杨玉平 女	袁章容 女	张 斌	张嘉开	张丽雯 女
周逸坤 女	张小征 女	高 帆 女	薛添伦	方异辰	黄瑜箫 女	闫可帆
王秋曦 女	王志翔					

0804（本硕班）四年制

陈鹏宇 女	董延猛	高汉清	郭 龙	韩亚昆	李育霖	蔺 江
刘 汉	刘 鹏	刘霄鸣	刘亚兵	卢尚贤	陆磊磊	申于平 女
隋 莹 女	王文韬	王永全	王泽喧	杨清荷 女	张钰罂 女	孙 研
雷丽青 女	徐星野	张燕鑫 女	崔延钊			

西安建筑科技大学2008级（2013届）城市规划专业学生名单

0801

曹 磊	陈 琦 女	陈晓黎 女	冯 嘉	姜 楠 女	李 红 女	梁伟森
林声威	刘 畅	刘思阳	卢君君 女	马远航	权博威	任 飞
王斐迪 女	王庆军	张冉冉	魏 欢 女	杨 骏	杨晓丹	张弼婕 女
张 敬	张 俊	何薇薇	张维元 女	张新源 女	张怡然 女	周逢武
朱香凝 女	朱新敏	倪 萌 女	梁莉君 女	李恒之	稽 扬	

0802

单 舰	封淋玲 女	蒋蕾莉 女	兰 鹏 女	李丹丹 女	李嘉玲 女	李南慧 女
刘 楠	鲁 驰	牛 月 女	彭 耕	屈欣鑫 女	邵金鑫	沈 莹 女
舒 轩 女	苏子航	孙 波	陶 骞	王 璐 女	王倩楠 女	王 渊
王子昂	魏 欣	谢 彬	杨 萌	张言欣 女	赵 晨	赵忠诚
郑 恬 女	钟子敬	邹宜彤 女	秦 昆	王致远	王 伟	

西安建筑科技大学 2008 级（2013 届）风景园林专业学生名单

邓怀宇	冯若文 女	高丽敏 女	高 轶 女	郭润泽	贺小柁	蒋励欣
李化贝	李 伟	刘 玲 女	刘腾潇 女	吕 安	任 达	孙佳楠
孙艳杰 女	王若然 女	王晓洁 女	卫泽民	吴碧晨 女	吴 迪	夏 颖 女
于广利	袁 舒 女	张 斌	张 勤	张 霄	张 勇	郑 科 女
曾黛林 女	何政锐	王泳文				

西安建筑科技大学 2009 级（2014 届）建筑学专业学生名单

0901

陈 乐 女	陈小月 女	陈 宇	邓 睿 女	樊 冬 女	古 悦 女	关志鹏
郝淑卿 女	洪蔓棋 女	胡文舟	雷梦欣 女	李 琰	刘芨钰 女	潘 颖 女
彭 锐	冉唯超	王博闻	王 冲 女	王 维	魏 青 女	许 靖
杨 帅	易晓龙	张 斌	张博源	张士骁	赵思远	赵月铭
周慧佳 女	朱嗣君	周 正	段晓天 女	罗思琦 女	雷政元	屈明涛
周 毅	杨 洋 女	高天昊				

0902

陈栋博	丁凯东	高 昂 女	韩 雪 女	李晨辉	李少川	李天龙
李 蔚 女	林剑丹	刘 硕 女	刘亚楠 女	吕 洋	屈晓军	王 戈
王昊一	王 静 女	王越盈	魏 星	夏 雪 女	熊 森 女	杨蓓蓓
姚雨晨	尹富涛	尹 悦 女	张家威	张伟光	张晓艳	郑亚军
朱晓坤	王浩伟	张萌萌	赵普尧	孙圣洁 女	屈梦婕 女	曹 悦 女
董 妍 女	王瑞恒 女	李沛崧				

0903

安虹宇 女	蔡 楠	杜轶凡	房 翠 女	高元丰	葛嘉文 女	耿卓宇
韩 阳	胡海波	黄 岩	惠雅雯 女	贾 航	李 勃	李一弘
刘 芳 女	刘 佳	刘 亮	欧 兴	王文凯	王 韵 女	申 晴
徐宝丹 女	徐 婧 女	翟彦坤	张晓婷	史 越	魏家宇	王乔岳
田沁雪 女	谢金光	赵湘彬	庞 霜 女	刘 阳	李银菲	蔡晓晴
曾筱深	杨 昊					

0904（本硕班）四年制

白纪涛	邓克昊	姬晓东	李磊彬	李秦楠	李晓琳 女	刘思源 女
刘倚含 女	马明轩	王 鸽 女	王 晗 女	王 伟	杨 宾	杨龙攀
杨 杨	张李科	张学哲	赵 英 女	赵泽群	折 铠	孟 杨 女
胡佳刚	雷雨晗 女					

西安建筑科技大学 2009 级（2014 届）城市规划专业学生名单

0901

曹 卓	陈哲怡 女	邓文婧 女	杜 江 女	杜莎莎 女	杜星月 女	贺田田
侯 帅 女	蒋欣辰	焦 健 女	李 粉	李皎月 女	梁程程 女	梁慧明
刘 硕	卢肇松	鹿育林	马泰愚	马忠杰	任中龙	孙红妮
王靖堃	王 阳 女	王雨洁 女	席 睿 女	薛 喆	杨赛赛 女	杨 洋 女
赵彬彬	周 华	卓文淖				

0902

陈 锐	方 坚	付 洋 女	高央央 女	洪靖非	黄 锐 女	刘华康
刘 念 女	齐一泓	孙 璇 女	王 良	王 恬 女	王志盛	魏建华
席鹏轩	夏 莹 女	行洁茹 女	徐 娉 女	徐秀川	杨舒涵 女	杨益彰
应婉云 女	詹 霄 女	张 磊	张 瑶 女	张 展	郑 端 女	郑 洁 女
郑梦寒 女	叶楚劼	徐舒雅 女	钟子敬			

西安建筑科技大学 2009 级（2014 届）风景园林专业学生名单

蔡渊琦	丁婉婧 女	董騏玮	高一凡	郭小楠	胡 嘉	贾文婧
雷 凯	李国庆	李苗苗 女	李若瑜	梁 歌	罗维祯	马 倩 女
马 毓 女	沈尔迪 女	孙冰玉 女	王 薇 女	徐诗文 女	许婷婷 女	薛 源
杨 菲 女	杨 旭	杨毓婧 女	张克华	张闻芯 女	张雯健 女	郑旭静
钟慧敏 女	吴 迪					

西安建筑科技大学 2010 级（2015 届）建筑学专业学生名单

1001

范诗琪 女	高迎衔 女	郭芸瑄 女	韩向阳	何 健	黄晓娜 女	霍 雨
贾颜旭	江 曼 女	李菁华 女	梁维敏 女	刘 妮 女	刘 洋	刘意杰
鲁雨昕 女	苗国祥	石嘉怡 女	万少帅	万素影 女	王思宇	王 涛
王 霞 女	杨浩天	杨 梅 女	于 涛 女	俞鲁平	张 康	张 琪
张书苑 女	张 嵩	赵子良	杨东澍	康 路 女	姜松昊	李建波
林思佳 女						

1002

蔡 瑾 女	车林津 女	崇显鹏	冯 越 女	高泽华	何 薇 女	何 笑
洪 毅	李 唱 女	李天宇	李宇轩	刘兴东	刘 征	卢 凯
吕抱朴	王新蕊 女	吴 昊	徐 丹 女	徐沛豪	徐尚哲 女	薛 超
闫丹妮	庚 聪	张 博	张晓兰 女	张学毓	张 也	张 瀛
赵文博 女	赵英男 女	鞠 曦 女	徐 冰	仪若瑜 女	周振宇	焦子倩

1003

苌 乐	陈秋妤 女	陈煜君 女	丁 瑶 女	耿疆棉 女	阚曦晨 女	李湛彰
刘舒晗 女	刘 爽 女	马逸飞	穆 欣 女	乔泽翔	曲 涛	宋海东
宋雨泽	孙 晶 女	孙 源 女	王 博	王 硕	王天运	王银焘
魏斯嘉 女	吴舒曼 女	闫科羽 女	于潇涵	张昭希 女	张智文	赵 戈
周纬天	何梦芸 女	张子豪	沈少康	王轶茗 女	闫睿婧	

1004

陈楚康	程华旸 女	戴 茜 女	董卓越 女	段言泽	冯贞珍 女	葛中斌
李野墨 女	路嘉君 女	马蕊鸿	苗常茂	牛 童 女	任 飞	唐宇峰
王嘉炜	王诗宇	王欣兰 女	吴明奇	徐晓捷	杨东朴	姚 瑶
张 浩	张 强	张 琼 女	张汀兰 女	赵若菡 女	周梁少强	周小丁 女
朱一鹤 女	李 泱 女	徐奥文	徐原野	王经纬	朱茳均 女	

1005（本硕班）

高 明 女	韩永超	韩雨辰 女	何慧娟 女	亢伟新	兰佳琦 女	雷明珠
雷兴宁	李露昕 女	李毅浩	任德培	王济民	王明霄	王思睿 女
王苏杰 女	王 伟	张婷瑜 女	赵雨亭 女	朱存华	邹幸飞	

西安建筑科技大学2010级（2015届）城市规划专业学生名单

1001

崔哲伦 女	高 源	归屹尧	贺 琦 女	胡晨雪 女	黄博强	黄 祯
景琪琪 女	李大洋	刘碧含 女	刘 辰	刘康伦	刘雪源	刘治胜
马 骏	容思亮	申焜雨 女	田锦园	万一郎	王 甜 女	韦玎莉 女
项 申	杨 剑	张 晓 女	张雅兰 女	张扬帆	赵 栓 女	郑笑眉 女
张 展						

1002

安 冬	陈佳欣 女	陈 竞	崔 雪 女	党 琪 女	范津津 女	郭云柯 女
胡 明	解芳芳 女	柯沛翔	蓝素雯 女	雷佳颖 女	李 程 女	林佳伟
罗 森	马克迪	强 瑞	申 媛 女	石思炜	寿建峰	唐 亮
王 闯	王嘉溪	王 凯	姚文鹏	袁莹莹	张碧文 女	张怡冰 女
周俐君 女	张 程					

西安建筑科技大学2010级（2015届）风景园林专业学生名单

慈硕文	崔文睿 女	戴梦蓉 女	付梦晗 女	高 洁 女	高 义	关 键
郭建廷	何 田 女	贾 川 女	江 畅 女	李孟军	李绍伦	李 霄
刘嘉伟	裴 宁	史敏慎 女	汪科磊	王旭红 女	王乙惠 女	王樱子 女
王 祯	文 娟 女	汶武娟 女	翁婧雯 女	徐传语	许菲菲 女	张佳琪 女
张元凯	赵 杰					

西安建筑科技大学2011级（2016届）建筑学专业学生名单

1101

马 琼 女	王 轩	付 洁 女	石晋京	刘 涛	刘 蒙	严冰清 女
张甘霖 女	张语桐 女	张莞晨	张燕秋 女	李米子 女	李 坤	李怡凝 女
杨 毅	郑 楠 女	鱼 浧 女	姜子赫	赵方舟	赵 羽	赵炎鹏
唐贝贝	郭方颖 女	郭汉霖	郭柳辰 女	高晓艺 女	梁康琦 女	嵇瑞雪 女
韦 拉 女	杨骏卿	唐振中	李笑然	赵 晗	王丝雨 女	刘珈言
林 显	郝 韵 女	贾晨曦 女				

1102

丁一珂 女	于东兴	王昌硕	付秋源	刘宇彤 女	刘悦怡 女	何嘉轩
吴 凡 女	吴慕飞 女	张苏月 女	李志轩	李 通	李鹏飞	杨 茜
沈逸君	肖宇泽	苏 晔 女	陈 茜 女	罗怡晨 女	范宇廷	段阿萌
胡已宏	贺梦云 女	高 欣 女	曹 浪	黄锶逸	董思辰	蒋闫岩
韩雨廷	魏伯阳	金林建	王怡智	王瑞楠	王博文	张 兴
孙维一						

1103

牛 婧 女	白小龙	白 杨 女	吕欣田 女	许婉童 女	阴生林	张哲恺
张 玺 女	李明明 女	李喜斌	杨 朵 女	杨 娟 女	邵诗晨	陆婧瑶 女
陈先一 女	陈 玮	周寒晓 女	岳 野	禹锡璠 女	唐 正	唐宏磊
柴 华	殷文鹏	高欣妍 女	缑 朋	蔡 瑞	薛铁龙	魏鸣宇
魏 鑫 女	董晗璇 女	窦浩铭	李孟磊	王文楷	朱嘉荣	撒俊沛
张沫涵	刘 爽					

1104

于之磊	毛羽洁	王子瑞	王　娟 女	王浩名	王清怡 女	付雅鸣 女
代　浪	石忠玉 女	刘一楠	刘梦琪 女	张文佳 女	张峰瑞	李文博
李易真 女	杨天龙	陈　帅	陈兆铭	陈炳光	周　檬 女	明　月 女
林　琰 女	郑彦恺	咸　瑞	唐开财	夏侨侨 女	索阳珍 女	袁　荔 女
高久淇	黄　轲	董绮凡 女	谢　帅	谭权栋	陆一荣 女	陈嘉琦
李昱萱 女	师　甜 女					

1105

尹诗雯 女	王一睿	王　晔 女	由懿行 女	刘家源	孙博楠	邢　晗
张　宁 女	张　闯	张博雅 女	李　晨	汪钰洋	秦　阳	秦　祺
高　杰	常嘉瑞 女	曹　通 女	韩宇青	樵　真 女	李治雨 女	张弋戈
尚　丹 女	杨祎洁 女	李尔威	贺博伟	贺一丰	殷梦芸 女	

西安建筑科技大学 2011 级（2016 届）城市规划专业学生名单

1101

王　珂	冯　方 女	刘　兰 女	刘　星 女	刘　毅	朱　乐 女	祁玉洁 女
达　琳	闫　冬	吴倩宜	张宇馨 女	张　琳 女	李　旭	李　享
李柏禄	李　虹	李晓光	杨　洋	陈泳铨	周丽颖 女	罗　兰 女
侯雅馨	赵尚仙 女	唐凤玲 女	柴　悦 女	袁子航	袁　驳	郭　娟
曹钟瑾 女	梁　歌	韩会东	刘志伟	赵泽阳	田乃稷	马泰愚

1102

王　磊	王　璐 女	邓紫晗	史瑞翀 女	帅雪芳 女	任瑞瑶	刘珉珠
刘曼云 女	闫立周	吴亚男 女	张红红 女	张岳一丁	张　彬	张嘉辰
张　曦 女	李豫立	杨　骄 女	杨　蒙	林之鸿 女	贺艺瑶 女	党晓杰
寇德馨 女	曹媛媛 女	黄力骁	龚　铭	惠瑞宁 女	吕　昊	师　彪
吴　哲	李嘉伟	郭伟伦				

1103

丁　悦 女	马伟光	王雨晗 女	王　娜 女	王秦豪	王睿坤 女	刘　璐 女
孙佳伟	祁闵雪 女	许环旺	吴晓晨	张思齐 女	张淑慎 女	张　琼
李晨黎	李琢玉 女	杨其浩	杨敏迪 女	邵浏瑜	陈天顺	陈莹健
周　敏 女	罗　典	郑如月 女	贾炳坤	曹晓腾	惠晓通	蒋昀希 女
韩林芳 女	雒梓涵	赵梓君 女	冯梦晖 女	吴　琦		

西安建筑科技大学 2011 级（2016 届）风景园林专业学生名单

1101

云　鹤	仇　静 女	王国今	王　霄 女	兰　帆 女	冉艺辉	白皓月 女
刘　明	刘婉莹	刘雯西	庄晓眉 女	张　月 女	李伊婷 女	李　萌
李　琼 女	李　蔓 女	李　鑫	杨洁琼 女	连　萌 女	陈　岩	畅茹茜 女
段　优	贺小峰	郝　晟	都　凯	常　禾 女	常昊翀	常　青 女
黄　莹 女						

1102

马晶楠 女	王　珂	王　浩	刘　昱 女	刘　媛 女	孙易翀	吴昕泽 女
宋茜伦 女	张　欢	张国帅	张泽豪	张琳琳 女	张　超	李沁怡 女

| 杨烜子 女 | 杨培培 女 | 杨 瑾 女 | 邵佳慧 女 | 陈 璐 女 | 武 儒 | 周 琦 |
| 赵安妮 女 | 钟梦蝶 女 | 秦荣利 女 | 董文煊 女 | 綦 琪 女 | 蔡雨彤 女 | 潘晓佳 女 |

西安建筑科技大学2012级（2017届）建筑学专业学生名单

1201

陈盛哲	董浩源	封 叶 女	高宁馨 女	高正昊	胡晓玥 女	黄 海
金永康	雷智博	李江铃 女	李 强	凌 益	刘觐魁	苗逢雨
齐 尧	秦皓宇 女	孙思敏 女	孙旖旎 女	田子靖	仝 尧	王瑛琪 女
王 颖 女	吴 瑞 女	吴 越 女	杨艺聪	杨子秋	袁姝亭 女	曾小伦 女
翟宇飞	赵雨琪 女	智佳晨	周 全 女	李 克	张 冲	侯 青 女
赵雨宽	郭方颖	代 浪				

1202

陈以健 女	樊 锴	樊先祺 女	符佳鸣 女	郝力慧 女	洪建力	金 鑫 女
兰 西 女	李 川	李 潇	李泽宇	刘少轩	刘 源	南岳松
屈鹏菁 女	孙 亮	唐行嘉	唐玉展	万星宇	王 晶 女	王心恬 女
王一佳 女	魏晓雨 女	向钰滢 女	肖 雄	徐雨辰	杨 眉 女	姚 翔
尹 彤	张 篪	张潇月 女	齐 奔	温朝博	李 梦 女	计 倩 女
王浩天						

1203

戴桐欣 女	勾 瑞 女	郝 姗 女	侯 天 女	呼 源	胡 坤	胡小泽
李颖楠 女	梁仕秋	刘婧妍 女	骆本庸	马 婧 女	马 通	蒲天娇
齐静妍 女	秦宇洁 女	任艺潇 女	沈婧怡 女	苏博文	王 丹 女	王立威
王 韧	王轶凡	徐鹏飞	杨照楠	张 宇	张雨馨 女	赵金迪 女
周师平	邹华成	张墨晶 女	唐 正	薛佳佳 女	程鹏辉	樊李烨
薛 鹏	胡家灏	张雪沁 女	李诗雨			

1204

柏思宇 女	陈宝鑫	迟增磊	仇 磊	付 蓉 女	耿蓝天 女	郭境钰 女
郝 宁	惠子祯 女	金 璇	景枫林 女	瞿思嘉 女	李菡纯	林宣成
南明玥 女	史永鹏	王家梁	王江宁	王婧仪 女	徐 露 女	徐 欣 女
闫双文 女	杨 英 女	余柳青青 女	曾建清	张甜妤 女	张兴龙	张一可
赵南森	朱可成	蒋一汉	陈相屹	王 信	张雨晗	杨子依
葛英超						

1205

白 江	白帅帅	顾倩倩 女	郝歆旸	洪 祯 女	黄庭玉 女	景思远
雷 浩	李 昂	李方博	李佳熹 女	李艺帆	李澡雪 女	潘文典
屈碧珂 女	宋 晨	唐梦莹 女	田 骅 女	王鹏波	王若雅 女	王 旭
王英杰	吴 涛	谢月皎 女	邢竞月 女	许 铎	张恒晖	张玮琦 女
甄泽华 女	郑思雨 女	宋茜茜 女	张鹏举	王云峰	于 艺 女	杨钰洁 女
史 超	彭 帆					

西安建筑科技大学2012级（2017届）城乡规划学专业学生名单

1201

| 安於欣 女 | 白 阳 | 鲍家旺 | 毕 怡 女 | 蔡智巍 | 范晓琦 女 | 高 鹏 |

侯禹璇 女	荆文文 女	景 阳	李子璇 女	栗韫泽	林宏权	刘 梦 女
刘思洋	刘 悦 女	孟 乐	欧阳波	彭丽红 女	荣思庄 女	申有帅
宋圆圆 女	王贺芝 女	武 凡	辛逸轩	燕 林	杨梦楠 女	杨宇豪
张 帆 女	赵粉艳 女	赵 渊	周嘉豪	时 寅 女	崔泽浩	

1202

安钰星 女	董舒婷 女	方 翔	费 凡	高 鸣	关 珂 女	郭怡清 女
侯 雨	惠 倩 女	吉奕漫 女	李丹默	刘晓芙 女	刘奕鑫	陆毅鸣
罗 娜 女	潘少立	苏 晔 女	王宇帆	巫天豪	吴淑婷 女	肖劲松
谢雨欣 女	谢 铮 女	杨 坤	张晓煜	张昕昱 女	赵孟哲	郑 晥
钟子唯	朱国安	朱俊凯	邹泽敬 女	林 瀚	马玉箫	

1203

陈海龙	褚立威	杜 瑾	高瑜阳 女	高 昀 女	郭一鹏	韩 迪
韩 静 女	何 君 女	侯少静	康 宁 女	雷 悦	李 聪	李佳颖
李默奇	李品良	李 昭	梁 轩	柳思瑶 女	罗荣彪	史 帅
史雨佳 女	孙义来	孙 颖 女	田博文	田 密	王旭博	杨 怡
袁 悦	张 静 女	张岳昕	韩嘉悦 女	邓逢雪 女		

西安建筑科技大学 2012 级（2017 届）风景园林专业学生名单

1201

曹昂东	曹文静 女	程思诺 女	董莉晶 女	董旭涛	范 戈	高杨可馨 女
李怡萱 女	刘冲霄	刘 菲 女	刘敏娜 女	刘婉滢 女	刘 阳	吕晓康
骆青雯 女	马英晨 女	牛兆文	任一鸣 女	孙夕茜 女	孙 希 女	唐 恬
田 甜 女	王 超	王瑞馨 女	文 杰	许 可 女	张永盛	张泽玮
郑 晨	钟 华 女	戴梦蓉 女				

1202

白鑫真	段 菁 女	范 淳	高小嶽 女	郭 锋	郭佳敏 女	黄浩然
惠子煜	李欣冉 女	李艳平 女	李云昀 女	刘李洋 女	刘 泽	任 可
任茵冠	孙楚翘 女	田 科	田 亮	王瓅晨 女	王建宏	王竟伊
王培清 女	王艺臻 女	杨婧祎	杨 澜 女	杨 宁 女	岳江雨 女	张丽媛 女
赵 赫	赵茜婷 女	周 迪				

西安建筑科技大学 2013 级（2018 届）建筑学专业学生名单

1301

蔡青菲 女	李庚津	郭宇燕 女	祝暨望	张运宁	赵欣冉 女	宣 啸
毛瀚程	徐 珂 女	张 豪	卢新月 女	宋志远	何梓凌 女	李得全
陈宣如	李晨阳	李宣霖	孙承休	徐子琪 女	惠钰芯	姚雨墨
范怡璇 女	户 遥	马皓星	李文龙	田 垚	姚力天	黄子荷
赵婕妤 女	余海铭 女	潘安东	任科宇	张子鸣	黄子荷	

1302

张朝阳 女	栗欣岩	史冠宇	刘炳群	陈书尧 女	苗 超	黄祺葑
占福敏	段嫣然 女	于梦雪	邹业欣	韦 森	王怡丹 女	阮诗霖 女
李星皓	张雨佳	王家豪	张怡聪	张书羽 女	周 昊 女	陈惠蕾 女
王 凯	谷 雨	刘昕宇	李政初 女	吴婧一 女	谭嘉乐	刘小宁

陶秋烨	阳程帆	方佩奇	焦涣然	林照阳	王吉羽	

1303

吴宇轩 女	崔思宇 女	黄奕博	钟晋阳	欧哲宏	史成立	杨旻睿 女
乔 辉	蒙秀鑫	曾 涛	耿志利 女	王扶寰	张一凡	刘佳乐 女
孙铭骏	周 彤 女	蒋文婷 女	吴艺婷 女	何 琪	黄 康 女	张佳璐 女
张馨方	孙良玉	郭思妍 女	朱 果	米佳锐	安瑞琦	徐一然
姚玖湄 女	万 博	赵雅心 女	冯大同	何 亮	孙一宸	杨照楠

1304

樊 夏 女	于天博	马 也	钟艺灵 女	杨 斌	袁 巍	张 丰
舒 嫣 女	梁於臻	王健宇	周 启	齐 谱 女	雷闻天	孙煜韩
傅煜尘	麻景红	袁怡婷 女	齐子航	李怡卓	赵佳莹 女	冉 恺
郭 婷 女	田 岗	吕 洋	韩 静	杨乐怡 女	张秀云 女	王潇阳
杨孟儒	张雅琪 女	潘 聪	刘子瑜	王 珏 女	曹 博	

1305

朱瑜瑶 女	邢志远	杨梦姣 女	季巧巧 女	位 琪 女	原婧雯 女	王俊成
胡乃榕 女	冯 倩 女	胡炀丽 女	韦 涛	赵 南	续文琪 女	刘礼畅
贾晨茜 女	苗依欣 女	吴昊天	谈 鑫	边 磊	贺治达	高强强
白 鹭	李茸茸 女	高 健	秦 欢	杨 琨	宁和祥	常 明 女
张 鹏	张 昊	负思汀 女	魏李云汉	李 策	刘一凡 女	

西安建筑科技大学 2013 级（2018 届）城乡规划学专业学生名单

1301

田载阳	梁 田 女	张昕畅 女	马琪茹 女	于 荟 女	杨 俊	陈淑婷 女
曹可欣 女	罗 佳 女	夏梦丹 女	朱明辉	何益帆	马若菡 女	盛 杭
许恒博	刘 恒	范 旭	唐 皓	武虹园 女	孔令肖	杜 倩 女
鲍迪迈瑞 女	苏 夏 女	杨 阳	张 辅	李 雪 女	黄一江	张炳辰
吕梦菡 女	蒋 莹 女	李子豪				

1302

李 佳 女	李建智	李诗婷 女	杨博强	王鑫凯	余 航	李 晓 女
李泰山	蒋放芳 女	曹庭脉 女	何丽君 女	满璐玥 女	刘翌阳	张 章
汪士博	李 依 女	王 萌 女	张宇晴	史国庆	冯子彧 女	陈 乔 女
石晓婷 女	慕钰锟	张 宏	毛 娜 女	袁泼泼	李 玥 女	耿亦周
余婷婷 女	赵家祺	龚 批 女	王乙力	潘少立		

1303

姜文强	张笑笑 女	吴文正	樊舒纬	黄昭威	廖锦辉	于佳灵
贾 平	杨志强	宋心怡 女	胡圆圆 女	李竹青	方闯婕 女	王宇轩
杨 柳 女	魏子栋	高 晗 女	李 琳	刘静怡 女	高健雄	王 妍
薛 健	王 萍 女	薛靖裕	袁 娇 女	杨佳敏	古 鹏	王皎皎 女
谭雨荷 女	田宇菲 女					

西安建筑科技大学 2013 级（2018 届）风景园林学专业学生名单

1301

王 喆 女	蔡昊家	金鲁红 女	高金华	陈画竿 女	杨源鑫 女	孙 苑 女

陈 宇	邵益嫄 女	张熹佳 女	于 玲 女	吴纯纯 女	谢 晨	肖童心 女
张 昕 女	黄琰麟 女	刚 鑫	刘雨萌 女	卢亭羽 女	梁鹏飞	张 蒙 女
底小明	刘 辛	史 欣	成思敏 女	秦嘉惠 女	车 璐 女	刘瑞华

1302

张紫林	佟 昕 女	陈娟娟 女	尹苗苗 女	王逸凡	冯 元	廖红兵
方清平 女	任欣元 女	丛丹妮 女	卢奕芸 女	李 钰 女	韩露露 女	谢婉清 女
薛 磊	王蓓蕾 女	焦子航 女	邓依丹 女	严格宁 女	马 诚	薛佳明
白 璐 女	白文洁 女	王金博	王格格 女	常 昊	何承鸿 女	

西安建筑科技大学2014级（2019届）建筑学专业学生名单

1401

安若仙 女	游昊行	郭 轲 女	刘 闯	李婉莹 女	王子恒	卢倩怡 女
焦艺维 女	刘 港	王道宇然 女	张 喆	谢 莹 女	舒琨狄	沈 琛 女
徐仕硕	杨新越	黄 欢 女	杨达旭	包吉汗 女	冶文浩	高佳伶 女
张文秀 女	高立果	王怡慧 女	岐 麟	汤谨瑄 女	安文卓	杜欣原
汪阳海	李丹怡 女	尹奕森	凯启航	陈 哲	姚彦文	肖曼雨 女
王新源 女	宋志远					

1402

韩一鸣	李 丹 女	代锟琪	张晓艺 女	陈雪晗 女	张羽歆	廖 梦 女
沈旭东	关画晨 女	马 列	陈昱亮 女	熊井浩	李晓舟 女	杨婷婷
陈 龙	丁妍卿 女	郝 天	张 迪 女	和 心 女	况瑞祥	兰靖楠
全红艺 女	莫 骥	吴嘉怡 女	刘曦宇	雷 鹏	杨泽鑫	惠玉琦
余晓辉 女	王逸玮	覃钰婷 女	王敬铎	杨林轩	马艺华 女	

1403

南 希 女	王曦妍 女	李昌昊	赵熠程 女	张沫岩 女	龚星翰	钟 哲
郭启正	孙 洁 女	陈 野	陈青璇 女	蒋 朝	董方园 女	杨 琪 女
高森河	韩霈雯 女	何兆祥	关凯悦 女	李泽一	杨蕊齐 女	罗书龙
孙海婷 女	张子川	吴凌云	刘世龙	闫旭琨 女	李崇尧	蔡 贺
仪泽田	丁宁平 女	刘柳伶	王 娴 女	何雷瑞轩	王姝琪	闫奕戈

1404

瞿 格 女	王宇歌 女	兰 鑫	毛瀚章 女	唐秦伟	王金果 女	黄思睿 女
郝向楠	周凯喻	邵天佐	陈怡廷 女	符永享	高 楠	陆越东
蒙贵虎	李 琦	闫 晓	骆一飞	史星宇 女	寸子恒	邵馨阅
耶若怡 女	付宇龙	吴永航	赵康宏 女	张道正	胡宇琪	石钰琪
杨华鼎	贾 薇 女	张韵洺 女	吴 超	沈舒航	杨黄大树	朱斯佳 女

1405

江 南	问田蕾 女	曹文振	张琳悦 女	李逍珩	马安宁 女	石 宇 女
廖好茜 女	隋 阳	柏 婕 女	黎 晔	韩甜甜 女	李 坤	刘寒露 女
路逸晴	郝薇雪 女	洪锦龙	胡 曼 女	王逸凡	朱子唯	郝昱凝
林雨岚 女	马 臻	陆熠兰 女	徐海涛	赵逸白 女	王晨蕾	张懿文
马思齐 女	刘清胤	张若彤 女	张蕎月	熊翰翎 女	赵子萱 女	李政霖
童 帆 女	张晓鹏	张宇昂	王程琛			

西安建筑科技大学2014级（2019届）城乡规划学专业学生名单

1401

陈柯昕 女	解瀚迪	李京瑾 女	李紫旋 女	窦 寅	李洁雅 女	黄彬彬
王羽敬 女	肖欣烨 女	崔家嘉 女	何家成	赖 敏 女	李京宇	李笑含 女
吕浩楠	欧小苏 女	任浩天	苏 琴 女	王成伟	王 茜 女	许惠坤
杨 雪 女	闫 旭 女	贾 尧	余伊霖 女	王怡宁 女	张 环 女	李嘉豪
陈 元 女	倪楠楠 女	吴 倩 女	陈 晨	郝 玥 女		

1402

孙 璇 女	魏一凡	许子睿 女	唐华益 女	白璇瑜 女	高靖葆	关 星 女
侯笑莹 女	孙浩文	荆睿莹 女	雷 硕 女	李佳澎	刘司融 女	胡宇光
南丹丹 女	沈俊晖	潘怡辰 女	王可人	唐 宁	王 琪 女	张文睿
薛唯楚 女	杨子唯	岳晨雨 女	张松杨	赵文静 女	逯倩倩 女	楼宇航
吴易凡	罗晓蔚 女	张祎良	蒋博文	申有帅	薛 健	耿亦周

1403

冯瑞清 女	黄俣博 女	齐卓旭	薛诗睿 女	刘雨鹭 女	邓艺涵 女	肖宏伟
常 偲 女	顾灵琰 女	路易科	郭一雯 女	亢怡雪 女	雷宗睿	李婉莹 女
宁婉辰 女	苏航营	王熙格 女	肖云华 女	刘韫嘉	杨 迪	顾珍华 女
李若昊	陶田洁 女	叶 萌 女	张朝波	张颜璐 女	闫聪然	董慧超 女
吴隐杰	张瑞芩 女	薛靖裕				

西安建筑科技大学2014级（2019届）风景园林学专业学生名单

1401

单寅格 女	黄艳娜 女	王宇晖	章嘉慧 女	刘 楠 女	赵 浩	李士秋
邱越悦 女	杨新玥 女	聂 祯	陈奥悦 女	赵晨思	韩锦秋 女	纪 璇 女
王逸飞	王闻笠 女	李依遥 女	刘 川 女	周天新	刘文婷 女	袁子茗
王晨骁	魏筠晗 女	吴昕恬 女	蔺泽坤	张丽媛 女	张森玥 女	蔡晓津 女

1402

高雅晗 女	欧宇航	闫敬晗 女	邹知慧 女	尹 正	王韵迪 女	卫心乐
张玉蕾 女	田恩宇	陈思菡 女	崔 洁 女	霍良月	艾 龙	李碧涵 女
李 雪 女	李歆雨 女	王昕歌 女	李秋铭	刘英蕊 女	毛佳敏 女	孙浩鑫
张涵冰 女	刘悦雯 女	张亚宁 女	周秦璇 女	翟鹤健	庄伟强	

西安建筑科技大学2015级（2020届）建筑学专业学生名单

1501

郭格理	涂世可	黄晓童 女	李 健	黄艺敏 女	姜瑞欣 女	白思帆
罗 昊 女	徐靖东	马子杰 女	熊 睿 女	陈慧祯	彭丁良	吴婧雅 女
唐 爽	张 欢 女	刘莉轩 女	唐家钰	余 亮	陈鑫洋	刘承桦
甘晓宇	毕新雅	安 晨	李佳栋	杨 帆 女	赵文熙	康泽宇 女
宰春锦	袁之琳 女	陈锆然	王堉竹 女	王晓晨	刘力嘉 女	赵恒立
赵珂萌 女	孙 洁					

1502

王杰思	陈毅麒	张孝天	沈静雅 女	王文文	邓枫誉	孙昊楠
窦心镱 女	牟莉虹 女	陈骥远	付诗瑶 女	张馨月	吴 艺 女	刘泽茂

袁玮晴 女	尚玉洁 女	谢 轩	王思捷 女	阿荷.邬朗 女	王卓立	郭冰倩 女
刘佳旺	邢戈雯 女	年家合 女	常 笛 女	李 哲	曹 桐 女	刘擎宇
袁艺菲 女	刘聿奇	张一凡 女	郝博文	曹子薇 女	张舒婷	董雪晴 女
艾思思 女	薛春轩 女					

1503

肖子一	刘清霄 女	吴陶哲	唐夏旭	杜沛瑾	南博涵	孔锦权
刘 吟 女	吕育慧	张钰锰 女	高 芊 女	李鑫漪	任青羽 女	胡 续
赵红棵 女	邢 闯	孙 鸽 女	丁煜坤 女	赵浩然	赵苑辰 女	张煜嘉
詹尚枢	宁清如 女	汪美霞 女	艾丽雅 女	刘 薇 女	陈博文	韩 蕾 女
武文旭	赵闫琦	程国庭	杨奕明 女	王重邦	温若琪 女	黄镡元 女
周怡静 女						

1504

刘常晖	肖 威	李君喆 女	余 帆 女	黄卫宣	刘文蔚 女	韩思呈
肖雨欣 女	杨全越	李 妍 女	方天宇	李 轩	刘政煜 女	金洲慧 女
孙雯军 女	武景岳	梁 杰	王依璇 女	杨 静 女	黄志胜	薛博文
张秋砚 女	樊 瑶 女	冯泽亮	王嫘琦 女	张邵雪 女	林瑞翔	张奇正
肖艺霏 女	伍婉玲 女	李 旭	郭林蔚	赵琬晶		

1505

杨于卜 女	杨 璇	刘港平	李羽寒 女	王金梁	李 妍 女	王一任
章亚萌	李秋怡 女	冯阳桐	崔旭秋 女	高梓瑜	邢贵贵 女	张瑾慧
谢家辉	刘 昕 女	李 昊	冯佳宁 女	汪瑞洁 女	韩杼祺	韦斯蓉 女
张仁瑞晗	占韫玮 女	齐成威	王家锟	耿 丹 女	李慧斌	崔 彤
王明凯	嵇方一	杜均怡 女	董泽宇 女	隋 阳		

西安建筑科技大学 2015 级（2020 届）城乡规划学专业学生名单

1501

黄涛涛	刘若昕 女	金 帅	刘倩茹 女	李尚霖	马 骉	陈 鑫
郭子微 女	王 蕾 女	段俊池	罗宇清 女	杨惠乔 女	许一宁 女	陈浩文
金若昕 女	茹健刚	肖 含 女	路海涛	杨海霞 女	邹秦港	何心月 女
仵佳琪 女	唐伟博	张佳宜 女	席芳美	马 悦 女	高 山	杨乐思 女
冯麒羽 女	马子迎 女					

1502

许忆意 女	王中浩	陶 鑫	王鑫钰 女	齐来瑜 女	洪晓苇 女	胡甜甜 女
蔡丁洁 女	蒋屹莛	江圣阳	田 雨	李知然 女	王光艳 女	张键坤
李蕴清 女	陈 泽	肖翌馨 女	王 伟	张卓钰 女	苗婉莹 女	李天宇
汤丹琳 女	温 馨 女	许 旋	刘钰洁 女	赵学伟	黄伟銎	

1503

潘羽欣	周依婷 女	杨逸芙 女	谢冬晴 女	张雅婷 女	屈会芳 女	叶凌志
杨易旻 女	王晨阳	史可鉴	徐 航	吴雨浓 女	王若宇	贺家欢 女
周枭帆	寇晓楠	张婉婷 女	吴柏城	胡泽洲	魏琳睿 女	杨锡浩
赵 萌 女	张恬姿 女	姬 凯	邵雨昕 女	刘旭升	高睿一	王星宇
李浩然	刘丫丫 女					

西安建筑科技大学 2015 级（2020 届）风景园林学专业学生名单

1501

陈可汗	罗紫娟 女	张德林	席雪婷 女	石昕英 女	丁 蔚 女	倪安然 女
张涵雅 女	姚冠文	李梓歆 女	韩加米 女	李 响	王 琦 女	郭信一
马 珂 女	叶茜雯 女	官 豪	谌萍萍 女	李 敏 女	刘 源 女	张 辽
朱丹莉 女	同馨缘 女	赵明明 女	王中元	白 杨 女	赵安琪 女	姚昀昊
熊 偲 女	樊思恺					

1502

邓 傲	陈思宇 女	范 泽	于锦璠 女	何秀坤 女	吕晋恬 女	徐隆双
呼延格琪 女	吴雨欣 女	郑志源	宋 洋 女	罗心彤	吴天昊	侯煜伦
石天慧 女	李浩阳	王亦瓅 女	李 煜	朱明页	马一飞	肖承芙
罗淇丹 女	唐 婕 女	郭诗怡 女	黄一芃	常子晗 女	张晓添	卢嘉美 女
缪瑞青 女	张 震	李歆雨 女	周秦璇 女			

西安建筑科技大学 2016 级（2021 届）建筑学专业学生名单

1601

李浩天	陈泊桥	雷博云	王 哲	贾源博	叶家良	张津瑞
高锟硕	辛雨辰	何少博	胡 狄	丁培根	魏文静 女	雷智珺
闫岳泽	李靖康	叶一葳	马路遥 女	陈华雯 女	金 铭	张腾跃 女
苏雪涵 女	谯一迪 女	李瑾睿 女	张思雨 女	马静仪 女	史柯馨 女	李兰雨萱 女
张芷菱 女	王丹宁 女	陈佳蕙 女	李丽红 女			

1602

阴旭彤	熊浩力	李 晶 女	陈启东	黄明凯	沙赵和	施逸飞
邵甲闯	郝旭博	朱旭运	吴 起	马渊海	姜云普	马樱宸
孙文雪 女	陈飞宇 女	王梦茜 女	程佳茵 女	谢子宜 女	任思琪 女	李鸿彬
朱钰霖 女	李康华	邸秋雅 女	梁钰婷 女	武雅慧 女	汪 洋 女	夏雪霏 女
李 凯	金子业	沙 威	张 欢	艾丽雅		

1603

胡祎航	徐山丰	夏天缘	孟杜翀	桑沛阳	王彦超	杨绪伦
王 杰	赵 宇	林志立	刘 威	姜 峰	王锦宁	王昕悦
赵心语 女	李嘉宁 女	阎浩津 女	段月月 女	付炜婧 女	刘至纯 女	蒋青青
魏婉彤 女	陈晓旭 女	崔菁怡 女	祝琬鑫 女	郭紫微 女	苏可煜 女	夏旻浸 女
张渺秋 女	郭致宇	朱星宇	屈恒吾			

1604

晏 攀	钱 程	刘 冬	张 皓	思黛博	唐栋璇	欧阳卓成
饶潇涵	马 嘉	舒 高	张子鑫	徐友骁	柳灵丽 女	王聿青
徐菁孺 女	齐 羽 女	李牧纯 女	孙 玥 女	苟林焱	杨卓君 女	石玥琰 女
王 迪	王文妍 女	李冰莹 女	黄素素 女	周雯雯 女	林奕薇 女	许易茹 女
雍楚晗 女	林鼎轩	禹 晴 女	覃浩津	罗玉成	杨泽凯	

1605

杨维桐	冯 智	邱浩然	王梦凯	王 展	张 帅	邱名诚
程竟禹	马 成	赵浩林	张栩睿	梅罗威 女	谢林静 女	秦一丹 女

冯筱筱 女	王子玥 女	蒋姝君 女	吴 宁 女	武娇阳 女	王 柠 女	李奕璇 女
张曦元 女	魏亚楠 女	刘斯诺 女	陈 一 女	邓宇航 女	丛凯力 女	张 岱
李小璇 女	林 璟 女	巫颖珊 女	房 媛 女	汪瑞清	伊力扎提	

西安建筑科技大学 2016 级（2021 届）城乡规划学专业学生名单

1601

张云天	高 天	田 磊	陈浩南	邓鹏飞	赖云飞	颜雨恒
高雨田	蒋维嘉	陈子浩	黄舒薇 女	王雨涵 女	李雨萱 女	陈柳池 女
宋孟坤 女	杨晨露 女	何昭莹 女	马晓睿 女	董慧颖 女	高新月 女	杨 莹 女
嵇薪颖 女	喻昕悦 女	陈笑婷 女	李慧敏 女	袁英哲 女	安昊琳 女	谢妮楠 女
郭 萌 女	黄凯丽 女	周珂徵 女	余伊霖			

1602

姚多好	侯培刚	吕昊男	王 乾	肖冠军	邵 哲	杨 豪
张至恒	李宇辰	康侣双	郝嘉璐 女	张 婷 女	刘文洲 女	冯馨怡 女
张思楚 女	尹晨玉 女	胡 凯	张瑞乔 女	谢诗萱 女	谢晓寅 女	马 帅
李倩倩 女	郑 艺 女	王博睿	郭 娜 女	陈雨薇 女	薛钰欣 女	常 迪
白宇琛 女	龙田安东	刘宇蒙	刘雨萌			

1603

秦正威	吕发明	王太泽	刘云雷	樊希玮	蔡 臻	姚家斌
张云祥	徐梓添	晏艺航	李晨铭 女	贺振萍 女	王雪怡 女	王雅丽 女
肖 静 女	王诗涵 女	巩彦廷	屈恩囡 女	戴怡茹 女	席 远	张琪瑞 女
李昱融 女	李 爽 女	郭寇珍 女	张佳蕾 女	王舒琪 女	燕虹卉 女	张增荣 女
崔琳琳 女	南江昊					

西安建筑科技大学 2016 级（2021 届）风景园林学专业学生名单

1601

文师鹏	黄有信	皮海宏	郑轶群	周葆青	张 超	李 超
肖怡静雯 女	赵诗佳 女	蒋睿澜 女	斯那初姆 女	李琬晨 女	杜馨怡 女	黄 苗 女
侯晨燕 女	李雨彤 女	吴巧韵 女	赵延雕 女	刘千惠 女	许馨丹 女	杨 航
鹿 琛 女	钱方彬	刘 津 女	王 垚	苏晓禅 女	李 瑞	刘雨萌
陈晓锐 女						

1602

顾明旭	任哲辰	张丹玺	肖景天	赵虎宸	梁云龙	李博宇
赵晓彤 女	党维茹 女	孟小茜 女	康婧妍 女	刘栩冰 女	薛若琳 女	邬鑫雨 女
朱佳荣 女	刘奕杉 女	郭春晖 女	韩雨欣 女	慕星雅 女	田 钰 女	孙茹芸 女
王小丽 女	杨乐琪 女	张 咪 女	南诗好 女	王嘉宁 女	李孟茹 女	王惜曦 女
朱莉梅 女						

西安建筑科技大学 2016 级（2021 届）历史建筑保护工程专业学生名单

冯博锐	付宇煊 女	党心怡 女	张淙洲	蔡佳霈	潘炳辰 女	朱昱玫 女
王钰淇 女	赵 峰 女	虢佳玮	张晓楠 女	尹毓君 女	罗 炅	李弈晗
毕源婧 女	刘子琪 女	林雨馨 女	杨智乔	李超凡		

西安建筑科技大学 2017 级（2022 届）建筑学专业学生名单

1701

车宇航 女	崔晓晨 女	侯嘉玥 女	李善真 女	刘思梦 女	刘怡嘉 女	庞 璐 女
彭玉婷 女	王 琛 女	王曼溪 女	杨 梦 女	张笑悦 女	张耀匀 女	郑力涛 女
郑诗珉 女	周燕清 女	范松乔	胡安达	李润田	李孝天	李 尧
刘 昊	刘子帆	潘安平	唐思远	王明亮	王瑞泽	王旭东
席 琛	袁 卓					

1702

徐匡泓	季颖真 女	康 源 女	李灵芝 女	李 幸 女	沈 卓 女	王 茜 女
王心怡 女	王雨阳 女	杨岁影 女	杨雪洁 女	张 文 女	张馨仪 女	张煜琦 女
白宗错	党 源	何东孺	何家轶	何文希	洪 森	黄祖荃
蒋宏博	李时雨	毛觊清	王 灏	张人予	张一鸣	罗 昊 女

MRIBA MACHUGU KISANTA 坦桑尼亚 　　　　Kyabega vianey kiiza swalehe hussein 坦桑尼亚

1703

李鑫瑞	杨 捷	成博臻 女	衡艺青 女	雷 颖 女	蒙 佳 女	祁芮名 女
任岚瑛 女	苏婷婷 女	苏湘茗 女	田珊珊 女	王惠钰 女	王星玥 女	杨 悦 女
张亦弛 女	李一成	李郁东	刘惠东	刘晓圻	罗 政	王 奇
魏传帅	徐 越	阎旭杰	杨若钰	袁 帅	张 昊	陈雨萍 女

Karimjee Aliasger Kurban 坦桑尼亚 　　　　Sangija Doreen Ndelembi 坦桑尼亚

1704

尚春雨	王玲玲 女	窦 闻 女	贺晨静 女	黄夏琳 女	蒋宇萱 女	景怡雯 女
刘 丛 女	田昱菲 女	涂 奕 女	熊若彤 女	徐婧婕 女	杨启帆 女	郑 婷 女
雷嘉宇	李林樵	李云博	刘 畅	马 驰	吴冠啸	张童歆
王鹏辉	张一凡	张宇彤	赵文彬	郑显峥	李牧纯	王培儒
李侑庭 女	Nejati Mohammad 伊朗					

1705

赵 良	彭溢崟 女	郭 佳 女	孔妤文 女	李 敏 女	李逸君 女	申维璐 女
孙沐科 女	王紫悦 女	夏芷叶 女	杨晓涵 女	张碧荷 女	朱倍莹 女	郭 辉
郭铭杰	牟子雍	孙 康	汤梅杰	武 涛	杨晨越	张亚浩
张钟霖	赵士德	赵天意	周泽贤	李云仁	王昱钧	张心雨 女
冯筱筱 女	王梦凯	张 锟	韦海璐 女			

1706

杨靖文 女	汪 明	陈玉珂 女	崔欣然 女	董蓉莲 女	侯汉亭 女	冷相宜
李蓉静 女	秦聪颖 女	偰嘉雯 女	熊佳奇 女	姚 睿 女	张静怡 女	朱悦越 女
蔡皓明	曹光伟	蒋欣卓	解 锋	罗连辉	庞兆同	王嘉威
王俊成	吴胜祥	杨泽润	杨宗熹	张瑜文	张斯琪 女	高 燊

ERICO MGENI JIMSON 坦桑尼亚

1707（新工科实践班）

韩 笑 女	王锦煜	张钲霖	师传捷	王茜楠 女	成 可 女	李越珊
刘函宁	郭玉婷 女	贾康皓	呼馨佩	邢颖滔	赵心悦 女	李天琪
李紫涵 女	杨 凌 女	鲍昱帆	王昊迪	董季平	叶雯馨 女	亢颖博
刘 达	方千之 女	李俊杰	杜雨轩 女	危峻青	归瑞涵	朱浩庆
赵羽珊姗 女						

17-B国际生

IMRAN HOSSAIN孟加拉国　　　　　BIPLOP ROY SREE孟加拉国　　　　　HOSSAIN SUJON MD AMIR孟加拉国

William Violeen Rachel坦桑尼亚　　　Emmanuel Stenson Nnunduma坦桑尼亚

西安建筑科技大学 2017 级（2022 届）城乡规划学专业学生名单

1701

李姝铮 女	曾祥诚	黄悦阳 女	高　慧 女	雍甜甜 女	陈思琪 女	陈婉宜 女
陈卓昀 女	阎婧怡 女	邓子璇 女	赵语聪 女	谢雨萱 女	田琳境 女	杨子馨 女
张　敏 女	周芹慧 女	吴佳玥 女	严旭玥 女	龙佳乐 女	雷一鸣	钱宇哲
杨负兴	李健松	曹博翰	张　超	张智尧	张思杰	周虹宇
冷彦良	张尚俊晨					

1702

曹如懿 女	傅　瑜 女	黄伊洋 女	钮靖涵 女	贺佳璇 女	董子轩 女	罗园园 女
王佳琪 女	李欣谚 女	李新纯 女	朱玉姗 女	张　馨 女	姜　月 女	姚毓敏 女
周滢琰 女	华若琪 女	刘雨荷 女	于　航	黄　涛	鲍　迪	高　淳
马健宁	谭欢欢	董　恒	田　兴	武天戈	杨小雨	李一帆
张　帆	张奉芊成					

1703

刘程云 女	齐雨萌 女	赵雨萌 女	赵业珺 女	袁　梅 女	蔡舒怡 女	罗　婧 女
王雨沫 女	王　璇 女	王玉卓 女	李贝贝 女	李瑾雯 女	李晓璐 女	李富瑶 女
李　倩 女	冯宇晴 女	严懿颖 女	黄　卓	魏晨曦	韩英健	王程栋
王昊哲	杨逸飞	曾红平	曹清泰	张鑫烨	宋佳程	刘钰芃
刘子睿	程鹏宇	韦一珉				

西安建筑科技大学 2017 级（2022 届）风景园林学专业学生名单

1701

黄昊霖	张宜湄 女	陈玉婷 女	郭嘉瑞 女	赵明月 女	罗伍春紫 女	程哲文 女
王晨茜 女	王一凡 女	林汐玥 女	李欣瑜 女	李卿昊 女	戴雯菁 女	宋逸霏 女
宋子祺 女	孟堃毓 女	吴佳华 女	刘卓灵 女	何佳艺 女	任雨馨 女	魏海晨
陈　泽	陆相岑	谢树天	许保平	范振宁	肖龙鑫	童安昊晨
王真真						

1702

魏京城	邱一峰	白晨明	田嘉瑞	张　鑫	张嘎尘	张　凯
康奕瑾	孙天一	王晨曦	任小敏	丛菲菲 女	马婷婷	贾祺斐
毋斯侬 女	杨竹梅 女	杜依晨	徐　莹 女	万佳瑞	雷　璇	董祎瑶
杨艺璇 女	李钰琪 女	李嘉薇 女	徐芳柯 女	刘婧方 女	徐宇欣	张逸月
宋晓蕊 女	刘俊辰 女					

西安建筑科技大学 2017 级（2022 届）历史建筑保护工程学专业学生名单

白晶晶 女	雷辰曦 女	陈思彤 女	门　轩	郑　哲	贾瑞嘉 女	舒　月 女
耿瑾含 女	章　清 女	王浩泽	王　敬	温若玉 女	李苗成	李昕雨 女
曹佳琛 女	张暄寅 女	孙静雯 女	姚雨芊 女	周楚然 女	吴　霜	吴昕悦 女
刘芷欣 女	乌静菲 女	高煜笙	高宇迪	马代浩	胡若凡	李秋实
徐一鸣	尉文琦	吕泽鹏	单长乐			

西安建筑科技大学 2018 级（2023 届）建筑学专业学生名单

1801

赵晨曦 女	谭雅蓉 女	袁绚语 女	王广怡 女	王少辰 女	李雨诗 女	徐绵萍 女
张佳妮 女	崔世雯 女	宗海艺 女	孙启薇 女	于雅羲 女	陈 晨	赵煜正
贾富安	田浩东	田嘉磊	王鹏博	杨朋赫	李韫喆	李嘉骏
张欣驰	张新雨	师文博	宁开来	周晨曦	史云哲	刘琨琦
余 喆						

1802

郑之怡 女	赵丁萱 女	谢珑欣 女	蒲怡帆 女	王郁涵 女	王 宸 女	王子涵 女
熊天添 女	李明珠 女	戚海馨 女	张予晗 女	崔雨洋 女	岳缇萦 女	刘津睿 女
冷芯姿 女	龙瑞舟	赵雨泽	赵彤山	孟祥昊	甄子煦	王冠淇
张乐天	周露文	刘 涛	冯彧晗	仝紫天	万嘉乐	

1803

陈映璇 女	董禹池 女	梁洁妮 女	王俞欣 女	王亚男 女	焦尹宣 女	沈婷婷 女
樊蓝嵘 女	李海燕 女	朱梓杰 女	张立学 女	张嘉斐 女	周淑君 女	吕 晨
刘奕含 女	陈福坤	郝卫旗	赵一博	范雨龙	胡浩南	温皓宇
杨钦宇	李欣雨	李劲舟	景润韬	崔郭强	孙昊阳	

1804

黄睿涵 女	韦思雨 女	郑韵浓 女	赵文璇 女	简一心 女	李情族 女	李 念 女
朱静玥 女	张艺伟 女	张 晓 女	周文欣 女	周文君 女	吴倩颖 女	刘芝伶 女
刘皓颖 女	高佳乐	马正浩	罗俊明	汪鹏飞	汪益扬	李贝宁
李炜烨	张雨鑫	师新川	孙弈沣	向 骏	刘纪龙	刘 炀

1805

高楚晨 女	韩莎莎 女	邹凌帆 女	武若男 女	樊昱江 女	胡昕月 女	方丹晨 女
张蕴琳 女	张 萌 女	张文琦 女	孙怡航 女	姬瑜凡 女	叶森泽 女	刘子煜 女
牟炳源	陈靖泽	陈泽帅	郭海亮	逯昌龙	薛庭塈	王修源
刘泽宪	杜运鹏	李英杰	彭文豪	常鑫康	赵一江	刘玉研

18-A 国际生

MKWAWA ADAM HASSAN 坦桑尼亚	EJO NAHOM TESHOME 埃塞俄比亚	KWABHI GODWIN MWIJARUBI 坦桑尼亚
MURWIRA LISTER 津巴布韦	SEGUYA ANNAN MATOVU 乌干达	MWAIKAMBO DENIS OSCAR 坦桑尼亚
MUZAMMIL MUHAMMAD 巴基斯坦	ALI MANSOOR 巴基斯坦	MUNYAGA OLIVA GEOFREY 坦桑尼亚
MWAKYUSA LISA PHLILIP 坦桑尼亚	MLAKI ENIGHENJA SILAS 坦桑尼亚	KIWELU BRENDA ZABADIAH 坦桑尼亚
MAGADULA SAMSON JOHN 坦桑尼亚	MUHUMUZA ARNOLD 乌干达	DAWOYEA MICHAEL ROLAND 利比里亚

西安建筑科技大学 2018 级（2023 届）城乡规划学专业学生名单

1801

魏子晨 女	雷妍玉 女	陶建宇 女	金宇楠 女	邢晓越 女	赵锦霖 女	董钊涵 女
胡 晓 女	武 玥 女	方一淑 女	徐 靓 女	张柳欣 女	孟 璐 女	刘 畅 女

冯 玉 女	何 倩 女	魏 来	韩硕星	韩德盛	王俊霖	沈泽帝
张继庆	廖佳荣	吴培儒	刘新辙	冯智亮	乐 亮	王晓晗 女
殷 茵 女	陈 立 女					

1802

黎淼淼 女	魏夏仟姿 女	高悦茹 女	薛若彤 女	王 路 女	桂晨妍 女	张 鑫 女
张琪晨 女	张 悦 女	张一佳 女	席佳榕 女	崔晨曦 女	周之鹤 女	刘潇逸 女
刘子萌 女	龙文煊	赵晓飞	胡 克	程启航	王 哲	李体洋
曾 元	戴礽祁	张富豪	崔启超	安浩天	刘恒哲	严澍羽
南宫琛佳 女	李瑾瑞 女					

1803

鲁 菲 女	陈肖静 女	赵德益 女	王 静 女	王心玥 女	毛玥婷 女	杨佳莉 女
宋 璐 女	崔晓雯 女	唐小敏 女	史世情 女	刘禧瑞 女	冯 瑞 女	付筠婷 女
乔沛瑶 女	金原梓	许赜轩	罗宗旭	王潇逸	王大正	段朋江
李雨珂	蔡谢凡 女	张旭亮	宋文腾	孟凡真	姜攀攀	李佳芮
王玉卓 女						

西安建筑科技大学 2018 级（2023 届）风景园林学专业学生名单

1801

龙飞扬 女	韩 雪 女	雷晨婧 女	陈 莹 女	金雨欣 女	袁雨薇 女	苏钰淇
甘凯莹 女	王邵雯 女	王溪韵 女	王娟娟 女	沙炜如 女	沈朗朗 女	汪 洁 女
欧阳聿婧 女	柴金玉 女	李尚卉 女	张若辰 女	安子琪 女	安妮思睿 女	阚聪智
郭铭元	郭 凡	谢欣阳	王育辉	李奕呈	徐新有	卢 毅
关柏铮	徐睿阳	姜雅雯 女				

1802

高云静 女	赵珺惠 女	谭凤玲 女	胡乔夙诺 女	王一帆 女	段力心 女	杨浩宇 女
李 雪 女	李雨辰 女	李祎萌 女	李曼溪 女	李昱昕 女	张姣 女	庞婉纯 女
尚 怡 女	刘爱君 女	刘梓欣 女	刘思彤 女	何佳玉 女	陈溢龙	王豪杰
段育松	梅皓杰	李昱霖	张旭阳	庞子祺	刘航宇	罗雨佳 女
冯 燕 女	王一飞	关铂铮				

西安建筑科技大学 2018 级（2023 届）历史建筑保护工程学专业学生名单

1801

龙斯淼 女	钟丽蓉 女	金雪慧 女	赵笛欣 女	袁 菲 女	田艺艺 女	王锦姣 女
洪沁园 女	汪思月 女	杨韵可 女	李语桐 女	文一玲 女	宋欣旖 女	宁兴慧 女
刘禹言	刘晶晶 女	刘佳怡 女	丁 楠 女	龚尚炜	钱皓扬	蒲昊峻
王石麟	杜泽华	张灼然	刘文博	严健豪	丁逸龙	符芳凝 女
尹佩柔 女	高茗畅 女					

1.3.3　建筑学院历届硕士研究生名单

1979 级

陈升信	李旭华	余正维

1981 级

侯卫东	刘临安

1982 级

李京生	晏 欢	张正康

1983 级

林 川 女	邵晓光	滕小平	王建毅	黎少平	陈永成

1984 级

付军毅	何 川	乔 征	何 融	刘加平

1985 级

陈 梅 女	尚建丽 女	费 绚	高中原	马 健 女	王 瑶 女	王富臣
夏一兵	阎 斌	朱一敏 女	施 燕 女	惠西鲁	杨豪中	董笑岩 女
杜越昭	戈 刚	马长青				

1986 级

孙晓光	娄东旭	陈 洋 女	蒋 钦	王海峰	汪海峯	徐江萍 女
陈 沈	杜高潮	王 桢	王丽娜 女	任 俊	江文辉	赵 菁 女
杨明瑞	刘辉亮	周庆华	刘 敏 女	兰新辉		

1987 级

李 斌	芦天寿	王新星	何 健	张 青	李志民	李亦峰
董若婕 女	王健麟	卫 兵	任文辉	杨君庆	肖景文	周 明
赵西平	韩建军	张清明	苏博民	李莉萍 女	韩 松	曾 文
何 健	汪向东	李侃桢	刘克成	张明新	王 竹	

1988 级

冯晓宏	李春生	武 联	赵晓波	汝俊峰	李 强	杨 凡
岳 岑	李 靖	贾卫东	王 瑛 女	陈 良	韩茂蔚	武六元
李 峰	张向军	葛晓林	刘 晖 女	王树国	郭 洁 女	

1989 级

程 帆	黄德健	李 欣	刘晓瑛 女	罗 锐	马 青 女	万晓峰
王 莹 女	王宇飞 女	许 华 女	杨吉荣	宁奇峰	杨 哲	安铁毅

1990 级

李 丽 女	王平易 女	肖 宇 女	陈 莉 女	史晓峰	朱 唯	钟 珂 女
赵志曼	张 沛	王东辉	王 进 女			

1991 级

李 渍	刘人恺	肖 莉 女	邹刚毅	由 欣 女	高 卫	刘 炜 女
付 岩 女	丁为东	陈 蕾 女	李 敏 女	李福成	张 旸 女	万 杰
张 薇	杨 斌	李岳岩	陆东晓 女	刘 玉	汪文展	李福成
戴颂华 女						

1992 级

安 黎	段静芳 女	刘福智	李文东	明宝芸	石 蕾 女	王芙蓉 女
王静秀 女	俞 清	郑启皓	邹 杰 女	林 松	成 炎 女	王万江
周 伟	杜 谨	王明军	罗玉金	李 洁	王翠萍 女	张定青 女
黄雅如 女	李东泉 女					

1993 级

董玉香 女	桑东升	戴 军	黄 健	刘 煜	刘 敏	宫浩源
贾建东 女	王维东	王江华	王 军	王 鸽	熊 健	杨洪涛
谢立辉	姚峥嵘	曹 勇	迟为民	王新建	沈红立	张 峰
毕凌岚 女	雷振东	兰 敏	王 兵 女			

1994 级

李 扬	李海涛	刘 勤 女	李军环	马敬超	王 鹏	王 桦 女
王江华	于 千 女	张峡丰	周相涵 女	周国权	蒋明明 女	符 英 女
翟利群 女	权亚玲 女	任云英				

1995 级

贺 勇	李立敏 女	梁 华	魏 强	王晓川	曹永康	林 源 女
吕红医 女	彭 兢 女	吴保军	闫鸿翔	闫增峰	许艳玲 女	刘艳峰
陈 方 女	董芦笛	刘志鸿	聂仲秋	吴庆瑜	陈 欢	

1996 级

柏疆红	曹 健	付 瑶 女	苏 堤 女	杨 柳 女	雷耀丽 女	刘 怡
刘启波 女	孟 昶	徐晓春 女	徐 宁	付明光	贾 红	孙卫国
张蔚萍 女	周明国	杨 柳 女	杨迎旭	张欣洋	曾 怡 女	张 倩
常海青 女	段德罡	罗洪飙	刘 蓉 女	姬 霖 女 总图	钱 浩	袁舒萍 女

1997 级

陈露石	黎 岩	孙 杰	王 彦	魏 秦 女	向 山	于文波
张 诚	张 芮 女	张 阳	赵中怡 女	周文霞 女	刘智勇	马 龙
王 健 女	刘 亚 女	何 梅 女	赵敬源 女	刘建军	马 强	孙燕平
白 宁 女	陈 平	崔华芳 女	胡 玮 女	杨秋霞 女	尤 涛	周学红 女
徐 淼 女						

1998 级

安小静	陈景衡 女	崔 安 女	丁正勇	樊 可	黎 岩	梁长青
宋功明	万 瑶	杨学鲁	张 群	赵 鹏	刘 彬	刘海宁 女
卢 涛	朱达莎 女	许 硕	王 展	张彦庆	王 芳 女	韩晓莉 女
张 伟	潘 智 女	陈 静 女	郑世伟	陈洪滨	陈 琦	李 震
苏 童	王树声	谢工曲	刘 丽 女	姚肖冬	杨 靖	王占民
王志毅	赵 群 女	刘 铮	闫幼峰	贾及鹏	王有为	吴左宾
蒋 蓉 女	董丕灵 女	郭 炜	韩西丽 女	王 芳 女	王 威 女	李 强
杨晓立	赵文强					

1999 级

范军勇	傅 平	郭 宁 女	李 帆	李 昊	李 媛 女	刘 昆 女
刘鲲鹏	戚路辉	是震辉	王 琪	王 琰 女	王 野	辛江莲 女

杨鸿霞女	朱江	唐冬梅女	范菁菁女	李静女	杨莹女	李晓婷女
孙丽平女	王姣阳女	翟斌庆	赵霁欣女	郭意梅女	李伟	刘京华女
刘丽女	周官武	李峻女	裴菁菁女	勾玉声	闫金花女	周秋寒
常辉女	姜敬莹女	蒋蓉女	李骊女	李曙婷女	刘海龙	邢倩
张芳女	张凌	张特纳女	吴锋	孙立	赵健女	赵迎雪女

2000级

白磊	曹杰勇	陈建军	丁桂节	窦思	冯小学女	付燕女
高巍女	贺嵘女	贺小宇	胡海涛	黄威	黄卫华女	霍明凯
靳亦冰女	李洁女	李铭	李钰	梁锐	解立婕女	刘晨晨女
刘雪梅女	吕娟女	马纯立	穆钧	牛丽文女	沈莹女	王非
王涛	王涛	王鑫	王彦	王洋	王小凡女	杨俊锋
虞志淳女	张建	张文进女	赵红斌	赵小龙	种小毛	周康
周崐	周薇女	陈新女	宫学宁	韩怡女	胡婕女	刘铁梅女
唐明	王晨	王劲	王蕾女	王少锐	杨宇峤女	吕小辉
牛淑杰	王小莉女	席明波女	郭华女	蒙慧玲女	王润山	夏博
岳鹏	张承	张林景	赵前女	钟威	朱城琪	张震宇
陈丽华女	曹象明女	陈小华	陈志强	崔云兰女	李建华女	刘吉
董向锋	何哲	黄睿女	黄嘉颖女	贾党辉	刘红霞女	刘俊伟
潘洁女	沈爱华女	苏鸿翎	唐登红	王海勇	杨琰锋	魏伟
魏江苑女	吴峰	邢卓女	薛锋	薛军		

2001级

白晶	毕景龙	蔡欣	陈泳全	冯楠女	王宇洁女	魏琨
巩磊女	黄宁女	寇志荣女	雷洪强	李茜	吴大维	吴海波
刘谦	栾天雪女	罗念安	吕睿女	强虹女	闫娓女	晏冉
孙耀磊	覃阳女	田韧	王超	王慧	杨磊女	杨瑞
袁晓东	张峰	张力	赵谦	赵向太	徐劲	杨新和
乔燚	沈菲力	徐伟楠女	薛燕女	赵雪亮	仲利强	高博
王琦	王颖女	杨钊	于东飞女	郑郁郁	高海鹏	李习宏女
陈茜女	范飞	方旭艳女	高鹏	高山	李玥女	张秋艳
孟祥武	聂菲女	田苗女	张鸽娟女	张璐	贺建红女	黄丹
董海荣女	林涛	马征女	聂雨	谭良斌女	王进	谢先强
邹源	陈钦水	高早亮女	洪亘伟	周文竹女	朱小平	蔡蕾
刘讷讷女	卢文增	马鹏	孟强	钱紫华	余咪咪女	张敏霞女
邵小东	孙宝海	孙炬	佟庆女	王健	类延辉女	杨明
刘雷	任杰	荣丽华女	闫常鑫			

2002级

曹立罡	曹苇女	曾蓝女	陈露女	陈珊女	杨慧女	杨俊峰
范钦彧	冯华真女	管清河	胡志忠	贾梦蛟	杨颖姬女	尹宇波
李婧玲女	刘瑾女	罗洋	马瑞芹女	马卫亭	赵尔霄女	肇羚衾女
任春袆女	王萍女	温海涛	温宇	吴志刚	朱晓冬女	党瑞女
李斌	李大为	武毅	谢芳女	张磊女	宇文娜女	董锦绣女

裴胜兴	乔 峰	张 皓	温亚斌 女	徐 娅 女	张宏志	张 蕾 女
李 凌 女	李轶夫	宁 倩 女	宁小卓	潘颖岩 女	陈 森	陈水英 女
乔 峰	邱 月 女	王 翮	王铁铭	王 赢	杜 峰	葛翠玉 女
王建华	王 锦	王 森	魏 琨	武志东	景亚杰	肖文静 女
严 萍 女	杨 捷	杨 立	张 涛 女	赵 华 女	屈万英 女	王洪光
邴启亮	曹云莉 女	陈墨峰 女	程 婕 女	董 征	闫海燕 女	燕 芳 女
冯 涛	康伟中	冷卫兵	李 飞	李红涛	姚忠举	殷 雷
林 杨	刘 超	刘海燕 女	吕 航	吕慧芬 女	张 洁 女	张 毅
倪用玺	聂康才	牛瑞玲 女	邵正刚	史永强	张小金	张 媛 女
宋虎强	谭文杰	谭振峰	王 丹 女	王 磊	郑 炜	朱城琪
王 渊	王代赟	王广震	王治新	徐海燕 女	朱海声	

2003 级

白雪峰 女	蔡 治	常 宇	代元麟	董 亮 女	冯 青 女	高 杰
郭 栋	韩 瑛 女	郝丽君 女	季 华 女	贾广森	贾小非	李慧芬
梁 源	刘 芬 女	刘 伟	刘 钊 女	娄蒙莎	李 莉	王 娟
牟 荻	潘 华	浦 敏 女	佘海峰	苏积山	王丽君 女	王 帅
王 炜	王 炜 女	贺 静 女	黄 鑫 女	吕晓聪	吕晓聪 女	吴 蕾 女
许东明	许 洁	许引娣 女	薛 蕾 女	杨 华	李 明 女	李 鹰
杨 蕊 女	张 婧 女	张 萌 女	张 苗 女	张秋皇	童 鑫	王伯城
张 彦 女	张 宇	张 舟	赵 明	赵 伟	杨清宇	张 茹
周瑾茹 女	周 燕 女	董 霖	范 峥	王晓静	张亚娟 女	赵长青
郑 凯	马 凌	李文瑜 女	王 薇 女	王 欣	王 燚	燕宁娜 女
冯 柯 女	高 茜 女	高彩霞 女	郭晓宁 女	郝锋艳 女	叶明晖	袁志涛
何 畅 女	贺文敏 女	侯秋凤 女	兰英姿 女	李 勤	张 璐	张颖轩
李少红 女	刘 征 女	刘长飞	宋 霖	苏 芳	常 缨	董 宏
孙军华 女	孙跃杰 女	童 敏 女	王 军	王 莉	郭 兵	郭文娟 女
李 海	李 钰	李雪平 女	林 晨 女	刘 辉	朱文龙	何化岳
乔永锋	师奶宁 女	王金奎	王景芹 女	谢琳娜	张 俭	朱玉梅 女
安 蕾 女	白 冰	曹式飙	陈 磊	陈 莉 女	孙海军	汪雪峰
陈 曦 女	陈培汉	樊 鹏	高 蓉	龚 玮	王 琛 女	王 芳
郭秋兰 女	韩刚团	韩净方 女	何林泰	胡方鹏	王 浩	王 粟
姜学方	李 冰	李 源 女	李莉华	林宇凡	王 燕	王颖辉
刘 翔	刘海明	鲁晓勋	罗国华	吕 琳 女	王昱之	魏 捷
吕 楠 女	马冬梅 女	邱慧斌	申志慧 女	施小斌	闫 蕾	严 俊
肖哲涛	谢 晖	徐丽华	徐秋实	徐晓丽 女	杨 侃	杨彦龙
俞 锋	张 鹏	张 鑫 女	张慧鹏	张俊杰	杨雨薇	张松峰
赵 毅	周 鹏 女	朱海和				

2004 级

白 雪 女	毕岳菁 女	曹云钢	曾子卿 女	陈 聪	许晓东	薛 瑜 女
邓 蕾 女	杜清华 女	段 婷 女	房 鹏	傅兆国	于 杨	余 媛
高 俊 女	高珊珊 女	高婉炯 女	弓 彦 女	顾中华	张旖旎 女	赵 英 女

西安建筑科技大学建筑学院 院志 1956—2018

附录 一 表

韩丽冰 女	韩育丹 女	贾 艳 女	姜 黎 女	李 罡	安 乐	白 胤 女
李 陌 女	李 霞 女	李术芳 女	李玉泉 女	连少卿	潘 静 女	庞菲菲 女
廉 鹏	梁 林	梁 玮 女	梁 颖 女	梁朝炜	杨 赟 女	袁 静 女
林 娜 女	刘 莹 女	刘 伟	刘红杰	刘菁华 女	闫 杰	杨春路
刘亚东	龙 敏 女	马 珂 女	马琳瑜 女	乔 堃 女	张 敏 女	张 涛
邵 山	师晓静 女	石运龙	宋 辉 女	苏 文	赵习习	周思宇
孙自然 女	唐文婷 女	田铂菁 女	田心心 女	王 芳 女	董广全	董 茜
王 晶 女	王 娟 女	王 璐 女	王 谦	王 宇	王波峰	王慧慧 女
王 旭	王菲菲 女	翁 萌 女	邢 超	徐洪武	张文剑	赵 辉
尹 丹 女	张 婷 女	冯 雨	王振宏 女	相虹艳 女	刘 渊	赵 鹏
刘 群 女	刘 渊	魏秋利 女	白 磊	曹 慧 女	高 磊	高庆龙
侯 政	姬小羽 女	金 泽	金苗苗 女	李 玲 女	桂智刚	孟 川
李俊鸽 女	梁 锟 女	刘 凌 女	刘 元	马斌齐	乔 慧 女	王丽娟 女
吴 媛 女	邢烨炯 女	张 明	陈常顺	苏彩云 女	王 莹 女	王江丽
徐海滨	周 强	周海源	周夏橹	朱 爽 女	朱春红 女	张琳琳
卞 坤 女	蔡忠原	常 乐	陈 超	陈 蕾 女	皮 浩	朴 浩
邸 玮 女	丁 俊	杜 娟 女	方丹霞	高先明	祁丽艳 女	任 璐 女
郭雅琳 女	韩 超	韩杰斌	何 疆	洪 蕾 女	邵风瑞	王 晶 女
贾文君 女	姜亚丽 女	李 亮	李 敏 女	李 煜	孟 华 女	孟 钊 女
李肖亮	李晓辉 女	李晓玲 女	梁 鑫	廖 杨	苗成霞 女	穆江霞 女
令晓峰	刘 鹏 女	刘 涛	刘 婷 女	刘洪莉	刘奕君 女	刘智才
田 颖 女	王 超	吴 迪	王 磊	马 杰	柳 妍 女	吕明娟 女
王 琼 女	王美子 女	吴 欣 女	吴小虎	潘宁宁 女	史 卿	司马宁
吴亚伟	咸宝林	肖春娟 女	张 玲 女	张 鹏	王 娜 女	张新颖 女
谢 芸 女	熊东旭	徐 岚 女	徐荣荣 女	许后胜	张晓荣 女	张洪波
薛 刚	杨 辉	杨 倩 女	杨耀玕	尹得举 女	张 颖 女	赵 璐 女
袁舒萍 女	岳 艳 女	翟启帆	张 豪	张 晶 女	赵 超	仲欣维

2005 级

白 涛	陈 敬	陈 乐	陈 明	成 辉 女	王 源 女	韦 娜 女
程 亮	程梦洁 女	崔东阳 女	代成伟	丁蔓琪 女	吴木生	吴 玺
董 睿	董小萍 女	范志永	高 琳 女	高 梅 女	辛 伟	徐明智 女
高 明	郝珊珊 女	何 媛 女	贺秀霞 女	胡 靓 女	杨晶晶 女	杨永恩
胡 璇 女	黄春发	康东阳	李 斌	李 恒	张 莉 女	张亚婷 女
李经宇	李君杰	李俊梅 女	李 强	李 维	郑 鑫	周立广
李相韬	李 鑫	连 峰	廖 洋	刘 凯	魏 婷 女	温雅玲 女
刘鹏羽	刘珊珊 女	刘艳丽 女	刘 瑛 女	刘宗刚	吴用强	吴 璪 女
马 琳 女	牛钰坤 女	潘焕宇 女	潘 琴 女	彭立磊	徐小瑜 女	许 懿
任培颖 女	尚 昕	沈力源	史靖塬	苏海滨	于 梅 女	张佳佳
苏 嶂	孙启云	孙荣雯 女	孙 涛	田苗苗 女	赵明瑞	赵 韧
同 庆	王大鹏	王 娟 女	王 凯	王 凯	吴林林	肖 敏
王 力	王丽丽 女	王 青 女	王 蓉 女	王文正	闫 珂	赵 旭

王晓敏女	王晓宇女	王 欣	王 煦女	王艳俊	张建海	陈 华
龚少杰	陈志鹏	范 韬	付 敏女	高华丽	王 欣	吴晶晶女
沙重龙	郭 敏女	纪婷婷女	林旭昕	刘 起	宋晓庆女	王 晶
肖 波	叶建华女	赵 琨女	赵昕诺	韩 宇女	李 恩	李晓杰
陈 翀	陈 涛	冯林东	耿 桦	孔庆捷	谭 伟	王战友
何 欢	何金春女	惠祥昆	贾江美女	宋海静女	刘 峰	鲁海波
周景石	朱新荣女	吴 迪女	杨红霞女	杨 彬	杨继霞女	杨 萌
白聪霞女	白海涛	陈丽丽女	陈林波女	崔 哲	尹金宁	游佩玉女
丁小丽女	丁 芸女	董慧玲女	郭 鹏	胡蕊娟女	张 博	张利果
黄坤鹏	黄 磊	黄 抑女	惠 勇	江 龙	张向军女	张小娟女
解翠乔女	靳 薇女	李 兵	李朝辉	李海华	于佳永	余向恒
李 晶	李科昌	李 强	李 洋	李荫兵	张荣辰	张慎娟女
李 媛女	李 孜女	厉媛媛女	连 华女	刘 冬	张小鹏	张 燕女
刘淑虎	刘 叶女	吕玉婷女	马 腾	马 琰	袁兆华	薛江涛
毛成功	乔 慧女	任保平	荣 昱	石会娟女	张 薇女	杨小玲女
石 秦女	宋 颖女	孙宏生	汪 波女	王宝君	张 洋	闫 飞
王 静女	王林申	王 伟	王 寅	吴昱涵女	武尊茹女	席 侃
姚 新	姚 征					

2006级

曹 桦女	曹 勇	曹 芸女	曾 湉女	常 玮	吴 健	席仁义
车 通	陈 峰	陈 睿女	杜 乐	巩仪鹏	闫 娥女	阎 飞
郭丽娟女	郝占国	何玉斌	贺 娟女	贺晓燕	杨晓玫女	尹 欣
胡晓勇	胡晓舟	黄晶晶女	黄有曦	贾 斌	张慧娜女	张恺良
姜 峰	靳 迪女	靳 江	靳 康	靳树春	张小芊女	张燕龙
雷 鹏	李 磊	李璐璐女	李 薇女	李 欣	赵瑞云女	周 博
刘 嘉女	刘 宁女	刘 强	刘 魏女	柳 娜女	徐 超	徐健生
卢 成	卢春晓女	吕 凯	马成超	马成俊	杨 博	杨春时
穆卫强	潘 吉	潘 婷女	乔 磊	任 杰	尹 毅	余 凯
沈彬彬	宋 婕女	宋思蜀	苏 静女	孙丽娟女	张丽欣	张 萍女
唐兴来	田裴裴女	王 博	王 珺女	王林峰	张 雍	赵 楠
王清强	王 瑞	王 霞女	王 晓	王 琰	周力坦	周志菲
王 瑶女	王昱鸥	吴 波	吴 波	吴 迪	许 多	杨 苏
虞 媛女	张荣丽女	赵 鹏	刘二燕女	刘 瑞女	田 园女	闫梦婕女
安 磊	丁智勇	樊 敏	郭亚然	郭兆儒	杨 玮	翟 芳女
何 婷女	李 辉	李慧敏女	李晓纲	廖 荣女	张 涵	孙 婧女
常 虹女	陈国毅	陈 明	董洪庆	董耀军	门 颢	亓晓琳女
段晓锋	冯旭明	郭 伟	何知衡女	胡艳丽	王 斌	王 辉
姜兴华	李 明	李延俊	林 峰	马 波	王 丽	王 觅
吴 洋	薛文利	杨 鹏	孙立新	汤红锋	张树燕女	张樱子
张忠扩	郑武幸	祖 宁	张 宇	吴 宁女	吴 潇	邹源飞
曹力尹女	陈东林	程兴国	仇海囡女	戴海雁女	姚 敏女	尹维娜女

丁晓杰	杜　森	樊旭宏	丰培奎	冯保科	张清华女	张圣辉
盖新强	高　峰	郭凤丹女	郭生智	郭雅宁女	职晓晓女	朱燕芳女
郝春艳女	何雪莹女	贺建雄	候新华	黄博燕女	张　峰	张佳炜
江伊婷女	姜　岩	赖宇骄	李国栋	李　林	张馨木	赵志生
李志飞	刘　伟	刘妍妍女	刘作燕女	罗　洁	张可欣	吴　森
马方进	马　珂	孟　宁	牛景文	潘　昆女	郑晓伟	杨贵玲女
权　瑾女	芮　旸	沈祖光	苏　钠女	田晓晴女	吴潮玮	王永强
王爱清女	王　峰	王江玫女	王　莉女	王孟和	阎　照女	信建国
王鹏飞	王　倩女	吴　健				

2007级

曾英音女	陈关竹女	陈　昊	陈　琦	陈　田	闫文秀女	严富青
陈　琰	陈艳辉	陈义瑭女	成　佩女	戴艾迪女	杨正道	叶洲雄
邓　杨女	董国升	董　杰	杜　恺	杜　昆	张　良	张　涛
封家慧女	冯　洁女	冯歆淇女	冯雪霏女	高博为	张　莹女	张　湛
高佳卉女	葛　亮	郭　斌	郭　峰	贺　飞	严　石	阎　佳
胡　冰女	惠乐斌女	霍　红女	李保宁	李红云女	易金锋	翟晓莹女
李　杰	李　景	李　林	李雅芬女	李咏瑜女	张伟哲	张文龙
李　照女	李志伟	梁潇文女	刘成海	刘　海	章国琴女	赵坤辉
刘　洁女	刘美江女	刘　然女	刘雨夏女	刘　越	杨　洋女	邬　齐女
楼　正	逯　玮	罗浩原	罗　琳女	马　杰女	张　波	吴　扬
潘晓博	裴建钊	戎　飞	商亚楠女	师宏儒女	张笑寒女	许传刚
石　磊	苏　静女	孙　倩女	汤诗伟	唐林衡	折建荣	邢　珊
滕海瑜女	田　涛	王德鹏	王国荣女	王　磊	韦金妮女	文　亮
王玛苏女	王毛真女	王　琦	王榕键	王圣婷女	吴柳琦	吴　瑞
王　薇	王　巍	谢　娇女	谢　洋女	辛　欣	吴　迪	吴京燕女
周　琳女	周　琪女	朱敏焱	邢　倩女	严　巍	于建伟	张　骁
陈　华	王　晶	曹佳玲女	来嘉隆	李妍超	任文玲女	赵春晓
唐　枫女	梁　燕女	晁　婧	高翔翔	何文芳女	李万鹏	李延钊
刘振普	吕　玮	潘文彦	石　峰	田　鹏	王　笋	徐才亮
杨丽萍女	杨　茜女	翟亮亮女	刘　丹女	刘　涛	王　静女	王　鹏
张竹慧女	朱红静女	王力锋	王　宁	王　瑾	张志彬	王续达
白小梅女	白　钰	曹　晶女	曹世臻	曹　阳	吴仕超	夏慧君女
曾庆国	陈　琼女	陈诗莺女	陈亚芬女	陈运桥	闫　雯女	晏　菲
成　亮	代　方	戴　峰	丁文清	杜文焕女	于　佳女	于姗姗女
高华央女	高　洁	高丽娟女	高婉斐女	高　理女	张　帆	张　磊
龚　羲女	谷春军	谷　珊	贵妩娇女	何光磊	周　波	周在辉
胡　佳	胡　军	冀婷婷女	贾翠霞女	金　晶	向冰瑶女	许东博
敬　博	李　静女	李静洋女	李　亮	李莎莎女	杨　波	杨　铭
李小龙	李　婴女	刘金昌	刘　坤	刘丽娟女	袁子轶女	苑静静女

刘茜婉 女	刘瑞强	刘 涛	刘 晔 女	刘子健	张 毅	张元涛
芦守义	芦 旭	罗 娟 女	马驰骋	马建国	薛珺华	朱静静 女
秦 川 女	沈爽婷 女	沈 昕	石志高	孙美静 女	杨 强	温 湲 女
孙若兰 女	汤玉雯 女	陶 阳 女	田海江	田 野	岳晓琴 女	王亚旗
王婵娟 女	王 琛 女	王海若 女	王颢翔			

2008级

白 雪 女	白玉霞 女	蔡立勤	曹梦莹 女	曹文智	薛 华 女	薛 松
曹 喆	陈 晨 女	陈演生	褚 金	崔 莹 女	杨 洋	杨圆圆 女
戴靓华 女	董安福	高 伟	关 迪 女	郭高亮	袁 方 女	詹 凯
郭 璐 女	郭霆飙	郭偕行	和 欢 女	姬传龙	张厚宝	张 虎
寇 敏 女	李 辉	李静晓 女	李 娟 女	李 蕾 女	闫张烨	杨 乐
李明亮	李青青 女	李亚伟	李智勇	梁世辉	杨哲明	殷俊峰
刘 辉	刘 建	刘 柯 女	刘 伟 女	刘亚辉	张春林	张春洋
刘月超	罗佳乐	马晓曦 女	门雅婷 女	蒲文娟 女	张金珊	张乃薇 女
秦 娜 女	曲文晶 女	任硕智 女	邵 勋	沈 欣	杨 涛	朱黎明
石淑丽 女	石 英 女	司丰森	宋 君 女	宋利伟	郁立强	朱晓东
孙笙真	檀朋飞	唐 娜 女	万红艳 女	汪俊旭	张宏宇	郑 屹
王 婧 女	王 蕊 女	王诗惠 女	王雯婷 女	王 鑫 女	张 楠	郑 楠
王 音 女	王永良	魏 峰	魏 婷 女	徐 心	赵 曜	赵淑旗
张 宁 女	张 谦	张 伟	张 扬 女	张 扬	张 榆 女	李 静
芦 钊 女	裴琳娟 女	王 凯	王英倩 女	严少飞	安赟刚	陈 婕
李 珺 女	李松璘	刘 莹	罗智星	孟 丹 女	霍续东	柯 铠
唐方伟	王 磊	王 雪 女	魏文君	吴鹏飞	黎文安	张 怡
夏 芳 女	谢 栋	王 森	王太亮	王晓娜	翟志芳 女	郑红英
安 艺	白 瑞 女	步 茵 女	车志辉	陈 默	杨天娇	杨晓坤
程芳欣 女	崔 栋	崔 玲 女	戴 堃	邓 昕	张国强	张海明
樊婧怡 女	范小艳 女	方 岩	冯小馨	付胜刚	张凌寒	张启香 女
付雪亮	高 洁 女	高崎南	郭晓柯	郭 妍	赵锋军	周文林
海 慧 女	韩 冰 女	何莹琨	侯 楠	花 倩 女	殷亦琼	余 阳
黄汝钦 女	黄 芮 女	贾 杨 女	贾以欢	蒋洪彪	张 健 女	张 坤
李宏品 女	李 晶 女	李敬桃	李 莉 女	李玲慧	张 晴 女	张 鑫
李梦丹 女	李 敏 女	李秀帅	刘 丹 女	刘 婕 女	赵 卿	周予康
刘 瑾 女	刘 静 女	刘 恋	刘伟娜	刘阳强	王 阳	巫义力
刘昱如 女	刘 喆 女	鲁长亮	马广金	马 静 女	肖 晶 女	肖智峰
马文静 女	苗国辉	乔培铭	任晓娟 女	邵素丽	吴 菡 女	吴 雷
沈葆菊 女	师文婷 女	史晓楠	宋 岚 女	孙洪涛	徐鼎黄	薛 倩 女
孙 曦	孙 艺 女	孙英良	孙 忠	田 涛	武振国	张黎梅 女
涂冬梅 女	王 更	王科伟	王丽媛 女	王 琳 女	杨 靖 女	张耀辉
王 楠 女	王庆庆 女	彭福纲				

2009 级

陈泓兆	陈思	付俊苹女	高瑞女	管小飞	姚志杰	尹君女
管玥女	郭栋	郭佳毅	韩熙女	杭宇	张立敏女	张琪
何彦刚	呼晶晶女	胡陈杰	胡学磊女	贾毅	赵强	甄文卿
姜丽女	蒋超	李彬	李丹女	李焜	张斌	张程女
李蕾女	李志荣	梁蕊女	刘碧滢女	刘德旺	张蕊女	张燕女
刘宏志	刘婧女	刘莉萍女	刘敏迪女	刘涛	郑博	周腾
刘源	龙艺女	罗梦潇女	吕嵘	马菽涓女	张丰玉	严尹鹏
潘波女	潘蓉女	彭炜炜女	乔军	石媛女	张岳锋	杨昭春女
田一辛女	王芳女	王薇女	王一乐	谢善鹏	周震	杨文杰
徐畅女	许可	许玉姣女	薛婧女	杨柳女	杨起	杨涛
朱婧女	朱荣张	于汶卉女	李元晨	李倩倩女	刘虹女	刘利钊
杨柳青女	刘莹女	王晓静女	白卉女	保彦晴女	陈昕	陈掌掌
高慧影女	高璐女	呼洋洋女	金姝倩女	康海涛	王一帆	魏子东
孔莹博女	李龙阁	李璐女	李银霞女	刘隆松	张柁	周海峰
刘雪辉女	刘亚非	宋晓明女	王东政	王雪女	武婧女	徐伟
周书兵	朱文睿女	邹梦琳女	杨书群	范炳妍女	童浩	王国维
包宏远	车轮女	陈国华	崔健	杜晶女	王岳锋	魏文渊女
樊令超	方晶女	葛腾	葛玮女	郭旭	薛杲	杨芙蓉女
郝萌女	贺永亮	剧欣	康炜佳女	李辉冰	王舒女	王祥生
李慧女	李睿女	李雪女	刘乐女	刘盼女	文济东	吴宁
刘微漪女	苗青女	钱融女	秦元坤	石静雅女	张博	张小舟女
史清俊	史奕女	宋宁	孙传杰	汤衡女	徐泽文	王雪松
赵弘	张影鸣	许洋	马永东	冯斌	王晶女	吴敬晖
白东伟	林晓丹女	程婧炜女	高子钧女	孙健	王建成	熊国礼
王英帆	赵潇鹏	曹慧泉女	邵健容	葛卓	方芳女	陈蕾女
寇聪慧女	吕锋	刘玲玲女	牟毫	赵斌	唐彦	张锋
张慧女	和茜女	郑志颖女	陶玉钊女	蒲茂林	冯焕龙	潘勇
王双杰	陶春晖	王鹏	王公博	贾志梅女	樊波	王小席女
刘波	张志敏	刘亮	申研女	张凡女	陈军	刘乾
赵薇	罗意芳女	邢雅薇女	张军	井维仁	罗佳	程凡
李晓倩女	苏凯	黄金石	杨建秀女	徐玉倩女	张强	肖周艳女
张虹女	康颖女	吕秦	姜婧	曹南薇女	唐兵兵女	姜翠梅女
魏鹏涛	张琨女	陈峥穆女	卢凯	宋军强	程胜利	

2010 级

白景瀚	白璐女	陈雅兰女	陈艺文女	邓若地女	苗璇女	潘正超
樊朝飞	范新涛	房琳栋女	高盘	郭榕	王丽女	王丽阳女
韩庆卿女	郝世磊	侯祯珍女	胡青波	姜振华	谢锴	谢文韬
李晶磊女	李磊	林玲女	刘建军	刘潇阳女	叶巍女	于方
刘钊女	罗鸣天	马杰	苗雨	乔辉	张昱超	张震

乔 骄	石宇立	苏 昱 女	孙 琳 女	孙亚丁	甘 超	郝晓宇 女
唐立达 女	田 虎	田银城	王彩君 女	王 娟 女	罗厚安	马思鸣
王 雀 女	王燕敏	王尧斌	文琳琪	吴 扬	祁 松	钱 薇
武文捷 女	武晓娟 女	席 鸿 女	谢英豪	徐 朗 女	王 睿 女	王 维 女
杨二强	杨 帆	杨 瑾 女	杨涛涛	尹 喆	徐金燕 女	许 震
余德林	张 曼 女	张 睿 女	赵 聘	赵 巍 女	袁 方	张方园 女
赵 伟	赵 妍 女	郑婷婷 女	朱兴兴	张小玢 女	赵一凡	周 涛
陈 旭	崔兆瑞 女	冯珊珊 女	谷瑞超	赖祺彬	孙 逊 女	王 将
李星桥	刘雨埔	吕 栋	时 阳 女	唐浩川	王 兴 女	吴 超
岳岩敏 女	张 甲	张思颖 女	张瞳煦 女	张文波	秦 正	闫宇宇
雷 繁 女	李 达	徐 蕊 女	杨成钢	朱庭枢	王晓博	张恒岩
仇栾知子 女	邓仁碧 女	杜晓磊	房 威	高玺军	杨 舒 女	贝 宁 女
李雪妮 女	李亚亚 女	刘欢欢	刘 阔	刘世文	张 蕾 女	李佳阳
孟维庆	苏士凯	王成林 女	王兴龙	吴 瑾	杨 曦 女	贾 佳
徐轶群	姚俊红	张 璞	张 雪 女	张 源	楚雅静 女	邓 梦 女
赵云兵	朱小波	李 波	李 响 女	武舒韵 女	李 瑞	李忠臻
徐 浩	赵玉芬	柳 晔 女	马江波	张志彬	侯丛思	白晓钰
白 瑞	姚帅萍 女	翟亚飞	张培培 女	吴元华	朱玮林	支 瑶
白一清	鲍文薇 女	曹海涛	程 妍 女	慈寅寅 女	王 歆	王 羽
崔 羽 女	戴刘生	狄文莉 女	丁 亮	董 婕	谢伟娜 女	徐传俊
董云慧	段金玉	冯 雪 女	付 凯	高妮娜 女	姚占阔	叶静婕 女
龚 娉 女	巩玉磊	巩 岳	官玉洁 女	郭 乾	张丞锟 女	张慧婷 女
郭 帅	郝文婷 女	黄天姣 女	雷兆丰 女	李剑锋	张婷婷 女	张 雯 女
李 炬 女	李 珂	李 明 女	李莎莎	李 婷 女	魏 鹏	吴春艳 女
李 薇 女	李 阳	刘福星	刘靖轩 女	刘立常	杨武亮	杨郑鑫
刘美欧 女	刘 硕	刘文欣	刘 昭 女	陆 婕 女	尹 娜 女	于天虎
米炜嵩	屈 雯 女	沈 婕 女	宋 玢	宋 玲 女	张 杰	张洁璐 女
田 玥	王 娣 女	王满军	王树莹 女	王文娟 女		

2011级

白 涛	曹萌萌 女	陈 方	董一立	董元珺	张 婧	李瑞君 女
郝思怡 女	黄 曼 女	黄 巍	黄 燕 女	季虎啸	田明明	张博强
刘 鹏	牛泽文	彭军旺	齐渊东	青 梅 女	杜 岩 女	冯 娟 女
王彦芳 女	王 朕	魏友漫 女	邢 光	杨 侗 女	王 纯 女	鱼 璐 女
成 智	范文玲 女	高 星	侯瑞琪 女	李雯青 女	李 慧 女	孟 玉 女
潘卫涛	齐昊晨 女	许黎阳	周 静 女	聂亦飞	郭颖莉 女	郝 恺
白春瑶 女	白少甫	常春东	陈 蕾 女	陈 青	黄玉洁 女	郎晓梅 女
崔羊羊	丁禹元	丁玉洁 女	董 超 女	董 婧 女	李诗娴 女	李志远
傅 野	高伟业	关俊卿	郭 飞	郭 玮	刘 鹏	刘 胜
何积智	侯逶闻	呼雪娇 女	胡华芳	黄文滔	强凌波	屈逢阳

雷暘 女	李婕君 女	李岚 女	李琳 女	李男	张名良	张伊婷 女
栗树凯	梁健	林道果	刘劼	刘静珊 女	宋汶凯	宋延勇
刘颖	刘臻	吕立胜	苗本超	庞佳	王军娜 女	王敏 女
屈康	任超	申芸 女	施琳 女	寿劲松	王晓冬	王星
孙潇	孙一兵	唐银瑰 女	田丹萌 女	田湘雯 女	吴崇山	武玉艳 女
王润	王思颖 女	王涛	王炜	王祥龙	杨盾	杨思然
王扬	王怡琼 女	王知亮 女	韦舒婧 女	魏伟	周洁慧 女	孟园 女
霰睿 女	徐婧 女	徐诗伟	许胜	杨冰洁 女	远成美 女	赵雅玲 女
杨潇然	姚沛霈	姚强	于超然	袁彦廷	张珂 女	苑哲
翟静 女	张弼旭	张彬	张博	张华泽	张耀龙	楼洋
张瑞雪 女	张文涛	张文竹 女	张旭	张旭	杜姗 女	法宝宝
张志前	张智俊	赵凤 女	赵龙	赵欣	陈斯亮	崔璇 女
王荣 女	高华兴	卜妮娜 女	丛子成	董国明	高枫	何洁
王哲	王雪 女	王婷 女	刘玉川	朱思佳 女	刘超	刘炳智
李哲伟	李楠	李建颖 女	安坤	李彬	黄中	黄克非
王振华	肖冰	徐菁 女	许晓坤	杨东东	郑海	胡传阳
胡家玉	彭毅	石颜博	周文 女	李珊珊 女	吴佳妮 女	李胜杰
郭智超	王志航	王雅婧 女	王钊	魏晓宇	于海波	邹涵臣
陈蕾 女	陈宇玲 女	成城	从政	崔翔	吴冲	吴书峰
崔小平 女	冯羽 女	高鹏飞	韩莉莉 女	韩挺	向远林	薛姣龙
韩晓洁 女	郝鹏举	侯建丽 女	花丽红 女	黄凯	杨欢 女	杨静雅 女
黄梅 女	黄楠 女	姜天姣 女	蒋萍浪	康璇 女	于佳 女	张军飞
雷璇 女	李晨	李欢 女	李洁 女	李静静 女	赵先悦	支凯龙
李婷 女	李晓明	李欣鹏	李园 女	梁娟丽 女	吴苏 女	武思园 女
刘超	刘丹阳 女	刘宁 女	刘婷 女	刘文雪 女	薛妍 女	闫崇高
刘晓林 女	刘展	卢璐 女	马菊 女	马叶丽 女	姚珍珍 女	游宁龙
毛磊	孟原旭	彭明	齐晶 女	乔显琴 女	张涛	赵博 女
尚琴 女	宋柳豫 女	宋子若	孙茹 女	陶雨薇 女	朱琳 女	朱玲 女
田薇 女	田阳 女	田中磊	王呈祥	王何王	夏坤	赵海彦 女
王婧磊 女	王倩 女	王倩倩 女	王强	王天然 女	杨鸽	庄洁琼 女
王伟 女	王欣 女	郑邦毅	童世伟	王晓利 女	张鹏	张政
车秋梅 女	李秀瑛 女	刘雅妮 女	左秀堂	王运思		

2012 级

党林	丁鼎	高瑞 女	贺晓帅	贾鹏	王航	王帅
柯熙泰	李梦晨 女	李乔姗 女	刘明佳 女	吕晶 女	王雁舒 女	吴珊珊 女
孟甜溪佳 女	彭泽	秦艳玲 女	任羿蓉 女	拓晓龙	张文娟 女	岳晓
冯卫杰	蒋苑 女	李毅	李雨帆	邱煜雯 女	石璐	张钰塑 女
白鲁建	代语 女	付圣刚	何海	胡小琲 女	徐新新	许江涛
霍敏 女	李程	李倩 女	李维臻	刘祥	张琼斯	张媛 女
刘旭超	刘亚栋	宁志海	戚俊	齐锋	袁力夫	袁玉华 女

曲　艺	任　韬 女	阮　丹 女	宋　冰 女	王海辰	张　进	赵　星
王　磊	王倩倩 女	吴艳磊	武文博	幸　运	周星萌 女	朱原野
安　彬	曹　维 女	曹泓涤	柴　森 女	苌　笑 女	刘亚兵	龙金英
车晓敏 女	陈　斌	陈　娇	陈　磊	陈晓龙	倪佳雯 女	聂　睿 女
程　腾	丛　林	崔杨波	董　颖	董延猛	申于平 女	沈雪婷 女
董子建	杜雨辰	冯　暘	高　瑞	高　腾	宋　露 女	宋永超
高　羽	高晨子 女	高汉清	高俊华 女	龚美丽 女	王　晨	王　立 女
巩河杉 女	谷程赟	顾　纲	关格格 女	郭　帅	卢尚贤	陆磊磊
韩　旭	韩玮霄	韩亚昆	郝娅楠 女	何　烨	任　林	任建国
何玥琪 女	胡　沛	胡靖怡 女	黄　刚	贾　轲	石　晓	斯达尔汗 女
贾　玥 女	江浩源	姜　川	姜　勇	蒋　璐 女	隋　莹 女	佟　冬
巨怡雯 女	康智波	兰　青	李　超	李　寒	王　旭	王　喆 女
李　俊	李　宁	李凤歧	李光磊	李健华	孟庆阳	王梦祎 女
李少翀	李伟琦	李晓楠	李育霖 女	梁　辰	尚迪晨	张雅薇 女
梁　源	廖　翕	蔺　江	刘　汉	刘　林	宋　康	郑　超
刘　盟 女	刘　鹏	刘奇洋	刘若琳 女	刘霄鸣	万　琦	周笑今 女
王文琪	王文韬	王艺霏 女	王宇倩 女	魏　旭 女	赵兰若 女	赵婷婷 女
翁小龙	吴　丹 女	吴　伟	吴　学	向　阳	周　宇	周伶洁 女
肖　博	徐梦琪	杨　洋	杨　毅	杨韩冰 女	张震文	赵　鑫
杨可扬	杨鹏利	杨清荷 女	于　森 女	张　昊	郑　辰	周　晨
张　晶	张　斯 女	张海怡 女	张旻娟 女	张文静 女	左森文	张雪蕾 女
张雪冰 女	王　垚	魏　巍	王　敏 女	王曦地	郑晓东	吴　哲
白晓培 女	曹　静	曹艳涛	陈丽羽	陈　照	谢留莎 女	徐　鹏
董晓翠 女	范小蒙 女	房玉文	冯雪林	高鸿雁 女	姚　博	尹　超
高华舆 女	高　元	谷　宁	郭膑昕	韩　添	张　涛	张　雯 女
贺夏雨	霍冰心 女	冀倩茹 女	蒋敏哲	蒋　伟	周　婷 女	朱凤超 女
康若荷 女	寇　鑫	李　丹 女	李　凡 女	李汉威	鄢鹿其	杨　帆
李　森	李晓生	李亚男 女	李　阳	梁少洁	翟宏毅 女	张　举
刘　欢	刘　门	刘　影 女	陆军凯	路　璐	赵　龙	赵显蕊 女
罗敬成	罗　威	罗　昭 女	吕红岩	马　莹	杨　阳	夏余丽
宁　杨	宋　密 女	宋　薇 女	苏　莹	孙超俊	张睿婕	夏斯奇
孙光龙	谭漪玟 女	唐　龙	张新源	赵飞翔	张　博	武炜瑶 女
符　锦 女	郗若君 女	康世磊	李仓拴	李　甜	冯渊波	胡　涛
马　旭 女	邵　筱 女	苏亚彬	王　力 女	王子月 女	李孟柯 女	秦嘉奇
牛　雯 女	杨潇涵 女					

2013 级

蔡天然	曹婉婉 女	陈思吕	方异辰	雷　琳 女	方书贝	黄思达
李潇楠	李小同 女	李长春	蔺云帆	刘　俊	田　果	佟亚昍
刘鹏宇	罗二平 女	马　宁 女	马　文 女	马振源	栗　博	任泽朝
宋妮欣 女	孙长辉	王倩楠 女	王雪菲 女	杨　丹 女	夏　楠 女	夏润乔

张嫩江 女	张容 女	周语夏 女	申佩玉 女	姚成	岳圆 女	周琳琳 女
杜宇 女	葛珏骏	何建涛	侯立强	吉泳羽	张习龙	郑超
李家翔	刘成琳 女	刘乐	史光超	宋晓吉 女	曹微 女	曹易 女
魏成幸	辛欣	杨晶晶 女	杨学双 女	张鹏	曹哲	常睿 女
崔潇 女	董娅 女	杜怡 女	冯靖纤	高帆	陈歌	朱三普
高建	高威迪	高圆菲 女	郭昊宇	郭润泽	李志龙	林丹 女
韩斌	韩沛书 女	韩茜 女	何畅	胡春霞 女	刘彦京	刘倚含 女
惠巧研 女	康姣 女	康乐	李婧 女	李乐 女	刘琦 女	刘思源
李强强	李泉柏	李文	李晓琳 女	李玉荣 女	卢晓晓 女	陆星辰
马睿 女	马晓鸣 女	慕晔	钱雅坤 女	秦昆	刘伟	马辰彪
秦正	申田野	史安溪	宋梓仪	苏凯	臧少君 女	张超超
唐月丹 女	王程林	王春晓	王晗 女	王浩	张丽雯 女	张宁波
王江	王瑾娴 女	王昆	王蒙达	王宁博	张韫珍 女	赵川石
王黔豫	王望锌 女	王伟	王文瑞	王夏露 女	朱迪	邹雷蕾 女
王亚茜 女	王泽喧	王之怡 女	王宗佳	魏璇	张锋	张佳茜
吴碧晨 女	熊皓	徐金龙	许泽寰	宣彦波	张婷 女	张燕 女
薛小刚	严格	杨龙攀	杨也 女	余雪锋	赵雯迪 女	赵泽群
张姣姣 女	张阳	王致远	谢珊 女	谢永尊	徐锡宁 女	杨萌
蔡晓芳 女	李冠元	黄梦星 女	李嘉玲 女	梁卉 女	路遥	司捷 女
杨骏	杨柳 女	邹伦斌	陈雯 女	崔明芳	杜朝晖	郭瀚宇
靳晓薇 女	刘慧敏 女	路江涛	牛月 女	田丰 女	华文璟 女	邹宜彤
吴小辉 女	徐爽	杨宜同 女	袁名职	张书晗 女	张欣欣 女	周松
屈欣鑫 女	王浩	蔡春杰	冯嘉	高丹 女	何倡	李军
杨斌	张艺琳 女	钟玥 女	李翔	张怡然 女	赵方彤	赵溪
崔明芳	董栩宁 女	高轶 女	郭巍	蒋蕾莉 女	郑强	郑恬 女
兰鹏 女	李婷 女	李夏阳 女	李晓盼 女	梁莉君	赵晓旭	赵亚星
蔺曦	刘康宁	刘宁 女	刘伟凯	刘煦	邹伦斌	杨晓丹
刘业鹏	卢君君 女	马远航	倪萌 女	史薇 女	张国华	张琳捷
王雄	王月梅 女	王金马	谢隆征 女	张梦辰	潘雨晨	王冠
梁闯	张斌	刘腾潇 女	宋祥	隋向茹 女	滕欣 女	夏颖
徐凤阳 女	杨倩 女	张娜 女	周曦曦 女	邓丽佳 女	曹亮	李剑
安琪	冯若文 女	李冰倩 女	李冬至 女	刘钰昀 女		

2014 级

戴斌	高元丰	黄逍宇 女	黄瑜潇 女	姜羽平	尹锐莹 女	张博文
李唐 女	李子瑜	令宜凡 女	刘冲	刘泽华 女	朱鼎言	朱雨溪 女
马飞 女	倪瀚聪	孙晓丹 女	王嘉琪 女	王龙飞	张亚楠	赵普尧
王晓彤 女	王正阳	夏伟龙	徐婧 女	杨东亮	周慧佳 女	王学彬
蔡楠	李陆斌	李双双 女	李宛儒 女	王琳	王端正	熊森
白英山	毕文蓓 女	陈猛	董浩	樊夏玮	王秋明 女	王勇
郭龙	侯璐 女	刘阿敏 女	庞春美 女	任艺梅 女	袁屾	张君杰

司凌燕女	孙伟俊	陶子韬	田鑫东	王航	杨雯女	朱正瑜
姚羽镝	尹相华	王学彬	王雨洁女	王泽鑫	邹长鑫	王钊
卜瀚卿	蔡萍女	陈迪	陈冠宇	陈泽乐	魏谦诚	魏涛
崔海涛	崔筱曼女	代芸女	丁冬	东述宸	严骏	杨波
杜彬	范岩	高亮	葛林	郭静	杨洋	姚力豪
韩明	韩蕊女	和武力	胡杨杨女	胡哲辉	张婧琪女	张力中
黄岩	吉文然	姜梦云女	焦明杨	亢伟新	张祥彬	张育齐
雷兴宁	李丹丹女	李光	李涵	李林蔚	赵艺阳女	赵宇翔
李露昕女	李梦怡女	李亚娟女	李妍妍女	李业超女	吴林璞女	谢斯斯女
李一弘	李毅浩	李颖	李祯	梁一航	杨宏博	杨璐女
林德海	凌冬蕤	刘佳	刘梦珊女	刘敏馨女	詹林鑫	张炟
刘悦女	罗婧女	马丹迪	马小赫	孟洒	张立冉	张汝婷女
裴前嘉	彭苗女	乔明哲	秦岭女	芮荣	赵晋	赵乐
尚玮	盛学恩	史锦东	宋雪女	苏俊杰	赵雨亭	朱存华
孙国才	田丰	汪彧萱	王超	王忱女	徐贞	张道玉
王芳女	王海峰	王桦女	王济民	王嘉萌女	杨阳女	张婷瑜女
王君	王蒙女	王明霄	王培杰	王戚一叶女	赵小康	魏晨晖
王世良	王思睿女	王苏杰	王维	王伟荣	徐娉女	徐云龙
李刚	刘晓天	张瑶	马司琦	朱亚男女	魏佳继	张志超
白文韬	陈红春	桂春琼女	刘浩文	刘蕊女	孙雅文女	张智博
卢肇松	马司琦女	孙道雯女	王香甜	王晓兰女	文丽女	张锡凯
黄媛女	黄清明	吉瑞东	贾二雷	田姗姗	陈良权	刘伟
陈雷	陈劭楠	陈雪婷女	陈哲怡	崔玮	杨钦芳	杨甜女
戴振	方坚女	付克强	高莉	高宋铮	张任驰	张亚丹
高雅女	何玥女	侯帅	姬一丹	焦宝峰	赵伟伟	朱怡萦
焦健女	焦志炜	冷金凤女	李晨洁	李皎月女	鱼琳惠女	袁航
李文强	李莹女	李颖女	刘畅女	刘潘星	张月华	赵彬彬
刘苑芳女	宋沁蓉女	王丹女	王乐楠	王良	张然女	朱云博
王恬女	王亚昆	王卓琳	魏阿妮	吴丹女	赵倩女	杨露
吴金泽	邢泽坤	张闻芯	杨智涌	钱芝弘女	许紫嫣女	闫玉婷女
刘慧敏女	杨毓婧女	朱利波	廖枢丹女	刘荦珈	武琼女	张雯女
丁婉婧女	何希萌女	刘臻阳	马艺培	赵一如女	李响	李志明
曹艺砾女	崔胜菊	冯嘉星女	桂露女	候婕	王振	武琼女
康家乐女	兰馨女	郎晓霆女	李刚	李胜男	刘荦珈	罗航
王雨洁女	王泽鑫					

2015级

陈赛	程华旸女	高婧女	高迎衔女	巩露阳女	王钰萱女	熊祥瑞
郭恁女	蒋悦女	刘增军	马义贤	宁洁	张法趣	张晓兰女
牛新超	秦晓梅女	石佳女	王嘉运	王丽女	杨梦娇	殷小溪女
焦梦婕女	刘伟女	尚路轩	白健良	雷鸿鹭	翟东辰	周瑾女

仓玉洁女	曹其梦女	陈楚康	陈其龙	董玥女	张新新女	仝梦菲女
樊梦媛女	忽小景	贾萌女	姜梦娇女	李昊	赵辉辉	朱晓琳女
刘向梅女	刘雪麒女	罗延芬女	吕凯琳女	南倩女	许亘昱	薛芳慧女
王华女	王宁女	王改叶女	王文超	夏奇龙	徐诚	徐沁韵女
曹俊华	曹瑞女	曹通女	晁一博	车林津女	田沁雪女	万少帅
陈凯	陈曦	陈治锴	成博文女	程楚涵	王经纬	王靖
淡文浩	邓博伟	范平	付彦民女	高岳	王一凯	王一睿
郭沁虹女	贺磊	侯晓宇女	黄河清女	黄锦慧	王卓	王祖成
黄婧女	黄顺	季雨蒙	贾梦婷女	解振宇	吴明	吴明奇
赖雄燕女	雷政元	李晨辉	李国栋	李鹤飞	徐丹女	徐洪光
李红女	李金静女	李婷婷女	李相言	李享	闫雷	杨安杰
李泱女	李越聪	梁美强	梁少竟	刘家源	王博航	王晨光
刘思明女	刘洋	刘晔	刘泳含女	刘玉成	王珺	王瑞女
卢晓艺女	马护佳	马菁	马骏	苗琳娜女	王屹峰	王宇倩女
宁茜女	牛品荣	欧兴	齐科宇	祁睿	卫三丰	邬琪琪女
强瑞	秦阳	沈诗	石嘉怡女	史琛灿	夏勇	肖琳琳女
宋傲	宋杨	孙博楠	孙飞	孙首康	徐沛豪	徐晓捷
孙祥	孙亚女	谭倩倩女	唐宇峰	陶健	杨琪	杨椰蓁
由懿行女	于曦	于卓玉女	张彬宏	张博雅女	王丹青	吴昊禹
张宸瑞	张丹女	张晗女	张浩隆	张琳琳女	王森华	邢晗
张宁女	张文房	张小翼	张晓莎女	张栩诚	王越	闫科羽
张岩女	张阳阳女	张颖女	张子豪	赵西子女	朱一鹤	尹诗雯
赵玺女	赵岩灏	赵宜芊	郑昕昱女	郑耀华	周澎	朱依平
郝海钊	雷连芳女	王萌晓女	宋亚伟	王彤	董潇	张苗苗
柴新	韩瑞凯	黄婷茹女	李小明	梁高雅女	原野	张豫东
刘蓓蓓女	汤虹女	万亮亮	王嘉溪	叶润哲	李伟	李正阳
白雪女	曾勤	常征	陈文彬	陈妍婧女	郑林骄	孙晶女
陈彰花女	陈哲	程斌	程功	党弘亚	赵元歌	钟飞
董晓羚女	高小雄	高雨露女	关晓慧女	关永飞	于涛	赵文花女
贺琦女	胡家骏	胡仕静女	胡玉洁女	黄萌女	王天令	王艳霞女
黄榕榕女	惠青睿	焦璐女	李聪聪	李欣格女	张浩曦女	张怡冰女
连一帆	刘嘉伟	刘明	刘稳定	马俊榕	王攀	王庆军
马梦雨女	孟雪江	阮建	申媛女	宋迪	夏梦	闫珍女
宋永良	田真真女	图努拉女	万明	王美琳女	赵凡女	赵宁
吴梦绮女	赵柏伊	张文泽	张晓芳女	张佳琪女	闫展珊女	杨雨璇女
贾川女	王茹悦女	文娟女	汶武娟女	宗芮女	张聪女	卢亚智
陶嘉敏女	王宝明	王睿智女	杨旭女	杨彩霞女	张元凯	王嘉怡女
白晓伟女	杜凌霄女	郭翔宇女	孔啸	刘硕	王旭升	吴紫琪女
刘阳	马景霞女	聂元政	宋菲菲女	王菁女		

2016 级

曹瑞华 女	程晓泽 女	郭梦露 女	侯俐爽 女	黄炳华	崔淮	李昂
李雪晗 女	李芸 女	李媛 女	刘轩	孟少佳 女	师甜 女	万宜萱 女
沈佳成	苏晓琛 女	苏小辰	田晓鸽 女	王高伦	朱苤均 女	周春姣 女
夏天	杨坤	杨洋	张甘霖 女	赵炎鹏	王艺博	王斌
党三涛	高斯如	葛碧秋 女	葛贞贞 女	郭雷	易智丽	田悦丰
胡文斌 女	贾晓伟	焦婷婷 女	景云峰	郎嘉琛 女	王堃 女	高汉卿
李娜 女	刘江	陆平	罗颖 女	毛潘 女	刘鸣飞	沈天成
乔宇豪	史明洋	万怡 女	王冰冰 女	王梦媛 女	郑婷 女	周娇娇 女
王新苗 女	吴楚雄	徐旭东	杨童 女	曾筱深	张坚	赵宇
张兵兵	杨竞立	白杨	藏雨霏 女	常方祎	陈凯	陈志强
陈昱任 女	成智 女	戴梦轩 女	丁琳玲 女	樊婷婷 女	于曜诚	余磊
凡开伦 女	高欣妍 女	葛中斌	郭雷平	郭柳辰 女	张峰瑞	张嘉玥
韩梦 女	韩昱明	郝韵 女	何珊 女	胡亮	张文娜 女	张西婧 女
胡培圣	胡倩 女	黄华	金林建	兰颖立	赵思柔 女	赵晓亮
李朝阳	李冬雪 女	李枫	李江铃 女	李金潞	郑智中	郑陟
李进	李静 女	李磊	李盼婷 女	李芃 女	朱振南	於杨
李书宁	李易真 女	李韵 女	李真 女	李菡纯 女	袁姝亭 女	岳文姬 女
李昊阳	林美君 女	刘帆	刘乾宇	刘诗航	张雷震	张书苑 女
刘悦怡 女	刘晖	吕蒙	吕廷红 女	吕渊芬 女	张云龙	张昊
罗宝坤	罗朝朝	罗怡晨 女	马康维	马云肖 女	赵燕 女	赵昕未
穆彦晓	聂江波	潘应炜	齐越	秦朝辉	周健	周秀峰 女
曲晓华 女	屈明涛	任永帅	邵强	师芳琳 女	胥丽娅 女	瞿思嘉 女
师若凡 女	师仲霖	师雯晖 女	宋洋洋 女	宋雨泽	张春生	赵金迪
宋源	宋子豪	孙超	孙康轩	孙尧	张婉军 女	郑福善
汤国威	汪尧 女	王灿宇	王嘉璐 女	王利宇	杨肖	朱远松
王明达	王鹏超	王奇	王伟	王文涛	杨春 女	杨定宇
王文伟	王心恬 女	王旭 女	王雅倩 女	王一林	杨肖楠	杨依明
魏肖翔 女	吴凡 女	吴麒麟	夏茂峰	肖之光	杨娇 女	杨茹 女
谢月皎 女	徐贞 女	许铎	王磊	王立凡	尤智玉	张澜
谢庆龙	杨科	朱婉婷	李稷	王峥	陈楚维	王敏
全昌阳	陈丽娟	李娟	张冬璞	郭萌	吴晓晨	东昆鹏
韩蕾	尉榛麟	黎玉玲	赵晓倩	曹晓腾	罗兰	屠悦
焦林申	张建霞	孙业鹏	赵海清 女	郑自程	周卫兵	雒梓涵
程铭 女	丁东方 女	冯磊	高唯	郭李思璇 女	文思佳 女	吴哲
郭伟伦	韩歌 女	华秋实	黄斌	晋露文	余仲晖	俞可健
兰天泽	雷雨璃 女	李丹丹	李虹 女	李梦珂	张茹茹 女	张文伫
李明	李庆梅 女	李悦 女	李云 女	梁晨	王雨晗	王玮珩
梁欣 女	刘欢	刘星 女	刘亚茹 女	齐岩卫	阎希 女	杨茹 女

乔 宁	乔壮壮	屈 力	任凡乐 女	石芯瑜 女	张 彬	张冰洁 女
苏一健	孙羽婷 女	田 静 女	田 雨 女	图努拉	张雪珂 女	王 珂
王 聪 女	王 迪 女	王国强	杨伊婷 女	益霖露	张 欢	张进明
王娟娟	王 乐	李 蔓	杨烜子	仇 静	曹 璐 女	畅茹茜 女
王国今	王 根	张珊珊	肖晗海	郭锁洁	段婷婷 女	何晓彤 女
刘 颖	程爱云 女	崔埕榕 女	董 琦 女	惠禹森	姜政云	康蒙召
刘亚伟	刘 昱 女	马 珺 女	王丽宏 女	王 龙	张晓雯 女	张馥蓉
王思蓝 女	谢 璕 女	熊光艳 女	许博文	杨 菲 女	赵维杰	张 顺

2017级

崔春晖 女	苟 欢	蒙 山	王灏翔	闫 艺 女	杨凌凡	朱玉东
巨垚博	李思超	李澡雪 女	刘佳妮 女	齐 尧	马亚男 女	张向荣
丁苏博	洪安东	胡天河	梁斐赫	刘 婧 女	张皓宸	付 蓉 女
刘 堂	马 岚 女	撒俊沛	王佳玮	王若煜	杨晓静 女	张 辰
王星心 女	文泽球	杨林祥	杨 轩	张登超	王龙龙	杨 娜 女
张佳明	张俊琦	张 楠 女	张 燚 女	赵胜凯	李 梦	苗逢雨
柴润宽	陈冰鑫 女	陈 冲 女	陈天立	陈潇霏	王春晓	王海洁
陈 艳 女	陈玉洁 女	达传胜	底典典	丁凤珠	王 凯	王沛文
丁倩文 女	董文亚 女	杜健乐	杜啟泽	段良斌	王 睿	王若雅
段则明	多永宏	樊炎臻	方梦函 女	冯智渊	王 瑶 女	王 颖
高冬妮 女	高燕子 女	高志鹏	顾倩倩 女	郭金文	吴 瑞 女	吴尚博
郭铭帅	郭 为	郭亚勋	郭依奇	韩慧慧 女	项德宇	肖 蓉 女
郝 爽 女	何京哲	侯国栋	侯鹏飞	胡鹏飞	徐 珂	徐原野
黄 森 女	吉民民	贾一凡	蒋维贤	金哲昊	续文琪	薛 喆
景思远	雷 喆 女	李 灿	李 聪	李 冬 女	杨伟同	杨亚杰
李方博	李捷扬	李 静 女	李 强	李 青	姚怡聪	叶 欣
李 韧 女	李儒威	李少鹏	李 爽 女	李笑然	于之磊	袁 丰
李 鑫 女	李 园	李兆伦	栗思敏 女	林晴晴	王浩天	王宏磊
刘 创	刘珈言 女	刘 奎	刘 森 女	刘倩男	王 平	王 祺
刘 帅	刘粟伊	刘晓明	刘艳凤 女	刘远帆	王晓莹 女	王 艳
路行凯	吕宛容 女	马浩语	苗鑫钰 女	倪思嘉 女	王有为	王 哲
宁 朝	彭瑞辰 女	齐美芝 女	乔振伟	秦 欢	吴小龙	吴 越
任路阳	尚 靖 女	邵 超	邵长秋	沈 扬 女	肖 雄	肖榆川
师曌蓉 女	施佳鹏	时雨辰	史雨佳 女	史源源	徐子琪 女	许天宇
宋博文	宋欢欢 女	宋 鹏	孙承休	孙 一	晏聪丛 女	杨旻睿 女
唐含一 女	唐文韬	同晓舟 女	图尔新	王琛涵	杨泽晖	姚启帆
张佳璐 女	张建睿	张 婧 女	张梦鸽 女	王婧仪 女	易 强	尤 娟 女
张 盼	张鹏飞	张 琪 女	张少君	王瑞楠	岳 雪 女	张 丰
张 婷 女	张文芳 女	张雯靓 女	张 希 女	王 燕 女	张 娜 女	于若初
张学伟	张炎涛	张益华 女	张玉魁	魏春景 女	张诗浩	周胜华 女

张 真女	赵佳莹女	赵俊然	赵南森	武伯菊女	张 鑫	杨明珠女
赵晓雪	赵 旭	赵雅丽女	仲思源	熊泽嵩	张泽豪	张宏烨
周书航	周 涛	朱嘉荣	朱厢炜	许艳茹女	赵 硕	朱逾晗
祝嘉祥	姚雅露女	赵 斌	赵 月女	鄂佳熙女	杨瑞瑞	杨 颖女
李姝雅女	刘 梦女	王冰倩女	王奕松	尹博瀚	张昕昱女	李晨儒
贺 妍女	苗世伟	沈丹阳	吴淑婷女	付晓萌女	柳思瑶女	王健婷女
安 娜女	白家维	白 娜女	范有礼	陈丛笑女	王贺芝女	王嘉啓
陈 容女	陈艳灵女	杜 康	杜明轩	范晓琦女	武宇斌	谢 鸥女
冯梦晖女	付瑾瑜女	高泳昌	耿 鹤	顾泰玮	尹润森	袁 悦
韩林芳女	韩 汛	韩伊迪	郝昊田	何宁风	张鹏博	张 芮
侯 为	侯旭娇女	胡 琳	惠 倩女	纪 芳女	赵 潇	赵雅倩女
金 戈女	孔 哲	雷 悦女	李爱莉女	李丹丹女	邹泽敬女	左小雪女
李东梅女	李佳颖女	李乐晨女	李小林女	李奕婳女	王睿坤	吴 骥
李 毅	李 昭	廖 颖女	林 伟	刘珈毓女	杨梦楠女	杨宇豪
刘瑞莹女	刘书颖女	刘晓宇	刘奕鑫	卢宇飞	张 璐女	张 萌女
吕思琦女	马玉箫女	梅志炎	孟 贺女	宁亚茹女	赵 楚女	赵粉艳女
欧阳松	乔雅楠女	秦贺营	任 丽女	沈 蕊女	周嘉豪	朱王倩女
孙高源	田博文	万 晶女	王 安	王 冲女	闫筱筱女	张宝坤
马英晨女	王沛婷女	张珂凡	陈 慧女	陈思雨女	侯品伯格女	黄浩然
陈泽宇	杜丛丛女	郭 锋	郝旺奂	何 鑫	蒋苏彤女	朱田甜女
雷 宇女	李成龙	李 青	李 擎女	李晓飞女	赵宇翔	朱 敏女
李欣冉女	李艳平女	李园园女	李云昀女	刘婷婷女	赵茜婷女	赵一霖女
罗明夏女	马欣悦女	秦昕璐女	宋莉娟女	王瓅晨女	姚 科	张 郗女
王 卅	王 燕女	王 燕女	董洁茹女	邱 晨		

2018级

陈 卓女	韩 蓓女	黄思睿女	解鹏昭	李宣霖	李新飞	袁 梦女
刘 闯	刘高艳女	吴艺婷女	伍晨阳	杨 琨	迁狄童	张 昊
张 宇	郭 婷女	黄奕博	惠盛健	李元亨	卢 妍女	张 婧女
艾 闪女	鲍嘉阳	常 沙女	陈璐瑶	陈睿昕女	郭 星	雷 蕾女
郝喜英女	姜灿坤	金双双女	李 鸽女	李铭慧	齐静妍女	童媛媛女
梁 嘉	慕凯凯	邱 杨	盛昂昂	宋庆雨女	李 晨	李 虎
王 亮	王若楠女	叶金鑫	张沫岩女	周宝发	汪雪妮女	王怡丹女
安重阳	毕思凝女	蔡青菲女	曹尚宏	曹 添	李夏健	姚雨墨女
陈冠宇	陈 汉	陈天意女	陈雪晗女	崔百兴	米佳锐	苗 健
邓茜泽女	丁静静女	董卫丹女	杜 曦	段朝辉	潘宇涛	彭 路
樊 珂女	范俊鹏	方坤宇	付莹雪女	高 浩	邱雅茹女	屈锦华
高 健	高瑞雪女	高润鑫	高子月女	葛佳鑫	任 瑛女	师立洋
宫丽鹏	贵 杭	郭晶晶女	郭泽华	韩楚燕女	孙昊宇	孙 亮
韩 璐女	韩雪琪女	何琳娜女	贺 俊	贺鹏飞	佟林芝女	汪珊珊
贺治达	胡梦童女	胡 青女	户 遥女	黄 婧女	王化南	王吉羽女

惠钰芯女	纪哲女	贾晨茜女	贾雯轩女	姜智慧女	王娟女	王凯
靳馥阳女	孔智勇	兰艳女	乐馨雪女	李滨洋	王晓琴女	王秀鹭女
李昌昊	李晶女	李祺女	李蕊女	李霄	王颖女	王志轩女
李星皓	李怡卓	李泽宇	连齐楠女	梁红岩女	莫欣键	那琴女
廖梦女	林建鹤	刘博涵	刘畅女	刘晨洁女	齐琰女	齐子航
刘晓芳女	刘昕宇女	刘鑫女	刘扬	刘一凡女	任慧敏	任锐
刘轶宁女	刘宇昂	娄筱云	芦玺元	路淑洁女	石璠	史成立
吕非	马琪	马晓哲女	门壮	孟舸	孙翌源	汤海涛
吴依珍女	武淑琪女	夏博伦	谢梅香女	谢意菲女	王丹女	王丹华女
胥艺女	徐航杰女	徐清月女	徐瑞	徐一维	王佳美女	王金果女
徐雨辰女	徐云飞	徐云龙	薛东	闫思育女	王乐楠	王士豪
杨婧女	杨树女	杨帅	杨铄	杨雪红女	王雪女	王雅倩女
杨洲女	要昌	於鹏雨女	袁怡婷女	岳一然	王子嫣女	位琪女
恽彬蔚女	臧杰女	张超	张驰	张佳伦	牛子聪	王菲女
张静雅女	张倩倩女	张伟	张笑君女	张新月	邱渭勤	王婧雅女
张雪妮女	张哲铭	张子鸣	赵景阳	赵睿祺	任晓琳女	王翔
赵思佳女	赵晓龙	赵燕军	甄浩	郑婉华女	舒智文	王艺瑾女
郑智洋女	周艺贤	朱果	朱晓月女	田岗	魏廷颖	朱薪羽女
陈俊颐	赵冰婧女	王玉玺	药凯	于荟女	高晗女	郭金枚女
林建东	聂雨琪女	南佳博女	白帅帅	陈惠蕾女	赵毅	陈军腾
韩萌女	高吉奎	武虹园女	边雨	曹慧君女	曹曦女	常郅昊
程馨萌女	代洁女	杜倩女	高丹琳女	高云嵩	王影女	王宇轩
关冲	郭强	郭鑫	郭媛媛女	何大笠	武聪聪女	武昭凡女
贺军	贺一鸣女	衡嫣嫣女	胡凯	胡仕婷女	熊则鑫	许入丹女
黄盛航	惠丹红女	贾媛女	景阳	阚仁杰女	杨雅麟女	杨永佺
寇德馨女	李建智	李龙龙	李佩原女	李泰山	余子萱	张晗
梁恩卫	刘贝贝女	刘华康	刘倩茹女	刘霜婷女	种岚妮女	种威
卢月青女	马若菡女	满璐玥女	南彤彤女	彭彀	王禹翰	王震
秦棚超	茹彤女	盛杭	宋楠楠女	宋帅振	夏梦丹女	谢雨欣女
宋心怡女	宋长奇	孙坤女	谭若楠女	唐皓	杨璐女	杨润芝女
唐婷女	田春生	田帅女	万博文	王蕾蕾女	叶四方	易鑫
王孟孟	王少敏	王甜甜女	王童淼子女	王妍女	张凯龙	张鑫宇
韦秋培女	熊钰女	杨帅	于鑫女	朱婉莹女	朱薪羽女	于玲女
秦嘉惠女	钱倩媛女	王梦琪女	安婷女	卜瞳女	陈斯玄女	陈宇
崔楠女	董晴女	杜怡女	高方媛女	吴彦橙	赵珍女	邹子辰
何宇恒	和晓彤女	胡萨娜女	黄曦娇女	陈子钰	周雅吉	周亚楠女
贾昱雅女	觊聚欣女	梁锐	刘琪	韩露露女	赵玉桐女	佟昕
刘宣晟	聂移同	裴进文女	史斌斌	黄琰麟女	张昕女	赵丹女
王董珂女	王莞菁女	王楠女	魏顾女	刘星宏女		

1.3.4 建筑学院历届博士研究生名单

西安建筑科技大学　建筑系　1994 级

刘临安　　　　杨豪中

西安建筑科技大学　建筑学院　1996 级

王　瑛 女　　　王　军

西安建筑科技大学　建筑学院　1997 级

高　静 女　　　刘　晖 女　　　雷振东

西安建筑科技大学　建筑学院　1999 级

林　源 女　　　林从华　　　　吕红医 女　　　李岳岩

西安建筑科技大学　建筑学院　2000 级

陈　洋 女　　　黄明华　　　　刘启波 女　　　马　龙　　　于汉学　　　　杜高潮　　　　武六元

钟　珂

西安建筑科技大学　建筑学院　2001 级

李军环　　　　毛　兵　　　　董芦笛　　　　冯　伟　　　赵　群 女　　　周　伟　　　　张林华

西安建筑科技大学　建筑学院　2002 级

朴玉顺 女　　　王树声　　　　张　伟　　　　陈景衡 女　　　李立敏 女　　　刘福智　　　　张　倩 女

西安建筑科技大学　建筑学院　2003 级

林　梅 女　　　卢　渊　　　　张蔚萍 女　　　韩晓莉 女　　　李　帆　　　　李　昊　　　　李曙婷 女

沈　莹 女　　　王　芳 女　　　赵红斌　　　　周　崐　　　尚幼荣 女

西安建筑科技大学　建筑学院　2004 级

吕小辉　　　　傅　燕 女　　　高　博　　　　何　泉 女　　　李红光　　　　谭良斌 女　　　张鸽娟 女

蔺宝钢　　　　赵鹏飞

西安建筑科技大学　建筑学院　2005 级

符　英 女　　　韩　怡 女　　　黄　缨 女　　　王　赢 女　　　王肖宇 女　　　徐　娅 女　　　张　蕾 女

王少锐 女　　　白　宁 女　　　常海青 女　　　靳亦冰 女　　　李　静 女　　　李　钰　　　　李琰君

马　静 女　　　李　峰　　　　王　劲　　　　杨　莹　　　尹　晶 女　　　乔　峰　　　　宇文娜 女

张　芮 女　　　张少伟　　　　尤　涛

西安建筑科技大学　建筑学院　2006 级

高　山　　　　哈　静 女　　　王纬伟　　　　朱文龙　　　丁　昶 女　　　段德罡　　　　樊淳飞

黄金城　　　　宋　岭 女　　　王　琰 女　　　王璐艳 女　　　温建群　　　　马　明　　　　虞志淳 女

岳邦瑞　　　　温　宇　　　　刘大龙　　　　桑国臣　　　王润山　　　　赵江平　　　　李信仕

西安建筑科技大学　建筑学院　2007 级

池秀静 女　　　雷耀丽 女　　　刘　怡 女　　　邱　月 女　　　成　辉 女　　　方松林　　　　郝　玲 女

胡方鹏　　　　聂　菲 女　　　孙王虎　　　　王　涛　　　王　伟　　　　孔黎明　　　　严　萍 女

岳　鹏　　　　赵　辉 女　　　赵雪亮　　　　闫　杰　　　高庆龙　　　　李俊鸽 女　　　刘　凌 女

张　涛 女　　　朱海声　　　　卞　坤 女　　　董　欣　　　李　冰　　　　裴成荣 女　　　朱新荣 女

文　涛 女　　　徐　境　　　　王　靓 女

西安建筑科技大学　建筑学院　2008级

储兆文	李　媛 女	刘思铎 女	苏义鼎	吴晶晶 女	于长飞 女	赵兵兵 女
王　莉 女	白佩芳 女	陈　敬	陈林波 女	陈媛媛 女	高　源	侯冰洋
李　飞	李　勤 女	崔文河	刘京华 女	刘　静 女	涂　俊 女	王美子 女
梁　锐 女	吴　庆 女	许　娟 女	张　群	张晓瑞 女	韦　娜 女	李　恩
亓晓琳 女	张卫华 女	朱轶韵 女	张　颖 女	崔　哲	冯　涛	李保华
杨大伟	王新文	王艳安	肖哲涛	闫　飞	王翠萍 女	杨　杰
余侃华	张中华	朱　菁 女				

西安建筑科技大学　建筑学院　2009级

毕景龙	胡　恬	宋　霖	汤雅莉 女	朱　彦 女	许建和	成　斌
何文芳 女	李晓丽 女	索朗白姆 女	王　琼 女	王铁铭	谢　洋 女	徐健生
王　芳 女	白雪琛 女	李延俊	宋　琪	闫海燕 女	张朝晖	黄文华
王继武	许志敏 女	张国昕	白　磊	曹象明	雷会霞 女	李　兰 女
李晓玲 女	吴　潇	吴　欣 女	郑晓伟	王天航	张　毅	

西安建筑科技大学　建筑学院　2010级

田　野	王晓敏 女	魏　琰 女	肖　轶	杜　乐	郝占鹏	李　照
马　健 女	王玛苏 女	王晓静	谢　栋	徐　进	宋　辉 女	于东飞 女
于　洋 女	张　涛	祖　祺	燕宁娜 女	呼　宇 女	贾　媛	李雪平 女
梁　爽 女	李红梅 女	史雷鸣	杨新磊	潘文彦	毕振波	李智杰
安　蕾 女	林兆武	刘　冬 女	路方芳 女	荣丽华	孙海军	王　阳
魏书威	吕　琳 女	谢　晖 女	吴　森	贺文敏 女		

西安建筑科技大学　建筑学院　2011级

陈　星 女	郭　敏 女	李慧敏 女	邵风瑞	车　通	胡　靓 女	申　亮
石　英 女	王　璐 女	张　蕊 女	徐　岚 女	葛翠玉 女	罗智星	王新彬
张　毅	史　煜 女	孙　静 女	王婷婷 女	赵　华 女	蒋　正	卢　英 女
撒利伟	宋　阳	刘瑞强	田　涛	张小金	刘淑虎	余咪咪
吴　锋	马冬梅 女	王　侠 女	杨　辉	王　静 女	程芳欣 女	田达睿
张　磊						

西安建筑科技大学　建筑学院　2012级

邸　玮	梁程亮	李　凌 女	刘　洁 女	罗　琳	吴晓冬	冯　巍
李红莲 女	林宇凡 女	尚瑞华 女	叶　青	苏　静	王江丽 女	樊　强
吴寄斯	周春芳 女	刘　欣	王　琛 女	邹亦凡	付　凯	刘玲玲 女
杨建辉	李　晶 女	夏固萍 女	徐海燕 女	张洪恩	樊亚妮 女	刘　波
刘福龙	史承勇	龙　婷 女	唐　英 女	杨　雪 女	芦　旭	吴　雷
郑武幸						

西安建筑科技大学　建筑学院　2013级

陈　旭	段　婷 女	高　琦 女	张文波	朱　宁	赵　英 女	高　瑞
李　欣	刘宗刚	罗梦潇 女	孟祥武	沈若宇	田　虎	王毛真 女
马冀汀 女	周志菲	赵　虎	董旭娟 女	何知衡	霍旭杰	李小龙
孙立新	张　磊	罗戴维	宋桂杰 女	麦思瑶 女	耿　烨 女	段　瀚

| 郭其伟 | 李 孜 女 | 王海若 女 | 文正敏 | 张晓荣 女 | 魏峰群 | 包广龙 |
| 菅文娜 女 | 钱 利 | 薛立尧 | | | | |

西安建筑科技大学　建筑学院　2014 级

李诗娴 女	黄 磊 女	陈 聪	陈雅兰 女	李路阳	石 丽 女	吴 瑞
张天琪	吴 迪	安赟刚	白鲁建	董国明	位 娜 女	赵 欢 女
于 瑛 女	陈斯亮	房琳栋	何方瑶 女	蒋 苑 女	柴 茜 女	黄东宇 女
闫幼峰	程兴国	杜 洋	杨 欢 女	张 建	王嘉维	鱼晓惠 女
朱瑜葱 女	周晓敏 女	范晓鹏	雷 璇 女	任晓娟 女	张 劼	周在辉
徐鼎黄	李莉华 女	杨 铭	杨琬莹 女			

西安建筑科技大学　建筑学院　2015 级

李 岚 女	孟 玉	石 璐	陈 光	何彦刚	李 晨 女	李建红 女
田铂菁 女	同庆楠	王 龙	王 卓 女	聂 倩 女	徐洪涛	吴冠宇
陈 洁 女	武文博	武艳文	杨晶晶 女	王 薇 女	张 靖 女	赵 星
曹梦莹 女	白聪霞 女	贺夏雨 女	菅泓博	李 阳	任 璐 女	王超深
杨彦龙	张睿婕 女	米炜嵩	段皓严	关伟锋	康世磊	康 渊
刘 华 女	刘 晶 女	师立华 女	宋同文	李仓拴	王宇光	

西安建筑科技大学　建筑学院　2016 级

方书贝	严少飞	岳岩敏 女	党 瑞 女	高 明	刘 鹏	马 琰
师晓静 女	孙自然 女	王雪菲 女	项 阳	阮锦明	杨 帆	张芳芳 女
周 岚	杨 丹 女	侯立强	石 媛 女	宋 冰 女	杨 雯 女	谷瑞超
林 溪	韩 茜 女	王丁冉 女	王 瑾 女	车志晖	冯 斌	高婉斐 女
梁 鑫	伍雯璨 女	谢世雄	薛 璇	赵 卿 女	谭静斌 女	付胜刚
李 轲	魏 萍 女	吴小辉 女	李冰倩	兰泽青	刘 永	王敬儒 女
王 韬	王墨泽					

西安建筑科技大学　建筑学院　2017 级

王 凯	杨思然	姚 成	邓新梅 女	李 祯 女	庞 佳 女	孙倩倩 女
王 青 女	王文明	王文韬	武玉艳 女	王 晋 女	杨 洋 女	谢 旭
毕文蓓 女	曹其梦	董 浩	张君杰	蔡忠原	张 楠	王洲杰
张 率 女	陈 超	陈 磊	屈 雯 女	宋 玢	王 婷 女	张 锋
赵伟伟 女	王嘉溪	刘 煦	刘 越	吴小虎	信建国	张慎娟 女
张 瑶 女	郑希黎 女	于佳永	蔡春杰	杜 喆	谷秋琳 女	赵泽龙
张 颖 女	周 觅 女	潘卫涛	钱芝弘 女	姚姗姗 女	李 赢	罗 旋 女
王 蓓 女	王 雪 女					

西安建筑科技大学　建筑学院　2018 级

金 焱	李陆斌	李双双 女	吕 晶	阿孜古丽艾山 女	崔 潇 女	李登月 女
芮 荣	张 斌	王世良	王怡琼 女	吴 超	曾子蕴	王 纯 女
仓玉洁 女	范凯兴	黄沛增	吕凯琳 女	张 伟	岳 圆 女	乔宇豪
崔小平 女	沈葆菊 女	梁 霄	李 昊	祁 飞	张彦庆	朱晓琳 女
贺 妍 女	黄 梅 女	刘业鹏	闫 芳	高 雅 女	郝海钊	雷文韬

李 稷	杨晓丹 女	申 媛 女	沈 婕 女	王一睿	张琳捷 女	刘梦琪 女
赵子良	赵 璐 女	程 功	张笑臻 女	邹宜彤 女	鲍 璇 女	曹 朔
李佳颖 女	武 毅	费 凡				

资料整理：时 阳　审核：范征宇

1.3.5　建筑学院意大利米兰理工大学建筑学院双学位计划

2014 年 5 月，基于我校建筑学院和意大利米兰理工大学（民用）建筑学院多年的教授间合作关系背景，我校和意大利米兰理工大学签订了双学位（研究生）协议，启动了旨在由两校共同培养建筑学研究生的双学位项目，项目于 2014—2015 学年开始正式招生。招生针对西安建筑科技大学"建筑学"硕士专业与米兰理工大学建筑学院的"Architecture（建筑学）"Laurea Magistrale（硕士）专业的学生，学制 2.5~3 年，学分 150 个 ECTS 学分等同。学生在本校完成 2~3 个学期的学习后，前往对方学校开展 2 个学期的学习，其后再回到本校完成 1~2（2~3）个学期的学习；成绩合格，顺利通过双方学校毕业答辩者授予双学位。

自 2014 年至今，总共已经有 4 届共 25 名中国学生、3 届共 14 名意大利学生加入了"西建大 – 米兰理工大学"双学位项目的学习，其中已有 6 名中国学生、9 名意大利学生顺利在对方院校完成毕业答辩和授位工作。（标 * 者）

参与我校和米兰理工大学签订了双学位计划的学生名单

	西安建筑科技大学建筑学院建筑学专业					米兰理工大学建筑学院　建筑学专业
2014级	王龙飞*	卢肇松*	侯 帅*	赵 晋	李露昕* 女	AlbertoMlabarba*　FrancescoBusnelli* Cost anzaMondani*　MariaGiuliaAtzeni*　Monica Capellani*　Michele　Marini*
2015级	王一凯* 张浩曦 女	石嘉怡 女 晁一博	田沁雪 女 殷小溪 女	黄河清 女	高迎衔* 女	Costanza　Molon* Giulia　Prevedello* Jacques　Maria　Brandt*
2016级	邵 强 刘 星 女	沈佳成	张峰瑞	俞可健	肖之光	
2017级	赵佳莹 女 熊泽嵩	吴 瑞 女	王睿坤	祝嘉祥	张 盼	Andrea　Asti　Francesca　Davoli Greta　Pellanda　Valerio　Colombo Andrea　Delvecchio

资料整理：时 阳　审核：范征宇

1.3.6　建筑学院历届工程硕士研究生名单

为了满足社会对建筑设计和城市规划等科研、教学、管理部门对于建筑设计与城市规划专业高层次技术人才和管理人才的需要，根据国务院学位办公室有关工程硕士培养文件的精神，建筑学院制定了建筑设计与城市规划专业工程硕士研究生的培养方案。学制 3 ～ 5 年。教学采用入学不离岗位,集中面授,定期辅导的培养方式。成绩合格者授予土木与建筑工程专业工程硕士学位。2002—2016 年,建筑学院在包头、山东、杭州、西安等地集中开办了工程硕士点,共计招生 15 期,累计 503 人,获取学位的 222 人。

2002 级（包头点）

思 婧 女	丁绍斌	乌进高娃 女	何小玲 女	郝建立	郝倩茹 女	马 明
孔 敬 女	姜 伟	侯俊峰	唐国桥	赵 良	张文玉	张耀胜
李锐钢	明文卉 女	徐 璟	车 红 女	张 涛	黄 杰	

2003 级（西安点）

庄凌云 女	强 永	肖伟榕	吕东军	刘 瑜 女	曾繁斌	胡永红
苗 伟	蔡晓芳 女	黎小文	陈 慧 女	吴党社	金 云 女	叶 飞
李 宁 女	王 杰	尉发昌	于 洋 女	赵 宇	撒利伟	薛 航 女
程 安	邓向明	张 彬 女（高教工程硕士）		李俊新（高教工程硕士）		

2003 级（潍坊点）

陈智泉	王京光	周孟祥	窦庆峰 女

2003 级（包头点）

杨拥军	李 凯	张 力	何伟华	王大光	黄秀丽 女	王泓薇 女
路 智	张 杰	李建英 女	韩 朝	张晓宇		

2004 级（西安点）

呼延宇	宋 彤	顾光林	周耀宜	刘 煜	王亚洲	丁学俊
黄锡勇	康明宇 女	牛天山	翟军军	林 强	柳彩虹 女	

2004 级（青岛点）

于航兵	管 毅	徐 燕 女	张茹玮 女	杨景荣 女	迟玉辉	周 海
尚 杰	吕 涛	田志强	张洁蕾 女	曲义婷 女	王兆惠 女	臧佩山
蓝雷英 女	安 恺 女	朱立强	章锡年	郭长林	张云飞	张相忠
毕敬平 女	温安林	邹 勇	宿天彬	陈启舢	林常青	解 辉
王 冬 女	徐泽洲	孙玉霞 女				

2005 级（西安点）

柴 红 女	沈 文	王文涛	殷赞乐 女	张 毅	曹 锋	孟 扬 女
陈 军	朱 岩	刘 浩	冯晔云	胡 昱	万 猛	李 晔 女
任 社	左效华					

2005 级（枣庄点）

丁善意	秦志东	李研研 女	梁瑞芹 女	王思涛	季冬勇	甘宜宝
景爱琴 女	谢 军 女	王 文				

2006 级（西安点）

陈建斌	东 雷	高岩松	何 冰	姜 山	雷旭超	刘 备
刘 岗	毛庆东	王铁铮	王晓玥 女	张建辉	张 娟 女	张 毅
赵 军 女	朱海洋	姜月霞 女				

2006 级（枣庄点）

陈忠奇	丁文慧 女	丁永利	韩 超	金廷法	李厚兴	刘秋宏 女

| 吕凤仪 | 马 强 | 宁 伟 | 邵泽行 | 唐贵东 | 王 健 | 吴 瀚 |
| 杨旭宾 | 张 宏 | 张 莉女 | 朱爱国 | 朱新宇 | 闫旭东 | 闫业彪 |

2007级（西安点）

陈 莹女	陈 勇	崔昆仑	贺英莉女	巨建锋	梁 璐女	马国库
王少勇	许 佳	尹茂林	张殿松	张 敏	祝涛涛	袁 祺
管玉魁	张慧清女					

2008级

| 潘 静女 | 钱继政 | 宋著方 | 王守国 | 杨 洁女 | 周 媛女 | 陈 默 |
| 宋锦鹏 | 宋引龙 | 孙 婷女 | 王小强 | 王铸莹女 | 张 静女 | |

2008级（青岛点）

| 潘 静女 | 王守国 | 杨 洁女 | 周 媛女 | | | |

2008级（枣庄点）

| 钱继政 | 宋著方 | | | | | |

2009级（西安点）

白世伟	曹立刚	崔永兵女	邓伟娟女	李 琨女	李 堃	李高飞
廉 超女	南远飞	田 野	王 亮	伍 娟女	杨 宏	赵 亮
朱建军	马海鹏	张 波				

2009级（杭州点）

蔡庚洋	寿平丰	严小建	汤贵芹女	甘雪梅女	徐海波女	严 斌
王亚明	徐 芸	黄祯桢	叶鹏飞	汪 伟	刘铭芳	王颖颖女
庄逸君女	郭大军	陈有志	史芸俊	陈 宏	顾林海	徐增建
温正慧	杨里葵女	金 涛	吕 嫣女	宋光伟	齐效娜女	陈伟波
陈宇舟	虞 健	吴 恺	杨向荣女			

2010级（西安点）

| 沟增辉 | 李 捷 | 李 妍女 | 卢 鑫 | 马菁娟 | 孟 洁女 | 时子斐女 |
| 王 磊 | 王 玺 | 翁柯静女 | 邰 娜女 | 王 惠女 | | |

2010级（杭州点）

徐静新	陈 楠	张 俐女	夏 斐女	赵烨尔女	许晓峰	高 峰
周海波	苏梦蓓女	沈朝阳	蒋乐斌	王 钦	曲小雨	王 凤
姜晓刚	戴 宏	韩际平	方 土	程 涛	郑合祥	朱轶桦
李 莉女	沈万岳	洪尔好女	郑 冈			

2011级（西安点）

| 陈 媛女 | 李 珈女 | 梁 东 | 梁淑红女 | 刘 杰 | 孙雪茹女 | 王安平 |
| 张 泉女 | 赵 亮 | | | | | |

2011级（杭州点）

曹卫汉	陈夏末	陈 翔	陈 琪	傅华丽女	何嘉凌	黄国军
陆 红女	戚鼎旗	沈淑瑜女	盛樊毅	史 亮	宋 皓	孙伟清女
孙怡娜女	孙 瑾女	万云程	王 健	王 奕女	吴 斌	朱 先女
楼晓雷	马红平女					

2012 级（西安点）

| 姜媛元 女 | 乔 柳 女 | 耿楠森 | 郭晋懿 | 李 甲 | 刘生刚 | 刘 莹 女 |
| 叶丽娟 女 | 赵 磊 | | | | | |

2012 级（杭州点）

| 蔡海宇 女 | 傅林萍 女 | 韩国利 | 黄冠君 | 王 迅 | 杨真博 | 虞烈波 |
| 袁雁飞 女 | | | | | | |

2013 级（西安点）

王喜娥 女	杨 扬	白 璐 女	翟 娟 女	段怡敏 女	樊雅江 女	姬 聪 女
李 卓	刘皎琳 女	孟广超	乔 禹	田 康	吴 雄	夏 悦
黄 川	潘珊珊 女	彭 亮	孙 乐 女	王炜博	吴亚宁	徐 庆
张 驰	周卫玉 女					

2013 级（杭州点）

| 蒋国华 | 周 斌 | 周 俊 | 魏 珊 女 | 王倍菲 女 |

2014 级（西安点）

常 春	陈 虓	陈雅妮 女	杜 泽	甘 毅	高智伟	葛世磊
贺存新 女	黄雪菲 女	贾钧尧	雷 祺	李玉宝	李正琦	梁园芳 女
刘瑞娟 女	刘 怡 女	马 超	马 旭	毛伟佳	欧 洋 女	蒲禹君
宋 莉 女	孙志群	田 蕾 女	万 斐	汪 丹	王 涛	王 星 女
王 杨 女	王 哲	杨一栋	杨 菁 女	喻 凡	岳笑如	朱 婧 女
仝少鹏						

2014 级（杭州点）

| 陈 佳 女 | 成 磊 | 丁至屏 女 | 刚 钰 | 廖敏超 女 | 黄小平 女 |

2015 级（西安点）

齐新明	贺 玺	杨学文	陶 丽 女	蔡昳宣	高天忠	姬巧娟 女
贾思冰 女	靳 蕾 女	路昕翌 女	倪 博 女	漆 轩	孙 瑜	薛晓妮 女
易博文 女	鱼文宏	窦晓熙 女	谢莉莉	韩旭涛	何 军	齐星雨
魏佩娜 女	邓 宇	高翰文	姜 岩	李晨曦	李祎梅	李晓鹏
李姝婷 女	任 燕 女	沙 海	石克家	孙 谦	王 超	王 莹 女
王 琛	俞波睿	岳小云 女	李砚水			

2016 级（西安点）

张文倩 女	陈伟民	陈小康 女	成 莹 女	冯 琛	贾 媛 女	柯尊成
李向东	王广鹏	王 卓	肖 寒	杨皓惟	朱 鋆 女	滕亚青 女
安乐天	程晓泽 女	高 芳	侯静雅 女	贾芬芬	李叶舟	王俊博
张 刚	张 慧 女	张 琪	闫 冰	屈 杰	王 青	张成刚
卞晓莉 女	仇 冬	翟旭刚	高 莉 女	国 姿	韩小刚	解文君
李 瑞	李 腾	李倩杰 女	陆 龙	屈婉璐	王 华	王 晖
许海涛	宇文娟 女	郑松林 女	朱 波	高 屹	刘晓燕 女	

资料整理：郑红雁　　审核：冯海燕

1.3.7 建筑学院建筑设计进修班学员名单

20世纪80年代我国改革开放初期，建筑行业进入大发展阶段。"文化大革命"期间大学停止招生，故专业技术人员紧缺，特别是建筑设计单位建筑学专业的人才极其短缺，一些建筑设计单位希望我校能协同解决当前困难。应社会的需求，我校于1984年9月起开办了"建筑设计进修班"。招生面向全国各建筑设计单位，主要针对由工民建专业转为建筑设计专业的在职技术人员。学制一年，学习期满成绩合格者由学校发给结业证书。1984—1997年期间，共举办了十余期建筑设计进修班，进修学员达500余人。学员们回单位后，有建筑设计单位的主力，有高校教授，有设计院院长、董事长、总建筑师，有的在政府建设部门的领导岗位。他们都在各自的工作岗位上发挥了重要作用。

注：6~9期 ①名单空缺 ②中途有两期是建筑设计专业证书班

第1期名单（1984—1985年）

王　毅	柏蜀亭	沈廷士	傅英明	田小群	赵玉杰	刘林山
张守德	周秉玺	周　珂	蔡欢红 女	邹　蕾 女	孙卫光	艾热提
黄理辉	顾　欣 女	王　芬 女	李建生	樊　巍	陆　彬	王　巍
王彦民	李　历 女	郑永彬	杨献武	齐冬香 女	常前德	龚浩明
沈立辉	张亚禄	李维平	敖凌云	钟志刚	孙　颖 女	聂晓红 女
张晓玲 女	王桂莲 女	杨清莲 女	周　萍 女	贺农农	林　群	韩蕙君 女
杨晓洲	高建新	宋忠宝	吴希平	赵云祥	广　强 女	李　玉
吕方明	张新华 女	王　萍 女	罗国庆	李东升	谭毅强	李正东
梁　桥						

第2期名单（1984—1986年）

艾孜买提尤努斯	曹　沫	曹永刚	陈　梅 女	陈志强	邓存瑾	丁幸福
杜卫东	段胜凡	干　强	高屹立	宫志龙	郭瑞雪 女	何又宜 女
胡新颖 女	华丽蓉 女	金光辉	克丽比努尔 女	兰宝贵	李　红 女	李　为 女
李剑峰	李晓伟	刘　东	刘　恒	刘　夏 女	刘艳萍 女	娄开明
马　平 女	马广田	毛郁馨	米　强	牛　蕾 女	彭　勃	钱　阳
乔小云	戎　安	孙惠亮	汤亚林	汪永红	王春晓	王能国
王启贤	王新力	武六元	谢伟宁 女	徐学毅	严冬柏	杨　斐 女
杨　哲	杨麓萍 女	姚志宏	叶　琳 女	印　刚	于立卓	岳睦胜
张　进	张　勇	张洪杰	张天慧 女	张新颖	章孟琳 女	赵培国
周延坤 女	赵东风					

第3期名单（1986—1987年）

阿不力克木托合提	安泽勤	宝　琪 女	卜素枝 女	蔡　明	蔡薇薇 女	曾　煜 女
崔明旭	樊富民	付　晨	付原玲 女	顾新国	郝传东	贺　丽 女
霍　克	季　翔	贾瑞芳 女	景　牧 女	李　丹 女	李立红 女	李洛敏
李世芬 女	李淑美 女	刘国庆	刘劲涛	刘　莉 女	刘　伟	陆　凌 女
吕月球	施文婵 女	施俨君	宋明忠	孙京都	王和平	王晓诗

王玉庆	王元新	吴根世	吴建琪女	吴林林	夏江	项冬晴女
徐国城	薛绍春	杨海昌	杨柳青女	杨志红女	殷文慧女	殷翔龙
于富昌	于果林女	张玲女	张旗	张晓军	张旸女	赵禾
赵真女	郑国虎	朱晓明	左振银	王群	张天宏	

第 4 期名单（1987—1988 年）

李传润	石敏	许晓林	成晓阳	边继敏	沈逢林	龙世跃
赵新丽女	万杰	石剑峰	张东	成征辉	张耘斌	关莹
郭长庚女	孙国忠	雷玉峰	韩志勇	葛新	常宏	鲁杰
延振宝	高建希女	潘志登	何福生	张鸣华女	姚安平	梁桦
陈忠辉女	卢峰	郭琪	吴燕菁女	李增霞女	马清艳女	王雄飞
申幼裳女	鲁韬	孟建平	赵世杰	胡忠	时卫国	孙鸿利
胡彩霞女	梁菊	许飞女	王东昌	郭连敏	张小玲女	张晓玲女
陈志强	苏天波	马钧鑑	苏商议	张劲松	郑涛	魏靖
付先锋	高亚平女	赵志利	罗曼	冯玉林	宋巍	王珏
王德照	马志伟					

第 5 期名单（1988—1989 年）

包东华	杨希文女	张林树	郑明煌女	曾雪丹女	王江华	唐维国
刘素萍女	杨宏三	刘振新	许振棋	陈埜	曾杰	李尉松
黄万成	陈智德	原现平	吴均女	贝静宜女	徐小宁	龙彦女
王羽华女	茹作森	刘诚	邢双军	胡西峰	李淑云女	夏菊芬女
张萍女	徐养毅	宋钦	张建国	黄洛建	李东凯	闫工
韦建光	张安君	李延平	高力	高乐力	穆兰女	张俭
陈超	方文女	杨小玉女	肖海军	耿旭	张勇	柴庆国

第 10 期（1995 年）

王伟	湛梦华女	李晓阳	周丽萍女	丁凤年女	王汉祥	樊永刚
刘翔	郭华女	徐曼莉女	何梅	农晓英女	熊刚	方媛女
王晓珍女	李莉女	徐北乐女	尚玉萍女	岳鹏	鄂娟娟女	李泓毅
高昂女	解付光	胡伟	桂洁	陈慧女	蔡涌泉	许玲女
姚江涛	高梅女	马亮	张虹涛			

第 11 期（1996 年）

文凯女	耿升彤	王长阳	李晓峰	刘铁峰	贺书杰	石子义
梁彦军	史卫	贾云鸿	郝占平	谢斌	章斌全	李玲
葵黎女	周聪	李梅	王青女	高大峰	夏葵女	

第 12 期（1997 年）

曾明	张天翱女	曾怡	王勇女	姬霖女	郑斌	贾登辉
刘炜	吴良	刘杰	赵志建	罗志奇	罗伊	钟志辉
周澍晖女	杨柳女					

资料整理：万杰　　审核：蒋秀芳

附录 2

历史图片

　　1930 年童寯从美国学成回国，应东大工学院院长孙国锋聘请，任建筑系教授。梁、林二位于 1931 年 6 月去北平中国营造学社任职后，建筑系主任一职即由童老继任。童寯对建筑教育的一片痴情和一心为公、心系东大的高尚品质，至今回忆更为感动。"九一八"事变后，他全家匆匆离开沈阳，可想必须携带的东西一定不少，旅途相当艰难，他宁肯自己少带东西，也要随身携带一箱东大建筑系教学用的幻灯片（当时是 4 英寸方型玻璃片，很重）。从未损坏一直携带，直到全国解放，才如数归还东工，"完璧归赵"。这些"文物"一样的幻灯片，现存于西安建筑科技大学建筑学院的陈列馆中。这也是我校建筑学院与原东大建筑系一脉相承的佐证之一。

刘鸿典教授设计的东北工学院冶金馆（1952 年）

黄民生副教授设计的东北工学院建筑学院（1952 年）

王耀副教授设计的东北大学机电学馆（1953 年）

侯继尧老师设计的东北大学采矿学院（1956 年）

东北大学院建筑系老师合影 前排左二为梁思成

1932 年，东北大学院建筑系首届毕业生合影
二排右一为建筑系郭毓麟教授

东北大学第三届毕业生合影 后排左三为建筑系林宣教授

东北工学院建筑系教师合影

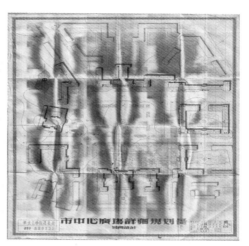

东北工学院建筑系 1955 届毕业设计
题目：沈阳市中心广场及中心干道规划案
时间：1955.4.10 —7.10
学生：陈华滋
主要指导教师：彭埜　　指导教师：佟裕哲
建筑学教研组组长：刘鸿典　　建筑系主任：郭毓麟

谭炳训
（1907—1959 年）

谭炳训：字巽之，山东济南
人。1931 年毕业于北洋大学土木
工程科。中华人民共和国成立前
曾任国民政府北平工务局局长、
庐山管理局局长交通部驿运总处
处长等职。在任期间曾主持领导
北平市政建设及旧都古建筑（天
安门、中南海、故宫、天坛等）
修缮、北平城市规划、庐山规划
等工作；抗战期间曾领导全国驿
运建设，并参与滇缅公路的设计
及施工工作。1949 年 10 月任青
岛山东大学土木系教授；1952 年 10 月任青岛工学院土木系教
授；1956 年调入西安建筑工程学院，任卫工系教授。曾译有
《市镇计划纲领》《苏联五年计划》，著有《香港市政考察记》
《水泥与混凝土》《北平之市政工程》等。

谭炳训 译《市镇规划纲领》，为《雅典宪章》
最早中文版本（1949 年中华书局）

谭炳训（中立者）主持整修天坛期间与梁思成（右二）、杨廷宝（左一）等人合影

西安建筑工程学院筹委会成员考察校址 右起第一人为郭毓麟

西安建筑工程学院筹委会成员在大雁
塔下合影，左起第五人为郭毓麟

主楼前建校劳动

苏联专家连斯基调动函

苏联专家阿·阿·连斯基工作照

西安建筑工程学院校门

西安建筑工程学院主楼

西安建筑工程学院建筑系匾

西安建筑工程学院于 1956 年 9 月 12 日举行开学典礼，首届招收建筑系 56 级学生 69 人，学制 6 年。

王少义	王克范	王继显	王 铎	吴传德	申庆元	朱少怀	朱传铭	朱孝勤	牟傅璋	李志强	李河清	李万荣
吴连辉	余銮经	周尽章	林 仪	邱征辉	范振钢	徐晓芬女	高少青	高国栋	高照光	高霁云女	高永生	涂启新
陈友曾	陈凤山	张子明	张乃堂	张绍国	张恒平	张晓澄女	张乙亥	张葆荣	张跃斌	张小线女	张义家	张镇亚
张庆星	郑梓劲	邹良驹	梁惠成	覃士杰	梅融兰女	黄厚泊	黄渤海	黄瑞霖	傅立本	曾胜中	惠光永	杨彰佳
杨淑绅	赵凤祥	郑润英女	蒋孔浩	蒋静媛女	金荣浩	刘甘棠	刘初安	刘勤世	刘榕生	严明伟	谭永铮	谭伟伦
尹荣政	孟祥莲女	单自强	孙亚乐女									

56 级一年级渲染图

56 级学生设计答辩

56 级学生 1959 年北京实习

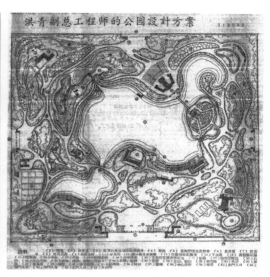

1956 年我系教师彭埜教授主持兴庆公园规划设计方案。1957 年 3 月 31 日《西安日报》的第 4 版,详细介绍了彭埜教授与陕西省第一设计院(今西北工业建筑设计院)洪青副总工程师的方案。"西安市公园建设委员会"刊登了一篇《对兴庆池公园的两个设计方案——欢迎大家提出赞成或修改的意见》的小文。在反复征求了各界群众的意见之后,最终决定——将两个方案合二为一。1957 年 7 月底,当时名为"兴庆池苗圃"的公园破土动工。

1957 年演出话剧《放下你的鞭子》　　《西安建筑工程学院双月刊》1957 年 2 月创刊

《西安建筑工程学院双月刊》1957 年 2 月创刊。在 4.5 期上王建瑚老师发表了《有关房屋外围结构热工计算中几个问题的研讨》、张似赞老师发表了沙里宁著《形式的探求》译文、建筑系四年级学生张世政发表了《试论医院手术室的设计》的文章。1957 年底杂志改名为《西安建筑工程学院学报》。

A. 马克西莫夫，博士。苏联采暖通风专家，1957 年受教育部聘请与夫人同来我校任教。出版了《南方建筑降温问题的研究》一书。

全国南方建筑热工会议 6 月 3–7 日在我院举行。参加单位有：建筑工程部建筑科学研究院、冶金工业部冶金建筑研究院、武汉黑色冶金设计院、西北工程建筑设计院、南京工学院、重庆建筑工程学院、中南土建学院、同济大学、浙江大学、武汉医学院、北京医学院、西安医学院、国务院科学规划委员会建筑班、市建委等 16 个单位。会议内容主要有：①关于南方建筑热工方向和内容的报告和讨论；②建筑热工实测方法的报告和讨论；③建筑热工研究经验交流；④修订 1958 年南方建筑热工科研计划。

经冶金工业部与中共陕西省委共同商定，西安建筑工程学院从 1959 年 3 月 1 日起，改名为西安冶金学院。

建筑系教师沈元凯主持设计的西安电报大楼，总建筑面积1.9万 m²，1959年动工兴建，1963年竣工使用。该建筑设计因其简洁的外立面，苏联式建筑风格的塔楼，局部精致的雕刻成为西安的标志性建筑。2007年，作为新中国成立后兴建的代表性建筑，被列入西安市第三批市级文物保护单位。2014年6月13日，被列入陕西省人民政府正式公布的第六批陕西省文物保护单位。

1963年8月8日，经冶金部、教育部同意，学校更名为西安冶金建筑学院。

1960 年建筑系完成了学校行政办公楼的设计任务。　　　　　　建设中的图书馆。

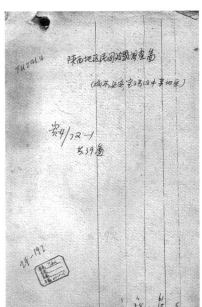 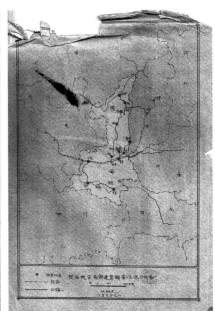

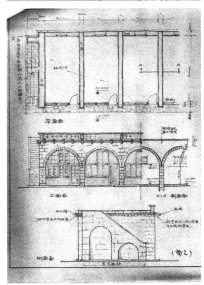 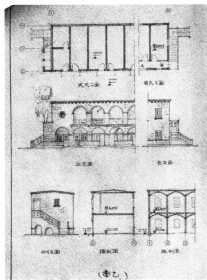

1960 年代陕西民间建筑调查报告
（榆林　延安　宝鸡　汉中等地区）

1962 年 我系首届自主招生毕业生，毕业证

1963 年 西安冶金学院业余文工团
音乐舞蹈戏剧演出

建筑学专业 6301 班合影
建筑学专业 6302 班合影

曾经给建筑 63 班任课的老师：

建筑美术：闫建锋、刘作中、王正华、丁肇辙、蔡南生

建筑设计初步：张秀兰、南舜熏、刘舜芳、郑士奇、佟裕哲

高等数学：黄长钧

理论力学：刘鹤年

建筑力学：金敏中

俄　　语：戴建云、张鸿鹤、周群英

画法几何与阴影透视：李树涛、郑士奇

建筑构造：王聪、姜佐盛

测　　量：杨兴华、张铁彦

建筑材料：袁国良

民用设计：黄民生、刘宝仲、张宗尧、殷绥玉、张文贤、刘静文、施淑文、张广益、吴迺珍、李惠君、张壁田、

工业设计：熊振、刘永德、葛悦先、林曙梅、周增贵

建筑历史：林宣、张似赞

钢筋混凝土结构：姜维山

建筑结构：钟鹏

建筑物理：蒋建初、王建瑚

建筑材料：袁国良

体　　育：马冀超

政治辅导员：徐幕本、张似赞、吴迺珍、赵复元

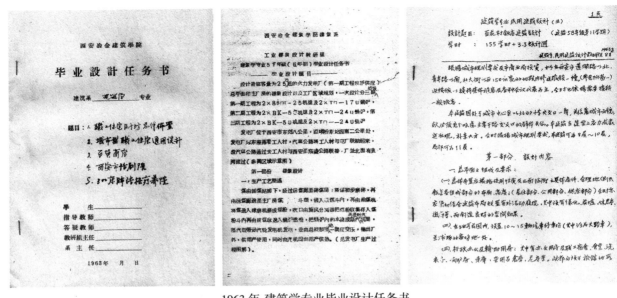

1963 年 建筑学专业毕业设计任务书

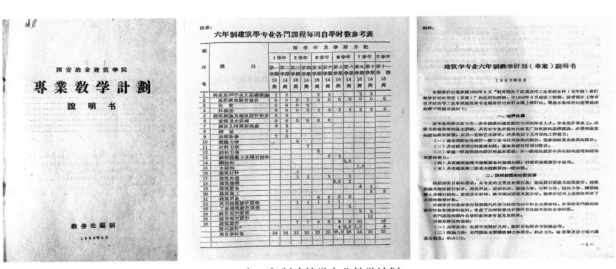

1964 年 6 年制建筑学专业教学计划

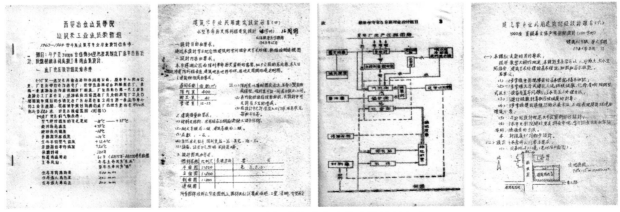

1963—1964 学年建筑学专业毕业设计任务书

1963 级班级奖状

1963 级学生工地参观

1963 级学生课堂讨论

1963 级学生测量课实习

图书馆工程是建筑 63 班和兄弟班级一起，大力协作，团结互助，发扬自力更生精神的一曲凯歌。其中墙体砌筑工程由建筑 61 班完成，建筑 63 班负责整个图书大楼的室内外装修（抹灰）工程，64 年级 64 班学生负责抹灰。除来自十二冶的几位师傅担任技术指导外，整个工程由同学们独立完成。

西北院实习，在该院有经验工程师和带队老师的指导下，真刀真枪的完成民用项目建筑设计。设计项目：汉江机床厂职工医院。建筑 63 班完成实习任务后在西北院入口前合影留念

1965 年图书馆建设落成　　　　　　　　　　1965 年图书馆建设落成

1967 年的校园　　　　　　　　　　　　1967 年的校园

1967 年的校园

1967 年的建设路

建筑学 1978 级学生合影

建筑学 1979 级学生合影

1983 年公共建筑设计教研室老师合影

1983 年建筑系教师合影

1983 年建筑系教师合影

建筑技术教研室教师合影

1976 年钟一鹤老师带工农兵学员下工厂实习

1984 年 香港建筑师协会 潘祖尧建筑师来我校交流

1989 年香港大学建筑系主任黎锦超教授等 5 人访问我院

1984 年 香港建筑师协会 潘祖尧建筑师来我校交流

1984 年东京工业大学青木志郎教授访问西安

1984 年 会见前日本建筑学会主席芦原义信先生

1986 年建筑八二孙晓光、刘鸿典老师、建筑八零李亦峰、建筑八二邵菁、张似赞老师在讨论方案。

1990 年 学生外出实习写生

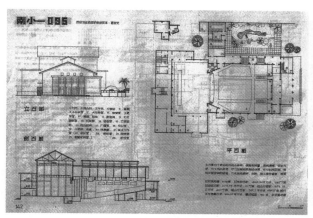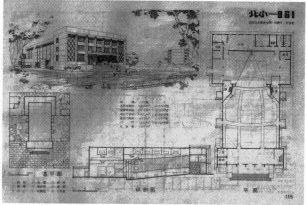

1980 年代"全国中小型剧场设计方案竞赛"获奖作品

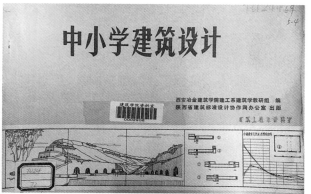

1980 年代建筑学教研组编著的图书

1980 年代建筑系教师参与的校园绿化景观设计与建设

1987 年戈兰尼教授的专著《掩土建筑——历史.建筑与城镇设计》由我院夏云教授翻译、张似赞教授校译，中国建筑工业出版社出版。

1984 年 6 月，美国宾夕法尼亚州立大学建筑系的吉·戈兰尼（Gideon S.Golany）教授首次来我校开展了讲学交流。1984、1985 两年期间戈兰尼教授多次深入陕西、甘肃、山西境内，对黄河两岸的窑洞聚居村落调查研究和实地测绘。1985 年 6 月 20 日美国宾大吉·戈兰尼教授名誉教授授予仪式上给张光老师赠书。

1985 年建筑系侯继尧教授受吉·戈兰尼教授正式邀请，受聘为美国宾夕法尼亚州立大学建筑系客座教授。讲授中国窑洞，指导"长安兴教寺旅游风景区窑洞度假村设计"课题。

意大利罗马大学格佐拉教授 1994 年 6 月来我院交流时的合影。

法国波尔多建筑与景观学院莫兰纳教授

法国波尔多建筑与景观学院米歇尔·莫兰纳教授《我眼中的中国》，
照片中的中文字体均为莫兰纳教授亲笔书写。

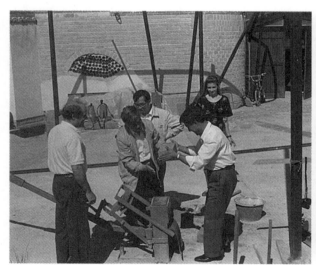

1988年7月我院教师在法国期间参观土坯机制砖块技术

1988年7月我院教师赴法与波尔多建筑与景观学院签订交
流协议期间与让·鲁伯夫妇一家四口和莫兰纳教授在阿尔
卑斯山区野外聚餐。

中日党家村联合调查团

1985 年日本建筑师相田武文访问我校　　　　　　　　相田武文赠书

1988 年我校与法国波尔多建筑学院签订校际合作协议

窑洞展览海报　　　　　　　　　　　沈元凯老师与外国留学生

与日本大学理工学部签订校级协议

广士奎与日本大学理工学部

日本共立株式会社大川治卫

日本庄盐冲一郎

夏云老师（中立者）率同学在实验窑洞现场教学

夏云老师率外国学生参观窑洞

国际会休息夏云与外国同行交谈

中国建筑学会窑洞和生土建筑第二次学术会议

1990 年 6 月，黄帝陵工作组向国家领导人汇报方案

全国政协副主席、中国工程院院长徐匡迪莅临我院参观

1994 年 6 月，意大利罗马大学与我校签订了学术交流合作协议，开启了两校之间互派教师的交流活动。1995 年在双方学者学术互访与交流的基础上，出版了这本关于中国建筑和城市的专辑。

1991 年东四展厅作品展览

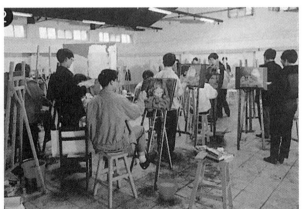

1991 年东四画室学生画水彩

1999 年全院典型答辩大会

1993 年毕业设计答辩

1994年 在刘鸿典教授从事教育六十余年及九十寿辰庆祝会上致辞

1994年学校更名为西安建筑科技大学

参考文献

[1] 赵炳时、陈衍庆. 清华大学建筑学院（系）成立 50 周年纪念文集（清华大学建筑学术丛书 1946—1996）[M]. 北京：中国建筑工业出版社，1996.

[2] 潘谷西. 1927—1997 东南大学建筑系成立七十周年纪念专集 [M]. 北京：中国建筑工业出版社，1997.

[3] 郑时龄. 新中国新建筑六十年 60 人 [M]. 江西科学技术出版社，2009.

[4] BIAD 传媒《建筑创作》杂志社. "建筑中国六十年"系列丛书《事件卷》《人物卷》[M]. 天津：天津大学出版社，2009.

[5] 邹德侬，王明贤，张向炜. 中国建筑 60 年（1949—2009）历史纵览 [M]. 北京：中国建筑工业出版社，2009.

[6] 钱锋，伍江. 中国现代建筑教育史（1920—1980）[M]. 北京：中国建筑工业出版社，2008.

[7] 《西安建筑科技大学志》编纂委员会. 西安建筑科技大学志（2011—2015）[M]. 西安：陕西新华出版传媒集团三秦出版社，2016.

[8] 《西安建筑科技大学志》编纂委员会. 西安建筑科技大学志（1956—2000）[M]. 西安：陕西人民出版社，2001.

[9] 张建. 见证并记录（上）（下）百年建大老新闻（1895—2006）[M]. 西安：陕西人民出版社，2006.

[10] 同济大学建筑与城市规划学院. 同济大学建筑与城市规划学院百年校庆纪念文集（历史与精神）[M]. 北京：中国建筑工业出版社，2007.

[11] 西安建筑科技大学. 甲子六书 [M]. 北京：科学出版社，2016.

[12] 西安建筑科技大学 建筑学院主编《西安建筑科技大学并校四十周年暨建筑学院创立七十周年纪念册》.

[13] 建筑学院建筑学专业历次评估文件.

档案索引

档案馆资料内容：

行政类：工作计划、总支会议记录、人事调动审批表

学生工作类：学生成绩单、毕业论文、部分获奖资料

工程项目类：各栋建筑建设、装修、维修工程报告书、设计图纸

类别	案卷目录	保管序号	标题	年份
行政类	1955—1960（1号）		1956年建筑科学研究计划（草案）	1956
			建筑、工民建教学计划、开课表	1957
		107	教学计划及其说明、建筑设计原理、教学大纲	1960
		112	建筑、工系、科研计划、报告	
	1961—1965（2号）	80	建筑系工作计划	1964
		67	建筑系工作计划	1965
	1966—1973（3号）	18	建筑系整治党工作总结	1969
	1980—1981（5号）	67	建筑系：1980—1981年第二学期工作安排	1981
	1991—1996	05	本校关于成立学院、系、部组织机构更名的报告、决定、批复、通知	1996
学生工作	1986—1987	29	参加第十三届国际建筑学大学生设计与法国波尔多建筑学院往来信件	1987
	1988、1989、1990	51	建筑8602班九名学生获国际竞赛奖的情况及泰勒博士来院颁奖大会有关资料	1990
	1999（行政）	XZ11-8	关于第20次UIA国际大学生建筑设计竞赛及召开第八届国际地下空间会议的报告	1999
		325-367	学生答辩材料	1995
东楼改造	2011（行政）	审基08	西建大建筑学院东楼装修改造工程	2011
	2015	XZ-13-0013	西建大雁塔校区建筑学院楼板构建（轻质钢结构楼板）工程	2015
工程项目	2012	13	西建大刘加平院士工作室装修改造工程	2012
	2014	XZ12-0022	西建大建筑学院钢结构空间实验平台与钢结构空间实验骨架科学设备工程。	2014
	2015（行政二）	137	陕西省西部绿色建筑重点实验室经费请示	2015
		ZH20151024	建院人工气候室扩建项目	2015

后　记

　　1923 年、1928 年、1956 年，它们作为开创中国现代建筑教育标志的重要节点而载入史册。[1] 它们对于西安建筑科技大学建筑学院而言，也都是值得守护的岁月。我们不断回味着这段历史的记忆，不仅仅是为了那份荣耀，更为的是定义我们的未来。正如在 1996 年，建筑学院制作的《西安建筑科技大学建筑学院创立七十周年》的纪念册中[2]，当时 81 岁高龄的赵冬日教授[3]为学院创立七十周年纪念题词所言："继往开来，后继有人"。

　　时光荏苒，转眼已是 2015 年，相距 1956 年创办西安建筑工程学院也有了一个甲子。当年怀揣青春梦想的青年教师也已至耄耋之年，耳顺之年的历史牵挂，提醒我们是将编撰院史的工作列入了建筑学院工作议程的时候了。2015 年 6 月，张光老师为编著院史提出了构想与建议；2016 年 9 月西安建筑科技大学校庆中，建筑学院举办了"建筑学院校友风采"展、"东楼图志展"；2017 年 3 月 9 日，建筑学院刘加平院士主持召开了关于成立院志编撰工作组的会议，由此正式启动了建筑学院院志的编撰工作。

　　在历时两年有余的时间里，建筑学院博士生导师王小东院士为我们的院志题词，建筑大师孙国城为此发来了纪念文章，历届毕业生传来了珍贵的照片与点点滴滴的校园生活记录……在编撰过程中，编撰委员会成员也付出了大量艰辛的劳动。我们本着尊重历史、求真；追根溯源、求实；记述宏观、求全；观点正确、求准；表达通顺、求雅；印制规范、求精的编撰原则，反复斟酌提纲，走访老教师，查阅档案馆资料……为了一分敬畏而努力，为了一分责任而较真。本书在学院各位同仁的支持下，在各系、教研室、实验室、机关各办公室以及全体教职工的协助下，在教授委员会的多次审定讨论中，逐渐成形完善。作为第一本建筑学院正式出版的院志，这是对建筑学院兴建、发展和壮大历史轨迹的真实记录。以期展现先辈们筚路蓝缕，以启山林之德；又望同仁们薪火相传，不忘继往开来。

　　编撰院志的过程深深地感动了我们自己：60 年建筑规划设计生涯展开的是建筑理论的不断深化，建筑、规划、景观的宏大精巧，绿色环保的时代绝响，守护人性的忠贞不渝，是国家发展的锦绣画卷，是建大学人的璀璨群星。在此我们不能不向几辈建大人送上深深的祝福和敬意，同时也要感谢李志民、冯璐、陈静、林源、张光、庞丽娟、蒋秀芳、王怡琼、郑红雁、冯海燕、万杰等老师，以及参加院志编写、为编撰提供资料的各位老师。

建筑学院教授委员会

2018 年 7 月 22 日

1　1923 年，苏南工业专科学校首创开设了建筑科，1928 年东北大学创办了中国历史上最早的大学建筑系，1956 年，西安建筑工程学院（西安建筑科技大学）的成立，奠定了新中国建筑"老八校"的格局。

2　1996 年为纪念西安建筑科技大学并校办学 40 周年（1956—1996 年），建筑学院为此汇总、整理了大量资料并制作了《西安建筑科技大学建筑学院创立七十周年》纪念册，书中的七十周年泛指我院并校办学前母体院校——苏南工业专科学校创立建筑科（创办于 1923 年）与东北大学建筑系（创办于 1928 年）开始至 1996 年的时间维度。

3　赵冬日，曾任西安建筑科技大学建筑学院前身东北大学工学院建筑工程系主任（任职时间：1946—1949 年）。

图书在版编目（CIP）数据

西安建筑科技大学建筑学院院志：1956-2018 =
College Annals of the College of Architecture
Xi'an University of Architecture and Technology /
西安建筑科技大学建筑学院教授委员会编著 . —北京：
中国建筑工业出版社，2020.12
（西安建筑科技大学建筑学院办学 60 周年系列丛书）
ISBN 978-7-112-25691-4

Ⅰ . ①西… Ⅱ . ①西… Ⅲ . ①西安建筑科技大学建筑
学院—校史— 1956-2018 Ⅳ . ① TU-40

中国版本图书馆 CIP 数据核字（2020）第 241489 号

责任编辑：陈 桦 王 惠
责任校对：王 烨

《西安建筑科技大学建筑学院 院志1956-2018》是真实、客观记录西安建筑科技大
学建筑学院自 1950 年由四校合并西迁，根植西部，苦心耕耘 60 余年办学历史的一本书。
本院志回溯了学院的历史变迁、组织机构的变化，详细记述了学院历年来专业教学、学
科建设、学术研究、工程实践、国际交流与合作的发展历程，以及学院附属生产机构的
发展状况。院志包括序、正文、附录和后记四个部分。反映了我院在西迁、扎根、耕耘
建设祖国西部、培养建筑人才、展开科学研究、进行国际交流及工程实践、服务社会等
方面所取得的丰硕成果。时值并校西迁 60 甲子，著文记之，以励后人。

西安建筑科技大学建筑学院办学 60 周年系列丛书
西安建筑科技大学建筑学院 院志 1956-2018
College Annals of the College of Architecture Xi'an University of Architecture and Technology
西安建筑科技大学建筑学院教授委员会 编著
＊
中国建筑工业出版社出版、发行（北京海淀三里河路 9 号）
各地新华书店、建筑书店经销
北京雅盈中佳图文设计公司制版
北京富诚彩色印刷有限公司印刷
＊
开本：880 毫米 ×1230 毫米 1/16 印张：23³/₄ 插页：11 字数：660 千字
2021 年 7 月第一版 2021 年 7 月第一次印刷
定价：**218.00** 元
ISBN 978-7-112-25691-4
（36624）